KB118735

내신 성적을 쑥쑥~ 올리는!!

# 내공의 힘

## 중등 수학 3·1

# STRUCTURE 구성과 특징

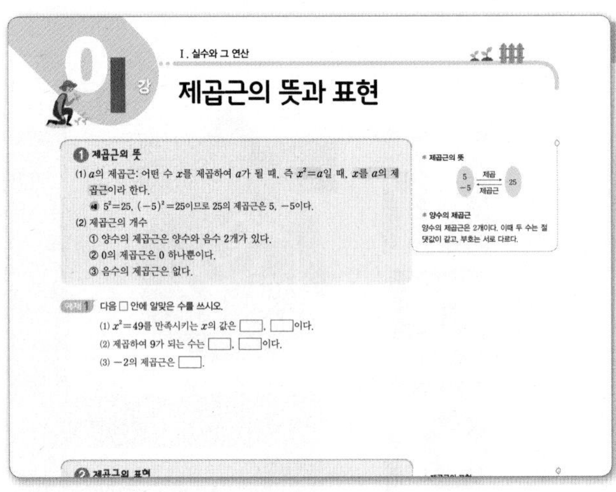

## 내공 1 단계 | 개념 정리 + 예제

핵심 개념과 대표 문제를 함께 구성하여 시험 전에 중요 내용만을 한눈에 정리할 수 있다.

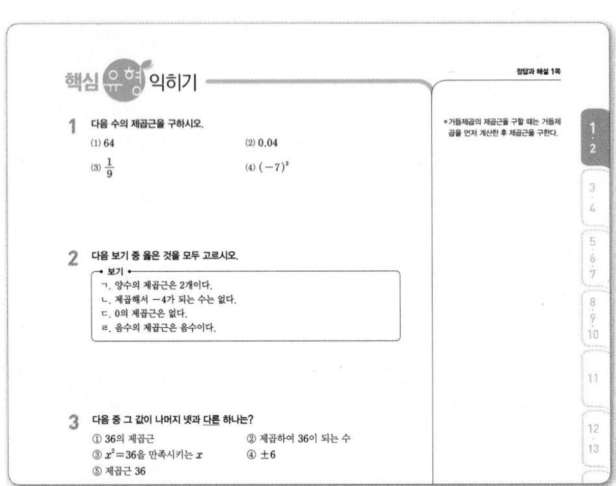

## 내공 2 단계 | 핵심 유형 익히기

각 유형마다 자주 출제되는 핵심 유형만을 모아 구성하였다.

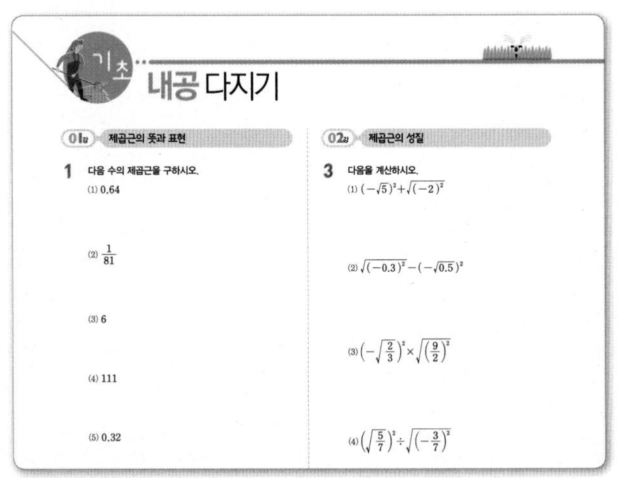

## 내공 3 단계 | 기초 내공 다지기

계산 또는 기초 개념에 대한 유사 문제를 반복 연습할 수 있다.

## 다시 보는 핵심 문제 | 내공 5 단계

중단원의 핵심 문제들로 최종 실전 점검을 할 수 있다.

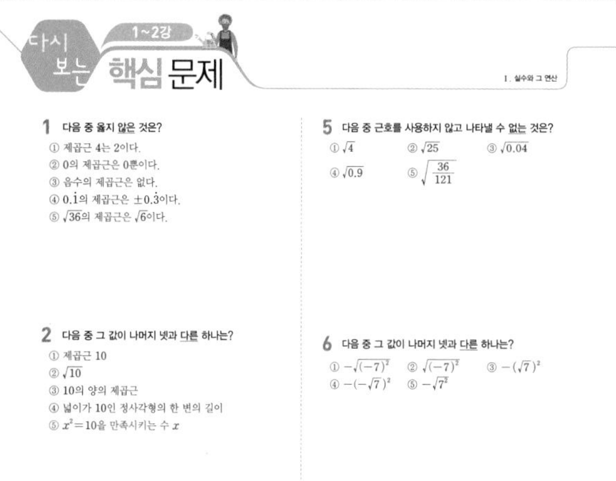

다시 보는 핵심 문제 1~2강

I. 실수와 그 연산

1 다음 중 옳지 않은 것은?
① 제곱근 4는 2이다.
② 0의 제곱근은 0뿐이다.
③ 음수의 제곱근은 없다.
④ $0.\dot{1}$의 제곱근은 $\pm 0.\dot{3}$이다.
⑤ $\sqrt{36}$의 제곱근은 $\sqrt{6}$이다.

2 다음 중 그 값이 나머지 넷과 다른 하나는?
① 제곱근 10
② $\sqrt{10}$
③ 10의 양의 제곱근
④ 넓이가 10인 정사각형의 한 변의 길이
⑤ $x^2=10$을 만족시키는 수 $x$

5 다음 중 근호를 사용하지 않고 나타낼 수 없는 것은?
① $\sqrt{4}$ ② $\sqrt{25}$ ③ $\sqrt{0.04}$
④ $\sqrt{0.9}$ ⑤ $\sqrt{\frac{36}{121}}$

6 다음 중 그 값이 나머지 넷과 다른 하나는?
① $-\sqrt{(-7)^2}$ ② $\sqrt{(-7)^2}$ ③ $-(\sqrt{7})^2$
④ $-(-\sqrt{7})^2$ ⑤ $-\sqrt{7^2}$

## 내공 쌓는 족집게 문제 | 내공 4 단계

최근 기출 문제를 난이도와 출제율로 구분하여 시험에 완벽하게 대비할 수 있다.

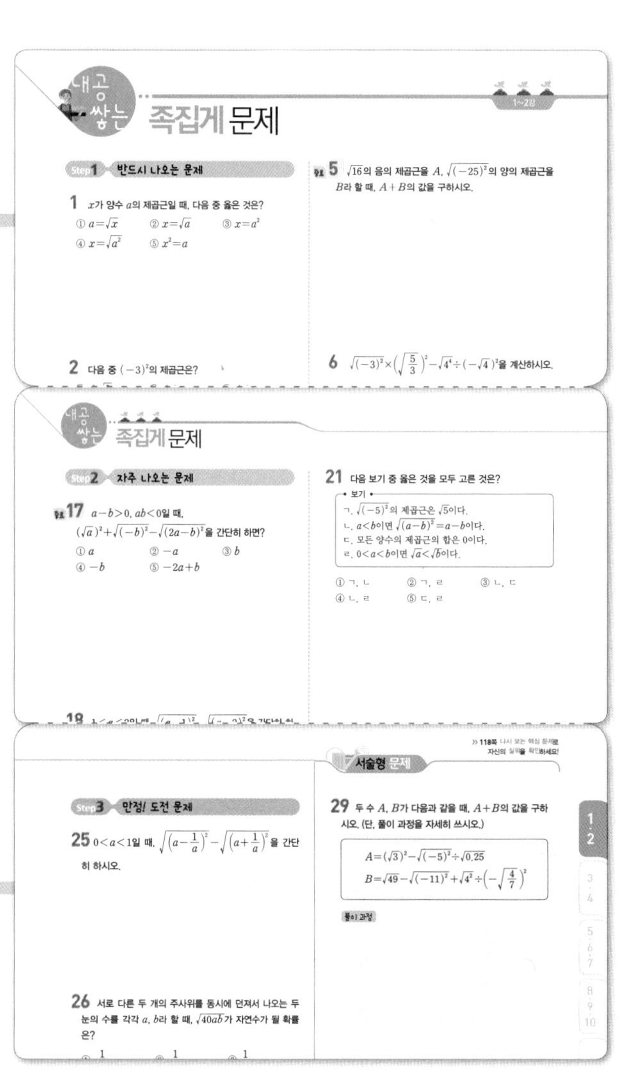

내공 쌓는 족집게 문제 1~2강

Step 1 반드시 나오는 문제

1 $x$가 양수 $a$의 제곱근일 때, 다음 중 옳은 것은?
① $a=\sqrt{x}$ ② $x=\sqrt{a}$ ③ $x=a^2$
④ $x=\sqrt{a^2}$ ⑤ $x^2=a$

2 다음 중 $(-3)^2$의 제곱근은?

5 $\sqrt{16}$의 음의 제곱근을 $A$, $\sqrt{(-25)^2}$의 양의 제곱근을 $B$라 할 때, $A+B$의 값을 구하시오.

6 $\sqrt{(-3)^2}\times\left(\sqrt{\frac{5}{3}}\right)^2-\sqrt{4^2}\div(-\sqrt{4})^2$을 계산하시오.

내공 쌓는 족집게 문제

Step 2 자주 나오는 문제

17 $a-b>0$, $ab<0$일 때, $(\sqrt{a})^2+\sqrt{(-b)^2}-\sqrt{(2a-b)^2}$을 간단히 하면?
① $a$ ② $-a$ ③ $b$
④ $-b$ ⑤ $-2a+b$

21 다음 보기 중 옳은 것을 모두 고른 것은?
보기
ㄱ. $\sqrt{(-5)^2}$의 제곱근은 $\sqrt{5}$이다.
ㄴ. $a<b$이면 $\sqrt{(a-b)^2}=a-b$이다.
ㄷ. 모든 양수의 제곱근의 합은 0이다.
ㄹ. $0<a<b$이면 $\sqrt{a}<\sqrt{b}$이다.
① ㄱ, ㄴ ② ㄱ, ㄹ ③ ㄴ, ㄷ
④ ㄴ, ㄹ ⑤ ㄷ, ㄹ

Step 3 만점! 도전 문제

25 $0<a<1$일 때, $\sqrt{\left(a-\frac{1}{a}\right)^2}-\sqrt{\left(a+\frac{1}{a}\right)^2}$을 간단히 하시오.

26 서로 다른 두 개의 주사위를 동시에 던져서 나오는 두 눈의 수를 각각 $a$, $b$라 할 때, $\sqrt{40ab}$가 자연수가 될 확률은?

서술형 문제

29 두 수 $A$, $B$가 다음과 같을 때, $A+B$의 값을 구하시오. (단, 풀이 과정을 자세히 쓰시오.)

$A=(\sqrt{3})^2-\sqrt{(-5)^2}\div\sqrt{0.25}$
$B=\sqrt{49}-\sqrt{(-11)^2}+\sqrt{4^2}\div\left(-\sqrt{\frac{4}{7}}\right)^2$

풀이 과정

# CONTENTS 차례

## I 실수와 그 연산



## II 식의 계산과 이차방정식

## 이차함수

## 다시 보는 핵심 문제



CONTENTS

# 01강 제곱근의 뜻과 표현

## ❶ 제곱근의 뜻

(1) $a$의 제곱근: 어떤 수 $x$를 제곱하여 $a$가 될 때, 즉 $x^2=a$일 때, $x$를 $a$의 제곱근이라 한다.

예 $5^2=25$, $(-5)^2=25$이므로 25의 제곱근은 5, $-5$이다.

(2) 제곱근의 개수

① 양수의 제곱근은 양수와 음수 2개가 있다.

② 0의 제곱근은 0 하나뿐이다.

③ 음수의 제곱근은 없다.

* 제곱근의 뜻

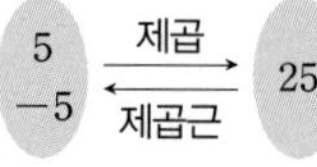


* 양수의 제곱근

양수의 제곱근은 2개이다. 이때 두 수는 절댓값이 같고, 부호는 서로 다르다.

**예제 1** 다음 □ 안에 알맞은 수를 쓰시오.

(1) $x^2=49$를 만족시키는 $x$의 값은 □, □이다.

(2) 제곱하여 9가 되는 수는 □, □이다.

(3) $-2$의 제곱근은 □.

## ❷ 제곱근의 표현

(1) 근호: 제곱근을 나타내기 위해 사용하는 기호 $\sqrt{\ }$를 근호라 하고, $\sqrt{a}(a\geq 0)$를 '제곱근 $a$' 또는 '루트 $a$'라 읽는다.

(2) 제곱근의 표현: 어떤 양수 $a$의 제곱근 중에서

① 양수인 것을 양의 제곱근이라 하고, $\sqrt{a}$로 나타낸다.

② 음수인 것을 음의 제곱근이라 하고, $-\sqrt{a}$로 나타낸다.

이때 $\sqrt{a}$와 $-\sqrt{a}$를 한꺼번에 $\pm\sqrt{a}$로 나타내기도 한다.

➡ $x^2=a(a>0)$이면 $x=\pm\sqrt{a}$

참고 제곱근을 나타낼 때, 근호 안의 수가 어떤 유리수의 제곱이면 근호를 사용하지 않고 나타낼 수 있다.
➡ $\sqrt{1}=1$, $\sqrt{4}=2$, $\sqrt{9}=3$, $\cdots$

* 제곱근의 표현

(3의 제곱근)=(제곱하여 3이 되는 수)
=($x^2=3$을 만족시키는 $x$)
$=\pm\sqrt{3}$

(제곱근 3)=(3의 양의 제곱근)
$=\sqrt{3}$

**예제 2** 다음을 구하시오.

(1) 4의 제곱근　　(2) $(-6)^2$의 제곱근

(3) 7의 양의 제곱근　　(4) 10의 음의 제곱근

**예제 3** 다음을 구하시오.

(1) 11의 제곱근　　(2) 제곱근 11

**1** 다음 수의 제곱근을 구하시오.

(1) $64$　　(2) $0.04$

(3) $\frac{1}{9}$　　(4) $(-7)^2$

• 거듭제곱의 제곱근을 구할 때는 거듭제곱을 먼저 계산한 후 제곱근을 구한다.

**2** 다음 보기 중 옳은 것을 모두 고르시오.

• 보기 •
ㄱ. 양수의 제곱근은 2개이다.
ㄴ. 제곱해서 $-4$가 되는 수는 없다.
ㄷ. 0의 제곱근은 없다.
ㄹ. 음수의 제곱근은 음수이다.

**3** 다음 중 그 값이 나머지 넷과 <u>다른</u> 하나는?

① 36의 제곱근　　② 제곱하여 36이 되는 수
③ $x^2=36$을 만족시키는 $x$　　④ $\pm 6$
⑤ 제곱근 36

**4** 오른쪽 그림과 같은 $\triangle ABC$에서 $\overline{AD}\perp\overline{BC}$일 때, $\overline{AB}$의 길이를 구하시오.

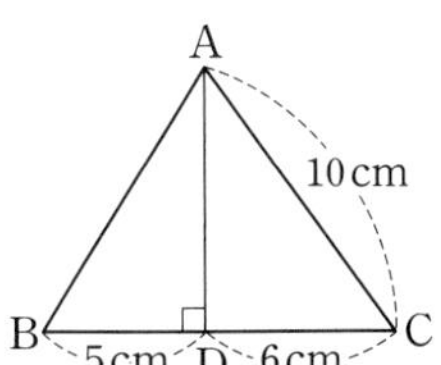


• 직각삼각형에서 두 변의 길이를 알면 피타고라스 정리와 제곱근을 이용하여 나머지 한 변의 길이를 구할 수 있다.

**5** 다음을 근호를 사용하지 않고 나타내시오.

(1) $\sqrt{16}$　　(2) $-\sqrt{\frac{1}{25}}$　　(3) 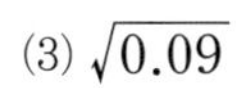 $\sqrt{0.09}$

**6** 제곱근 $\sqrt{9}$를 $a$, $\sqrt{64}$의 음의 제곱근을 $b$라 할 때, $a$, $b$의 값을 차례로 구하시오.

기초를 좀 더 다지려면~! 10쪽 »

# 02강 제곱근의 성질

## ① 제곱근의 성질

$a>0$일 때

(1) $(\sqrt{a})^2=a$, $(-\sqrt{a})^2=a$ 예 $(\sqrt{3})^2=3$, $(-\sqrt{3})^2=(\sqrt{3})^2=3$

(2) $\sqrt{a^2}=a$, $\sqrt{(-a)^2}=a$ 예 $\sqrt{3^2}=3$, $\sqrt{(-3)^2}=\sqrt{3^2}=3$

* 제곱근의 성질
$a$가 양수일 때
(1) $(\sqrt{a})^2$, $(-\sqrt{a})^2$은 제곱한 것이므로 양수이다.
(2) $\sqrt{a^2}$, $\sqrt{(-a)^2}$은 양의 제곱근이므로 양수이다.

**예제 1** 다음 값을 구하시오.

(1) $(\sqrt{5})^2$ (2) $(-\sqrt{7})^2$

(3) $\sqrt{11^2}$ (4) $\sqrt{(-13)^2}$

**예제 2** 다음을 계산하시오.

(1) $(\sqrt{7})^2+(-\sqrt{3})^2$ (2) $\sqrt{4^2}-\sqrt{(-1)^2}$

(3) $\sqrt{(-12)^2}\times\left(-\sqrt{\frac{3}{4}}\right)^2$ (4) $\sqrt{3^2}\div\sqrt{\left(-\frac{3}{7}\right)^2}$

## ② $\sqrt{a^2}$의 성질

모든 수 $a$에 대하여 $\sqrt{a^2}=|a|=\begin{cases} a(a\geq 0) \\ -a(a<0) \end{cases}$

* $\sqrt{a^2}$의 성질
(1) $a=2$일 때,
$\sqrt{a^2}=\sqrt{2^2}=2=a$ (부호 그대로)
(2) $a=-2$일 때,
$\sqrt{a^2}=\sqrt{(-2)^2}=2=-(-2)=-a$ (부호 반대로)

**예제 3** $a<0$일 때, 다음을 간단히 하시오.

(1) $-\sqrt{a^2}$ (2) $-\sqrt{(-a)^2}$

(3) $\sqrt{(7a)^2}$ (4) $\sqrt{(-3a)^2}$

## ③ 제곱근의 대소 관계

$a>0$, $b>0$일 때

(1) $a>b$이면 $\sqrt{a}>\sqrt{b}$

(2) $\sqrt{a}>\sqrt{b}$이면 $a>b$, $-\sqrt{a}<-\sqrt{b}$

* $a$와 $\sqrt{b}$의 대소 비교 (단, $a>0$, $b>0$)
[방법 1] $\sqrt{a^2}$과 $\sqrt{b}$의 대소를 비교
[방법 2] $a^2$과 $b$의 대소 비교
예 3과 $\sqrt{5}$의 대소 비교
[방법 1] $3=\sqrt{9}$이므로
$\sqrt{9}>\sqrt{5}$ ∴ $3>\sqrt{5}$
[방법 2] $3^2=9$, $(\sqrt{5})^2=5$이고,
$9>5$이므로 $3>\sqrt{5}$

**예제 4** 다음 두 수의 대소를 비교하여 부등호로 나타내시오.

(1) $\sqrt{\frac{1}{5}}$, $\sqrt{\frac{1}{3}}$ (2) 4, $\sqrt{15}$

정답과 해설 1쪽

**1** 다음 중 그 값이 나머지 넷과 다른 하나는?

① $(-\sqrt{2})^2$　② $-(\sqrt{2})^2$　③ $-(-\sqrt{2})^2$

④ $-\sqrt{(-2)^2}$　⑤ $-\sqrt{2^2}$

• $a>0$일 때,
$(\sqrt{a})^2=(-\sqrt{a})^2$
$=\sqrt{a^2}$
$=\sqrt{(-a)^2}$
$=a$

**2** $\sqrt{(-3)^2}\times(-\sqrt{7})^2-\sqrt{8^2}+\sqrt{36}$을 계산하면?

① 13　② 15　③ 17

④ 19　⑤ 21

**3** $x>2$일 때, $\sqrt{(x-2)^2}-\sqrt{(2-x)^2}$을 간단히 하시오.

• $a>b$이면 $\sqrt{(a-b)^2}=a-b$
$a<b$이면 $\sqrt{(a-b)^2}=-(a-b)$

**4** 다음 수가 자연수가 되도록 하는 자연수 $x$의 값 중 가장 작은 수를 구하시오.

(1) $\sqrt{10-x}$　(2) $\sqrt{12x}$　(3) $\sqrt{\frac{8}{x}}$

• $\sqrt{a}=$(자연수)가 되려면 $a$는 (자연수)$^2$ 꼴이 되어야 한다. 즉, $a$를 소인수분해 했을 때, 소인수의 지수가 모두 짝수가 되어야 한다.

**5** 다음 중 두 수의 대소 관계를 바르게 나타낸 것은?

① $\sqrt{3}>\sqrt{5}$　② $-\sqrt{7}<-\sqrt{8}$　③ $5>\sqrt{21}$

④ $\sqrt{\frac{2}{3}}>\sqrt{\frac{3}{4}}$　⑤ $\sqrt{0.3}<0.3$

**6** 부등식 $2<\sqrt{x}<3$을 만족시키는 자연수 $x$의 개수를 구하시오.

• 부등식 $a<\sqrt{x}<b$를 만족시키는 자연수 $x$는 $\sqrt{a^2}<\sqrt{x}<\sqrt{b^2}$ 꼴로 형태를 통일하여 구한다. (단, $a$, $b$는 양수)

기초를 좀 더 다지려면~! 10쪽 »

# 기초 내공 다지기

## 01강 제곱근의 뜻과 표현

**1** 다음 수의 제곱근을 구하시오.

(1) $0.64$

(2) $\frac{1}{81}$

(3) $6$

(4) $111$

(5) $0.32$

(6) $\frac{47}{2}$

**2** 다음을 구하시오.

(1) $\sqrt{1}$

(2) 제곱근 $\sqrt{36}$

(3) $1.69$의 양의 제곱근

(4) $\frac{25}{121}$의 음의 제곱근

## 02강 제곱근의 성질

**3** 다음을 계산하시오.

(1) $(-\sqrt{5})^2+\sqrt{(-2)^2}$

(2) $\sqrt{(-0.3)^2}-(-\sqrt{0.5})^2$

(3) $\left(-\sqrt{\frac{2}{3}}\right)^2\times\sqrt{\left(\frac{9}{2}\right)^2}$

(4) $\left(\sqrt{\frac{5}{7}}\right)^2\div\sqrt{\left(-\frac{3}{7}\right)^2}$

(5) $\sqrt{64}+\sqrt{(-4)^2}-(-\sqrt{4.5})^2$

(6) $\sqrt{(-2)^2}\times\sqrt{\left(\frac{3}{10}\right)^2}\div\left(-\sqrt{\frac{2}{5}}\right)^2$

(7) $\sqrt{4^2}\times(-\sqrt{6})^2+\sqrt{(-2)^2}\div\sqrt{\left(\frac{2}{3}\right)^2}$

(8) $(-\sqrt{3})^2\times\sqrt{(-1.2)^2}-(\sqrt{7})^2\div\sqrt{\left(\frac{14}{5}\right)^2}$

**4** 다음을 간단히 하시오.

(1) $a>0$일 때, $\sqrt{(2a)^2}+\sqrt{(-3a)^2}$

(2) $a>0$일 때, $\sqrt{(-4a)^2}-\sqrt{(5a)^2}$

(3) $a<0$일 때, $\sqrt{(5a)^2}+\sqrt{(-3a)^2}$

(4) $a<0$일 때, $\sqrt{(-7a)^2}-\sqrt{(-a)^2}$

**5** 다음을 간단히 하시오.

(1) $x<3$일 때, $\sqrt{(3-x)^2}$

(2) $x<2$일 때, $-\sqrt{(x-2)^2}$

(3) $x>1$일 때, $\sqrt{(1-x)^2}+\sqrt{(x-1)^2}$

(4) $x<-3$일 때, $\sqrt{(x+3)^2}+\sqrt{(-3-x)^2}$

**6** 다음 □ 안에 부등호 >, < 중 알맞은 것을 쓰시오.

(1) $\sqrt{2}$ □ $\sqrt{5}$

(2) $\sqrt{\frac{1}{4}}$ □ $\sqrt{\frac{1}{7}}$

(3) $\sqrt{0.5}$ □ $\sqrt{\frac{2}{5}}$

(4) $8$ □ $\sqrt{65}$

(5) $-0.5$ □ $-\sqrt{0.24}$

**7** 다음 부등식을 만족시키는 자연수 $x$의 개수를 구하시오.

(1) $1<\sqrt{x-1}\le 2$

(2) $4\le\sqrt{x+2}<5$

(3) $6<\sqrt{3x}<9$

내공 쌓는 족집게 문제



## Step 1 반드시 나오는 문제

**1** $x$가 양수 $a$의 제곱근일 때, 다음 중 옳은 것은?

① $a=\sqrt{x}$　② $x=\sqrt{a}$　③ $x=a^2$
④ $x=\sqrt{a^2}$　⑤ $x^2=a$

**2** 다음 중 $(-3)^2$의 제곱근은?

① $\pm\sqrt{3}$　② $\pm 3$　③ $\pm 9$
④ 0　⑤ 없다.

중요 **3** 다음 보기 중 옳은 것을 모두 고른 것은?

보기
ㄱ. 0의 제곱근은 0이다.
ㄴ. 양수의 제곱근은 양수이다.
ㄷ. 모든 수의 제곱근은 2개이다.
ㄹ. 4의 제곱근과 제곱근 4는 같다.

① ㄱ　② ㄴ　③ ㄱ, ㄴ
④ ㄴ, ㄷ　⑤ ㄷ, ㄹ

**4** 다음 중 그 값이 나머지 넷과 다른 하나는?

① $-\sqrt{9^2}$　② $(-\sqrt{9})^2$
③ 81의 음의 제곱근　④ $-(\sqrt{9})^2$
⑤ $-\sqrt{(-9)^2}$

중요 **5** $\sqrt{16}$의 음의 제곱근을 $A$, $\sqrt{(-25)^2}$의 양의 제곱근을 $B$라 할 때, $A+B$의 값을 구하시오.

**6** $\sqrt{(-3)^2}\times\left(\sqrt{\frac{5}{3}}\right)^2-\sqrt{4^4}\div(-\sqrt{4})^2$을 계산하시오.

**7** $a<0$일 때, $\sqrt{a^2}-\sqrt{(-a)^2}+\sqrt{4a^2}$을 간단히 하면?

① $-4a$　② $-2a$　③ 0
④ $2a$　⑤ $4a$

**8** $\sqrt{30-2n}$이 자연수가 되도록 하는 자연수 $n$의 값의 합은?

① 12　② 18　③ 20
④ 28　⑤ 36

전국 중학교의 기출문제와 새로운 교육과정의 문제를 종합, 분석하여 핵심 문제만을 모았습니다.

중요 **9** $\sqrt{135x}$가 자연수가 되도록 하는 가장 작은 자연수 $x$의 값은?

① 11 ② 12 ③ 13
④ 14 ⑤ 15

**10** $\sqrt{\frac{12}{x}}$가 자연수가 되도록 하는 자연수 $x$의 개수는?

① 1개 ② 2개 ③ 3개
④ 4개 ⑤ 5개

중요 **11** 다음 중 두 수의 대소 관계가 옳은 것은?

① $3<\sqrt{13}$ ② $\sqrt{48}>7$
③ $\sqrt{\frac{1}{2}}<\frac{1}{3}$ ④ $\sqrt{6}>\frac{5}{2}$
⑤ $-\sqrt{1.1}<-\sqrt{1.2}$

**12** 다음 중 부등식 $4<\sqrt{2x}<5$를 만족시키는 자연수 $x$의 값으로 옳지 않은 것은?

① 8 ② 9 ③ 10
④ 11 ⑤ 12

## Step 2 자주 나오는 문제

아차! 돌다리 문제

**13** 넓이가 $24\,\text{cm}^2$인 정사각형 모양의 색종이를 각 변의 중점을 꼭짓점으로 하는 정사각형 모양으로 접어 나갈 때, 3단계에서 생기는 정사각형의 한 변의 길이를 구하시오.

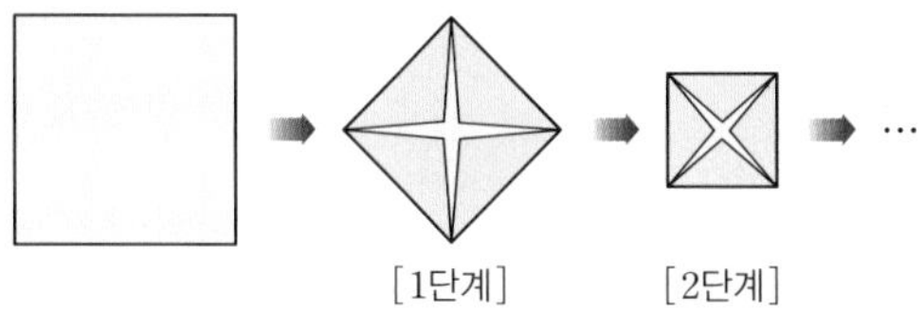


**14** 다음 수의 제곱근 중 근호를 사용하지 않고 나타낼 수 있는 것은?

① $\frac{8}{49}$ ② $\frac{1}{2}$ ③ 1.21
④ 6.4 ⑤ 200

중요 **15** $a<0$일 때, 다음 중 옳지 않은 것을 모두 고르면? (정답 2개)

① $-\sqrt{a^2}=a$ ② $(\sqrt{-a})^2=-a$
③ $-\sqrt{(-a)^2}=-a$ ④ $\sqrt{(-a)^2}=-a$
⑤ $(-\sqrt{-a})^2=a$

**16** 다음 중 계산 결과가 가장 큰 것은?

① $\sqrt{49}+\sqrt{(-3)^2}$
② $(\sqrt{10})^2+(\sqrt{6})^2-(-\sqrt{3})^2$
③ $(\sqrt{3})^2-\sqrt{(-3)^2}+\sqrt{0.64}$
④ $\left(-\sqrt{\frac{3}{2}}\right)^2\div\sqrt{\left(-\frac{3}{4}\right)^2}$
⑤ $\left(\sqrt{\frac{1}{3}}\right)^2\div\sqrt{\left(-\frac{5}{3}\right)^2}\times(-\sqrt{4})^2$

중요 **17** $a-b>0$, $ab<0$일 때, $(\sqrt{a})^2+\sqrt{(-b)^2}-\sqrt{(2a-b)^2}$을 간단히 하면?

① $a$ ② $-a$ ③ $b$
④ $-b$ ⑤ $-2a+b$

**18** $1<a<2$일 때, $\sqrt{(a-1)^2}-\sqrt{(a-2)^2}$을 간단히 하면?

① $2a-3$ ② $-1$ ③ $1$
④ $2a+2$ ⑤ $2a+3$

아차! 돌다리 문제

**19** $\sqrt{35-x}$가 정수가 되도록 하는 자연수 $x$의 값 중에서 가장 큰 수를 $A$, 가장 작은 수를 $B$라 할 때, $A-B$의 값을 구하시오.

**20** $10<x<50$일 때, $\sqrt{2x}$가 자연수가 되도록 하는 자연수 $x$의 개수는?

① 1개 ② 2개 ③ 3개
④ 4개 ⑤ 5개

**21** 다음 보기 중 옳은 것을 모두 고른 것은?

보기
ㄱ. $\sqrt{(-5)^2}$의 제곱근은 $\sqrt{5}$이다.
ㄴ. $a<b$이면 $\sqrt{(a-b)^2}=a-b$이다.
ㄷ. 모든 양수의 제곱근의 합은 0이다.
ㄹ. $0<a<b$이면 $\sqrt{a}<\sqrt{b}$이다.

① ㄱ, ㄴ ② ㄱ, ㄹ ③ ㄴ, ㄷ
④ ㄴ, ㄹ ⑤ ㄷ, ㄹ

**22** 다음 수를 큰 수부터 차례로 나열할 때, 네 번째에 오는 수는?

$-\sqrt{0.2}$, $3$, $\sqrt{7}$, $0$, $-0.2$

① $-\sqrt{0.2}$ ② $3$ ③ $\sqrt{7}$
④ $0$ ⑤ $-0.2$

**23** $0<a<1$일 때, 다음 중 그 값이 가장 작은 것은?

① $\sqrt{\frac{1}{a}}$ ② $\sqrt{a}$ ③ $\frac{1}{a}$
④ $a$ ⑤ $a^2$

**24** $\sqrt{(\sqrt{3}-2)^2}+\sqrt{(1-\sqrt{3})^2}$을 간단히 하시오.

## Step3 만점! 도전 문제

**25** $0<a<1$일 때, $\sqrt{\left(a-\frac{1}{a}\right)^2}-\sqrt{\left(a+\frac{1}{a}\right)^2}$을 간단히 하시오.

**26** 서로 다른 두 개의 주사위를 동시에 던져서 나오는 두 눈의 수를 각각 $a$, $b$라 할 때, $\sqrt{40ab}$가 자연수가 될 확률은?

① $\frac{1}{18}$　② $\frac{1}{12}$　③ $\frac{1}{9}$
④ $\frac{1}{6}$　⑤ $\frac{1}{4}$

**27** 오른쪽 그림과 같은 직사각형을 두 개의 정사각형 A, B와 직사각형 C로 나누었을 때, A, B의 넓이는 각각 $20n$, $94-n$이다. 변의 길이가 모두 자연수일 때, 직사각형 C의 넓이를 구하시오.
(단, $n$은 자연수)

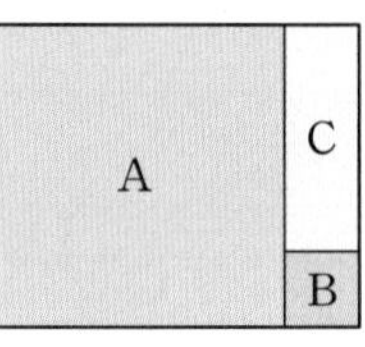


**28** 자연수 $x$에 대하여 $\sqrt{x}$ 이하의 자연수의 개수를 $N(x)$라 하자. 예를 들어 $1<\sqrt{2}<2$이므로 $N(2)=1$이다. 이때 $N(1)+N(2)+N(3)+\cdots+N(20)$의 값을 구하시오.

## 서술형 문제

**29** 두 수 $A$, $B$가 다음과 같을 때, $A+B$의 값을 구하시오. (단, 풀이 과정을 자세히 쓰시오.)

$$A=(\sqrt{3})^2-\sqrt{(-5)^2}\div\sqrt{0.25}$$
$$B=\sqrt{49}-\sqrt{(-11)^2}+\sqrt{4^2}\div\left(-\sqrt{\frac{4}{7}}\right)^2$$

풀이 과정

답

**30** $-1<x<3$일 때,
$\sqrt{(x-3)^2}+\sqrt{(-x+3)^2}+\sqrt{(x+1)^2}$을 간단히 하시오. (단, 풀이 과정을 자세히 쓰시오.)

풀이 과정

답

# 무리수와 실수

## ❶ 무리수와 실수

(1) 무리수: 유리수가 아닌 수, 즉 순환소수가 아닌 무한소수로 나타내어지는 수

주의 (무한소수)≠(무리수): 무한소수 중 순환소수는 유리수이다.

(2) 실수: 유리수와 무리수를 통틀어 실수라 한다.

(3) 실수의 분류

- 실수
  - 유리수
    - 정수
      - 양의 정수(자연수): 1, 2, 3, ⋯
      - 0
      - 음의 정수: −1, −2, −3, ⋯
    - 정수가 아닌 유리수: $\frac{1}{2}$, $-\frac{3}{5}$, 1.4, $0.\dot{8}$, ⋯
  - 무리수(유리수가 아닌 실수): $\sqrt{2}$, $-\sqrt{3}$, $\sqrt{\frac{1}{5}}$, $\pi$, ⋯

* 유리수와 무리수

| 유리수 | 무리수 |
|---|---|
| $\frac{(정수)}{(0이\ 아닌\ 정수)}$로 나타낼 수 있다. | $\frac{(정수)}{(0이\ 아닌\ 정수)}$로 나타낼 수 없다. |
| 유한소수, 순환소수 | 순환소수가 아닌 무한소수 |
| 근호가 없거나 벗겨지는 수 | 근호가 벗겨지지 않는 수 |
| 2, $\frac{1}{5}$, $0.\dot{3}$, $\sqrt{16}$ | 1.2345⋯, $\sqrt{2}$, $\pi$ |

**예제 1** 다음 수가 유리수이면 '유', 무리수이면 '무'를 ( ) 안에 쓰시오.

(1) $\frac{4}{3}$ ( ) (2) $-\sqrt{7}$ ( )

(3) $0.\dot{4}$ ( ) (4) $\sqrt{36}$ ( )

(5) 2.010010001⋯ ( ) (6) 0 ( )

## ❷ 무리수를 수직선 위에 나타내기

[무리수 $\sqrt{2}$와 $-\sqrt{2}$를 수직선 위에 나타내기]

❶ 수직선 위에 원점을 꼭짓점으로 하고 직각을 낀 두 변의 길이가 각각 1인 직각삼각형 AOB를 그린다.

➡ $\overline{OA}=\sqrt{1^2+1^2}=\sqrt{2}$

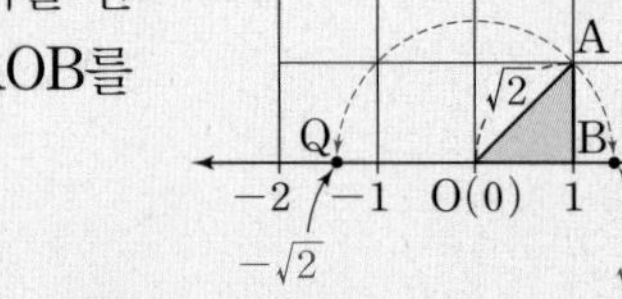


❷ 원점 O를 중심으로 하고 반지름의 길이가 $\overline{OA}$와 같은 원을 그릴 때 원과 수직선이 만나는 두 점 P, Q에 대응하는 수가 각각 $\sqrt{2}$, $-\sqrt{2}$이다.

* 무리수를 수직선 위에 나타내기

기준점을 중심으로 하고 반지름의 길이가 직각삼각형의 빗변의 길이 $\sqrt{a}$와 같은 원을 그렸을 때, 원과 수직선이 만나는 점에 대응하는 수가

(1) 기준점의 오른쪽에 있으면

➡ (기준점)$+\sqrt{a}$

(2) 기준점의 왼쪽에 있으면

➡ (기준점)$-\sqrt{a}$

**예제 2** 오른쪽 그림은 한 칸의 가로와 세로의 길이가 각각 1인 모눈종이 위에 수직선과 직각삼각형 AOB를 그린 것이다. $\overline{OA}=\overline{OP}=\overline{OQ}$라 할 때, 두 점 P, Q에 대응하는 수를 각각 구하시오.

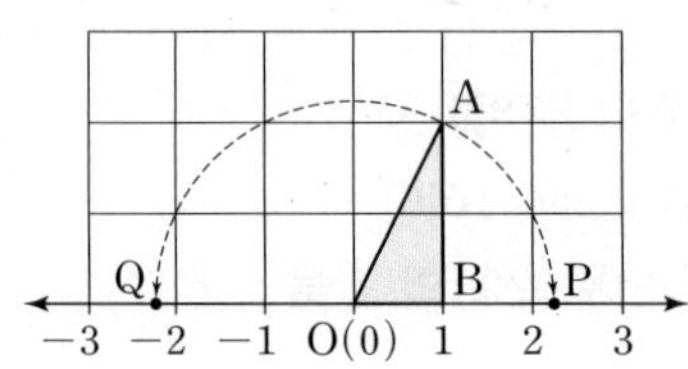

# 핵심 유형 익히기

**1** 다음 설명 중 옳은 것은 ○표, 옳지 않은 것은 ×표를 ( ) 안에 쓰시오.

(1) 근호가 있는 수는 모두 무리수이다. ( )

(2) 순환하는 무한소수는 유리수이다. ( )

(3) 무한소수는 무리수이다. ( )

(4) 양수의 제곱근 중 근호가 벗겨지지 않는 수는 무리수이다. ( )

• 소수의 분류

소수
- 유한소수 → 유리수
- 무한소수
  - 순환하는 무한소수(순환소수) → 유리수
  - 순환소수가 아닌 무한소수 → 무리수

**2** 다음 보기 중 유리수가 아닌 실수를 모두 고르시오.

• 보기 •

ㄱ. $\pi$　　ㄴ. 2.131313⋯　　ㄷ. $\sqrt{4}$의 양의 제곱근

ㄹ. 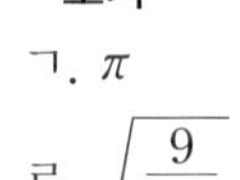 $\sqrt{\frac{9}{16}}$　　ㅁ. $\sqrt{3}-1$

• (무리수)+(유리수)=(무리수)
(무리수)−(유리수)=(무리수)

**3** 오른쪽 그림은 한 칸의 가로와 세로의 길이가 각각 1인 모눈종이 위에 수직선과 직각삼각형 AOB를 그린 것이다. $\overline{OA}=\overline{OC}$일 때, $\overline{OC}$의 길이와 점 C의 좌표를 각각 구하시오.

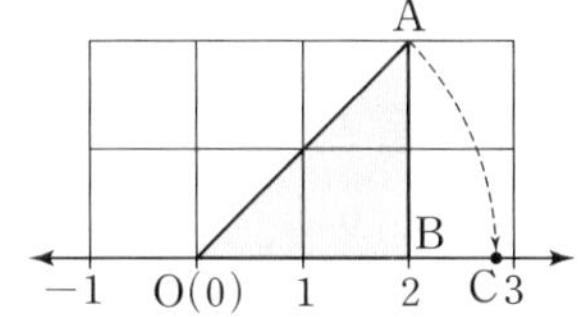


• 피타고라스 정리를 이용하여 직각삼각형의 빗변의 길이를 구한다.

**4** 다음 그림은 한 칸의 가로와 세로의 길이가 각각 1인 모눈종이 위에 수직선과 네 직각삼각형을 그린 것이다. $\overline{OA}=\overline{OP}$, $\overline{OB}=\overline{OR}$, $\overline{DC}=\overline{DQ}$, $\overline{DE}=\overline{DS}$일 때, 네 점 P, Q, R, S의 좌표를 각각 구하시오.

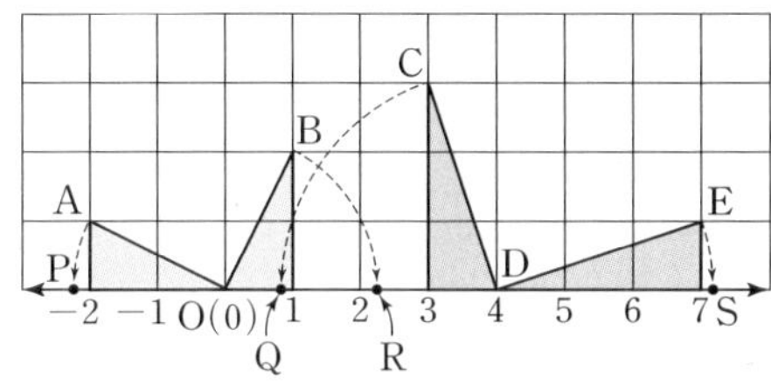


• 수직선에서 무리수의 좌표 구하기
직각삼각형의 빗변의 길이가 $\sqrt{a}$이면
기준점($p$) 오른쪽 ➡ $p+\sqrt{a}$, 왼쪽 ➡ $p-\sqrt{a}$

기초를 좀 더 다지려면~! 20쪽 »

# 실수의 대소 관계 / 제곱근표

## ① 실수와 수직선

(1) 모든 실수는 각각 수직선 위의 한 점에 대응하고, 또 수직선 위의 한 점에는 한 실수가 반드시 대응한다.
(2) 서로 다른 두 실수 사이에는 무수히 많은 실수가 있다.
(3) 수직선은 유리수와 무리수, 즉 실수에 대응하는 점들로 완전히 메울 수 있다.

* 실수와 수직선
(1) 서로 다른 두 유리수 사이에는 무수히 많은 유리수, 무리수가 있다.
(2) 서로 다른 두 무리수 사이에는 무수히 많은 유리수, 무리수가 있다.
(3) 유리수(또는 무리수)에 대응하는 점만으로 수직선을 완전히 메울 수 없다.

**예제 1** 다음 보기 중 옳지 않은 것을 모두 고르시오.

• 보기 •
ㄱ. 1과 2 사이에는 무수히 많은 무리수가 존재한다.
ㄴ. $\sqrt{3}$과 $\sqrt{6}$ 사이에는 무수히 많은 유리수가 존재한다.
ㄷ. 모든 실수와 수직선 위의 모든 점은 일대일로 대응된다.
ㄹ. $-5$와 $-\sqrt{20}$ 사이에는 무리수가 존재하지 않는다.

## ② 실수의 대소 관계

두 실수 $a$와 $b$의 대소 관계는 $a-b$의 부호로 판단한다.
(1) $a-b>0$이면 $a>b$ (2) $a-b=0$이면 $a=b$ (3) $a-b<0$이면 $a<b$

참고 두 실수에 같은 무리수가 있을 때는 부등식의 성질을 이용하여 두 실수의 대소를 비교할 수도 있다.

예 $4+\sqrt{5}$와 $2+\sqrt{5}$의 대소 비교
$4>2$이므로 양변에 $\sqrt{5}$를 더하면 $4+\sqrt{5}>2+\sqrt{5}$

* 세 실수의 대소 관계
세 실수 $a$, $b$, $c$에 대하여
$a<b$이고 $b<c$이면
➡ $a<b<c$

**예제 2** 다음 □ 안에 부등호 $>$, $<$ 중 알맞은 것을 쓰시오.

(1) $\sqrt{10}-1$ □ $3$ (2) $2-\sqrt{5}$ □ $-1$
(3) $\sqrt{8}+\sqrt{5}$ □ $3+\sqrt{5}$ (4) $-1+\sqrt{5}$ □ $\sqrt{7}-1$

## ③ 제곱근표

(1) 제곱근표: 1.00부터 9.99까지의 수는 0.01 간격으로, 10.0부터 99.9까지의 수는 0.1 간격으로 그 수의 양의 제곱근의 값을 소수점 아래 넷째 자리에서 반올림하여 나타낸 표
(2) 제곱근표 읽는 방법: 처음 두 자리 수의 가로줄과 끝자리 수의 세로줄이 만나는 칸에 적혀 있는 수를 읽는다.

* 제곱근표 읽는 방법

| 수 | 0 | 1 | 2 | 3 |
|---|---|---|---|---|
| 3.1 | 1.761 | 1.764 | 1.766 | 1.769 |
| 3.2 | 1.789 | 1.792 | 1.794 | 1.797 |
| 3.3 | 1.817 | 1.819 | 1.822 | 1.825 |

제곱근표를 이용하여 $\sqrt{3.21}$의 값을 구하면 제곱근표에서 3.2의 가로줄과 1의 세로줄이 만나는 칸에 적혀 있는 수, 즉 1.792이다.

**예제 3** 오른쪽 제곱근표를 이용하여 $\sqrt{6.05}$의 값을 구하시오.

| 수 | 4 | 5 | 6 | 7 |
|---|---|---|---|---|
| 5.9 | 2.437 | 2.439 | 2.441 | 2.443 |
| 6.0 | 2.458 | 2.460 | 2.462 | 2.464 |
| 6.1 | 2.478 | 2.480 | 2.482 | 2.484 |

**1** 다음 설명 중 옳지 <u>않은</u> 것을 모두 고르면? (정답 2개)

① 서로 다른 두 유리수 사이에는 무수히 많은 유리수가 있다.
② 서로 다른 두 정수 사이에는 또 다른 정수가 있다.
③ 서로 다른 두 실수 사이에는 무수히 많은 실수가 있다.
④ $\pi$는 수직선 위의 점에 대응시킬 수 있다.
⑤ 3과 4 사이에는 무리수가 없다.

**2** 다음 중 $\sqrt{6}$과 $\sqrt{17}$ 사이에 있는 실수가 <u>아닌</u> 것은?

① $\sqrt{6}+1$　② $\sqrt{17}-1$　③ $\dfrac{\sqrt{6}+\sqrt{17}}{2}$
④ $\sqrt{15}-3$　⑤ $\sqrt{10}$

● 두 실수 $a$와 $b$ 사이에 있는 실수 찾기
(1) 두 수 $a$와 $b$의 평균을 구한다.
(2) 두 수 $a$와 $b$의 범위를 구하여 주어진 수가 $a$와 $b$ 사이에 있는지 확인한다.

**3** 다음 수직선 위의 점 A, B, C, D, E 중 $1+\sqrt{3}$에 대응하는 점을 구하시오.

A　B　C　D　E
$-4$　$-3$　$-2$　$-1$　$0$　$1$　$2$　$3$　$4$　$5$

**4** 다음 중 두 수의 대소 관계가 옳은 것은?

① $\sqrt{5}-2<\sqrt{3}-2$　② $4-\sqrt{3}<3$　③ $5<\sqrt{3}+3$
④ $6<\sqrt{20}+1$　⑤ $2-\sqrt{3}>\sqrt{5}-\sqrt{3}$

**5** 다음 세 수 $a$, $b$, $c$의 대소 관계를 부등호로 바르게 나타낸 것은?

$a=2$,　$b=3-\sqrt{2}$,　$c=-\sqrt{2}+1$

① $c<b<a$　② $c<a<b$　③ $b<c<a$
④ $a<c<b$　⑤ $a<b<c$

● 세 실수 $a$, $b$, $c$의 대소 비교
세 실수를 두 개씩 비교하여 전체적인 대소 관계를 결정한다.
$a<b$이고 $b<c$ ➡ $a<b<c$

**6** 다음 제곱근표를 이용하여 제곱근의 값을 구하시오.

| 수 | 0 | 1 | 2 | 3 | 4 | 5 |
|---|---|---|---|---|---|---|
| 10 | 3.162 | 3.178 | 3.194 | 3.209 | 3.225 | 3.240 |
| 11 | 3.317 | 3.332 | 3.347 | 3.362 | 3.376 | 3.391 |
| 12 | 3.464 | 3.479 | 3.493 | 3.507 | 3.521 | 3.536 |
| 13 | 3.606 | 3.619 | 3.633 | 3.647 | 3.661 | 3.674 |

(1) $\sqrt{10.4}$　(2) $\sqrt{12.2}$　(3) $\sqrt{13.5}$

기초를 좀 더 다지려면~! 21쪽 »

# 기초 내공 다지기

## 03강 무리수와 실수

**1** 다음 네모 안에 들어 있는 수 중에서 무리수가 들어 있는 칸을 색칠하시오.

| | | | | |
|---|---|---|---|---|
| $2$ | $\sqrt{45}$ | $3.74$ | $\sqrt{60}$ | $0.\dot{3}$ |
| $\sqrt{3}\times\frac{1}{\sqrt{3}}$ | $\sqrt{0.4}$ | $\sqrt{8}$ | $\sqrt{3}+1$ | $-2$ |
| $\sqrt{30}$ | $\sqrt{3.6}$ | $\sqrt{36}$ | $\frac{49}{64}$ | $3.7$ |
| $\sqrt{110}$ | $\pi$ | $1-\sqrt{3}$ | $\sqrt{10}$ | $0.2\dot{4}$ |
| $\sqrt{(-2)^2}$ | $0.4\dot{8}$ | $\sqrt{0.3}$ | $\sqrt{17}$ | $\sqrt{3+8}$ |
| $6$ | $\sqrt{900}$ | $\sqrt{14}$ | $\sqrt{5}$ | $\sqrt{2}-\sqrt{3}$ |
| $\pi\times\frac{1}{\pi}$ | $0$ | $\pi-1$ | $2\sqrt{3}$ | $\sqrt{8.1}$ |
| $1.\dot{2}$ | $\frac{1}{8}$ | $3\sqrt{7}$ | $\sqrt{15}$ | $\sqrt{5+4}$ |
| $\frac{1}{2}$ | $\sqrt{\frac{3}{4}}$ | $\sqrt{\frac{3}{2}}$ | $\sqrt{13}-1$ | $\sqrt{100}$ |
| $\sqrt{144}$ | $\sqrt{16}$ | $\frac{1}{3}$ | $\sqrt{21}$ | $7$ |
| $\sqrt{121}$ | $\sqrt{7+2}$ | $\sqrt{625}$ | $\frac{7}{8}$ | $\sqrt{\frac{25}{64}}$ |
| $(\sqrt{7})^2$ | $\sqrt{49}$ | $\sqrt{13}$ | $\frac{1}{\sqrt{3}}$ | $\sqrt{64}$ |
| $\sqrt{400}$ | $\frac{1}{\sqrt{2}}$ | $0.2$ | $\sqrt{0.04}$ | $\sqrt{1.6}$ |
| $4$ | $0.75$ | $\sqrt{0.\dot{4}}$ | $8$ | $\sqrt{2}$ |
| $\sqrt{12}$ | $\sqrt{0.2}$ | $\sqrt{7}$ | $\pi-\sqrt{3}$ | $\sqrt{3+4}$ |
| $\sqrt{7.4}$ | $\sqrt{0.1}$ | $\sqrt{0.65}$ | $\sqrt{9+4}$ | $\sqrt{2}+\sqrt{3}$ |
| $\sqrt{5}+1$ | $\sqrt{2}+1$ | $\sqrt{\frac{2}{5}}$ | $\sqrt{19}$ | $\sqrt{25}$ |
| $\sqrt{0.81}$ | $\sqrt{4.9}$ | $(-\sqrt{3})^2$ | $\sqrt{\frac{9}{49}}$ | $\sqrt{14+2}$ |
| $\sqrt{1.4}$ | $\sqrt{20}$ | $1.14$ | $-\frac{49}{81}$ | $\frac{2}{3}$ |
| $\frac{1}{5}$ | $0.\dot{7}$ | $\frac{1}{\sqrt{8}}$ | $\sqrt{\frac{1}{2}}$ | $0.7\dot{8}$ |

**2** 다음 수에 대응하는 점을 수직선 위에 나타내시오.
(단, 모눈 한 칸의 가로와 세로의 길이는 각각 1이다.)

(1) $-\sqrt{2}$

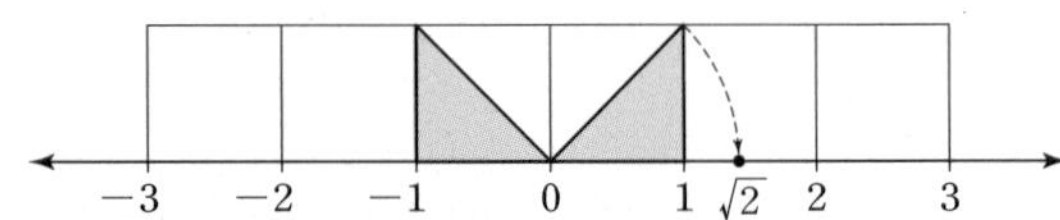

(2) $1+\sqrt{2}$, $1-\sqrt{2}$

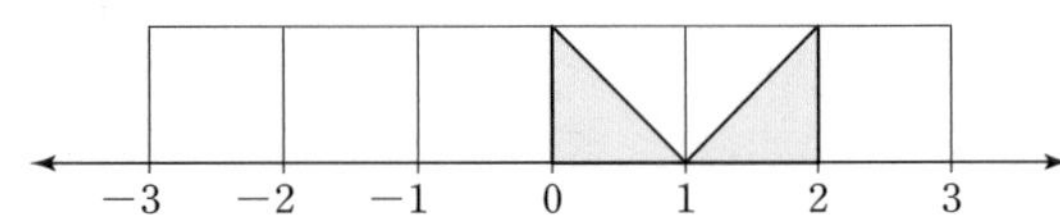

(3) $-4+\sqrt{5}$, $2-\sqrt{5}$

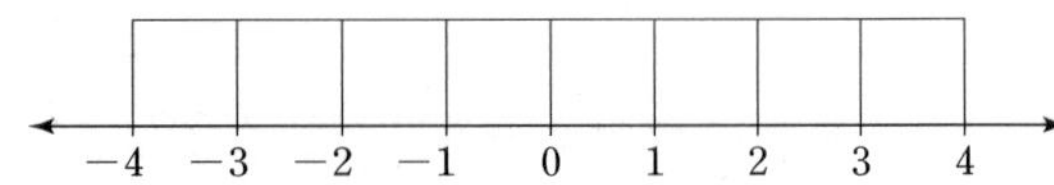

(4) $3-\sqrt{8}$, $4+\sqrt{8}$

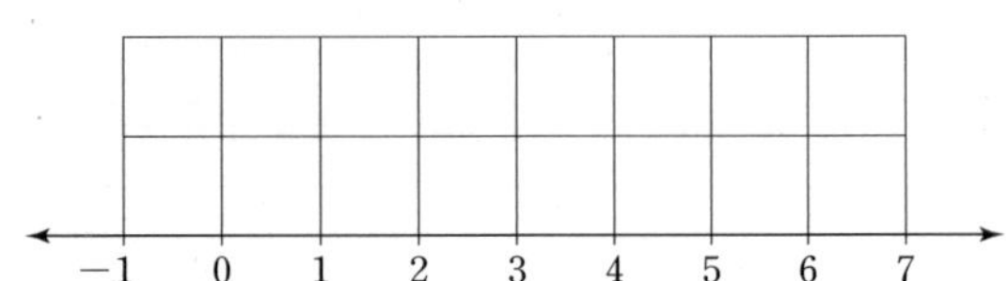

(5) $-1-\sqrt{13}$, $\sqrt{13}$

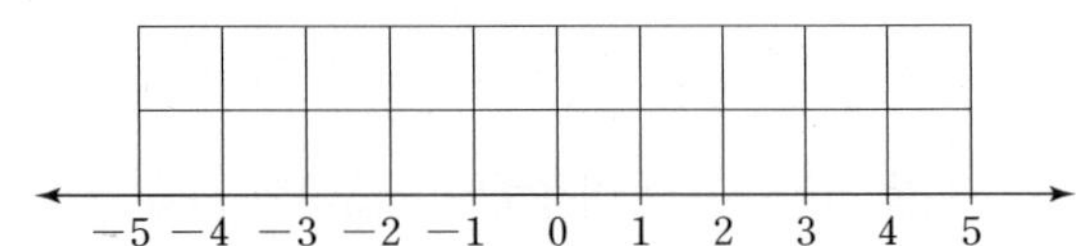

(6) $-3+\sqrt{17}$, $7-\sqrt{17}$

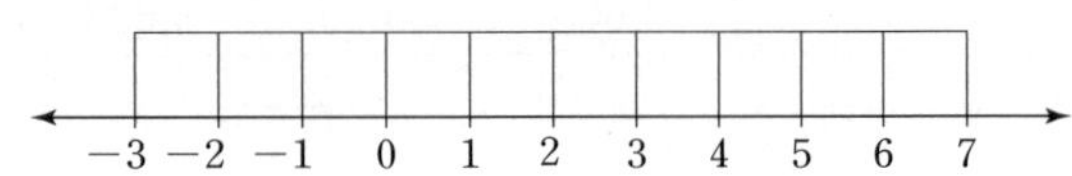

## 04강 실수의 대소 관계 / 제곱근표

**3** 다음 □ 안에 부등호 >, < 중 알맞은 것을 쓰시오.

(1) $4+\sqrt{2}$ □ $6$

(2) $6+\sqrt{7}$ □ $7$

(3) $4$ □ $5-\sqrt{3}$

(4) $3+\sqrt{5}$ □ $3+\sqrt{7}$

(5) $\sqrt{3}+4$ □ $\sqrt{17}+\sqrt{3}$

(6) $3-\sqrt{11}$ □ $\sqrt{5}-\sqrt{11}$

**4** 다음 세 수 $a$, $b$, $c$의 대소 관계를 부등호를 써서 나타내시오.

(1) $a=\sqrt{2}$, $b=\sqrt{3}$, $c=\sqrt{2}-2$

(2) $a=2+\sqrt{3}$, $b=\sqrt{5}+2$, $c=3$

(3) $a=\sqrt{3}+\sqrt{7}$, $b=-1-\sqrt{7}$, $c=2+\sqrt{7}$

(4) $a=3+\sqrt{3}$, $b=3-\sqrt{5}$, $c=\sqrt{3}-\sqrt{5}$

**[5~6]** 다음은 제곱근표의 일부이다. 물음에 답하시오.

| 수 | 0 | 1 | 2 | 3 | 4 |
|---|---|---|---|---|---|
| 55 | 7.416 | 7.423 | 7.430 | 7.436 | 7.443 |
| 56 | 7.483 | 7.490 | 7.497 | 7.503 | 7.510 |
| 57 | 7.550 | 7.556 | 7.563 | 7.570 | 7.576 |
| 58 | 7.616 | 7.622 | 7.629 | 7.635 | 7.642 |
| 59 | 7.681 | 7.688 | 7.694 | 7.701 | 7.707 |

**5** 위의 제곱근표를 이용하여 다음 제곱근의 값을 구하시오.

(1) $\sqrt{55.3}$

(2) $\sqrt{57.1}$

(3) $\sqrt{58.4}$

(4) $\sqrt{59.2}$

**6** 위의 제곱근표를 이용하여 $a$의 값을 구하시오.

(1) $\sqrt{a}=7.443$

(2) $\sqrt{a}=7.497$

(3) $\sqrt{a}=7.576$

(4) $\sqrt{a}=7.688$

내공 쌓는 족집게 문제

## Step 1 반드시 나오는 문제

**1** 다음 보기 중 무리수를 모두 고른 것은?

• 보기 •

ㄱ. $\sqrt{0.04}$ ㄴ. $\sqrt{0.1}$ ㄷ. $\pi$

ㄹ. $-\sqrt{\frac{25}{64}}$ ㅁ. $\sqrt{12}$ ㅂ. $0.45656\cdots$

① ㄱ, ㄴ, ㄷ ② ㄱ, ㄹ, ㅂ ③ ㄴ, ㄷ, ㅁ
④ ㄴ, ㄹ, ㅂ ⑤ ㄷ, ㄹ, ㅁ

**2** 다음 중 $\sqrt{3}$에 대한 설명으로 옳은 것을 모두 고르면? (정답 2개)

① 2보다 크고 4보다 작다.
② 정수가 아닌 유리수이다.
③ 순환소수가 아닌 무한소수이다.
④ 기약분수로 나타낼 수 있다.
⑤ $\sqrt{(-3)^2}$의 양의 제곱근이다.

**3** 다음 중 □ 안에 해당하는 수는?

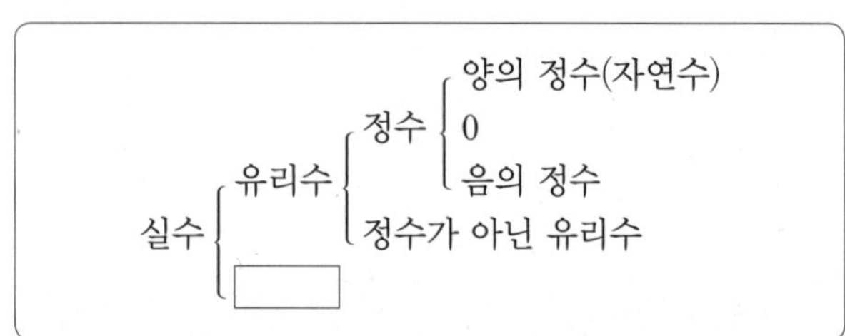


① $-\sqrt{16}$ ② $\sqrt{0.09}$ ③ $2.\dot{3}\dot{4}$
④ $\frac{2}{35}$ ⑤ $\sqrt{7}$

중요 **4** 다음 설명 중 옳지 않은 것은?

① 유리수와 무리수를 통틀어 실수라 한다.
② 유리수는 정수와 정수가 아닌 유리수로 이루어져 있다.
③ 정수는 양의 정수, 0, 음의 정수로 이루어져 있다.
④ 순환소수가 아닌 무한소수는 무리수이다.
⑤ 무한소수는 유리수가 아니다.

**5** 아래의 수 중에서 다음에 해당하는 수를 모두 찾으시오.

$0.8\dot{7}$, $\sqrt{0.4}$, $\sqrt{49}$, $0.1$, $4-\sqrt{4}$

(1) 유리수
(2) 무리수
(3) 실수

**6** 오른쪽 그림은 한 칸의 가로와 세로의 길이가 각각 1인 모눈종이 위에 수직선과 직각삼각형 ABC를 그린 것이다. $\overline{BA}=\overline{BP}$일 때, 점 P에 대응하는 수는?

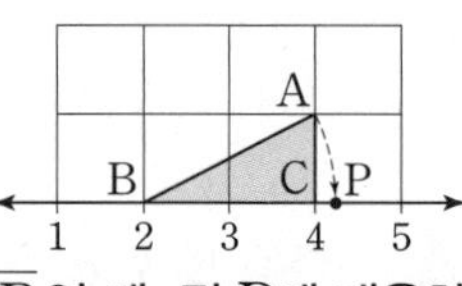


① $\sqrt{5}$ ② $1+\sqrt{5}$ ③ $2+\sqrt{5}$
④ $3+\sqrt{5}$ ⑤ $3-\sqrt{5}$

**7** 다음 그림과 같이 수직선 위에 한 변의 길이가 1인 정사각형이 4개 있을 때, $2-\sqrt{2}$에 대응하는 점을 구하시오.

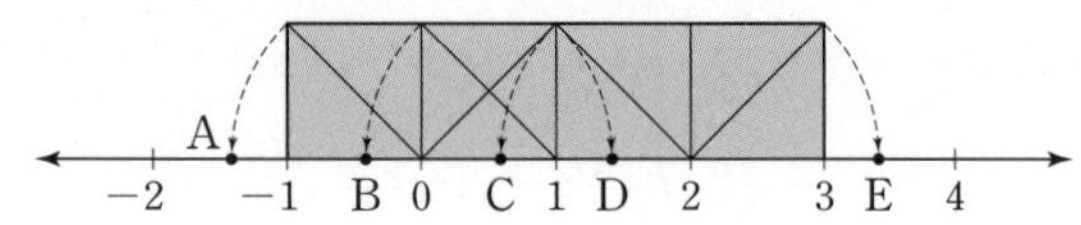

전국 중학교의 기출문제와 새로운 교육과정의 문제를 종합, 분석하여 핵심 문제만을 모았습니다.

아차! 돌다리 문제

**8** 다음 설명 중 옳지 않은 것을 모두 고르면? (정답 2개)

① $\sqrt{2}$와 2 사이에는 유리수가 존재한다.
② $\frac{1}{4}$과 $\frac{1}{2}$ 사이에는 무리수가 3개 있다.
③ 서로 다른 두 무리수 사이에는 무수히 많은 유리수가 존재한다.
④ $\sqrt{5}$와 $\sqrt{7}$ 사이의 무리수는 $\sqrt{6}$뿐이다.
⑤ 수직선은 유리수와 무리수에 대응하는 점으로 완전히 메워진다.

**9** 다음 중 $\sqrt{7}$과 $\sqrt{30}$ 사이에 있는 실수가 아닌 것은?

① $\sqrt{30}-4$　② $\sqrt{8}+1$　③ $\sqrt{21}$
④ $\frac{\sqrt{7}+\sqrt{30}}{2}$　⑤ 5

**10** 다음 수직선에서 $\sqrt{46}$에 대응하는 점이 존재하는 구간은?

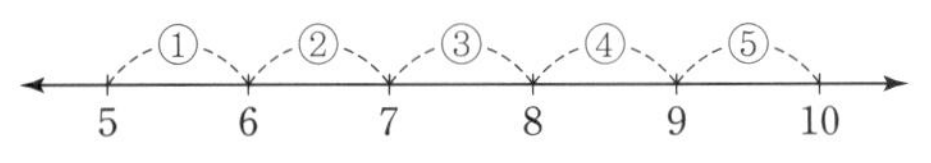


중요 **11** 다음 중 두 수의 대소 관계가 옳지 않은 것은?

① $2.3>\sqrt{0.01}+2$　② $4-\sqrt{3}<3$
③ $\sqrt{5}-7>\sqrt{3}-7$　④ $7+\sqrt{15}>\sqrt{15}+\sqrt{45}$
⑤ $\sqrt{5}-\sqrt{13}<2-\sqrt{13}$

**12** 세 수 $a=\sqrt{2}-1$, $b=\sqrt{2}+2$, $c=\sqrt{3}+\sqrt{2}$의 대소 관계를 부등호로 바르게 나타낸 것은?

① $c<a<b$　② $c<b<a$　③ $b<a<c$
④ $a<c<b$　⑤ $a<b<c$

**13** 다음 보기의 수를 작은 것부터 차례로 나열하시오.

보기
ㄱ. $\sqrt{0.64}-0.2$　ㄴ. $-\frac{1}{3}$
ㄷ. $3-\sqrt{3}$　ㄹ. $0.2$

**14** 다음 제곱근표에서 $\sqrt{2.23}$의 값은 $a$이고 $\sqrt{b}$의 값은 1.584일 때, $1000a-100b$의 값은?

| 수 | 0 | 1 | 2 | 3 | 4 |
|---|---|---|---|---|---|
| 2.1 | 1.449 | 1.453 | 1.456 | 1.459 | 1.463 |
| 2.2 | 1.483 | 1.487 | 1.490 | 1.493 | 1.497 |
| 2.3 | 1.517 | 1.520 | 1.523 | 1.526 | 1.530 |
| 2.4 | 1.549 | 1.552 | 1.556 | 1.559 | 1.562 |
| 2.5 | 1.581 | 1.584 | 1.587 | 1.591 | 1.594 |

① 1208　② 1216　③ 1225
④ 1237　⑤ 1242

## Step 2 자주 나오는 문제

**15** 다음 조건을 모두 만족시키는 자연수 $x$의 개수는?

• 조건 •
(가) $x$는 16보다 작은 자연수이다.
(나) $\sqrt{x}$는 무리수이다.

① 3개 ② 5개 ③ 10개
④ 12개 ⑤ 15개

**16** 다음 설명 중 옳은 것은?

① 무한소수는 모두 무리수이다.
② 유리수는 모두 유한소수이다.
③ 근호를 사용하여 나타낸 수는 모두 무리수이다.
④ 순환소수는 모두 유리수이다.
⑤ 모든 양수는 2개의 무리수인 제곱근을 갖는다.

**17** $a=\sqrt{3}$일 때, 다음 중 무리수인 것을 모두 고르면? (정답 2개)

① $a-3$ ② $-\sqrt{3}a$ ③ $3a$
④ $\sqrt{(-a)^4}$ ⑤ $a^2$

아차! 돌다리 문제

**18** 다음 그림에서 □ABCD는 한 변의 길이가 1인 정사각형이고, $\overline{CA}=\overline{CP}$, $\overline{BD}=\overline{BQ}$이다. 점 P에 대응하는 수가 $2-\sqrt{2}$일 때, 점 Q에 대응하는 수를 구하시오.

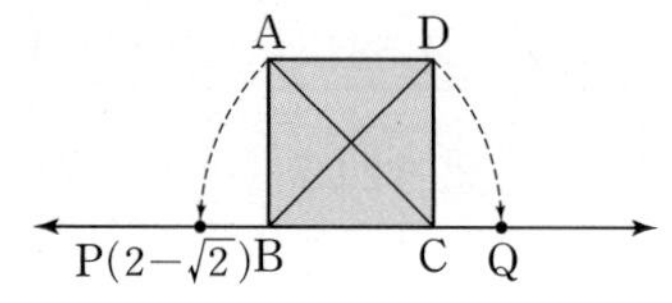


중요 **19** 다음 설명 중 옳지 않은 것은?

① $-\sqrt{3}$과 $\sqrt{10}$ 사이에는 5개의 정수가 있다.
② $1+\sqrt{2}$에 대응하는 점은 수직선 위에 나타낼 수 있다.
③ 유리수이면서 무리수인 수는 없다.
④ $\sqrt{2}$와 $\sqrt{3}$ 사이에는 무수히 많은 유리수가 존재한다.
⑤ 수직선 위의 모든 점은 유리수로 나타낼 수 있다.

아차! 돌다리 문제

**20** 다음은 수직선 위에 점 $A(-2-\sqrt{2})$, $B(-\sqrt{3})$, $C(-3+\sqrt{5})$, $D(1+\sqrt{3})$, $E(\sqrt{12})$를 나타낸 것인데 한 점의 위치가 바르지 않다. 이때 위치가 바르지 않은 점은?

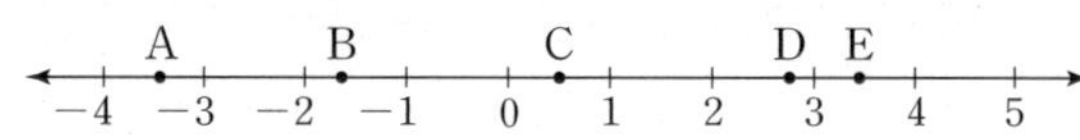


① A ② B ③ C
④ D ⑤ E

**21** 다음 중 수직선 위에 나타내었을 때, 가장 오른쪽에 있는 수는?

① $3+\sqrt{3}$ ② $\sqrt{3}-1$ ③ $-1-\sqrt{2}$
④ $\sqrt{3}-2$ ⑤ 4

## Step3 만점! 도전 문제

**22** $a$는 유리수이고, $b$는 무리수일 때, 다음 중 항상 무리수가 되는 것을 모두 고르면? (정답 2개)

① $a+b$ ② $ab$ ③ $b^2$
④ $b-a$ ⑤ $\frac{a}{b}$

**23** 다음 그림은 한 칸의 가로와 세로의 길이가 각각 1인 모눈종이 위에 수직선과 가로의 길이가 3, 세로의 길이가 1인 직사각형 ABCD를 그린 것이다. □ABCD의 두 대각선의 교점을 E라 하고, 점 B를 중심으로 하고 반지름의 길이가 $\overline{BE}$, $\overline{BD}$인 원을 그려 수직선과 점 B의 오른쪽에서 만나는 점을 각각 P, Q라 하자. 이때 두 점 P, Q의 좌표를 각각 구하시오.

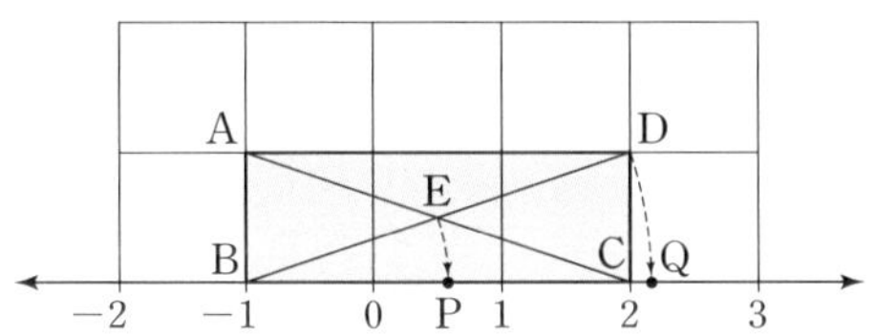


**24** 다음 그림과 같이 $\overline{AB}=1$, $\overline{BC}=2$인 직각삼각형 ABC를 수직선 위에서 오른쪽으로 한 바퀴를 굴렸더니 세 점 A, B, C가 각각 A′, B′, C′의 위치로 이동하였다. 점 C에 대응하는 수가 1일 때, 점 C′에 대응하는 수는?

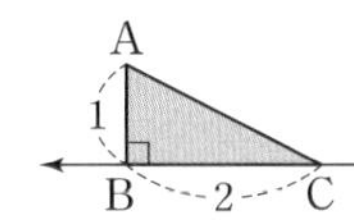


A′ B′ C′

① $1+\sqrt{5}$ ② $2+\sqrt{5}$ ③ $3+\sqrt{5}$
④ $4+\sqrt{5}$ ⑤ $5+\sqrt{5}$

## 서술형 문제

**25** 두 수 $7-\sqrt{7}$과 $7+\sqrt{7}$ 사이에 있는 모든 정수의 합을 구하시오. (단, 풀이 과정을 자세히 쓰시오.)

풀이 과정

답 ______

**26** 다음 그림은 한 칸의 가로와 세로의 길이가 각각 1인 모눈종이 위에 수직선과 두 직각삼각형 ABC, CED를 그린 것이다. $\overline{CA}=\overline{CP}$, $\overline{CD}=\overline{CQ}$일 때, 두 점 P, Q에 대응하는 수를 각각 구하시오.

(단, 풀이 과정을 자세히 쓰시오.)

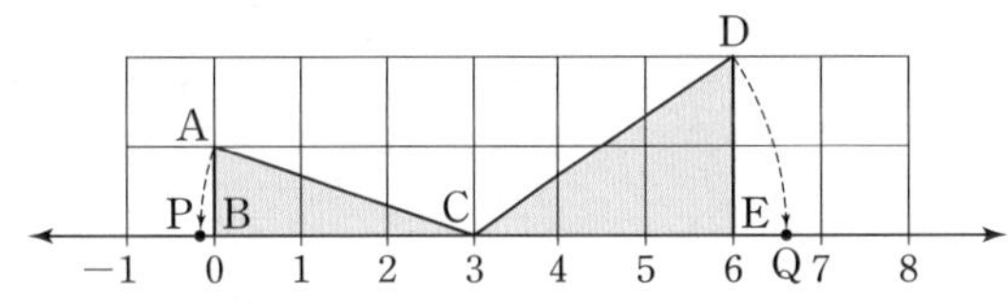


풀이 과정

답 ______

# 05강 제곱근의 곱셈과 나눗셈

## ① 제곱근의 곱셈과 나눗셈

$a>0$, $b>0$이고, $m$, $n$이 유리수일 때

(1) 제곱근의 곱셈: ① $\sqrt{a}\sqrt{b}=\sqrt{ab}$ ② $m\sqrt{a}\times n\sqrt{b}=mn\sqrt{ab}$

참고 $\sqrt{2}\times\sqrt{3}=\sqrt{2}\sqrt{3}$과 같이 곱셈 기호 ×를 생략하여 나타내기도 한다.

(2) 제곱근의 나눗셈: ① $\dfrac{\sqrt{a}}{\sqrt{b}}=\sqrt{\dfrac{a}{b}}$ ② $m\sqrt{a}\div n\sqrt{b}=\dfrac{m}{n}\sqrt{\dfrac{a}{b}}$

* 제곱근의 곱셈과 나눗셈

(1) $\sqrt{5}\sqrt{6}=\sqrt{5\times6}=\sqrt{30}$

$2\sqrt{2}\times4\sqrt{3}=(2\times4)\times\sqrt{2\times3}=8\sqrt{6}$

(2) $\sqrt{3}\div\sqrt{2}=\dfrac{\sqrt{3}}{\sqrt{2}}=\sqrt{\dfrac{3}{2}}$

$2\sqrt{2}\div3\sqrt{3}=\dfrac{2\sqrt{2}}{3\sqrt{3}}=\dfrac{2}{3}\sqrt{\dfrac{2}{3}}$

**예제 1** 다음을 간단히 하시오.

(1) $\sqrt{2}\times\sqrt{8}$ (2) $\sqrt{\dfrac{12}{5}}\times\sqrt{\dfrac{5}{6}}$ (3) $2\sqrt{3}\times3\sqrt{7}$

(4) $\dfrac{\sqrt{32}}{\sqrt{8}}$ (5) $\sqrt{18}\div\sqrt{3}$ (6) $12\sqrt{8}\div4\sqrt{2}$

## ② 근호가 있는 식의 변형

$a>0$, $b>0$일 때

(1) 근호 안의 수 꺼내기

① $\sqrt{a^2b}=\sqrt{a^2}\sqrt{b}=a\sqrt{b}$ ② $\sqrt{\dfrac{a}{b^2}}=\dfrac{\sqrt{a}}{\sqrt{b^2}}=\dfrac{\sqrt{a}}{b}$

참고 $a\sqrt{b}$ 꼴로 나타낼 때, 일반적으로 근호 안의 수는 가장 작은 자연수가 되도록 한다.

(2) 근호 밖의 수 넣기

① $a\sqrt{b}=\sqrt{a^2}\sqrt{b}=\sqrt{a^2b}$ ② $\dfrac{\sqrt{a}}{b}=\dfrac{\sqrt{a}}{\sqrt{b^2}}=\sqrt{\dfrac{a}{b^2}}$

* 근호가 있는 식의 변형

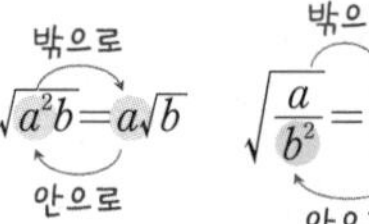


$\sqrt{a^2b}=a\sqrt{b}$ $\sqrt{\dfrac{a}{b^2}}=\dfrac{\sqrt{a}}{b}$

(1) $\sqrt{12}=\sqrt{2^2\times3}=\sqrt{2^2}\sqrt{3}=2\sqrt{3}$

$\sqrt{\dfrac{3}{4}}=\sqrt{\dfrac{3}{2^2}}=\dfrac{\sqrt{3}}{\sqrt{2^2}}=\dfrac{\sqrt{3}}{2}$

(2) $2\sqrt{3}=\sqrt{2^2}\sqrt{3}=\sqrt{2^2\times3}=\sqrt{12}$

$\dfrac{\sqrt{3}}{2}=\dfrac{\sqrt{3}}{\sqrt{2^2}}=\sqrt{\dfrac{3}{2^2}}=\sqrt{\dfrac{3}{4}}$

**예제 2** 다음에서 $\sqrt{a}$ 꼴로 나타내어진 것은 $b\sqrt{c}$ 꼴로, $b\sqrt{c}$ 꼴로 나타내어진 것은 $\sqrt{a}$ 꼴로 나타내시오. (단, $c$는 가장 작은 자연수)

(1) $\sqrt{20}$ (2) $\sqrt{27}$ (3) $\sqrt{\dfrac{5}{100}}$ (4) $\sqrt{\dfrac{7}{16}}$

(5) $2\sqrt{2}$ (6) $3\sqrt{2}$ (7) $\dfrac{\sqrt{3}}{4}$ (8) $\dfrac{\sqrt{5}}{3}$

## ③ 제곱근표에 없는 수의 제곱근의 값

제곱근표에 없는 수의 제곱근의 값은 $\sqrt{a^2b}=a\sqrt{b}$임을 이용하여 구한다.

(1) 100보다 큰 수: $\sqrt{100a}=10\sqrt{a}$, $\sqrt{10000a}=100\sqrt{a}$, …로 고친다.

(2) 0과 1 사이의 수: $\sqrt{\dfrac{a}{100}}=\dfrac{\sqrt{a}}{10}$, $\sqrt{\dfrac{a}{10000}}=\dfrac{\sqrt{a}}{100}$, …로 고친다.

* 제곱근표에 없는 수의 제곱근의 값 구하기

$\sqrt{3}=1.732$일 때

(1) $\sqrt{300}=\sqrt{3\times100}=10\sqrt{3}=17.32$

(2) $\sqrt{\dfrac{3}{100}}=\dfrac{\sqrt{3}}{10}=0.1732$

**예제 3** $\sqrt{2}=1.414$, $\sqrt{20}=4.472$일 때, 다음 제곱근의 값을 소수로 나타내시오.

(1) $\sqrt{200}$ (2) $\sqrt{200000}$ (3) $\sqrt{0.02}$

정답과 해설 8쪽

**1** 다음 보기 중 옳은 것을 모두 고르시오.

보기

ㄱ. $\sqrt{3}\times\sqrt{3}=9$　　ㄴ. $\dfrac{\sqrt{18}}{\sqrt{6}}=\sqrt{3}$　　ㄷ. $\sqrt{\dfrac{12}{7}}\sqrt{\dfrac{7}{3}}=\sqrt{2}$

ㄹ. $\sqrt{10}\div\sqrt{2}=5$　　ㅁ. $\sqrt{3}\sqrt{2}\sqrt{5}=\sqrt{10}$　　ㅂ. $\sqrt{5}\div\sqrt{10}\div\sqrt{2}=\dfrac{1}{2}$

**2** 다음 중 $a\sqrt{b}$ 꼴로 나타낸 것이 옳지 않은 것은? (단, $b$는 가장 작은 자연수)

① $\sqrt{12}=2\sqrt{3}$　② $\sqrt{125}=5\sqrt{5}$　③ $-\sqrt{45}=-3\sqrt{5}$
④ $\sqrt{108}=3\sqrt{6}$　⑤ $-\sqrt{1000}=-10\sqrt{10}$

• 근호 밖에 있는 $-$부호는 근호 밖에 그대로 두어야 한다.
$-3\sqrt{2}=\sqrt{(-3)^2\times2}=\sqrt{18}$ (×)
$-3\sqrt{2}=-\sqrt{3^2\times2}=-\sqrt{18}$ (○)

**3** $\sqrt{6}\times\sqrt{10}=a\sqrt{15}$를 만족시키는 유리수 $a$의 값을 구하시오.

**4** $a>0$, $b>0$일 때, $a\sqrt{b}=\sqrt{a^2b}$임을 이용하여 다음 수 중에서 가장 큰 수를 구하시오.

$4\sqrt{5}$,　$5\sqrt{2}$,　$3\sqrt{6}$,　$9\sqrt{\dfrac{1}{3}}$

**5** $\sqrt{5}=a$, $\sqrt{7}=b$일 때, 다음 수를 $a$, $b$를 사용하여 나타내시오.

(1) $\sqrt{175}$　　(2) $\sqrt{245}$

• 근호를 문자로 나타내는 방법
❶ 근호 안의 수를 소인수분해한다.
❷ 근호를 분리한다.
❸ 해당 문자로 표현한다.

**6** $\sqrt{6}=2.449$, $\sqrt{60}=7.746$일 때, $\sqrt{6000}$의 값은?

① 24.49　② 77.46　③ 244.9
④ 774.6　⑤ 2449

• $\sqrt{\ }$ 안의 수가 제곱근표에 없는 수일 때 소수점을 두 칸씩 앞 또는 뒤로 움직여 $\sqrt{a\times10^{2n}}$ 또는 $\sqrt{a\times\dfrac{1}{10^{2n}}}$ ($n$은 자연수) 꼴로 나타낸다. (단, $1\le a\le99.9$)

기초를 좀 더 다지려면~! 32쪽 »

# 06강 분모의 유리화

## ① 분모의 유리화

분모가 근호가 있는 무리수일 때, 분모와 분자에 0이 아닌 같은 수를 곱하여 분모를 유리수로 고치는 것을 분모의 유리화라 한다.

→ 분자에 근호가 있더라도 분모의 근호만을 분자와 분모에 곱하여 유리화한다.

(1) $a>0$일 때, $\dfrac{b}{\sqrt{a}}=\dfrac{b\times\sqrt{a}}{\sqrt{a}\times\sqrt{a}}=\dfrac{b\sqrt{a}}{a}$

(2) $a>0$, $b>0$일 때, $\dfrac{\sqrt{b}}{\sqrt{a}}=\dfrac{\sqrt{b}\times\sqrt{a}}{\sqrt{a}\times\sqrt{a}}=\dfrac{\sqrt{ab}}{a}$

참고 분모의 근호 안에 제곱인 인수가 있으면 $\sqrt{a^2b}=a\sqrt{b}$임을 이용하여 근호 안을 가장 작은 자연수로 만든 후 분모를 유리화한다.

* 분모의 유리화

(1) $\dfrac{2}{\sqrt{3}}=\dfrac{2\times\sqrt{3}}{\sqrt{3}\times\sqrt{3}}=\dfrac{2\sqrt{3}}{3}$

(2) $\dfrac{\sqrt{5}}{\sqrt{2}}=\dfrac{\sqrt{5}\times\sqrt{2}}{\sqrt{2}\times\sqrt{2}}=\dfrac{\sqrt{10}}{2}$

(3) $\dfrac{1}{\sqrt{12}}=\dfrac{1}{2\sqrt{3}}=\dfrac{1\times\sqrt{3}}{2\sqrt{3}\times\sqrt{3}}=\dfrac{\sqrt{3}}{6}$

(4) $\dfrac{5\sqrt{2}}{\sqrt{6}}=\dfrac{5}{\sqrt{3}}=\dfrac{5\times\sqrt{3}}{\sqrt{3}\times\sqrt{3}}=\dfrac{5\sqrt{3}}{3}$

**예제 1** 다음 수의 분모를 유리화하시오.

(1) $\dfrac{1}{\sqrt{3}}$　　(2) $-\dfrac{\sqrt{2}}{\sqrt{5}}$

(3) $\dfrac{5}{\sqrt{24}}$　　(4) $\dfrac{\sqrt{3}}{\sqrt{32}}$

**예제 2** $\dfrac{\sqrt{3}}{\sqrt{20}}$의 분모를 유리화하면 $\dfrac{\sqrt{15}}{x}$일 때, $x$의 값을 구하시오.

## ② 제곱근의 곱셈과 나눗셈의 혼합 계산

❶ 나눗셈은 역수의 곱셈으로 고친다.
❷ 앞에서부터 순서대로 계산한다.
❸ 제곱근의 성질과 분모의 유리화를 이용한다.

예 $\sqrt{7}\div\sqrt{\dfrac{7}{3}}\times\dfrac{4}{\sqrt{6}}=\sqrt{7}\times\sqrt{\dfrac{3}{7}}\times\dfrac{4}{\sqrt{6}}=\sqrt{7}\times\dfrac{\sqrt{3}}{\sqrt{7}}\times\dfrac{4}{\sqrt{6}}=\dfrac{4}{\sqrt{2}}=2\sqrt{2}$

나눗셈을 곱셈으로　　분모를 유리화

* 제곱근의 곱셈과 나눗셈의 도형에의 활용

변의 길이가 무리수인 도형의 넓이, 부피를 구할 때는
❶ 넓이, 부피를 구하는 공식을 이용하여 식을 세운다.
❷ 제곱근의 성질과 분모의 유리화를 이용한다.

**예제 3** 다음을 계산하시오.

(1) $8\sqrt{2}\times(-3\sqrt{6})\div4\sqrt{3}$　　(2) $5\sqrt{2}\times\sqrt{27}\div\sqrt{3}$

(3) $\dfrac{4}{\sqrt{3}}\times\dfrac{2}{\sqrt{2}}\div\sqrt{\dfrac{9}{8}}$　　(4) $\dfrac{3\sqrt{6}}{\sqrt{2}}\div\dfrac{\sqrt{3}}{2\sqrt{5}}\times\dfrac{\sqrt{7}}{\sqrt{12}}$

**예제 4** $\sqrt{32}\times\sqrt{18}\div\sqrt{6}\times\sqrt{2}=a\sqrt{3}$을 만족시키는 유리수 $a$의 값을 구하시오.

# 핵심 유형 익히기

**1** $\dfrac{\sqrt{33}}{2\sqrt{54}}$의 분모를 유리화하면 $\dfrac{\sqrt{b}}{a}$일 때, 자연수 $a$, $b$에 대하여 $a+b$의 값은?

(단, $b$는 가장 작은 자연수)

① 17 ② 24 ③ 30
④ 34 ⑤ 41

- 분모를 유리화하기 전에
  (1) $\sqrt{\ }$ 안의 수를 가능한 한 가장 작은 자연수로 만든다.
  (2) 분수가 약분이 되면 먼저 약분하여 간단히 한다.

**2** 다음을 계산하시오.

(1) $\dfrac{5}{\sqrt{18}}\times\sqrt{\dfrac{2}{3}}$ (2) $\sqrt{\dfrac{6}{5}}\div\sqrt{\dfrac{7}{15}}$

- 제곱근이 있는 식의 곱셈과 나눗셈
  (1) 분모를 유리화하기 전에 나눗셈을 곱셈으로 바꾸고, 근호 밖의 수끼리, 근호 안의 수끼리 계산한다.
  (2) 분모를 유리화하고, 제곱인 인수는 근호 밖으로 꺼내어 간단히 한다.

**3** $\dfrac{7}{\sqrt{2}}\div\sqrt{6}\times\sqrt{\dfrac{12}{7}}=a$, $\dfrac{\sqrt{2}}{3}\div\dfrac{2}{3\sqrt{3}}\div\dfrac{\sqrt{21}}{2}=b$일 때, $ab$의 값은?

① $\sqrt{2}$ ② $\sqrt{7}$ ③ $3\sqrt{2}$
④ $2\sqrt{6}$ ⑤ $3\sqrt{7}$

**4** 오른쪽 그림과 같이 밑면의 가로의 길이가 $\sqrt{15}\,\text{cm}$, 세로의 길이가 $3\sqrt{3}\,\text{cm}$인 직육면체의 부피가 $27\sqrt{5}\,\text{cm}^3$일 때, 이 직육면체의 높이는?

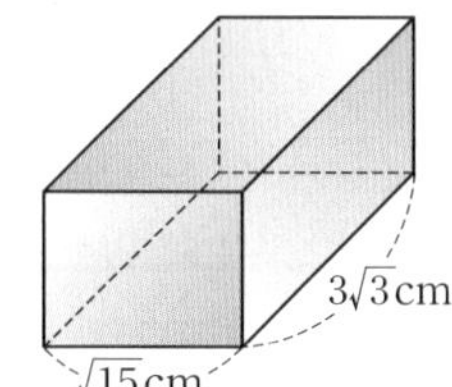


① 1 cm ② $\sqrt{3}$ cm
③ $\sqrt{5}$ cm ④ 3 cm
⑤ $2\sqrt{3}$ cm

- 도형에서의 길이, 넓이, 부피 등을 구할 때는 조건에 맞게 식을 세운 후, 제곱근의 곱셈과 나눗셈을 이용한다.

**5** 오른쪽 그림과 같이 밑변의 길이가 $\sqrt{12}$, 높이가 $\sqrt{10}$인 삼각형과 넓이가 같은 직사각형의 가로의 길이가 $\sqrt{5}$일 때, 세로의 길이 $x$의 값을 구하시오.

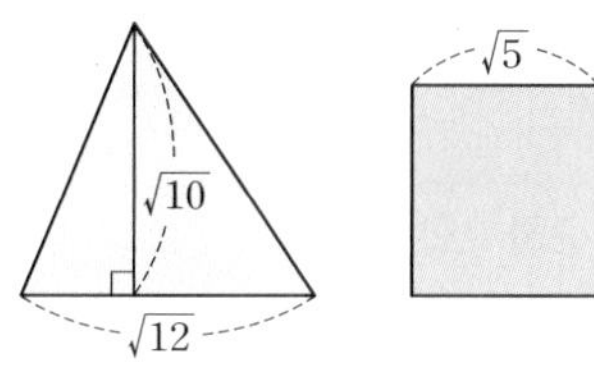


기초를 좀 더 다지려면~! 33쪽 »

# 07강 제곱근의 덧셈과 뺄셈

## ❶ 제곱근의 덧셈과 뺄셈

$l$, $m$, $n$이 유리수이고, $a>0$일 때

(1) $m\sqrt{a}+n\sqrt{a}=(m+n)\sqrt{a}$

(2) $m\sqrt{a}-n\sqrt{a}=(m-n)\sqrt{a}$

(3) $m\sqrt{a}+n\sqrt{a}-l\sqrt{a}=(m+n-l)\sqrt{a}$

주의 $\sqrt{2}+\sqrt{3}$과 같이 근호 안의 수가 같지 않으면 더 이상 간단히 할 수 없다.
➡ $\sqrt{2}+\sqrt{3}\neq\sqrt{2+3}$, $\sqrt{3}-\sqrt{2}\neq\sqrt{3-2}$

* 제곱근의 덧셈과 뺄셈

근호 안의 수가 같은 것을 하나의 문자로 생각하여 다항식의 덧셈과 뺄셈에서 동류항끼리 모아서 계산하듯이 근호 안의 수가 같은 것끼리 모아서 계산한다.

$2\sqrt{2}+3\sqrt{2}=(2+3)\sqrt{2}=5\sqrt{2}$

$2x+3x=(2+3)x=5x$

**예제 1** 다음을 계산하시오.

(1) $8\sqrt{3}+5\sqrt{3}$ (2) $4\sqrt{5}-\sqrt{20}$

(3) $3\sqrt{2}+7\sqrt{2}-8\sqrt{2}$ (4) $\sqrt{48}-\sqrt{7}+5\sqrt{3}+6\sqrt{7}$

## ❷ 근호가 있는 식의 분배법칙

$a>0$, $b>0$, $c>0$일 때

(1) $\sqrt{a}(\sqrt{b}+\sqrt{c})=\sqrt{a}\sqrt{b}+\sqrt{a}\sqrt{c}=\sqrt{ab}+\sqrt{ac}$

(2) $(\sqrt{a}+\sqrt{b})\sqrt{c}=\sqrt{a}\sqrt{c}+\sqrt{b}\sqrt{c}=\sqrt{ac}+\sqrt{bc}$

(3) $\dfrac{\sqrt{a}+\sqrt{b}}{\sqrt{c}}=\dfrac{(\sqrt{a}+\sqrt{b})\times\sqrt{c}}{\sqrt{c}\times\sqrt{c}}=\dfrac{\sqrt{ac}+\sqrt{bc}}{c}$

* 근호를 포함한 식의 혼합 계산

❶ 괄호가 있으면 분배법칙을 이용하여 괄호를 푼다.

❷ 분모에 무리수가 있으면 분모를 유리화한다.

❸ 곱셈, 나눗셈을 먼저 한 후, 덧셈, 뺄셈을 한다.

**예제 2** 다음을 계산하시오.

(1) $\sqrt{2}(\sqrt{3}+\sqrt{5})$ (2) $(\sqrt{7}-\sqrt{6})\sqrt{3}$

(3) $\sqrt{2}+\sqrt{5}(\sqrt{5}-\sqrt{10})$ (4) $\dfrac{\sqrt{3}-\sqrt{2}}{\sqrt{5}}$

## ❸ 무리수의 정수 부분과 소수 부분

(1) 무리수는 순환소수가 아닌 무한소수이므로 정수 부분과 소수 부분으로 나눌 수 있다.
→ $0<$(소수 부분)$<1$

(2) 소수 부분은 무리수에서 정수 부분을 빼서 표현한다.

(소수 부분)=(무리수)−(정수 부분)

예 $1<\sqrt{3}<2$이므로 $\sqrt{3}$의 정수 부분 ➡ 1, $\sqrt{3}$의 소수 부분 ➡ $\sqrt{3}-1$

* 무리수 $\sqrt{a}$의 정수 부분, 소수 부분

$\sqrt{a}$가 무리수이고 $n$이 정수일 때, $n<\sqrt{a}<n+1$이면

(1) $\sqrt{a}$의 정수 부분: $n$

(2) $\sqrt{a}$의 소수 부분: $\sqrt{a}-n$ (정수 부분)

**예제 3** 다음 수의 정수 부분과 소수 부분을 구하시오.

(1) $\sqrt{5}$ (2) $\sqrt{11}$

**1** 다음 중 옳지 않은 것은?

① $4\sqrt{7}+\sqrt{7}=5\sqrt{7}$　② $\sqrt{2}-\sqrt{8}=-\sqrt{6}$　③ $\sqrt{20}+\sqrt{5}=3\sqrt{5}$
④ $\sqrt{27}-\sqrt{3}=2\sqrt{3}$　⑤ $\sqrt{72}+\sqrt{32}=10\sqrt{2}$

**2** $4a-2\sqrt{5}+a\sqrt{5}+1$이 유리수가 되도록 하는 유리수 $a$의 값을 구하시오.

• 제곱근의 계산 결과가 유리수가 될 조건
$m$, $n$이 유리수이고 $\sqrt{a}$가 무리수일 때, $m+n\sqrt{a}$가 유리수가 되려면
➡ $n\sqrt{a}=0$
➡ $n=0$

**3** 다음을 계산하시오.

(1) $\sqrt{2}(3-\sqrt{6})+\sqrt{3}(5-\sqrt{6})$

(2) $\dfrac{\sqrt{18}+\sqrt{2}}{\sqrt{2}}-\dfrac{\sqrt{27}+\sqrt{3}}{\sqrt{3}}$

(3) $2\sqrt{3}(2-\sqrt{8})+\dfrac{4\sqrt{3}+\sqrt{6}}{5\sqrt{2}}$

**4** 오른쪽 그림과 같은 사다리꼴의 넓이는?

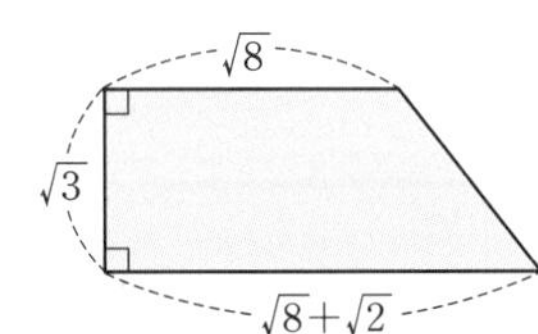


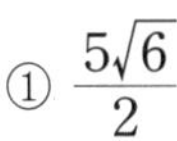
① $\dfrac{5\sqrt{6}}{2}$　② $5\sqrt{6}$
③ $2\sqrt{6}+\sqrt{2}$　④ $4\sqrt{6}+2\sqrt{3}$
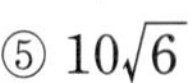
⑤ $10\sqrt{6}$

• 평면도형 또는 입체도형이 주어지면 길이, 넓이, 부피를 구하는 공식을 이용하여 알맞은 식을 세운 후, 제곱근의 덧셈과 뺄셈을 하여 식을 간단히 한다.

**5** 다음을 구하시오.

(1) $5+\sqrt{2}$의 정수 부분을 $a$, 소수 부분을 $b$라 할 때, $a-b$의 값

(2) $5-\sqrt{13}$의 정수 부분을 $a$, 소수 부분을 $b$라 할 때, $a-2b$의 값

기초를 좀 더 다지려면~! 33쪽 »

# 기초 내공 다지기

## 05강 제곱근의 곱셈과 나눗셈

**1** 다음 식을 간단히 하시오.

(1) $\sqrt{4}\sqrt{9}$

(2) $\sqrt{10}\sqrt{\dfrac{1}{5}}$

(3) $2\sqrt{6}\times2\sqrt{5}$

(4) $3\sqrt{2}\times(-2\sqrt{7})$

(5) $\sqrt{21}\div\sqrt{3}$

(6) $\sqrt{\dfrac{4}{7}}\div\sqrt{\dfrac{4}{21}}$

(7) $2\sqrt{8}\div4\sqrt{32}$

(8) $-4\sqrt{6}\div3\sqrt{3}$

**2** 다음 수를 $a\sqrt{b}$ 꼴로 나타내시오.

(단, $b$는 가장 작은 자연수)

(1) $\sqrt{98}$

(2) $\sqrt{216}$

(3) $\sqrt{\dfrac{5}{144}}$

(4) $\sqrt{0.13}$

**3** 다음 수를 $\sqrt{a}$ 꼴로 나타내시오.

(1) $2\sqrt{13}$

(2) $3\sqrt{7}$

(3) $\dfrac{\sqrt{6}}{4}$

(4) $\dfrac{\sqrt{54}}{3}$

**4** $\sqrt{5}=2.236$일 때, 다음 제곱근의 값을 소수로 나타내시오.

(1) $\sqrt{500}$

(2) $\sqrt{0.05}$

(3) $\sqrt{0.0005}$

**5** $\sqrt{2.3}=1.517$, $\sqrt{23}=4.796$일 때, 다음 제곱근의 값을 소수로 나타내시오.

(1) $\sqrt{2300}$

(2) $\sqrt{230}$

(3) $\sqrt{0.23}$

(4) $\sqrt{0.023}$

## 06강 분모의 유리화

**6** 다음 수의 분모를 유리화하시오.

(1) $\dfrac{5}{\sqrt{5}}$

(2) $\dfrac{\sqrt{2}}{\sqrt{7}}$

(3) $\dfrac{3\sqrt{5}}{\sqrt{10}}$

(4) $-\dfrac{12}{6\sqrt{3}}$

(5) $\dfrac{\sqrt{3}}{2\sqrt{5}}$

(6) $\dfrac{4\sqrt{7}}{\sqrt{27}}$

**7** 다음을 계산하시오.

(1) $3\sqrt{5}\times6\sqrt{3}\div4\sqrt{15}$

(2) $\sqrt{12}\div\sqrt{16}\times\sqrt{20}$

(3) $3\sqrt{2}\div\sqrt{6}\times\sqrt{2}$

(4) $\sqrt{32}\times\sqrt{18}\div\sqrt{6}$

(5) $\dfrac{\sqrt{15}}{2\sqrt{2}}\div\dfrac{\sqrt{3}}{\sqrt{8}}\times(-\sqrt{35})$

(6) $\dfrac{\sqrt{8}}{\sqrt{27}}\times\dfrac{\sqrt{75}}{\sqrt{2}}\div\dfrac{\sqrt{32}}{\sqrt{3}}$

## 07강 제곱근의 덧셈과 뺄셈

**8** 다음을 계산하시오.

(1) $\sqrt{24}+\sqrt{6}$

(2) $\sqrt{108}+\sqrt{75}$

(3) $\sqrt{27}-\sqrt{3}$

(4) $\sqrt{28}-\dfrac{2}{\sqrt{7}}$

(5) $\sqrt{3}(\sqrt{8}+3\sqrt{2})$

(6) $\dfrac{\sqrt{60}-\sqrt{120}}{\sqrt{15}}$

(7) $3\sqrt{2}+\sqrt{50}-\dfrac{24}{\sqrt{2}}$

(8) $\sqrt{80}-\sqrt{45}+2\sqrt{5}$

(9) $\sqrt{2}\times\sqrt{12}-4\div\sqrt{6}$

(10) $\sqrt{3}(2-\sqrt{6})+\sqrt{2}(5-\sqrt{2})$

(11) $2\sqrt{3}\left(3\sqrt{2}-\dfrac{1}{\sqrt{3}}\right)-4\sqrt{2}\left(\sqrt{2}+\dfrac{\sqrt{3}}{2}\right)$

(12) $\dfrac{2}{\sqrt{5}}(\sqrt{2}+\sqrt{5})-\dfrac{1}{\sqrt{7}}\left(\sqrt{63}-\dfrac{3\sqrt{70}}{5}\right)$

(13) $\sqrt{5}(\sqrt{5}-2)+\dfrac{\sqrt{60}-2\sqrt{3}}{\sqrt{3}}$

(14) $\sqrt{12}(\sqrt{2}-\sqrt{3})-\dfrac{8\sqrt{3}-\sqrt{50}}{\sqrt{2}}$

# 내공 쌓는 족집게 문제

## Step 1 반드시 나오는 문제

**1** 다음 중 옳지 않은 것은?

① $\sqrt{40} \div \frac{\sqrt{5}}{\sqrt{3}} = 2\sqrt{6}$　② $-4\sqrt{2} \times 2\sqrt{7} = -8\sqrt{14}$

③ $\sqrt{\frac{2}{3}} \div \frac{\sqrt{2}}{\sqrt{6}} = \sqrt{2}$　④ $3\sqrt{15} \times 4\sqrt{\frac{2}{5}} = 12\sqrt{6}$

⑤ $5\sqrt{2} \times \left(-\frac{\sqrt{2}}{5}\right) = -1$

**2** $\sqrt{108} = a\sqrt{3}$, $3\sqrt{7} = \sqrt{b}$일 때, $a+b$의 값은?

① 67　② 68　③ 69
④ 70　⑤ 72

아차! 돌다리 문제

**3** $\sqrt{2} = a$, $\sqrt{3} = b$일 때, $\sqrt{72}$를 $a$, $b$를 사용하여 나타내면?

① $a^2b$　② $ab^2$　③ $2ab$
④ $a^2b^3$　⑤ $a^3b^2$

**4** 다음 수 중에서 가장 큰 수를 구하시오.

$$\frac{4}{5},\quad \frac{\sqrt{4}}{5},\quad \frac{4}{\sqrt{5}},\quad \sqrt{\frac{4}{5}}$$

**5** 다음 제곱근표를 이용하여 $\sqrt{6.21}$의 값을 구하시오.

| 수 | 0 | 1 | 2 | 3 | 4 |
|---|---|---|---|---|---|
| 6.0 | 2.449 | 2.452 | 2.454 | 2.456 | 2.458 |
| 6.1 | 2.470 | 2.472 | 2.474 | 2.476 | 2.478 |
| 6.2 | 2.490 | 2.492 | 2.494 | 2.496 | 2.498 |

중요 **6** $\sqrt{8} = 2.828$, $\sqrt{80} = 8.944$일 때, 다음 중 옳지 않은 것은?

① $\sqrt{800} = 28.28$　② $\sqrt{8000} = 89.44$
③ $\sqrt{80000} = 282.8$　④ $\sqrt{0.08} = 0.2828$
⑤ $\sqrt{0.008} = 0.8944$

**7** 오른쪽 그림과 같이 밑면의 반지름의 길이가 $2\sqrt{3}$ cm인 원뿔의 부피가 $12\sqrt{2}\pi$ cm$^3$일 때, 이 원뿔의 높이는?

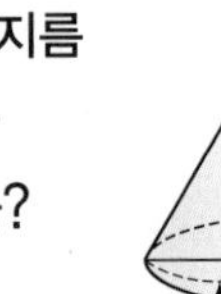


① $2\sqrt{2}$ cm　② 4 cm
③ $3\sqrt{2}$ cm　④ $2\sqrt{6}$ cm
⑤ 6 cm

**8** 다음 그림과 같이 밑변의 길이와 높이가 각각 $x$ cm, $\sqrt{20}$ cm인 삼각형과 밑변의 길이와 높이가 각각 $\sqrt{30}$ cm, $\sqrt{18}$ cm인 평행사변형의 넓이가 서로 같을 때, $x$의 값을 구하시오.

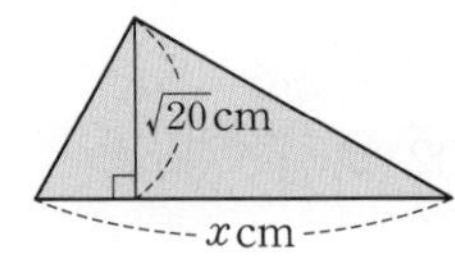


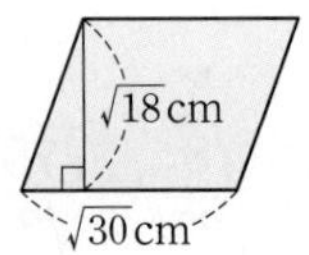

전국 중학교의 기출문제와 새로운 교육과정의 문제를 종합, 분석하여 핵심 문제만을 모았습니다.

**9** $\sqrt{72}-a\sqrt{2}+\sqrt{50}=3\sqrt{2}$일 때, 자연수 $a$의 값은?

① 6 ② 7 ③ 8
④ 9 ⑤ 10

**10** $\dfrac{\sqrt{3}-\sqrt{2}}{\sqrt{6}}$의 분모를 유리화하면?

① $\dfrac{3\sqrt{2}-2\sqrt{3}}{2}$ ② $\dfrac{3\sqrt{2}-\sqrt{3}}{3}$ ③ $\dfrac{3\sqrt{2}-1}{3}$
④ $\dfrac{\sqrt{3}-\sqrt{2}}{6}$ ⑤ $\dfrac{3\sqrt{2}-2\sqrt{3}}{6}$

**11** $6\sqrt{2}\times(-2\sqrt{3})\div\dfrac{2}{3}+10\sqrt{6}$을 계산하면?

① $-8\sqrt{6}$ ② $-2\sqrt{6}$ ③ $-\sqrt{6}$
④ $4\sqrt{6}$ ⑤ $8\sqrt{6}$

중요 **12** $3+\sqrt{5}$의 정수 부분을 $a$, 소수 부분을 $b$라 할 때, $2a-b$의 값을 구하시오.

## Step2 자주 나오는 문제

**13** $\sqrt{2}\times\sqrt{3}\times\sqrt{4}\times\sqrt{5}\times\sqrt{6}\times\sqrt{7}=a\sqrt{35}$일 때, 유리수 $a$의 값은?

① 4 ② 8 ③ 12
④ 16 ⑤ 20

아차! 돌다리 문제

**14** $a>0$, $b>0$이고 $\sqrt{ab}=6$일 때, $a\sqrt{\dfrac{b}{a}}+b\sqrt{\dfrac{a}{b}}$의 값은?

① $2\sqrt{3}$ ② $2\sqrt{6}$ ③ 6
④ $3\sqrt{6}$ ⑤ 12

**15** 진공 상태에서 물체를 가만히 떨어트렸을 때, 처음 높이를 $h$ m, 지면에 떨어지기 직전의 속력을 $v$ m/s라 하면 $v=\sqrt{2\times9.8\times h}$ 의 관계가 성립한다. 높이가 500 m인 곳에서 물체를 가만히 떨어트렸을 때, 지면에 떨어지기 직전의 속력을 구하시오. (단, $\sqrt{9.8}=3.130$, $\sqrt{98}=9.899$)

**16** $\sqrt{10}=3.162$일 때, $\dfrac{\sqrt{5}}{5\sqrt{2}}$의 값은?

① 0.2165 ② 0.3162 ③ 0.7905
④ 0.8254 ⑤ 0.9672

**17** 두 수 $\frac{2\sqrt{2}}{\sqrt{5}}$, $\frac{5}{\sqrt{48}}$의 분모를 유리화하면 각각 $a\sqrt{10}$, $b\sqrt{3}$일 때, 유리수 $a$, $b$에 대하여 $\sqrt{ab}$의 값은?

① $\frac{\sqrt{6}}{6}$ ② $\frac{\sqrt{6}}{3}$ ③ $\frac{\sqrt{6}}{2}$
④ $\frac{2\sqrt{6}}{3}$ ⑤ $\sqrt{6}$

**18** $A$, $B$가 다음과 같을 때, $\frac{A}{B}$의 값은?

$$A=7\sqrt{2}\div\sqrt{6}\times3$$
$$B=\frac{5\sqrt{5}}{3}\div\frac{\sqrt{15}}{\sqrt{10}}\times\frac{6\sqrt{3}}{\sqrt{10}}$$

① $\frac{7\sqrt{3}}{2}$ ② $\frac{7\sqrt{3}}{3}$ ③ $\frac{7\sqrt{2}}{5}$
④ $\frac{7\sqrt{3}}{10}$ ⑤ $\frac{7\sqrt{3}}{12}$

**19** $A=2\sqrt{3}+\sqrt{6}$, $B=5\sqrt{2}-3$일 때, $\sqrt{2}A-\sqrt{3}B$를 계산하시오.

중요 **20** $2\sqrt{2}(a-\sqrt{2})-\sqrt{3}(2\sqrt{6}-a\sqrt{3})$이 유리수가 되도록 하는 유리수 $a$의 값을 구하시오.

**21** 오른쪽 그림은 한 변의 길이가 8인 정사각형의 내부에 각 변의 중점을 연결하여 새로운 정사각형을 만들고, 같은 방법으로 2개의 정사각형을 더 만든 것이다. 색칠한 부분의 둘레의 길이의 합을 구하시오.

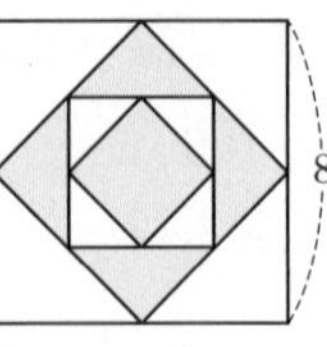


중요 **22** 다음 그림과 같이 넓이가 각각 $5\,\text{cm}^2$, $20\,\text{cm}^2$, $45\,\text{cm}^2$인 세 정사각형을 이어 붙여서 새로운 도형을 만들었다. 이 도형의 둘레의 길이를 구하시오.

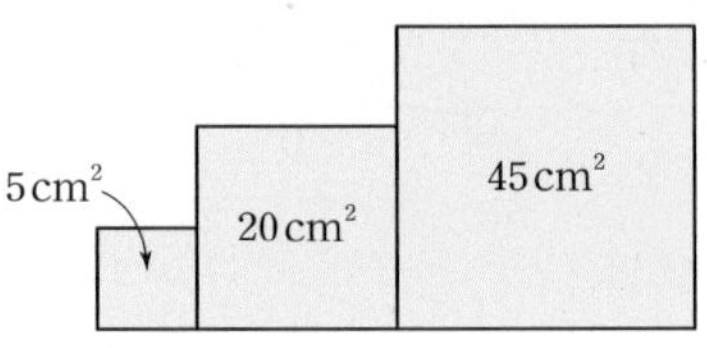


**23** 다음 그림과 같이 수직선 위에 한 변의 길이가 1인 두 정사각형이 있을 때, 두 점 P, Q 사이의 거리는?

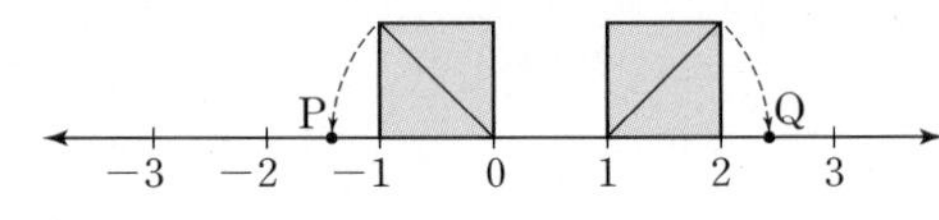


① $2-\sqrt{2}$ ② 1 ③ $\sqrt{2}$
④ $-1+2\sqrt{2}$ ⑤ $1+2\sqrt{2}$

## 서술형 문제

## Step3 만점! 도전 문제

**24** $\sqrt{3.42}=1.85$일 때, $\sqrt{1368}$의 값을 구하시오.

**25** 오른쪽 그림의 도형과 넓이가 같은 정사각형의 한 변의 길이를 구하시오.

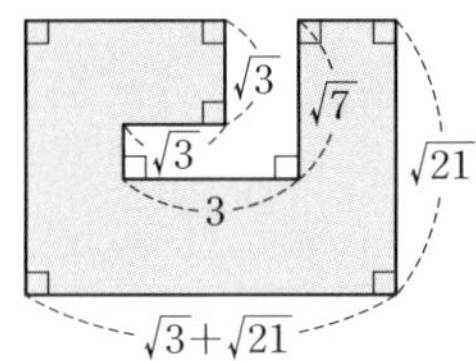


**26** 오른쪽 그림은 넓이가 각각 2, 5, 8, 18인 정사각형을 한 정사각형의 대각선의 교점에 다른 정사각형의 한 꼭짓점을 맞추고 겹치는 부분이 정사각형이 되도록 차례로 이어 붙인 것이다. 이 도형의 둘레의 길이를 구하시오.

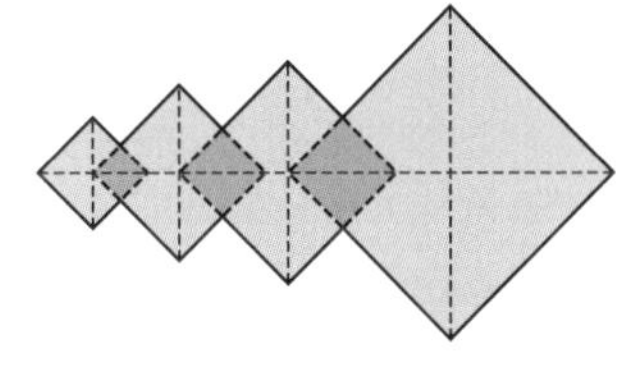

**27** 다음 그림의 세 직각이등변삼각형 OAD, ABE, BCF의 넓이를 각각 $P$, $Q$, $R$라 하면 $P=4$, $Q=2P$, $R=2Q$이다. 이때 점 C에 대응하는 수를 구하시오.

(단, 점 O는 원점)

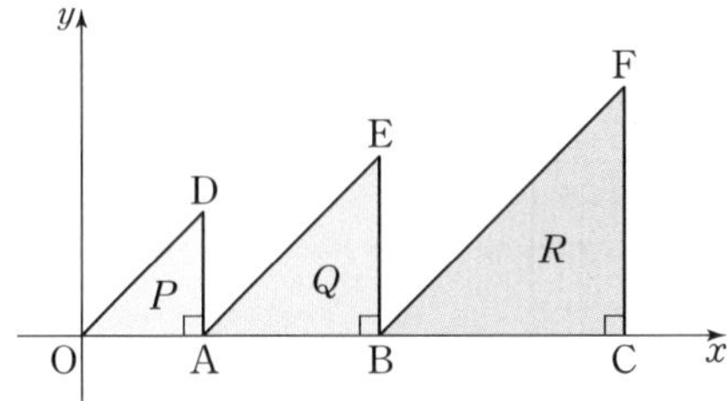


**28** 오른쪽 그림과 같이 직사각형 ABCD에서 $\overline{AD}$, $\overline{CD}$를 각각 한 변으로 하는 두 정사각형 ADGH, CEFD를 그렸다.
□ADGH$=11\text{ cm}^2$,
□CEFD$=3\text{ cm}^2$일 때, □ABCD의 넓이를 구하시오. (단, 풀이 과정을 자세히 쓰시오.)

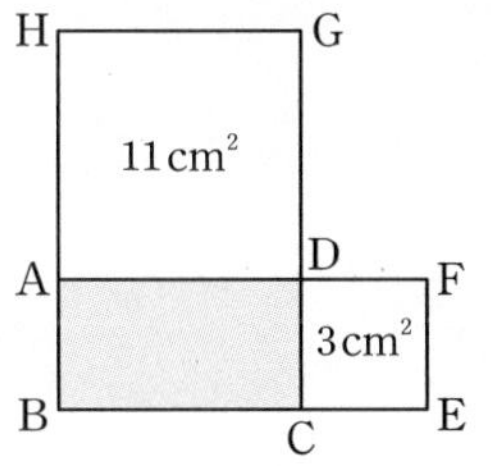


풀이 과정

답

**29** $A$, $B$가 다음과 같을 때, $A-B$의 값을 구하시오.

(단, 풀이 과정을 자세히 쓰시오.)

$$A=\sqrt{8}-\sqrt{3}(3\sqrt{6}-\sqrt{24})$$
$$B=\frac{\sqrt{24}-3\sqrt{2}}{\sqrt{3}}+\frac{2}{\sqrt{2}}(3\sqrt{3}-1)$$

풀이 과정

답

# 08강 곱셈 공식

## ① 다항식의 곱셈

분배법칙을 이용하여 전개하고, 동류항이 있으면 동류항끼리 모아서 간단히 정리한다.

➡ $(a+b)(c+d)=\underset{①}{ac}+\underset{②}{ad}+\underset{③}{bc}+\underset{④}{bd}$

예 $(x+1)(x+2)=x^2+2x+x+2=x^2+3x+2$ (동류항: $2x$, $x$)

∗ (다항식)×(다항식)

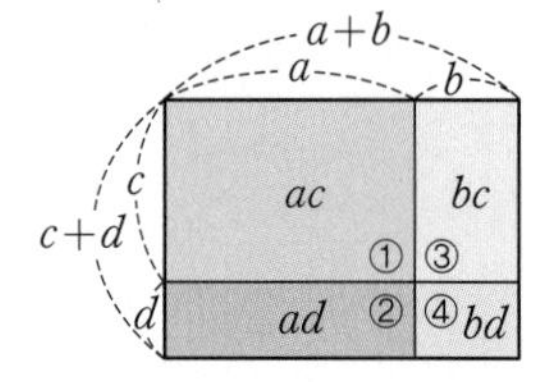


➡ $(a+b)(c+d)=①+②+③+④$
$=ac+ad+bc+bd$

**예제 1** 다음 식을 전개하시오.

(1) $3x(y-z)$ (2) $(a-b)(x+y-2)$

## ② 곱셈 공식

(1) $(a+b)^2=a^2+2ab+b^2$ ← 합의 제곱
$(a-b)^2=a^2-2ab+b^2$ ← 차의 제곱

주의 $(a+b)^2\neq a^2+b^2$, $(a-b)^2\neq a^2-b^2$임에 주의한다.

(2) $(a+b)(a-b)=a^2-b^2$ ← 합과 차의 곱

(3) $(x+a)(x+b)=x^2+(a+b)x+ab$ ← $x$의 계수가 1인 두 일차식의 곱

(4) $(ax+b)(cx+d)=acx^2+(ad+bc)x+bd$ ← $x$의 계수가 1이 아닌 두 일차식의 곱

∗ 전개식이 같은 다항식

(1) $(-a-b)^2=\{-(a+b)\}^2$
$=(a+b)^2$

(2) $(-a+b)^2=\{-(a-b)\}^2$
$=(a-b)^2$

(3) $(-a-b)(-a+b)$
$=(a+b)(a-b)$

**예제 2** 다음 식을 전개하시오.

(1) $(x+2)^2$ (2) $(x+5)(x-5)$

(3) $(x+3)(x-6)$ (4) $(2x+3y)(3x-2y)$

## ③ 곱셈 공식과 도형의 넓이

곱셈 공식을 이용하여 직사각형의 넓이를 구하려면

❶ 가로의 길이와 세로의 길이를 문자를 사용한 식으로 나타낸다.

❷ 직사각형의 넓이를 구하는 공식으로 식을 세우고, 곱셈 공식을 이용하여 전개한다.

➡ (직사각형의 넓이)=(가로의 길이)×(세로의 길이)

∗ 일정한 간격만큼 떨어져 있는 도형의 넓이

떨어져 있는 도형을 이동하여 붙여서 생각한다.

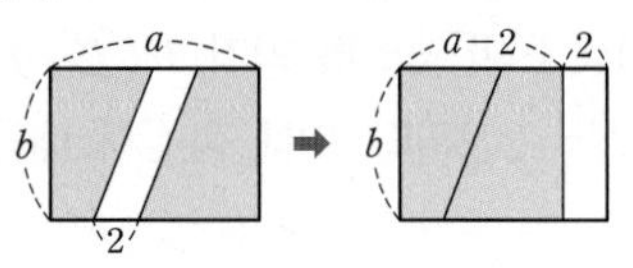


**예제 3** 오른쪽 그림과 같은 직사각형에서 색칠한 부분의 넓이는?

① $ab+2a+b+2$ ② $ab-2a-b+2$

③ $ab-2a+b+2$ ④ $ab+a-2b-2$

⑤ $ab-a-2b+2$

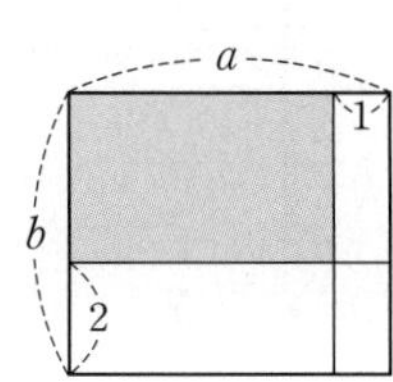

정답과 해설 14쪽

**1** $(2x-y+1)(x-y)$를 전개한 식에서 $xy$의 계수를 구하시오.

• 전개식에서 특정한 항의 계수를 구할 때는 필요한 항이 나오는 부분만 전개하여 구한다.

**2** 다음 중 옳은 것은?

① $(x+3y)^2=x^2+9y^2$
② $(x-5)^2=x^2-10x+25$
③ $(x+3)(x-4)=x^2+x-12$
④ $(a+3b)(-a+3b)=a^2-9b^2$
⑤ $(2x+3y)(2x-3y)=4x^2-6xy+9y^2$

**3** 다음 식에서 상수 $a$, $b$의 값을 각각 구하시오.

(1) $(2x+3)(-2x+a)=-bx^2+9$
(2) $(-ax-3y)^2=16x^2-24xy+by^2$

**4** 오른쪽 그림과 같이 한 변의 길이가 $a$인 정사각형의 가로의 길이를 $b$만큼 늘이고, 세로의 길이를 $b$만큼 줄여 만든 직사각형의 넓이는 처음 정사각형의 넓이에서 어떻게 변하는가?

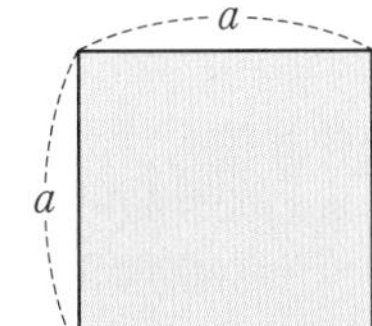


① $b^2$만큼 늘어난다.
② $b^2$만큼 줄어든다.
③ $2ab$만큼 줄어든다.
④ $2ab$만큼 줄어들고 $b^2$만큼 늘어난다.
⑤ $2ab$만큼 늘어나고 $b^2$만큼 줄어든다.

**5** 오른쪽 그림과 같이 가로, 세로의 길이가 각각 $4x+3$, $5x+2$인 직사각형의 모양의 꽃밭에 폭이 각각 2, 3으로 일정한 길을 만들었다. 길을 제외한 꽃밭의 넓이를 $ax^2+bx+c$로 나타낼 때, $a+b+c$의 값은? (단, $a$, $b$, $c$는 상수)

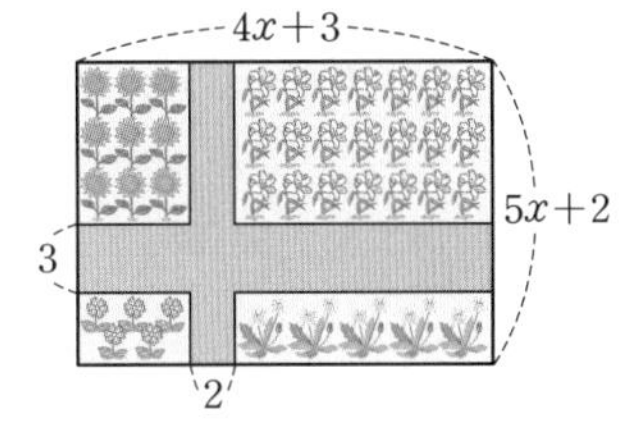


① 9 ② 10 ③ 19
④ 20 ⑤ 22

기초를 좀 더 다지려면~! 44쪽 »

# 09강 곱셈 공식을 이용한 계산

## ❶ 곱셈 공식을 이용한 수의 계산

(1) 수의 제곱의 계산

$(a+b)^2=a^2+2ab+b^2$ 또는 $(a-b)^2=a^2-2ab+b^2$을 이용한다.

(2) 두 수의 곱의 계산

$(a+b)(a-b)=a^2-b^2$ 또는 $(x+a)(x+b)=x^2+(a+b)x+ab$를 이용한다.

∗ 곱셈 공식을 이용한 수의 계산

(1) 수의 제곱: 합 · 차의 제곱을 이용

$101^2=(100+1)^2$
$=100^2+2\times100\times1+1^2$
$=10201$

(2) 두 수의 곱: 합과 차의 곱을 이용

$99\times101=(100-1)(100+1)$
$=100^2-1^2=9999$

**예제 1** 곱셈 공식을 이용하여 다음을 계산하시오.

(1) $98^2$ (2) $55\times45$ (3) $4.2\times3.8$

## ❷ 근호를 포함한 식의 계산

곱셈 공식을 이용하여 전개한 후 근호 안의 수가 같은 것끼리 덧셈과 뺄셈을 한다.

예 $(\sqrt{3}+1)(\sqrt{3}+2)=(\sqrt{3})^2+(1+2)\sqrt{3}+1\times2$

⋮ ⋮ ⋮ ⋮

$(x+a)(x+b)=x^2+(a+b)x+a\times b$

∗ 근호를 포함한 식의 계산

제곱근을 문자로 생각하고 곱셈 공식을 이용하여 전개한 후 계산한다.

**예제 2** 다음을 계산하시오.

(1) $(3+\sqrt{2})^2$ (2) $(\sqrt{5}-\sqrt{3})^2$

(3) $(2\sqrt{3}+\sqrt{2})(2\sqrt{3}-\sqrt{2})$ (4) $(\sqrt{3}+5)(\sqrt{3}+4)$

## ❸ 분모의 유리화

분모가 두 수의 합 또는 차로 되어 있는 무리수일 때, 다음과 같이 곱셈 공식 $(a+b)(a-b)=a^2-b^2$을 이용하여 분모를 유리화한다.

$$\frac{1}{\sqrt{a}+\sqrt{b}}=\frac{1\times(\sqrt{a}-\sqrt{b})}{(\sqrt{a}+\sqrt{b})(\sqrt{a}-\sqrt{b})}=\frac{\sqrt{a}-\sqrt{b}}{a-b}$$ (단, $a>0$, $b>0$, $a\neq b$)

부호 반대

∗ 분모의 유리화

분모가 $a+\sqrt{b}$ 꼴이면 ➡ $a-\sqrt{b}$
분모가 $a-\sqrt{b}$ 꼴이면 ➡ $a+\sqrt{b}$
를 분자, 분모에 각각 곱한다.

**예제 3** 다음 수의 분모를 유리화하시오.

(1) $\dfrac{1}{2+\sqrt{2}}$ (2) $\dfrac{1}{\sqrt{2}-\sqrt{3}}$

**1** $104^2$을 계산할 때, 가장 편리한 곱셈 공식을 다음 보기에서 골라 그 공식을 이용하여 계산하시오.

• 보기 •

ㄱ. $(a+b)^2=a^2+2ab+b^2$ (단, $a>0$, $b>0$)
ㄴ. $(a-b)^2=a^2-2ab+b^2$ (단, $a>0$, $b>0$)
ㄷ. $(a+b)(a-b)=a^2-b^2$
ㄹ. $(x+a)(x+b)=x^2+(a+b)x+ab$

**2** 다음은 곱셈 공식을 이용하여 $52\times48$을 계산하는 과정이다. □ 안에 알맞은 수를 쓰시오.

$$52\times48=(50+\square)(50-\square)=\square-4=\square$$

**3** 곱셈 공식을 이용하여 $\dfrac{497\times503+9}{500}$를 계산하시오.

**4** $(\sqrt{3}+2\sqrt{2})(\sqrt{2}-\sqrt{3})=a+b\sqrt{6}$일 때, 유리수 $a$, $b$에 대하여 $a-b$의 값을 구하시오.

**5** 다음 수의 분모를 유리화하시오.

(1) $\dfrac{12}{3-\sqrt{3}}$　　(2) $\dfrac{\sqrt{3}-1}{2+\sqrt{3}}$

(3) $\dfrac{\sqrt{5}+\sqrt{3}}{\sqrt{5}-\sqrt{3}}$　　(4) $\dfrac{\sqrt{7}-\sqrt{3}}{\sqrt{7}+\sqrt{3}}+\dfrac{\sqrt{7}+\sqrt{3}}{\sqrt{7}-\sqrt{3}}$

• 분모의 유리화

| 분모 | 분모, 분자에 곱해야 할 수 |
|---|---|
| $a+\sqrt{b}$ | $a-\sqrt{b}$ |
| $a-\sqrt{b}$ | $a+\sqrt{b}$ |
| $\sqrt{a}+\sqrt{b}$ | $\sqrt{a}-\sqrt{b}$ |
| $\sqrt{a}-\sqrt{b}$ | $\sqrt{a}+\sqrt{b}$ |

**6** $x=\sqrt{5}-1$일 때, $x-\dfrac{4}{x}$의 값을 구하시오.

기초를 좀 더 다지려면~! 44쪽 »

# 10강 곱셈 공식의 활용

## ① 곱셈 공식의 변형

(1) $a^2+b^2=(a+b)^2-2ab=(a-b)^2+2ab$

(2) $(a+b)^2=(a-b)^2+4ab$, $(a-b)^2=(a+b)^2-4ab$

(3) $a^2+\frac{1}{a^2}=\left(a+\frac{1}{a}\right)^2-2=\left(a-\frac{1}{a}\right)^2+2$

(4) $\left(a+\frac{1}{a}\right)^2=\left(a-\frac{1}{a}\right)^2+4$, $\left(a-\frac{1}{a}\right)^2=\left(a+\frac{1}{a}\right)^2-4$

＊ 두 수의 합과 곱이 주어질 때, 식의 값 구하기

(1) $a+b=5$, $ab=4$이면
$a^2+b^2=(a+b)^2-2ab$
$=5^2-2\times4=17$

(2) $a+\frac{1}{a}=3$이면
$a^2+\frac{1}{a^2}=\left(a+\frac{1}{a}\right)^2-2$
$=3^2-2=7$

**예제 1** $x+y=1$, $xy=-6$일 때, 다음 식의 값을 구하시오.

(1) $x^2+y^2$　　　　(2) $(x-y)^2$

**예제 2** $x+\frac{1}{x}=4$일 때, 다음 식의 값을 구하시오.

(1) $x^2+\frac{1}{x^2}$　　　　(2) $\left(x-\frac{1}{x}\right)^2$

## ② $x=a\pm\sqrt{b}$ 꼴이 주어진 경우 식의 값 구하기

[방법 1] 주어진 조건을 변형하여 식의 값을 구한다.

$x=a+\sqrt{b}$ ➡ $x-a=\sqrt{b}$ ➡ $(x-a)^2=b$

[방법 2] 주어진 조건을 식에 대입하여 식의 값을 구한다.

＊ $x=a\pm\sqrt{b}$ 꼴이 주어진 경우 식의 값 구하기

$x=1+\sqrt{3}$일 때, $x^2-2x$의 값은

[방법 1] $x-1=\sqrt{3}$
$\xrightarrow[\text{제곱}]{\text{양변}}$ $(x-1)^2=(\sqrt{3})^2$
$x^2-2x+1=3$
$\therefore x^2-2x=2$

[방법 2] $x^2-2x$
$=(1+\sqrt{3})^2-2(1+\sqrt{3})$
$=1+2\sqrt{3}+3-2-2\sqrt{3}$
$=2$

**예제 3** 다음을 구하시오.

(1) $x=-1+\sqrt{2}$일 때, $x^2+2x$의 값

(2) $x=3-\sqrt{5}$일 때, $x^2-6x+1$의 값

## ③ 공통부분이 있는 식의 전개

공통부분을 한 문자로 놓고 전개한 후 다시 공통부분을 대입하여 전개한다.

예 $(x+y+1)(x+y-1)=(A+1)(A-1)$ ← 공통부분인 $x+y$를 $A$로 놓는다.
$=A^2-1$ ← 전개한다.
$=(x+y)^2-1$ ← $A$에 $x+y$를 대입한다.
$=x^2+2xy+y^2-1$ ← 전개하여 정리한다.

참고 계산을 편리하게 하기 위해 공통부분을 한 문자로 바꾸는 것을 치환이라 한다.

**예제 4** $(a-b+3)(a-b-1)$을 계산하시오.

# 핵심 유형 익히기

정답과 해설 15쪽

**1** $a+b=-7$, $ab=4$일 때, $a^2+ab+b^2$의 값은?

① 4 ② 16 ③ 24
④ 45 ⑤ 49

**2** $x^2-6x+1=0$일 때, $x^2+\frac{1}{x^2}$의 값을 구하시오.

**3** $x=\frac{1}{\sqrt{10}-3}$일 때, $x^2-6x+2$의 값을 구하시오.

**4** $\sqrt{6}$의 소수 부분을 $x$라 할 때, $x^2+4x+5$의 값을 구하시오.

**5** $(x+2y-3)(x+2y+3)$을 전개하면?

① $-4x^2-4xy+y^2-9$ ② $-4x^2+4xy+4y^2-9$
③ $x^2-4xy-4y^2-9$ ④ $x^2-4xy+4y^2-9$
⑤ $x^2+4xy+4y^2-9$

- 곱셈 공식의 변형
  (1) $a+b$와 $ab$의 값이 주어질 때
  ① $a^2+b^2=(a+b)^2-2ab$
  ② $(a-b)^2=(a+b)^2-4ab$
  (2) $x+\frac{1}{x}$의 값이 주어질 때
  ① $x^2+\frac{1}{x^2}=\left(x+\frac{1}{x}\right)^2-2$
  ② $\left(x-\frac{1}{x}\right)^2=\left(x+\frac{1}{x}\right)^2-4$

- 공통부분이 있는 식은 다음과 같은 순서로 전개한다.
  ❶ 공통부분을 한 문자로 놓는다.
  ❷ ❶의 식을 전개한다.
  ❸ ❷의 식에 공통부분을 대입한다.
  ❹ 전개한 후 동류항끼리 계산하여 정리한다.

기초를 좀 더 다지려면~! 45쪽 »

# 기초 내공 다지기

## 08강 곱셈 공식

**1** 다음 식을 전개하시오.

(1) $(3x+y)^2$

(2) $(-2a+1)^2$

(3) $\left(x+\frac{1}{3}\right)^2$

(4) $(7+a)(7-a)$

(5) $(-x+4y)(-x-4y)$

(6) $\left(\frac{1}{2}x+\frac{1}{4}y\right)\left(\frac{1}{2}x-\frac{1}{4}y\right)$

(7) $(a+1)(a-1)(a^2+1)$

(8) $(x-3y)(x-4y)$

(9) $(5x-3y)(x+2y)$

(10) $(x+6)(x-4)-(x+2)^2$

(11) $(x-3)(x+6)+(x+2)(x-2)$

(12) $(3x+7)(4x-8)-(2x+3)(2x-3)$

## 09강 곱셈 공식을 이용한 계산

**2** 곱셈 공식을 이용하여 다음을 계산하시오.

(1) $101^2$

(2) $999^2$

(3) $7.9^2$

(4) $72\times68$

(5) $54\times52$

(6) $40.1\times39.9$

(7) $\frac{43}{97^2-96\times98}$

(8) $\frac{130\times128+1}{129}$

(9) $(3-1)(3+1)(3^2+1)$

(10) $(2-1)(2+1)(2^2+1)(2^4+1)$

**3** 다음을 계산하시오.

(1) $(2+\sqrt{5})^2$

(2) $(\sqrt{7}-\sqrt{3})^2$

(3) $(\sqrt{11}+2)(\sqrt{11}-2)$

(4) $(3\sqrt{2}+\sqrt{5})(3\sqrt{2}-\sqrt{5})$

(5) $(\sqrt{5}+4)(\sqrt{5}-3)$

(6) $(3\sqrt{6}+2)(\sqrt{6}-4)$

(7) $(2\sqrt{3}-\sqrt{2})(3\sqrt{3}-4\sqrt{2})$

(8) $\dfrac{1}{\sqrt{10}-\sqrt{7}}+\dfrac{1}{\sqrt{10}+\sqrt{7}}$

(9) $\dfrac{\sqrt{3}+\sqrt{2}}{\sqrt{3}-\sqrt{2}}+\dfrac{\sqrt{3}-\sqrt{2}}{\sqrt{3}+\sqrt{2}}$

(10) $\dfrac{\sqrt{2}-1}{\sqrt{7}-\sqrt{3}}+\dfrac{\sqrt{2}+1}{\sqrt{7}+\sqrt{3}}$

## 10강 곱셈 공식의 활용

**4** 다음을 구하시오.

(1) $x+y=5$, $xy=3$일 때, $x^2+y^2$의 값

(2) $a-b=2$, $ab=4$일 때, $\dfrac{b}{a}+\dfrac{a}{b}$의 값

(3) $x+\dfrac{1}{x}=3$일 때, $x^2+\dfrac{1}{x^2}$의 값

(4) $x-\dfrac{1}{x}=5$일 때, $\left(x+\dfrac{1}{x}\right)^2$의 값

**5** 다음을 구하시오.

(1) $x=4-\sqrt{3}$일 때, $x^2-8x+10$의 값

(2) $x=-5+\sqrt{7}$일 때, $x^2+10x+20$의 값

(3) $x=\dfrac{1}{3+2\sqrt{2}}$일 때, $x^2-6x+12$의 값

(4) $x=\dfrac{4}{\sqrt{3}-1}$일 때, $x^2-4x+5$의 값

내공 쌓는

# 족집게 문제

## Step1 반드시 나오는 문제

**1** $(ax-y)(2x-5y-1)$을 전개한 식에서 $xy$의 계수가 13일 때, 상수 $a$의 값은?

① $-3$  ② $-1$  ③ $1$
④ $3$  ⑤ $5$

**2** 다음 중 옳지 <u>않은</u> 것은?

① $(x+4)^2=x^2+8x+16$
② $(2x+3)(3x-4)=6x^2-x-12$
③ $(x+3)(x-3)=x^2-9$
④ $(a-2b)^2=a^2-4ab+4b^2$
⑤ $(x+2)(x+4)=x^2+6x+8$

**3** 다음 중 $(x-y)^2$과 전개식이 같은 것은?

① $(x+y)^2$  ② $(y-x)^2$
③ $(-x-y)^2$  ④ $-(x+y)^2$
⑤ $-(x-y)^2$

**4** $(x+a)^2=x^2+bx+9$일 때, 상수 $a$, $b$에 대하여 $a+b$의 값은? (단, $a>0$)

① $-4$  ② $-3$  ③ $3$
④ $8$  ⑤ $9$

**5** $a^2=8$, $b^2=9$일 때, $\left(\frac{3}{2}a+\frac{1}{3}b\right)\left(\frac{3}{2}a-\frac{1}{3}b\right)$의 값을 구하시오.

중요 **6** $(Ax+2)(2x+B)=6x^2+Cx-6$일 때, $C$의 값은? (단, $A$, $B$, $C$는 상수)

① $-7$  ② $-5$  ③ $-3$
④ $3$  ⑤ $5$

중요 **7** 오른쪽 그림과 같은 직사각형에서 색칠한 부분의 넓이는?

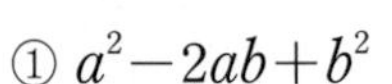

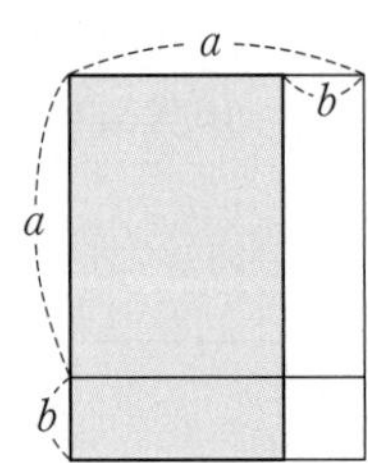


① $a^2-2ab+b^2$
② $a^2-b^2$
③ $a^2+b^2$
④ $a^2+2ab+b^2$
⑤ $a^2+2ab$

중요 **8** 곱셈 공식을 이용하여 $102\times98$을 계산하려고 할 때, 다음 중 가장 편리한 것은?

① $(a+b)^2=a^2+2ab+b^2$ (단, $a>0$, $b>0$)
② $(a-b)^2=a^2-2ab+b^2$ (단, $a>0$, $b>0$)
③ $(a+b)(a-b)=a^2-b^2$
④ $(x+a)(x+b)=x^2+(a+b)x+ab$
⑤ $(ax+b)(cx+d)=acx^2+(ad+bc)x+bd$

전국 중학교의 기출문제와 새로운 교육과정의 문제를 종합, 분석하여 핵심 문제만을 모았습니다.

**9** $(2\sqrt{2}-1)^2-(3-\sqrt{6})(3+\sqrt{6})$을 계산하면?

① $4-5\sqrt{2}$ ② $5+5\sqrt{2}$ ③ $2-4\sqrt{2}$
④ $6-4\sqrt{2}$ ⑤ $6+4\sqrt{2}$

**10** $\frac{4}{7+3\sqrt{5}}-\frac{2+\sqrt{5}}{2-\sqrt{5}}=a+b\sqrt{5}$일 때, 상수 $a$, $b$에 대하여 $ab$의 값을 구하시오.

중요 **11** $x-y=4$, $xy=2$일 때, $x^2+y^2$의 값은?

① 12 ② 16 ③ 20
④ 24 ⑤ 26

아차! 돌다리 문제

**12** $x+\frac{1}{x}=5$일 때, $x^2+\frac{1}{x^2}$의 값은?

① 19 ② 21 ③ 23
④ 25 ⑤ 27

## Step 2 자주 나오는 문제

**13** $(x+ay-3)(2x-y+b)$를 전개한 식에서 상수항이 12, $xy$의 계수가 5일 때, 상수 $a$, $b$에 대하여 $a+b$의 값은?

① $-2$ ② $-1$ ③ 0
④ 1 ⑤ 2

**14** 다음 중 □ 안에 알맞은 수가 가장 큰 것은?

① $(x+3)(x-7)=x^2-4x-\square$
② $(-3x+4y)^2=9x^2-\square xy+16y^2$
③ $(-2x-3)^2=4x^2+12x+\square$
④ $\left(\frac{3}{5}a+2b\right)\left(\frac{3}{5}a-2b\right)=\square a^2-4b^2$
⑤ $(x+5y)(2x-7y)=2x^2+\square xy-35y^2$

**15** $(x+4)(x-2)-(x-a)^2$을 간단히 하면 $x$의 계수가 4일 때, 상수 $a$의 값은?

① 1 ② 2 ③ 4
④ 6 ⑤ 8

중요 **16** 가로, 세로의 길이가 각각 $(3a+4)\,\mathrm{m}$, $(2a+2)\,\mathrm{m}$인 직사각형 모양의 땅에 다음 그림과 같이 폭이 $1\,\mathrm{m}$로 일정한 길을 만들 때, 길을 제외한 부분의 넓이는?

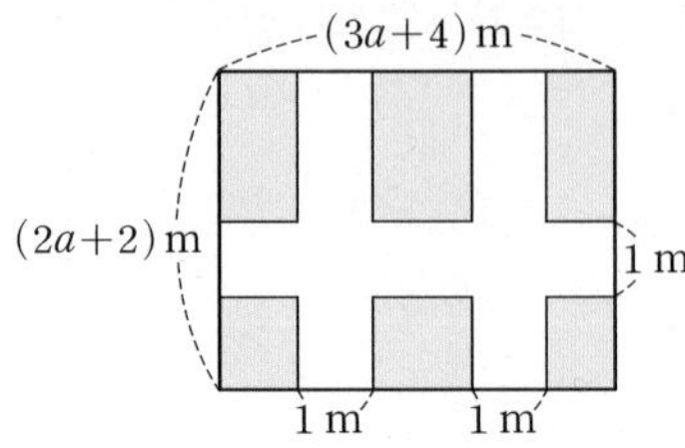


① $(6a^2+a-1)\,\mathrm{m}^2$　② $(6a^2-a+1)\,\mathrm{m}^2$
③ $(6a^2+7a+2)\,\mathrm{m}^2$　④ $(6a^2-7a-2)\,\mathrm{m}^2$
⑤ $(6a^2-7a+2)\,\mathrm{m}^2$

아차! 돌다리 문제

중요 **17** 곱셈 공식을 이용하여 $\dfrac{1328^2-1329\times1326}{5}$을 계산하면?

① 158　② 184　③ 253
④ 266　⑤ 344

**18** $(2-\sqrt{3})(a+2\sqrt{3})$을 계산한 결과가 유리수가 되도록 하는 유리수 $a$의 값은?

① 1　② 2　③ 3
④ 4　⑤ 5

**19** $x=\dfrac{2}{3+\sqrt{7}}$, $y=\dfrac{2}{3-\sqrt{7}}$일 때, $x^2+y^2$의 값은?

① 12　② 24　③ $12\sqrt{7}$
④ 28　⑤ 32

**20** $x^2-7x-1=0$일 때, $x^2+\dfrac{1}{x^2}$의 값은?

① 43　② 45　③ 47
④ 49　⑤ 51

**21** $a+b=4$, $a^2+b^2=10$일 때, $\dfrac{a}{b}+\dfrac{b}{a}$의 값은?

① $-\dfrac{10}{3}$　② $-1$　③ 0
④ $\dfrac{1}{5}$　⑤ $\dfrac{10}{3}$

**22** $x=\dfrac{3}{\sqrt{2}+1}$일 때, $x^2+6x-5$의 값은?

① 3　② 4　③ 5
④ 9　⑤ 13

**23** $(a+b-3)(a-b+3)$을 전개한 식에서 상수항을 포함한 모든 항의 계수의 합은?

① $-9$　② $-6$　③ $-3$
④ 6　⑤ 9

## Step3 만점! 도전 문제

**24** 오른쪽 그림과 같이 가로, 세로의 길이가 각각 $4x+6y$, $2x+5y$인 직사각형 모양의 벽면을 서로 합동인 직사각형 모양의 타일 12개로 빈틈없이 겹치지 않게 붙이고 있다. 아직 타일을 붙이지 않은 부분의 넓이를 구하시오.

(단, 색칠한 부분이 타일을 붙인 부분이다.)

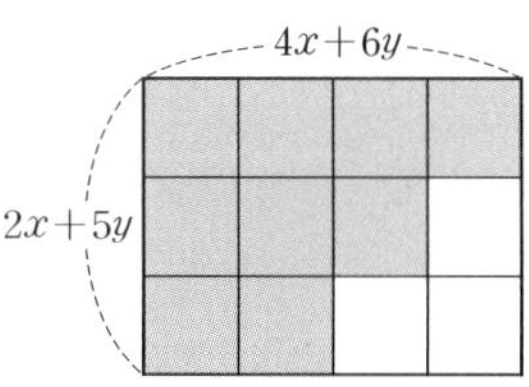


중요 **25** 다음 식을 만족시키는 자연수 $a$의 값은?

$$(2+1)(2^2+1)(2^4+1)(2^8+1)=2^a-1$$

① 4 ② 8 ③ 10
④ 15 ⑤ 16

**26** $\frac{1}{1+\sqrt{2}}+\frac{1}{\sqrt{2}+\sqrt{3}}+\frac{1}{\sqrt{3}+\sqrt{4}}+\cdots+\frac{1}{\sqrt{49}+\sqrt{50}}$의 값을 구하시오.

**27** $x+y=3$, $xy=1$일 때, $x^4+y^4$의 값은?

① 47 ② 72 ③ 97
④ 122 ⑤ 136

**28** 가로, 세로의 길이가 각각 $a$, $b$인 직사각형 모양의 종이를 오른쪽 그림과 같이 $\overline{AB}$를 $\overline{BF}$에, $\overline{ED}$를 $\overline{EG}$에 겹치게 접었다. 이때 직사각형 GFCH의 넓이를 구하시오.

(단, $a>b$이고, 풀이 과정을 자세히 쓰시오.)

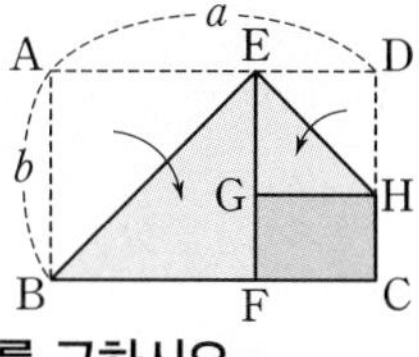


풀이 과정

답

**29** $\frac{1}{\sqrt{2}-1}$의 정수 부분을 $a$, 소수 부분을 $b$라 할 때, $(a-b)^2$의 값을 구하시오.

(단, 풀이 과정을 자세히 쓰시오.)

풀이 과정

답

# 11강 인수분해의 뜻과 공식

## ① 인수분해의 뜻

(1) 인수: 하나의 다항식을 두 개 이상의 다항식의 곱으로 나타낼 때, 이들 각각의 식

(2) 인수분해: 하나의 다항식을 두 개 이상의 인수의 곱으로 나타내는 것

예 $x^2+4x+3 \underset{\text{전개}}{\overset{\text{인수분해}}{\rightleftarrows}} (x+1)(x+3)$

➡ 1, $x+1$, $x+3$, $(x+1)(x+3)$은 모두 $x^2+4x+3$의 인수이다.

＊ 소인수분해와 인수분해

(1) 소인수분해: 소수의 곱으로 분해

(2) 인수분해: 다항식의 곱으로 분해

**예제 1** 다음 식은 어떤 다항식을 인수분해한 것인지 구하시오.

(1) $(y+1)^2$ (2) $(a-4)^2$

(3) $(x+2)(x-2)$ (4) $(x+1)(x-3)$

## ② 공통인 인수를 이용한 인수분해

다항식의 각 항에 인수가 있을 때는 분배법칙을 이용하여 공통인 인수를 괄호 밖으로 묶어 내어 인수분해한다.

➡ $ma+mb=m(a+b)$ (공통인 인수)

＊ 공통인 인수로 묶기

공통인 인수를 이용하여 인수분해할 때는 괄호 안에 공통인 인수가 남지 않도록 모두 묶어 낸다.

$4a^2-2a$ ➡ $a(4a-2)$ (×), $2(2a^2-a)$ (×), $2a(2a-1)$ (○)

**예제 2** 다음 식을 인수분해하시오.

(1) $12a^2-8a$ (2) $x^2+ax-bx$

(3) $x(2y-z)-y(z-2y)$ (4) $x^2(x-1)+(1-x)$

## ③ 인수분해 공식 → 곱셈 공식의 반대 과정이다.

(1) $a^2+2ab+b^2=(a+b)^2$
$a^2-2ab+b^2=(a-b)^2$ ← 완전제곱식

(2) $a^2-b^2=(a+b)(a-b)$ ← $A^2-B^2$ 꼴

(3) $x^2+(a+b)x+ab=(x+a)(x+b)$

(4) $acx^2+(ad+bc)x+bd=(ax+b)(cx+d)$

＊ 완전제곱식

(1) 완전제곱식: 다항식의 제곱으로 된 식 또는 이 식에 상수를 곱한 식

예 $(a+b)^2$, $5(x-y)^2$

(2) 완전제곱식 만들기: 다음과 같은 방법으로 완전제곱식 $(a\pm b)^2$을 만들 수 있다.

① $a^2\pm2\,\boxed{a}\,\boxed{b}+b^2$ (제곱, 제곱)

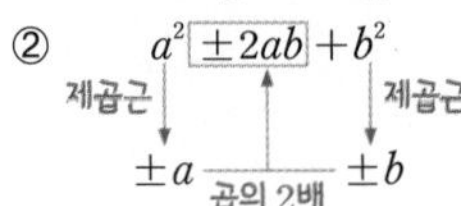


(3) $x^2+ax+b$가 완전제곱식이 되기 위한 조건 ← $x^2$의 계수가 1인 경우

➡ $b=\left(\frac{a}{2}\right)^2$

**예제 3** 다음 식을 인수분해하시오.

(1) $x^2-4x+4$ (2) $\frac{1}{4}a^2-1$

(3) $x^2+3x-10$ (4) $6a^2-ab-2b^2$

**예제 4** 다음 식이 완전제곱식이 되도록 □ 안에 알맞은 수를 쓰시오.

(1) $x^2+8x+\square$ (2) $a^2+\square ab+36b^2$

**1** 다음 중 $(x-1)(2x-1)$의 인수를 모두 고르면? (정답 2개)

① $x$ ② $2x$ ③ $x-1$
④ $2x+1$ ⑤ $(x-1)(2x-1)$

**2** 다음 중 나머지 넷과 일차 이상의 공통인 인수를 갖지 않는 것은?

① $x+2x^2$ ② $xy+xz+x$ ③ $ax-bxy$
④ $xy+y-yz$ ⑤ $3x-xz$

• 공통인 인수로 묶기
(1) 공통인 인수의 일부분만 묶어 내지 않는다.
➡ $3x^2-6xy=3(x^2-2xy)$ (×)
(2) 계수나 상수항은 소인수분해하지 않는다.
➡ $10x(x-4)$
$=2\times5x(x-2\times2)$ (×)

**3** $2x(2y-1)+(1-2y)$를 인수분해하면 $(ax+b)(cy+d)$일 때, $a+b+c+d$의 값을 구하시오. (단, $a$, $b$, $c$, $d$는 정수, $a>0$)

**4** 다음 식과 그 식을 인수분해한 것을 서로 연결하시오.

(1) $x^2-12x+36$ • • ㉠ $(x-9)(x-1)$
(2) $4x^2-9$ • • ㉡ $(2x+3)(2x-3)$
(3) $x^2-10x+9$ • • ㉢ $(2x-1)(x+3)$
(4) $2x^2+5x-3$ • • ㉣ $(x-6)^2$

• $x^2$의 계수가 1인 이차식의 인수분해
$x^2+(a+b)x+ab=(x+a)(x+b)$
$x \to a \to ax$
$x \to b \to +)\ bx$
$(a+b)x$

**5** 이차식 $x^2+14x+a$가 완전제곱식이 되도록 하는 상수 $a$의 값은?

① 24 ② 30 ③ 36
④ 49 ⑤ 54

**6** 다항식 $2x^2+ax+9$가 $2x+3$을 인수로 가질 때, 상수 $a$의 값은?

① 3 ② 6 ③ 9
④ 12 ⑤ 15

기초를 좀 더 다지려면~! 52쪽 »

# 내공 다지기

## 11강 인수분해의 뜻과 공식

**1** 다음 식을 인수분해하시오.

(1) $8xy-8y$

(2) $2a^2b+4ab$

(3) $2x-4y+2$

(4) $6a^2x^2+2ay-4ax$

(5) $x(2a-b)+2y(2a-b)$

(6) $x(y-2)+3(2-y)$

**2** 다음 식을 인수분해하시오.

(1) $x^2+10x+25$

(2) $y^2-6y+9$

(3) $a^2+18ab+81b^2$

(4) $9x^2-12x+4$

(5) $x^2+x+\frac{1}{4}$

(6) $-4x^2+16x-16$

**3** 다음 식이 완전제곱식이 되도록 □ 안에 알맞은 수를 쓰시오.

(1) $x^2+3x+\square$

(2) $y^2-5y+\square$

(3) $16a^2+24a+\square$

(4) $a^2\pm\square a+25$

(5) $x^2\pm\square x+\frac{1}{25}$

(6) $4x^2\pm\square xy+\frac{1}{9}y^2$

**4** 다음 식을 인수분해하시오.

(1) $x^2-64y^2$

(2) $9x^2-y^2$

(3) $x^2-\frac{1}{4}y^2$

(4) $x^2-\frac{1}{x^2}$

(5) $2x^2-32$

(6) $x^4-1$

**5** 다음 식을 인수분해하시오.

(1) $x^2+4x+3$

(2) $x^2-5x+6$

(3) $x^2+4x-5$

(4) $x^2+4x-12$

(5) $x^2-x-20$

(6) $x^2-2x-15$

(7) $x^2-3xy-54y^2$

(8) $x^2-2xy-8y^2$

(9) $ax^2+6ax-16a$

(10) $2ax^2-22ax+56a$

(11) $mx^2-16mxy+60my^2$

**6** 다음 식을 인수분해하시오.

(1) $6x^2-11x+3$

(2) $2x^2+7x+3$

(3) $3x^2+5xy-2y^2$

(4) $7x^2-8xy+y^2$

(5) $6y^2+13y+6$

(6) $2a^2-5ab-3b^2$

(7) $12x^2-2xy-2y^2$

(8) $20x^2-6x-2$

(9) $2ax^2-9ax+4a$

(10) $6ax^2-ax-2a$

(11) $6mx^2-7mxy-5my^2$

## Step 1 반드시 나오는 문제

**1** 다음 중 $x^2y(a+b)$의 인수가 아닌 것은?

① $xy$ ② $a+b$ ③ $x^2$
④ $y$ ⑤ $xy^2$

**2** 다음 중 인수분해가 옳은 것은?

① $ab+2b^2=b(a+2)$
② $4x^2y-8x=4(x^2y-8x)$
③ $ax-ay-z=a(x-y-z)$
④ $2ab+a=a(2b-1)$
⑤ $(a-2b)x+(2b-a)=(a-2b)(x-1)$

**3** 다음 보기 중 $x^2+5x-14$의 인수를 모두 고른 것은?

보기
ㄱ. $x+7$ ㄴ. $x-7$
ㄷ. $x+2$ ㄹ. $x-2$
ㅁ. $(x+7)(x-2)$ ㅂ. $(x-7)(x+2)$

① ㄱ, ㄷ ② ㄱ, ㄹ ③ ㄴ, ㄷ
④ ㄱ, ㄹ, ㅁ ⑤ ㄴ, ㄷ, ㅂ

**4** $x^2-10x+a$가 $(x+b)^2$으로 인수분해될 때, 상수 $a$, $b$에 대하여 $a+b$의 값은?

① 5 ② 10 ③ 15
④ 20 ⑤ 25

**5** 다음 중 완전제곱식으로 인수분해할 수 없는 것은?

① $2x^2-4x+2$ ② $a^2+8ab+16b^2$
③ $9x^2+6x+1$ ④ $x^2-\frac{1}{2}x+\frac{1}{16}$
⑤ $a^2-10ab+16b^2$

중요 **6** 이차식 $x^2+ax+49$가 완전제곱식이 되도록 하는 양수 $a$의 값은?

① 3 ② 7 ③ 14
④ 21 ⑤ 28

중요 **7** 다음 중 인수분해가 옳지 않은 것은?

① $x^2-4xy+4y^2=(x-2y)^2$
② $4x^2-25=(2x+5)(2x-5)$
③ $x^2-4x-12=(x+2)(x-6)$
④ $3x^2+5xy+2y^2=(3x+2y)(x+y)$
⑤ $4xy^2-4xy+x=x(2y+1)^2$

**8** 다음 중 $a^8-1$의 인수가 아닌 것은?

① $a^2+1$ ② $a^2-1$ ③ $a+1$
④ $a-1$ ⑤ $(a-1)^2(a+1)$

전국 중학교의 기출문제와 새로운 교육과정의 문제를 종합, 분석하여 핵심 문제만을 모았습니다.

**9** $6x^2-23x+A$를 인수분해하면 $(2x-3)(3x-B)$일 때, 상수 $A$, $B$에 대하여 $A+B$의 값은?

① $-14$ ② $7$ ③ $14$
④ $21$ ⑤ $28$

**10** 다음 중 두 다항식 $x^2-3x-4$와 $x^2-x-12$의 공통인 인수는?

① $x+4$ ② $x+3$ ③ $x+1$
④ $x-4$ ⑤ $x^2$

중요 **11** $x-4$가 $3x^2+ax-8$의 인수일 때, 상수 $a$의 값은?

① $-10$ ② $-8$ ③ $-2$
④ $2$ ⑤ $4$

**12** 다음 그림과 같은 넓이를 가진 6장의 색종이가 있다. 이 색종이들의 넓이의 합과 넓이가 같은 직사각형의 가로의 길이가 $x+1$일 때, 세로의 길이를 구하시오.

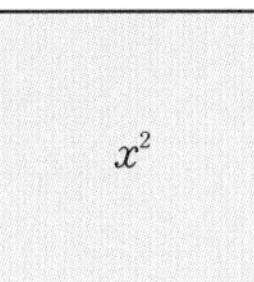

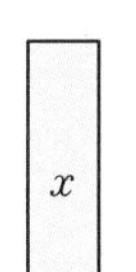

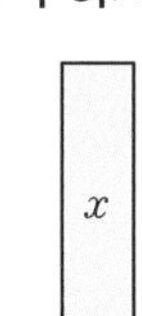

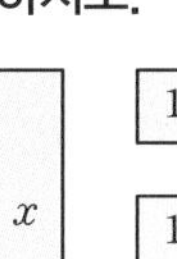

## Step 2 자주 나오는 문제

**13** 다음 중 식에 대한 설명으로 옳지 <u>않은</u> 것은?

$$15x^2y-5xy \underset{㉡}{\overset{㉠}{\rightleftarrows}} 5xy(3x-1)$$

① ㉠의 과정을 인수분해한다고 한다.
② ㉡의 과정을 전개한다고 한다.
③ $5xy$는 $15x^2y$, $-5xy$의 공통인 인수이다.
④ ㉡의 과정에서 결합법칙이 이용된다.
⑤ $5x$, $y$, $3x-1$은 모두 $15x^2y-5xy$의 인수이다.

**14** 다음 보기 중 $x+3$을 인수로 갖는 다항식을 모두 고른 것은?

보기
ㄱ. $x^2-9x+18$ ㄴ. $3x^2-21x+30$
ㄷ. $x^2-9$ ㄹ. $2x^2+x-15$

① ㄱ, ㄴ ② ㄱ, ㄷ ③ ㄴ, ㄹ
④ ㄷ, ㄹ ⑤ ㄴ, ㄷ, ㄹ

**15** 다음 중 식이 완전제곱식으로 인수분해될 때, □ 안의 수가 가장 큰 것은?

① $x^2-2x+\square$ ② $\square x^2+4x+1$
③ $x^2+\square xy+\frac{1}{16}y^2$ ④ $9x^2+6x+\square$
⑤ $4y^2+\square y+\frac{1}{4}$

**16** $(x-1)(x+3)+m$이 완전제곱식이 되도록 하는 상수 $m$의 값을 구하시오.

**중요 17** $0<x<3$일 때, $\sqrt{x^2-6x+9}-\sqrt{x^2+6x+9}$를 간단히 하시오.

**중요 18** $6x^2+(4a-7)x-12$를 인수분해하면 $(2x+b)(3x-4)$일 때, 상수 $a$, $b$의 값을 각각 구하시오.

**19** 두 다항식 $x^2+Ax-12$, $2x^2+x+B$가 $x+2$를 공통인 인수로 가질 때, 상수 $A$, $B$에 대하여 $A+B$의 값은?

① $-14$ ② $-12$ ③ $-10$
④ $-8$ ⑤ $-6$

아차! 돌다리 문제

**20** $x^2$의 계수가 1인 이차식을 연정이는 상수항을 잘못 보고 $(x+5)(x-2)$로 인수분해하였고, 태선이는 $x$의 계수를 잘못 보고 $(x+10)(x-4)$로 인수분해하였다. 처음 이차식을 바르게 인수분해하시오.

**중요 21** 다음 그림의 모든 직사각형을 빈틈없이 겹치지 않게 이어 붙여서 하나의 큰 직사각형을 만들 때, 새로 만든 직사각형의 둘레의 길이는?

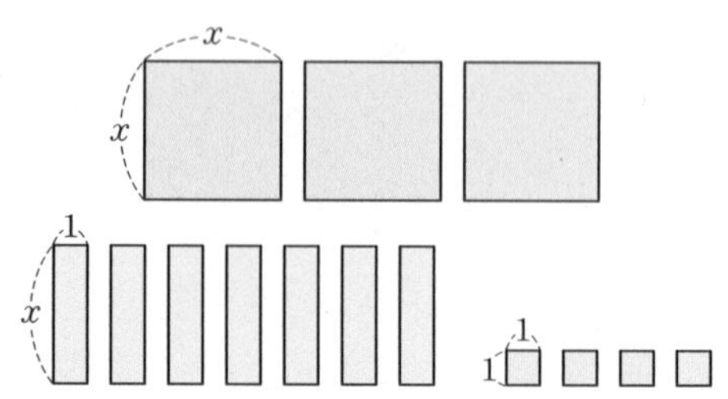


① $3x+2$ ② $4x+4$ ③ $5x+7$
④ $6x+8$ ⑤ $8x+10$

**22** 오른쪽 그림과 같이 넓이가 $4a^2+20a+25$인 정사각형 모양의 밭이 있다. 이 밭의 둘레의 길이를 구하시오. (단, $a>0$)

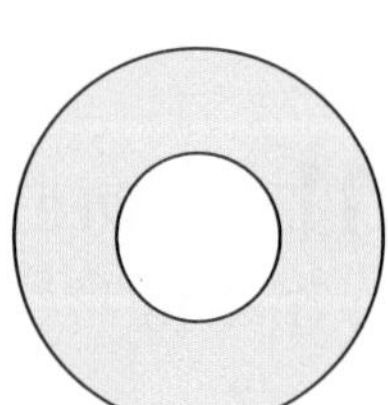

**23** 오른쪽 그림과 같이 큰 원의 내부에 작은 원이 있다. 두 원의 반지름의 길이의 합과 차가 각각 9, 4일 때, 색칠한 부분의 넓이는?

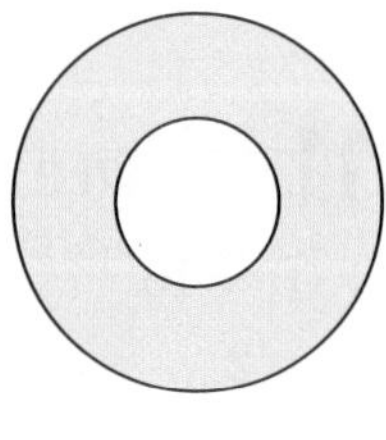

① $6\pi$ ② $9\pi$
③ $13\pi$ ④ $16\pi$
⑤ $36\pi$

**24** 오른쪽 그림과 같이 한 변의 길이가 각각 $x$, $y$인 두 개의 정사각형이 있다. 두 정사각형의 둘레의 길이의 합이 80이고, 넓이의 차가 200일 때, 두 정사각형의 한 변의 길이의 차는? (단, $x>y$)

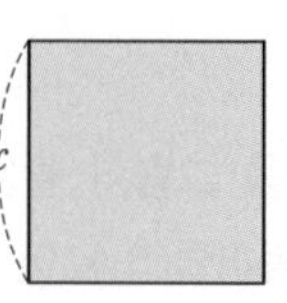

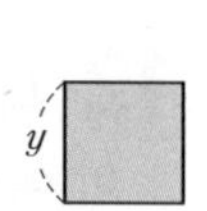


① 5 ② 10 ③ 15
④ 20 ⑤ 25

» 130쪽 다시 보는 핵심 문제로
자신의 실력을 확인하세요!

## Step3 만점! 도전 문제

**25** $x^2-5ax+b$에 $ax+b$를 더하면 완전제곱식이 된다고 할 때, 순서쌍 $(a, b)$의 개수는?

(단, $a$, $b$는 50 이하의 자연수이다.)

① 1개 ② 2개 ③ 3개
④ 4개 ⑤ 5개

**26** $1<a<3$이고 $\sqrt{x}=a-1$일 때, $\sqrt{x-4a+8}+\sqrt{x+6a+3}$의 값은?

① $-2a+1$ ② $2a-1$ ③ $0$
④ $5$ ⑤ $8$

**27** $x^2+kx-20=(x+a)(x+b)$일 때, 다음 중 상수 $k$의 값이 될 수 없는 것은? (단, $a$, $b$는 정수)

① $-19$ ② $-8$ ③ $-2$
④ $1$ ⑤ $8$

**28** $3x^2+ax-2$는 $x$의 계수가 자연수이고 상수항이 정수인 두 일차식의 곱으로 인수분해될 때, 다음 중 상수 $a$의 값으로 적당하지 않은 것은?

① $-5$ ② $-1$ ③ $1$
④ $5$ ⑤ $7$

## 서술형 문제

**29** 다음 두 다항식을 각각 $x$의 계수가 자연수인 두 일차식의 곱으로 인수분해할 때, 일차 이상의 공통인 인수를 구하시오. (단, 풀이 과정을 자세히 쓰시오.)

$12x^2+4x-5$, $x(2x-1)+y(1-2x)$

풀이 과정

답

**30** 다음 그림에서 두 도형 A, B의 넓이가 서로 같다. 도형 B의 가로의 길이가 $x-3$일 때, 세로의 길이를 구하시오.

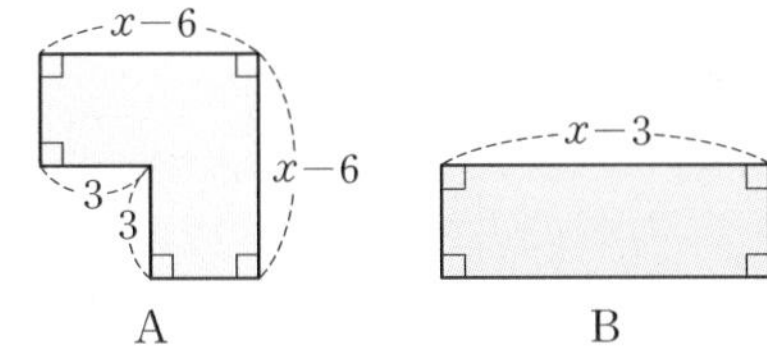


풀이 과정

답

# 12강 여러 가지 인수분해

## ① 인수분해를 이용한 수의 계산

복잡한 수의 계산을 할 때, 인수분해 공식을 이용할 수 있도록 수의 모양을 바꾸어 계산한다.

(1) 공통인 인수로 묶기 ➡ $ma+mb=m(a+b)$

(2) 제곱의 차를 이용하기 ➡ $a^2-b^2=(a+b)(a-b)$

(3) 완전제곱식을 이용하기 ➡ $a^2+2ab+b^2=(a+b)^2$, $a^2-2ab+b^2=(a-b)^2$

* 인수분해를 이용한 수의 계산

(1) $11\times43-11\times40=11\times(43-40)$
$=11\times3=33$

(2) $51^2-49^2=(51+49)(51-49)$
$=100\times2=200$

(3) $9^2+2\times9+1=(9+1)^2=10^2=100$

**예제 1** 인수분해 공식을 이용하여 다음을 계산하시오.

(1) $12\times75-12\times72$ (2) $55^2-45^2$ (3) $99^2+2\times99+1$

## ② 복잡한 식의 인수분해 (1) – 공통부분을 한 문자로 놓기

❶ 공통부분을 찾아 한 문자로 놓는다.

❷ 인수분해한다.

❸ 한 문자로 놓은 원래의 식을 대입하여 정리한다.

* 공통부분을 한 문자로 놓는 인수분해

$(x+y)^2+2(x+y)+1$ — $x+y=A$로 놓기
$=A^2+2A+1$ — 인수분해
$=(A+1)^2$ — $A=x+y$를 대입
$=(x+y+1)^2$

**예제 2** 다음 식을 인수분해하시오.

(1) $(a+1)^2-4$

(2) $(x+2)^2-4(x+2)+3$

(3) $(x+2y)(x+2y-4)-12$

## ③ 복잡한 식의 인수분해 (2) – 적당한 항끼리 묶기

(1) 항이 4개인 경우

① 공통인 인수가 생기도록 (2항)+(2항)으로 묶는다.

② $A^2-B^2$ 꼴이 되도록 (3항)+(1항) 또는 (1항)+(3항)으로 묶는다.

(2) 항이 5개 이상이고, 문자가 2개 이상인 경우

차수가 낮은 한 문자에 대하여 내림차순으로 정리한다.

* (1항)+(3항)으로 묶는 인수분해

$x^2-y^2+4y-4$ — (1항)+(3항)으로 묶기
$=x^2-(y^2-4y+4)$ — $A^2-B^2$ 꼴
$=x^2-(y-2)^2$
$=(x+y-2)(x-y+2)$

**발전** 다항식을 정리하는 방법

(1) 내림차순: 다항식을 차수가 높은 항부터 낮은 항의 순서로 정리하는 것

예 $x^3+x^2+x+1$

(2) 오름차순: 다항식을 차수가 낮은 항부터 높은 항의 순서로 정리하는 것

예 $1+x+x^2+x^3$

**예제 3** 다음 식을 인수분해하시오.

(1) $a^3-a^2b-a+b$

(2) $x^2+2xy+y^2-z^2$

(3) $x^2+2x+5xy-5y-3$

**1** 인수분해 공식을 이용하여 $51^2-2\times51+1$을 계산할 때, 다음 중 가장 편리한 것은?

① $ma-mb=m(a-b)$
② $a^2-2ab+b^2=(a-b)^2$
③ $a^2-b^2=(a+b)(a-b)$
④ $x^2+(a+b)x+ab=(x+a)(x+b)$
⑤ $acx^2+(ad+bc)x+bd=(ax+b)(cx+d)$

• 수의 계산에 자주 이용되는 인수분해 공식
$ma+mb=m(a+b)$
$ma-mb=m(a-b)$
$a^2-b^2=(a+b)(a-b)$
$a^2+2ab+b^2=(a+b)^2$
$a^2-2ab+b^2=(a-b)^2$

**2** $\sqrt{2\times52^2-2\times48^2}$을 인수분해 공식을 이용하여 계산하면?

① $2\sqrt{5}$　② $2\sqrt{10}$　③ $5\sqrt{2}$
④ $10\sqrt{2}$　⑤ $20\sqrt{2}$

**3** 다음 중 $(3a-1)^2+3(1-3a)+2$의 인수인 것은?

① $a+1$　② $3a-1$　③ $2a+3$
④ $3a+1$　⑤ $3a-2$

• 공통부분을 한 문자로 놓는 인수분해
공통부분을 $A$로 놓기
⬇
인수분해하기
⬇
$A$에 원래의 식을 대입하여 정리하기

**4** 다음 두 다항식의 공통인 인수는?

$$ab-a-b+1,\qquad a^2-ab-a+b$$

① $a-b$　② $b-1$　③ $a-1$
④ $a+1$　⑤ $b+1$

• 주어진 식의 항이 4개일 때
➡ 공통부분이 생기도록 두 항씩 묶어 인수분해한다.

**5** 다항식 $x^2-y^2-2y-1$은 $x$의 계수가 자연수인 두 일차식의 곱으로 인수분해된다. 이때 인수인 두 일차식의 합은?

① $2x$　② $2x+2$　③ $2y-2$
④ $2x+2y$　⑤ $2x+2y-2$

**6** 다항식 $a^2+ab+a-b-2$를 인수분해하시오.

# 13강 인수분해 공식의 활용

## ① 문자의 값이 주어질 때, 식의 값 구하기

❶ 구하는 식을 인수분해한다.

❷ ❶의 식에 주어진 문자의 값을 대입하거나 두 수의 합, 차, 곱 등으로 변형하여 구한다.

* 문자의 값이 주어질 때, 식의 값 구하기

$x=1-\sqrt{2}$일 때, $x^2-2x+1$의 값

$x^2-2x+1=(x-1)^2=(1-\sqrt{2}-1)^2$
$=(-\sqrt{2})^2=2$

**예제 1** 다음 식의 값을 구하시오.

(1) $x=4-\sqrt{5}$일 때, $x^2-8x+16$의 값

(2) $a=\sqrt{2}+1$, $b=\sqrt{2}-1$일 때, $a^2-b^2$의 값

## ② 조건으로 식이 주어질 때, 식의 값 구하기

❶ 구하는 식을 인수분해한다.

❷ ❶의 식에 주어진 식의 값을 대입한다.

* 조건으로 식이 주어질 때, 식의 값 구하기

$x+y=3$, $xy=2$일 때,

$x^3y+2x^2y^2+xy^3=xy(x^2+2xy+y^2)$
$=xy(x+y)^2$
$=2\times3^2=18$

**예제 2** $x+y=5$, $x-y=-2$일 때, $x^2-y^2-2x-2y$의 값을 구하시오.

**예제 3** $16a^2-9b^2=24$, $4a+3b=6$일 때, $4a-3b$의 값은?

① 2 ② 4 ③ 6
④ 8 ⑤ 10

## ③ 인수분해의 도형에의 활용

주어진 조건에 따라 세운 다항식을 인수분해하여 다항식의 곱으로 나타낸다.

* 인수분해의 도형에의 활용

넓이가 $(x+2y)^2-(x+2y)-2$이고, 가로의 길이가 $x+2y-2$인 직사각형의 세로의 길이

➡ $(x+2y)^2-(x+2y)-2$
$=(x+2y-2)(x+2y+1)$
이므로 세로의 길이는 $x+2y+1$

**예제 4** 오른쪽 그림에서 두 도형 A, B의 넓이가 서로 같을 때, 도형 B의 세로의 길이를 구하시오.

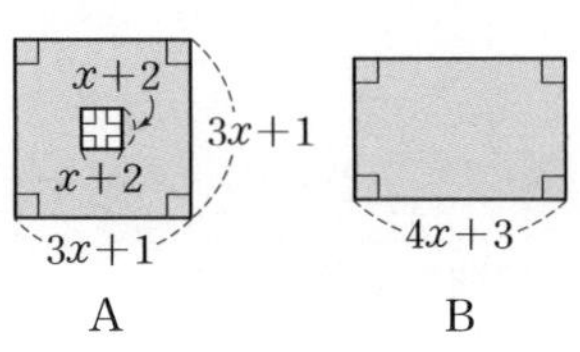

# 핵심 유형 익히기

**1** $x=2-\sqrt{3}$일 때, $2x^2-8x+8$의 값은?

① $-\sqrt{3}$　② $1-\sqrt{3}$　③ $2$
④ $2+\sqrt{3}$　⑤ $6$

- 인수분해를 이용한 식의 값 구하기
  (1) 주어진 식을 인수분해한 후 조건을 대입한다.
  (2) 주어진 조건의 분모가 무리수이면 먼저 분모를 유리화한다.

**2** $x=\dfrac{1}{2+\sqrt{3}}$, $y=\dfrac{1}{2-\sqrt{3}}$일 때, $x^2+2xy+y^2$의 값은?

① $-8\sqrt{3}$　② $-4\sqrt{3}$　③ $3$
④ $12$　⑤ $16$

**3** $x+y=3$일 때, $x^2+2xy+y^2+3x+3y-4$의 값은?

① $10$　② $12$　③ $14$
④ $16$　⑤ $18$

- 주어진 식의 값을 대입할 수 있도록 적당한 항끼리 묶어 인수분해한다.

**4** $a+b=2$, $ab=-8$일 때, $a^2-5a-b^2+5b$의 값은? (단, $a>b$)

① $-30$　② $-24$　③ $-18$
④ $-12$　⑤ $-6$

- 곱셈 공식의 변형을 이용하여 식의 값 구하기
  (1) $a+b$, $ab$의 값이 주어질 때
  ➡ $(a-b)^2=(a+b)^2-4ab$를 이용하여 $a-b$의 값을 구한다.
  (2) $a-b$, $ab$의 값이 주어질 때
  ➡ $(a+b)^2=(a-b)^2+4ab$를 이용하여 $a+b$의 값을 구한다.

**5** $x+y=3$, $x^2-y^2+4x-4y=35$일 때, $x-y$의 값을 구하시오.

**6** 오른쪽 그림과 같이 원 모양의 광장 안에 원 모양의 연못이 있다. 연못을 제외한 광장의 넓이는 $75\pi\ \mathrm{m}^2$이고, 광장과 연못의 둘레의 길이를 합하면 $30\pi\ \mathrm{m}$이다. 광장의 반지름의 길이를 $a\,\mathrm{m}$, 연못의 반지름의 길이를 $b\,\mathrm{m}$라 할 때, $a-b$의 값을 구하시오.

## Step1 반드시 나오는 문제

**1** 인수분해 공식을 이용하여
$2\times72.5^2-2\times5\times72.5+2\times2.5^2$을 계산할 때, 이용되는 인수분해 공식을 다음 보기에서 모두 고르시오.

보기
ㄱ. $ma+mb=m(a+b)$
ㄴ. $a^2-b^2=(a+b)(a-b)$
ㄷ. $a^2-2ab+b^2=(a-b)^2$
ㄹ. $x^2+(a+b)x+ab=(x+a)(x+b)$
ㅁ. $acx^2+(ad+bc)x+bd=(ax+b)(cx+d)$

**2** $\sqrt{61^2-60^2}$을 인수분해 공식을 이용하여 계산하시오.

아차! 돌다리 문제

중요 **3** 인수분해 공식을 이용하여
$1^2-3^2+5^2-7^2+9^2-11^2$을 계산하면?

① $-100$ ② $-72$ ③ $-36$
④ $72$ ⑤ $100$

**4** $2(2x+1)^2-3(2x+1)-5$를 인수분해하면 $A(x+B)(4x-C)$일 때, 상수 $A$, $B$, $C$에 대하여 $A+B+C$의 값은?

① 1 ② 4 ③ 6
④ 7 ⑤ 10

**5** 다음 중 $(x+1)^4-1$의 인수가 아닌 것은?

① $x$ ② $x+2$ ③ $x^2+2x$
④ $x^2+2x+1$ ⑤ $x^2+2x+2$

**6** $6(x+1)^2+(x+1)(x-4)-(x-4)^2$을 인수분해하시오.

**7** $x^3+3x^2-4x-12$가 $x$의 계수가 1인 세 일차식의 곱으로 인수분해될 때, 이 세 일차식의 합은?

① $3x-6$ ② $3x-3$ ③ $3x+1$
④ $3x+3$ ⑤ $3x+6$

**8** 다음 중 $a^2-b^2-c^2+2bc$의 인수를 모두 고르면? (정답 2개)

① $a+b+c$ ② $a+b-c$ ③ $a-b+c$
④ $a-b-c$ ⑤ $a+2b+c$

전국 중학교의 기출문제와 새로운 교육과정의 문제를 종합, 분석하여 핵심 문제만을 모았습니다.

**9** $a^2-ac-bc-b^2$을 인수분해하면?

① $(a+b)(a-b-c)$ ② $(a-b)(a-b-c)$
③ $(a+b)(a+b-c)$ ④ $(a-b)(a+b-c)$
⑤ $(a+b)(-a+b+c)$

**10** 다음 중 $9x^2-4y^2+6x+12y-8$의 인수인 것은?

① $3x+2y$ ② $9x^2-4y^2$ ③ $3x+6y-4$
④ $3x+2y-2$ ⑤ $6x+4y-2$

**11** $x=\sqrt{2}-1$일 때, $(x+3)^2-4(x+3)+4$의 값은?

① 2 ② 3 ③ 4
④ 5 ⑤ 6

**12** $x=\frac{1}{\sqrt{2}+1}$, $y=\frac{1}{\sqrt{2}-1}$일 때, $x^2y-xy^2$의 값은?

① $-4\sqrt{2}$ ② $-4$ ③ $-2\sqrt{2}$
④ $-2$ ⑤ 2

**13** $x+y=5$일 때, $x^2+2xy+y^2-x-y-6$의 값은?

① 12 ② 14 ③ 16
④ 18 ⑤ 20

## Step 2 자주 나오는 문제

**14** $\frac{2020\times2021+2020}{2021^2-1}$을 계산하면?

① $\frac{1}{2020}$ ② $\frac{1}{2}$ ③ $\frac{2020}{2021}$
④ 1 ⑤ 2

**15** $2016\times2020+4$는 어떤 자연수 $m$을 제곱한 수이다. 이때 자연수 $m$의 값은?

① 2018 ② 2019 ③ 2020
④ 2021 ⑤ 2022

중요 **16** $(a+b)(a+b-3)+2$를 인수분해하면?

① $(a+b+1)(a+b+2)$
② $(a+b-1)(a+b+2)$
③ $(a+b+1)(a+b-2)$
④ $(a+b-1)(a+b-2)$
⑤ $(a+b-1)(a+b+3)$

**17** $m$, $n$이 자연수일 때, $3mn-2m-3n+2=4$를 만족시키는 순서쌍 $(m, n)$의 개수는?

① 1개 ② 2개 ③ 3개
④ 4개 ⑤ 5개

**18** $4x^2-4xy+y^2-16$을 인수분해하면 $(2x+ay+b)(2x+cy+d)$일 때, 상수 $a$, $b$, $c$, $d$에 대하여 $a+b+c+d$의 값은?

① $-8$ ② $-4$ ③ $-2$
④ $0$ ⑤ $2$

**19** 다음 세 다항식 $A$, $B$, $C$가 $x$의 계수가 1인 일차식을 공통인 인수로 가질 때, 상수 $a$의 값은?

$$A=(3x-1)^2-(x+5)^2$$
$$B=2x^3+x^2-2x-1$$
$$C=2x^2-x+a$$

① $-5$ ② $-3$ ③ $-1$
④ $1$ ⑤ $3$

**20** 다음 다항식을 인수분해하시오.

$$a^2-2ab+3a-3b+b^2+2$$

**21** $4x^2-5xy+y^2+13x-10y+9$를 인수분해하면 $(x-y+a)(bx+cy+d)$일 때, $a+b+c+d$의 값은? (단, $a$, $b$, $c$, $d$는 상수)

① $-13$ ② $-8$ ③ $4$
④ $8$ ⑤ $13$

**22** $\sqrt{3}$의 소수 부분을 $x$라 할 때, $3x^2+7x+4$의 값은?

① $2+4\sqrt{3}$ ② $9-4\sqrt{3}$ ③ $4+4\sqrt{3}$
④ $6+4\sqrt{3}$ ⑤ $9+\sqrt{3}$

**23** $a=4-2\sqrt{7}$, $b=\sqrt{7}-3$일 때,

$\dfrac{a+b+1}{a^2+3ab+2b^2+a+2b}$의 값은?

① $-1$ ② $-\dfrac{1}{2}$ ③ $\dfrac{1}{3}$
④ $1$ ⑤ $3$

**24** $a+b=2$이고 $ax+bx+ay+by=8$일 때, $x^2+2xy+y^2$의 값은?

① 9 ② 16 ③ 25
④ 36 ⑤ 49

**25** $a+b=17$, $ab=72$일 때, $\dfrac{a^3+ab^2-a^2b-b^3}{a-b}$의 값은?

① 89 ② 145 ③ 217
④ 361 ⑤ 423

## Step3 만점! 도전 문제

**26** 일반적으로 사용하는 암호시스템은 RSA 공개키 암호시스템이다. 이 시스템에서는 두 소수의 곱이 공개키가 되며 공개키로부터 두 소수를 알면 비밀키를 찾을 수 있다. 예를 들어 3599가 공개키라면
$3599=3600-1=(60-1)(60+1)=59\times61$이므로 비밀키를 찾는 데 필요한 두 소수는 59와 61이다. 공개키가 4891일 때, 비밀키를 찾기 위해 필요한 두 소수를 구하시오.

아차! 돌다리 문제

**27** 자연수 $2^{20}-1$은 30과 40 사이의 두 자연수에 의하여 나누어떨어질 때, 이 두 자연수의 합을 구하시오.

**28** 다음 중 $x(x+1)(x+2)(x+3)-24$의 인수가 아닌 것은?

① $x-3$ ② $x-1$ ③ $x+4$
④ $x^2+3x+6$ ⑤ $x^2+3x-4$

**29** 오른쪽 그림과 같이 큰 부채꼴에서 작은 부채꼴을 잘라 낸 색칠한 부분에 그림을 그려 부채를 만들려고 한다. 이때 색칠한 부분의 넓이를 구하시오.

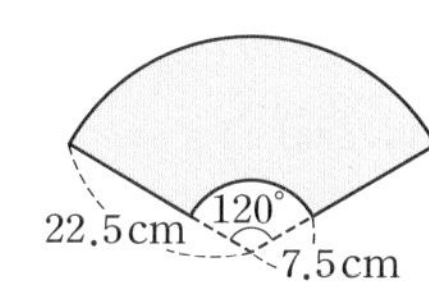


## 서술형 문제

**30** 인수분해 공식을 이용하여 다음 식을 계산하시오.
(단, 풀이 과정을 자세히 쓰시오.)

$$\left(1-\frac{1}{2^2}\right)\left(1-\frac{1}{3^2}\right)\left(1-\frac{1}{4^2}\right)\times\cdots\times\left(1-\frac{1}{10^2}\right)$$

풀이 과정

답

**31** $a+b=\sqrt{6}$, $a^2-b^2+2b-1=40$일 때, $a-b$의 값을 구하시오. (단, 풀이 과정을 자세히 쓰시오.)

풀이 과정

답

# 14강 이차방정식의 뜻과 해

## ① 이차방정식

등식의 모든 항을 좌변으로 이항하여 정리한 식이 ($x$에 대한 이차식)$=0$ 꼴로 나타나는 방정식을 $x$에 대한 이차방정식이라 한다.

참고 일반적으로 $x$에 대한 이차방정식은 $ax^2+bx+c=0$($a$, $b$, $c$는 상수, $a\neq0$)과 같이 나타낼 수 있다.

* 이차방정식과 이차방정식이 아닌 예
(1) $x^2+1=0$: 이차방정식
(2) $x^2+x=2x$ ➡ $x^2-x=0$: 이차방정식
(3) $x^2+2x+1=x^2$
➡ $2x+1=0$: 이차방정식이 아니다.

**예제 1** 다음 보기 중 이차방정식을 모두 찾으시오.

보기

ㄱ. $x^2+2x=0$　　ㄴ. $2x^2-4$
ㄷ. $x(x-1)=x^2-3x$　　ㄹ. $x^2-7x=2$

**발전** 방정식
(1) 항등식: 미지수 $x$의 값에 상관없이 항상 참이 되는 등식
(2) 방정식: 미지수 $x$의 값에 따라 참이 되기도 하고, 거짓이 되기도 하는 등식
(3) 이차방정식: 차수가 가장 높은 항의 차수가 2인 방정식
(4) 이항: 등식의 성질을 이용하여 등식의 한 변에 있는 항의 부호를 바꾸어 다른 변으로 옮기는 것

**예제 2** 이차방정식 $2x(x+3)=(4x-1)(x+2)$를 $ax^2-x+b=0$ 꼴로 나타낼 때, 상수 $a$, $b$의 값을 각각 구하시오.

## ② 이차방정식의 해

(1) 이차방정식의 해(근): 이차방정식을 참이 되게 하는 미지수 $x$의 값

예 이차방정식 $x^2-4x+3=0$에서
$x=1$을 대입하면 $1^2-4\times1+3=0$(참) ➡ $x=1$은 해이다.
$x=2$를 대입하면 $2^2-4\times2+3\neq0$(거짓) ➡ $x=2$는 해가 아니다.

(2) 이차방정식을 푼다: 이차방정식의 해 또는 근을 모두 구하는 것

* 이차방정식의 해 찾기
$x=p$가 이차방정식 $ax^2+bx+c=0$의 해이다. (단, $a$, $b$, $c$는 상수)
➡ $x=p$를 주어진 식에 대입하면 등식이 성립한다.
➡ $ap^2+bp+c=0$

**예제 3** $x$의 값이 0, 1, 2, 3, 4일 때, 이차방정식 $x^2-4x=0$의 해를 구하시오.

**예제 4** 다음 이차방정식 중 $x=1$을 해로 갖는 것을 모두 고르면? (정답 2개)

① $(x+1)(x+2)=0$　　② $x^2-3x+2=0$
③ $x^2+2x=0$　　④ $x^2+2x+3=0$
⑤ $(x-1)(x+2)=0$

# 핵심 유형 익히기

**1** 다음 중 ($x$에 대한 이차식)$=0$ 꼴로 나타낼 수 없는 것은?

① $x(x-3)=0$ ② $x^2+2=4x^2$
③ $2x^2=(x-1)^2$ ④ $2x(x-3)=x^2+7$
⑤ $x(3x-1)=3x^2-1$

• 이차방정식 찾기
(1) 방정식의 모든 항을 좌변으로 이항하여 동류항끼리 정리한 다음 (이차식)$=0$ 꼴로 변형되는지 살펴본다.
(2) $x^2$항이 없어지는 경우는 이차방정식이 아니다.

**2** 이차방정식 $3(x^2-2x)=5+2x^2$을 $x^2+ax+b=0$ 꼴로 나타낼 때, 상수 $a$, $b$에 대하여 $a+b$의 값을 구하시오.

**3** $2x^2-x+1=ax^2+2x-1$이 $x$에 대한 이차방정식이 되기 위한 상수 $a$의 조건을 구하시오.

• $ax^2+bx+c=0$이 $x$에 대한 이차방정식이 되기 위한 조건
➡ $a\neq0$

**4** 다음 중 [ ] 안의 수가 주어진 이차방정식의 해인 것은?

① $x^2-6x-7=0$ [$-7$]
② $x^2-3x=2$ [$-1$]
③ $x(x+3)-(x+3)=0$ [$-1$]
④ $2x^2-6x-8=0$ [ $1$ ]
⑤ $x^2+4x+3=0$ [$-3$]

• $x=k$가 이차방정식 $ax^2+bx+c=0$의 해일 때
➡ $ak^2+bk+c=0$이 성립한다.

**5** 이차방정식 $x^2+3x+a=0$의 한 근이 $x=-2$일 때, 상수 $a$의 값을 구하시오.

• 이차방정식의 한 근이 주어질 때, 미지수의 값 구하기
➡ 이차방정식에 주어진 한 근을 대입하여 미지수의 값을 구한다.

**6** 이차방정식 $x^2-5x+6=0$의 한 근이 $x=a$일 때, $a^2-5a$의 값을 구하시오.

# 15강 이차방정식의 풀이 (1)

## 1 인수분해를 이용한 이차방정식의 풀이

❶ 이차방정식을 $ax^2+bx+c=0$ 꼴로 정리한다. ➡ $x^2-2x-3=0$

❷ 좌변을 인수분해한다. ➡ $(x+1)(x-3)=0$

❸ $AB=0$이면 $A=0$ 또는 $B=0$임을 이용한다. ➡ $x+1=0$ 또는 $x-3=0$

❹ 이차방정식의 해를 구한다. ➡ $x=-1$ 또는 $x=3$

* $A=0$ 또는 $B=0$은 다음 세 가지 중 하나가 성립함을 의미한다.
(1) $A=0$, $B=0$
(2) $A\neq 0$, $B=0$
(3) $A=0$, $B\neq 0$

**예제 1** 다음 이차방정식을 인수분해를 이용하여 푸시오.

(1) $x^2-3x=0$ (2) $x^2-16=0$

(3) $x^2-5x+4=0$ (4) $x^2=-x+30$

## 2 이차방정식의 중근

(1) 이차방정식에서 두 해가 중복될 때, 이 해를 이차방정식의 중근이라 한다.

(2) 이차방정식이 중근을 가질 조건

➡ 이차방정식이 (완전제곱식)$=0$ 꼴이 되면 중근을 갖는다.

* **이차방정식이 중근을 가질 조건**
이차방정식 $x^2+ax+b=0$이 중근을 가지려면
$b=\left(\frac{a}{2}\right)^2$ → (상수항)$=\left(\frac{\text{일차항의 계수}}{2}\right)^2$

**예제 2** 다음 이차방정식을 푸시오.

(1) $x^2+2x+1=0$ (2) $x^2-6x+9=0$

(3) $4x^2+4x+1=0$ (4) $25=4x(5-x)$

## 3 제곱근을 이용한 이차방정식의 풀이

(1) 이차방정식 $x^2=q(q\geq 0)$의 해

$x^2=q$ ➡ $x=\pm\sqrt{q}$

(2) 이차방정식 $(x-p)^2=q(q\geq 0)$의 해

$(x-p)^2=q$ ➡ $x-p=\pm\sqrt{q}$ ➡ $x=p\pm\sqrt{q}$

* **이차방정식 $x^2=q$의 해**
(1) $q>0$이면 $x=\pm\sqrt{q}$
(2) $q=0$이면 $x=0$
→ 해를 가질 조건 ➡ $q\geq 0$
(3) $q<0$이면 해는 없다.

**예제 3** 다음 이차방정식을 제곱근을 이용하여 푸시오.

(1) $x^2-8=0$ (2) $3x^2=6$

(3) $(x+3)^2=5$ (4) $(3x-1)^2-7=0$

## 4 완전제곱식을 이용한 이차방정식의 풀이

이차방정식 $ax^2+bx+c=0(a\neq 0)$을 (완전제곱식)$=$(상수) 꼴로 고친 다음 제곱근을 이용하여 해를 구한다.

* **완전제곱식을 이용한 이차방정식의 풀이**
❶ 이차항의 계수를 1로 만든다.
❷ 상수항을 우변으로 이항한다.
❸ 양변에 $\left(\frac{\text{일차항의 계수}}{2}\right)^2$을 더한다.
❹ 좌변을 완전제곱식으로 만든다.
❺ 제곱근을 이용하여 푼다.

**예제 4** 다음 이차방정식을 완전제곱식을 이용하여 푸시오.

(1) $x^2+4x-4=0$ (2) $2x^2-6x+3=0$

정답과 해설 26쪽

**1** 이차방정식 $(2x+1)(x-3)=0$의 두 근을 $a$, $b$라 할 때, $a+b$의 값을 구하시오. (단, $a<b$)

**2** 두 이차방정식 $x^2+3x-4=0$, $(x+5)(x-1)=0$의 공통인 근을 구하시오.

• 공통인 근 구하기
❶ 두 이차방정식을 각각 푼다.
❷ 공통인 근을 구한다.

**3** 다음 이차방정식 중 중근을 갖지 않는 것은?

① $x^2-10x+25=0$ ② $x^2=-6x+9$ ③ $9x^2+12x+4=0$
④ $x^2-12x+36=0$ ⑤ $2x^2-8x+8=0$

**4** 다음 이차방정식이 중근을 가질 때, 양수 $a$의 값과 중근을 각각 구하시오.

(1) $x^2+ax+16=0$ (2) $x^2-14x+a+2=0$

**5** 이차방정식 $(x-2)^2=5$의 두 근을 $a$, $b$라 할 때, $ab$의 값은? (단, $a>b$)

① $-3$ ② $-1$ ③ $1$
④ $3$ ⑤ $2\sqrt{5}$

**6** 다음은 완전제곱식을 이용하여 이차방정식 $2x^2-8x-6=0$의 해를 구하는 과정이다. (가)~(라)에 알맞은 수를 구하시오.

| | |
|---|---|
| 양변을 $x^2$의 계수인 (가) 로 나누면 | $x^2-4x-3=0$ |
| 상수항 $-3$을 우변으로 이항하면 | $x^2-4x=3$ |
| 양변에 $\left(\frac{\text{일차항의 계수}}{2}\right)^2$인 (나) 를 더하면 | $x^2-4x+$ (나) $=3+$ (나) |
| 완전제곱식으로 고치면 | $(x-$ (다) $)^2=$ (라) |
| 제곱근을 이용하여 방정식을 풀면 | $\therefore x=$ (다) $\pm\sqrt{\text{(라)}}$ |

기초를 좀 더 다지려면~! 70쪽 »

# 내공 다지기

## 15강 이차방정식의 풀이 (1)

**1** 다음 이차방정식을 인수분해를 이용하여 푸시오.

(1) $x^2-5x=0$

(2) $x^2+3x+2=0$

(3) $x^2-6x+8=0$

(4) $x^2+x-12=0$

(5) $x^2-6x+9=0$

(6) $4x^2+7x+3=0$

(7) $6x^2=-5x+6$

(8) $6x^2-x=2$

(9) $(x+1)(x-4)=14$

(10) $x^2+2x-3=5(x-1)$

**2** 다음 이차방정식이 중근을 가질 때, 상수 $a$의 값을 모두 구하시오.

(1) $x^2-8x+a=0$

(2) $x^2+x+a=0$

(3) $x^2+ax+64=0$

(4) $x^2+8x+10-a=0$

(5) $x^2+6x+a=4x-5$

(6) $x^2+ax+16=2x$

(7) $4x^2-(a+2)x+1=0$

(8) $2x^2+5x=17x-a$

(9) $x^2+ax+a+3=0$

(10) $x^2-4ax+4a-1=0$

**3** 다음 이차방정식을 제곱근을 이용하여 푸시오.

(1) $x^2=7$

(2) $x^2-9=0$

(3) $9x^2=6$

(4) $2x^2-8=0$

(5) $(x-5)^2=2$

(6) $(x+4)^2=9$

(7) $2(x-3)^2=16$

(8) $-2(x+1)^2+8=0$

(9) $5\left(x-\frac{1}{2}\right)^2-25=0$

(10) $(2x+1)^2=10$

**4** 다음은 완전제곱식을 이용하여 이차방정식의 근을 구하는 과정이다. □ 안에 알맞은 수를 쓰시오.

(1) $x^2-6x+1=0$

$x^2-6x=-1$

$x^2-6x+\square=-1+\square$

$(x-\square)^2=\square$

$\therefore x=\square$

(2) $3x^2+6x-1=0$

$x^2+2x-\square=0$

$x^2+2x=\square$

$x^2+2x+\square=\square+1$

$(x+\square)^2=\square$

$\therefore x=\square$

**5** 다음 이차방정식을 완전제곱식을 이용하여 푸시오.

(1) $x^2-4x-4=0$

(2) $x^2+6x+1=0$

(3) $2x^2-4x-10=0$

(4) $2x^2-3x-4=0$

(5) $\frac{3}{2}x^2-3x-4=0$

# 내공 쌓는 족집게 문제

## Step 1 반드시 나오는 문제

중요 **1** 다음 중 이차방정식이 아닌 것은?

① $(x-2)(x+1)=0$
② $2x^2+x=x^2-2x+1$
③ $x^3+2x^2-x=x(x^2-2)$
④ $3x^2-5=(x-1)^2$
⑤ $x^2-x=(x+1)^2$

**2** $ax^2+2x-5=3(x-2)^2-1$이 $x$에 대한 이차방정식일 때, 다음 중 상수 $a$의 값이 될 수 없는 것은?

① $-3$ ② $-1$ ③ $0$
④ $1$ ⑤ $3$

**3** 다음 중 [ ] 안의 수가 주어진 이차방정식의 해인 것은?

① $x(x-2)=0$ [$-2$]
② $x^2-9=0$ [ 3 ]
③ $x^2+4x-5=0$ [ 2 ]
④ $2x^2+7x-15=0$ [ 1 ]
⑤ $x^2-4x+4=0$ [ 0 ]

**4** 이차방정식 $x^2+ax-6=0$의 한 근이 $x=2$일 때, 상수 $a$의 값은?

① $-1$ ② $-\frac{1}{2}$ ③ $\frac{1}{2}$
④ $1$ ⑤ $2$

**5** 이차방정식 $2x^2+3x-4=0$의 한 근이 $x=a$일 때, $2a^2+3a-1$의 값을 구하시오.

**6** 다음 이차방정식 중 해가 $x=-2$ 또는 $x=1$인 것은?

① $x(x-2)=0$ ② $(x-1)(x+2)=0$
③ $(x+1)(x-2)=0$ ④ $-2x(x-1)=0$
⑤ $x(x+2)=0$

**7** 이차방정식 $2x^2+3x-2=0$을 풀면?

① $x=-2$ 또는 $x=\frac{1}{2}$ ② $x=-2$ 또는 $x=1$
③ $x=-1$ 또는 $x=2$ ④ $x=-\frac{1}{2}$ 또는 $x=2$
⑤ $x=1$ 또는 $x=2$

**8** 이차방정식 $x^2+6x+8=0$의 두 근이 $a$, $b$일 때, 이차방정식 $x^2+ax+(b+1)=0$을 풀면? (단, $a>b$)

① $x=-4$ 또는 $x=-2$ ② $x=-3$ 또는 $x=1$
③ $x=-1$ 또는 $x=3$ ④ $x=1$ 또는 $x=3$
⑤ $x=2$ 또는 $x=4$

전국 중학교의 기출문제와 새로운 교육과정의 문제를 종합, 분석하여 핵심 문제만을 모았습니다.

**9** 두 이차방정식 $x^2-3x=0$, $x^2-7x+12=0$의 공통인 근은?

① $x=0$　② $x=3$　③ $x=4$　④ $x=0$ 또는 $x=3$　⑤ $x=0$ 또는 $x=4$

중요 **10** 다음 보기의 이차방정식 중 중근을 갖는 것은 모두 몇 개인가?

• 보기 •

ㄱ. $x^2-2x+1=0$　ㄴ. $4x^2+12x+9=0$
ㄷ. $2x^2=8$　ㄹ. $x(x-10)=-25$
ㅁ. $x^2+3x+2=0$

① 1개　② 2개　③ 3개　④ 4개　⑤ 5개

아차! 돌다리 문제

**11** 이차방정식 $x^2-8x+3k+4=0$이 중근을 가질 때, 상수 $k$의 값을 구하시오.

**12** 이차방정식 $3(x+2)^2-18=0$의 해가 $x=A\pm\sqrt{B}$일 때, 유리수 $A$, $B$에 대하여 $A+B$의 값은?

① 4　② 5　③ 6　④ 7　⑤ 8

중요 **13** 다음은 완전제곱식을 이용하여 이차방정식 $x^2-8x+2=0$의 해를 구하는 과정이다. 상수 $A$, $B$, $C$에 대하여 $A+B+C$의 값은?

$$x^2-8x+2=0$$
$$x^2-8x=-2$$
$$x^2-8x+A=-2+A$$
$$(x-B)^2=C$$
$$x-B=\pm\sqrt{C}$$
$$\therefore x=B\pm\sqrt{C}$$

① 24　② 28　③ 30　④ 34　⑤ 38

## Step2 자주 나오는 문제

**14** $(a^2-3a)x^2+ax-1=4x^2-3x$가 $x$에 대한 이차방정식이 되기 위한 상수 $a$의 조건은?

① $a\neq4$　② $a\neq-1$ 또는 $a\neq4$　③ $a\neq-1$이고 $a\neq4$　④ $a\neq0$ 또는 $a\neq4$　⑤ $a\neq0$이고 $a\neq4$

**15** $x=-2$가 이차방정식 $3x^2+mx-2=0$의 근이면서 이차방정식 $x^2-2x+n=0$의 근일 때, 상수 $m$, $n$에 대하여 $m-n$의 값을 구하시오.

**16** 이차방정식 $x^2-4x-3=0$의 한 근이 $x=a$이고, 이차방정식 $3x^2-5x+2=0$의 한 근이 $x=b$일 때, $2a^2-8a-3b^2+5b$의 값을 구하시오.

## 내공 쌓는 족집게 문제

아차! 돌다리 문제

**17** 이차방정식 $x^2+x-1=0$의 한 근이 $x=a$일 때, $a^2+\frac{1}{a^2}$의 값을 구하시오.

**18** 이차방정식 $6x^2+17x+5=0$의 두 근 중 큰 근이 이차방정식 $x^2+3x+a=0$의 근일 때, 상수 $a$의 값은?

① $-1$ ② $-\frac{8}{9}$ ③ $-\frac{1}{3}$
④ $-\frac{1}{9}$ ⑤ $\frac{8}{9}$

**19** $x$에 대한 이차방정식 $x^2-4ax+3a^2=0$의 한 근이 $x=3$일 때, 모든 상수 $a$의 값의 합을 구하시오.

**20** 이차방정식 $x^2+ax+6=0$의 한 근이 $x=-2$이고, 다른 한 근이 $x=b$일 때, 이차방정식 $ax^2-2x+b=0$을 풀면? (단, $a$, $b$는 상수)

① $x=\frac{3}{5}$ 또는 $x=1$
② $x=2$ 또는 $x=3$
③ $x=-1$ 또는 $x=-\frac{3}{5}$
④ $x=-1$ 또는 $x=\frac{3}{5}$
⑤ $x=-\frac{3}{5}$ 또는 $x=1$

중요 **21** 두 이차방정식 $x^2+3x+2=0$, $x^2-6x-16=0$의 공통인 근이 이차방정식 $3x^2+2mx-2=0$의 한 근일 때, 상수 $m$의 값을 구하시오.

**22** 이차방정식 $x^2+kx+(k-1)=0$이 중근 $x=a$를 가질 때, $a+k$의 값은? (단, $k$는 상수)

① 1 ② 2 ③ 3
④ 4 ⑤ 5

아차! 돌다리 문제

**23** 이차방정식 $(x+5)^2=2k+1$의 해가 정수가 되도록 하는 가장 작은 자연수 $k$의 값은?

① 2 ② 4 ③ 5
④ 6 ⑤ 8

중요 **24** 이차방정식 $x(x-8)=-5$를 $(x-p)^2=q$ 꼴로 나타낼 때, $p+q$의 값은? (단, $p$, $q$는 상수)

① $-15$ ② $-7$ ③ $-2$
④ 7 ⑤ 15

≫ 135쪽 다시 보는 핵심 문제로
자신의 실력을 확인하세요!

## Step3 만점! 도전 문제

**25** 이차방정식 $x^2-kx-4=0$의 한 근이 $x=a$일 때, $a+\frac{4}{a}-k=-8$을 만족시킨다. 이때 상수 $k$의 값은?

① $-1$　② 0　③ 1
④ 2　⑤ 3

중요 **26** $x$에 대한 이차방정식
$(a+1)x^2-(a^2+1)x-2(a+2)=0$의 한 근이 $x=-1$일 때, 다른 한 근을 구하시오. (단, $a$는 상수)

**27** 일차함수 $y=ax+1$의 그래프가 점 $(a-2,\ -a^2+5a+5)$를 지나고 제3사분면을 지나지 않을 때, 상수 $a$의 값은?

① $-2$　② $-\frac{1}{2}$　③ 1
④ 2　⑤ 4

**28** 두 개의 주사위를 동시에 던져 나온 눈의 수를 각각 $a$, $b$라 할 때, 이차방정식 $x^2+ax+b=0$의 중근을 가질 확률을 구하시오.

## 서술형 문제

**29** 이차방정식 $x^2+ax-6=0$의 한 근이 $x=3$이고, 다른 한 근이 $x=b$일 때, 상수 $a$, $b$에 대하여 $a+b$의 값을 구하시오. (단, 풀이 과정을 자세히 쓰시오.)

풀이 과정

답

**30** 이차방정식 $3x^2-6x-2=0$에 대하여 다음 물음에 답하시오. (단, 풀이 과정을 자세히 쓰시오.)

(1) 주어진 이차방정식을 $(x+a)^2=b$ 꼴로 나타내시오. (단, $a$, $b$는 상수)
(2) (1)을 이용하여 이차방정식을 푸시오.

풀이 과정

(1)

(2)

답

1·2 3·4 5·6·7 8·9·10 11 12·13 14·15 16 17 18 19·20 21·22·23

# 16강 이차방정식의 풀이 (2)

## ❶ 이차방정식의 근의 공식

이차방정식 $ax^2+bx+c=0(a\neq0)$의 근은

$$x=\frac{-b\pm\sqrt{b^2-4ac}}{2a} \text{ (단, } b^2-4ac\geq0\text{)}$$

* $x$의 계수가 짝수일 때의 근의 공식

이차방정식의 $x$의 계수가 짝수($b=2b'$)일 때, 다음 공식을 이용하면 분모, 분자를 약분하는 과정이 생략되어 계산이 간단해진다.

$$x=\frac{-b'\pm\sqrt{b'^2-ac}}{a} \text{ (단, } b'^2-ac\geq0\text{)}$$

**예제 1** 다음은 이차방정식 $ax^2+bx+c=0$의 근의 공식을 유도하는 과정이다. □ 안에 알맞은 것을 차례로 쓰시오.

$ax^2+bx+c=0 \Rightarrow x^2+\frac{b}{a}x+\square=0$

$\Rightarrow x^2+\frac{b}{a}x+\square=-\frac{c}{a}+\square$

$\Rightarrow \left(x+\frac{b}{2a}\right)^2=\square \Rightarrow x+\frac{b}{2a}=\pm\square \qquad \therefore x=\square$

## ❷ 복잡한 이차방정식의 풀이

(1) 계수가 소수인 경우: 양변에 10의 거듭제곱(10, 100, 1000, …)을 곱하여 계수를 정수로 바꾸어 정리한 후 인수분해 또는 근의 공식을 이용하여 해를 구한다.

(2) 계수가 분수인 경우: 양변에 분모의 최소공배수를 곱하여 계수를 정수로 바꾸어 정리한 후 인수분해 또는 근의 공식을 이용하여 해를 구한다.

(3) 괄호가 있는 경우: 전개하여 $ax^2+bx+c=0$ 꼴로 정리한 후 인수분해 또는 근의 공식을 이용하여 해를 구한다.

* 계수가 소수 또는 분수인 경우

소수 계수 $\xrightarrow{\times(10\text{의 거듭제곱})}$ 정수 계수

분수 계수 $\xrightarrow{\times(\text{분모의 최소공배수})}$ 정수 계수

이때 반드시 양변에 똑같은 수를 곱해야 한다.

**예제 2** 다음 이차방정식을 푸시오.

(1) $0.1x^2-1.2x+0.8=0$

(2) $0.2x^2-0.5x+0.1=-0.1$

(3) $\frac{1}{3}x^2-\frac{1}{2}x-\frac{1}{6}=0$

(4) $\frac{1}{2}x^2-x=\frac{1}{4}$

(5) $(x+2)^2=2(x+3)$

(6) $(2x+1)(x-3)-9=0$

## ❸ 공통부분이 있는 이차방정식의 풀이

❶ (공통부분)$=A$로 놓고, $aA^2+bA+c=0$ 꼴로 정리한다.

❷ 인수분해 또는 근의 공식을 이용하여 해를 구한다.

❸ $A$로 놓은 식을 다시 대입하여 원래의 식의 해를 구한다.

* 공통부분이 있는 경우

$(x+2)^2-2(x+2)-3=0$ ⟩ $x+2=A$

$A^2-2A-3=0$

$(A+1)(A-3)=0$ ⟩ 해 구하기

$\therefore A=-1$ 또는 $A=3$ ⟩ $A=x+2$를 대입하기

$x+2=-1$ 또는 $x+2=3$ ⟩ 해 구하기

$\therefore x=-3$ 또는 $x=1$

**예제 3** 다음 이차방정식을 푸시오.

(1) $(x-3)^2-3(x-3)-28=0$

(2) $(x-1)^2+4(x-1)=45$

## 핵심 유형 익히기

**1** 다음 이차방정식을 근의 공식을 이용하여 푸시오.

(1) $x^2-x-3=0$　　(2) $x^2+4x-4=0$

(3) $5x^2+x-1=0$　　(4) $2x^2+6x+1=0$

**2** 이차방정식 $0.5x^2+0.8x-0.1=0$의 두 근 중 큰 근을 $k$라 할 때, $5k+4$의 값은?

① $-4-\sqrt{21}$　② $-4+\sqrt{21}$　③ $-\sqrt{21}$
④ $\sqrt{21}$　⑤ $2+\sqrt{21}$

• 계수가 소수 또는 분수인 이차방정식의 풀이
(1) 계수가 소수인 경우
➡ 양변에 10의 거듭제곱을 곱한다.
(2) 계수가 분수인 경우
➡ 양변에 분모의 최소공배수를 곱한다.

**3** 이차방정식 $x^2-\frac{5}{2}x+\frac{3}{4}=0$의 해가 $x=\frac{a\pm\sqrt{b}}{4}$일 때, 유리수 $a$, $b$에 대하여 $a-b$의 값은?

① $-8$　② $-5$　③ $-3$
④ $8$　⑤ $23$

**4** 이차방정식 $\frac{x(x-1)}{5}=\frac{(x-3)(x+1)}{3}$을 푸시오.

**5** $(x+y)(x+y+3)+2=0$일 때, 다음 중 $x+y$의 값이 될 수 있는 것은?

① $-3$　② $-1$　③ $1$
④ $2$　⑤ $4$

• (공통부분)$=A$로 놓고 푼 경우 $A$의 값이 주어진 이차방정식의 해라고 착각하지 않도록 한다.

기초를 좀 더 다지려면~! 78쪽 »

# 기초 내공 다지기

## 16강 이차방정식의 풀이 (2)

**1** 다음 이차방정식을 근의 공식을 이용하여 푸시오.

(1) $x^2+x-1=0$

(2) $x^2+5x+3=0$

(3) $x^2+2x-1=0$

(4) $x^2-4x-3=0$

(5) $2x^2+3x-1=0$

(6) $3x^2+4x-5=0$

(7) $4x^2+5x-2=0$

(8) $3x^2+6x-1=0$

(9) $2x^2-2x-5=0$

(10) $3x^2+8x+1=0$

**2** 다음 이차방정식을 푸시오.

(1) $0.1x^2-0.2x-0.3=0$

(2) $0.1x^2-0.7x+1=0$

(3) $0.2x^2+0.3x-0.5=0$

(4) $0.01x^2-0.05x-0.06=0$

(5) $x^2-0.8x=-0.1$

(6) $\frac{1}{4}x^2+\frac{1}{3}x-\frac{1}{3}=0$

(7) $\frac{1}{5}x^2+\frac{3}{10}x-\frac{1}{5}=0$

(8) $\frac{1}{4}x^2+\frac{1}{6}x-\frac{1}{12}=0$

(9) $\frac{1}{6}x^2-\frac{5}{6}x+1=0$

(10) $x^2+\frac{1}{5}x=\frac{1}{4}$

**3** 다음 이차방정식을 푸시오.

(1) $(x-1)(x-2)=2$

(2) $3(x+2)^2=x^2+2$

(3) $(x+1)^2=5x-1$

(4) $(x-2)(x+3)=61$

(5) $4x^2=(x+2)(x+3)$

(6) $1.2x^2-1.6x+\frac{1}{2}=0$

(7) $\frac{1}{6}x^2+0.5x=\frac{1}{3}$

(8) $0.5x(x-2)=0.1(x-1)^2$

(9) $\frac{(x-1)^2}{4}=\frac{(x+2)(x-2)}{3}$

(10) $\frac{x(x-2)}{5}=\frac{(x+1)(x-3)}{3}$

**4** 다음 이차방정식을 푸시오.

(1) $(x+2)^2-4(x+2)-5=0$

(2) $(x-1)^2-2(x-1)+1=0$

(3) $(x+1)^2-3(x+1)=28$

(4) $3(2x+1)^2-16(2x+1)+5=0$

(5) $3\left(x+\frac{1}{3}\right)^2+5\left(x+\frac{1}{3}\right)=12$

**5** 다음을 구하시오.

(1) $(x-y)(x-y+2)-3=0$일 때, $x-y$의 값

(2) $(x+2y)(x+2y-6)+9=0$일 때, $x+2y$의 값

(3) $(x-3y-2)(x-3y-6)+4=0$일 때, $x-3y$의 값

# 내공 쌓는 족집게 문제

## Step1 반드시 나오는 문제

**1** 다음은 이차방정식 $x^2-5x+2=0$을 근의 공식을 이용하여 푸는 과정이다. □ 안에 들어갈 수로 옳지 않은 것은?

> 근의 공식에 대입하면
> $x=\dfrac{-\boxed{①}\pm\sqrt{\boxed{②}-4\times1\times\boxed{③}}}{2\times\boxed{④}}$
> 따라서 $x=\boxed{⑤}$이다.

① 5 ② 25 ③ 2
④ 1 ⑤ $\dfrac{5\pm\sqrt{17}}{2}$

**2** 이차방정식 $3x^2+1-5x=0$을 풀면?

① $x=\dfrac{-5\pm\sqrt{13}}{6}$ ② $x=\dfrac{5\pm\sqrt{13}}{6}$
③ $x=\dfrac{10\pm\sqrt{13}}{6}$ ④ $x=\dfrac{-5\pm\sqrt{13}}{3}$
⑤ $x=\dfrac{5\pm\sqrt{13}}{3}$

**3** 이차방정식 $3x^2-2x-2=0$의 해가 $x=\dfrac{m\pm\sqrt{n}}{3}$일 때, 유리수 $m$, $n$에 대하여 $m+n$의 값은?

① 5 ② 8 ③ 20
④ 30 ⑤ 32

**4** 이차방정식 $2x^2+5x+1=0$의 두 근 중 작은 근을 $k$라 할 때, $4k+5$의 값은?

① $-\sqrt{17}$ ② $-\sqrt{13}$ ③ 0
④ $\sqrt{13}$ ⑤ $\sqrt{17}$

**5** 다음 이차방정식 중 근이 유리수가 아닌 것은?

① $x^2-2x-8=0$ ② $x^2-16=0$
③ $(x-3)(x+4)=0$ ④ $2x^2+3x+1=0$
⑤ $2x^2-4x+1=0$

**6** 이차방정식 $0.2x^2+0.7x+0.1=0$을 푸시오.

**7** 이차방정식 $0.1x^2-0.4x=1$의 해 중 양수인 해는?

① $x=2-\sqrt{3}$ ② $x=4-\sqrt{14}$
③ $x=2+\sqrt{14}$ ④ $x=4+\sqrt{14}$
⑤ $x=2+\sqrt{5}$

중요 **8** 이차방정식 $\frac{1}{4}x^2-x+\frac{1}{12}=0$의 해가 $x=\frac{6\pm\sqrt{B}}{A}$일 때, 유리수 $A$, $B$에 대하여 $A$, $B$의 값은?

① $A=-6$, $B=33$　② $A=-3$, $B=33$
③ $A=3$, $B=33$　④ $A=6$, $B=24$
⑤ $A=6$, $B=33$

아차! 돌다리 문제

**9** 이차방정식 $0.5x^2-x+\frac{2}{5}=0$을 풀면?

① $x=\frac{5\pm\sqrt{5}}{10}$　② $x=\frac{-5\pm\sqrt{5}}{10}$
③ $x=\frac{5\pm\sqrt{5}}{5}$　④ $x=\frac{-5\pm\sqrt{5}}{5}$
⑤ $x=\frac{10\pm2\sqrt{5}}{5}$

**10** 이차방정식 $3(x+2)^2=x^2+10$을 풀면?

① $x=-3\pm2\sqrt{2}$　② $x=-3\pm\sqrt{5}$
③ $x=2\pm\sqrt{5}$　④ $x=2\pm\sqrt{7}$
⑤ $x=3\pm2\sqrt{3}$

**11** 이차방정식 $(x-1)(x-4)=x+20$의 두 근의 차는?

① 6　② 7　③ 8
④ 9　⑤ 10

**12** 이차방정식 $\frac{x(x-7)}{3}-\frac{(2x+1)(x-3)}{4}=2$의 두 근을 $a$, $b$라 할 때, $a+b$의 값은?

① $-\frac{15}{2}$　② $-7$　③ $-\frac{13}{2}$
④ 4　⑤ $\frac{9}{2}$

**13** 이차방정식 $4(x+2)^2-5(x+2)-6=0$의 해를 구하시오.

**14** $(x-y)^2-2x+2y-7=0$을 만족시키는 $x-y$의 값은? (단, $x<y$)

① $-2\sqrt{2}$　② $1-2\sqrt{2}$　③ $-\sqrt{2}$
④ $\sqrt{2}$　⑤ $1+2\sqrt{2}$

## Step 2 자주 나오는 문제

**15** 이차방정식 $x^2+ax+3=0$의 근이 $x=\frac{5\pm\sqrt{b}}{2}$일 때, 유리수 $a$, $b$에 대하여 $a+b$의 값은?

① $-13$　② $-2$　③ $3$
④ $8$　⑤ $18$

**16** 이차방정식 $x^2-9x+20=0$의 두 근을 $a$, $b$라 할 때, $2x^2-2ax+b=0$의 두 근의 차는? (단, $a<b$)

① $\sqrt{2}$　② $\sqrt{6}$　③ $4$
④ $\sqrt{17}$　⑤ $10$

**17** 이차방정식 $x^2-4x+2=0$의 두 근을 $a$, $b$라 할 때, $b<n<a$를 만족시키는 정수 $n$의 개수는? (단, $a>b$)

① 1개　② 2개　③ 3개
④ 4개　⑤ 5개

**18** 이차방정식 $\frac{x^2+x}{5}-\frac{3x^2+2}{2}=-x^2-1$을 푸시오.

**19** 다음 두 이차방정식의 공통인 근은?

$$\frac{1}{6}x^2-2x+\frac{10}{3}=0,\qquad 0.1x^2+0.8x-2=0$$

① $x=-10$　② $x=2$　③ $x=3$
④ $x=6$　⑤ $x=10$

**20** 이차방정식 $(x+1)(x+2)=-2x-4$의 두 근을 $a$, $b$라 할 때, 이차방정식 $x^2+ax+b=0$의 근은? (단, $a>b$)

① $x=-3$ 또는 $x=-2$　② $x=-3$ 또는 $x=1$
③ $x=-3$ 또는 $x=2$　④ $x=-2$ 또는 $x=3$
⑤ $x=-1$ 또는 $x=3$

**21** $a^2-2ab+b^2-2a+2b-5=0$일 때, $a-b$의 값을 구하시오. (단, $a>b$)

아차! 돌다리 문제

**22** 이차방정식 $x^2-5xy-4y^2=0$이 성립할 때, $\frac{x}{y}$의 값은? (단, $xy<0$)

① $\frac{5-\sqrt{21}}{2}$　② $\frac{-5+\sqrt{41}}{2}$　③ $\frac{-5-\sqrt{41}}{2}$
④ $\frac{5+\sqrt{41}}{2}$　⑤ $\frac{5-\sqrt{41}}{2}$

## Step3 만점! 도전 문제

**23** 이차방정식 $2x^2-5x+a-1=0$의 해가 모두 유리수가 되도록 하는 자연수 $a$의 개수를 구하시오.

**24** 이차방정식 $x^2+kx+k+1=0$에서 일차항의 계수와 상수항을 서로 바꾸어 풀었더니 한 근이 2이었다. 처음 이차방정식의 두 근의 곱은? (단, $k$는 상수)

① $-3$ ② $-2$ ③ $-1$
④ $1$ ⑤ $2$

**25** 일차함수 $y=ax+b$의 그래프가 오른쪽 그림과 같을 때, 이차방정식 $ax^2+3ax-b=0$의 해는?

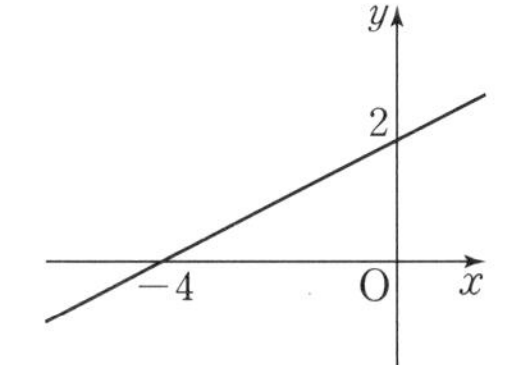


① $x=-4$ 또는 $x=1$
② $x=-4$ 또는 $x=2$
③ $x=-2$ 또는 $x=1$
④ $x=-2$ 또는 $x=2$
⑤ $x=-2$ 또는 $x=4$

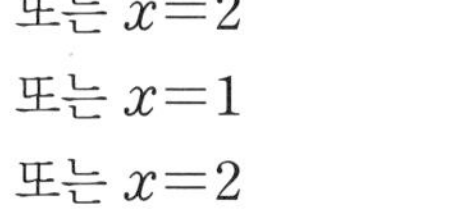
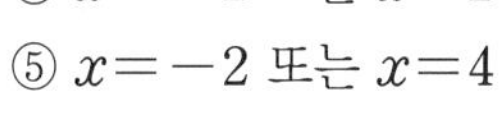

**26** 이차방정식 $2(2x+y)^2-30x-15y+7=0$을 만족시키는 자연수 $x$, $y$의 순서쌍 $(x, y)$를 모두 구하시오.

## 서술형 문제

**27** 이차방정식 $2x^2+7x-1=0$의 해를 근의 공식을 이용하여 구하려고 한다. 다음 물음에 답하시오.

(1) 이차방정식 $ax^2+bx+c=0(a\neq0)$에 대하여 근의 공식을 쓰시오.
(2) 근의 공식을 이용하여 이차방정식 $2x^2+7x-1=0$의 해를 구하시오.

(단, 풀이 과정을 자세히 쓰시오.)

풀이 과정

(1)

(2)

답

**28** 다음 이차방정식의 두 근을 $m$, $n(m>n)$이라 할 때, $2m-n$의 값을 구하시오.

(단, 풀이 과정을 자세히 쓰시오.)

$$\frac{x^2-2}{3}-\frac{x-1}{2}=-\frac{1}{6}$$

풀이 과정

답

# 17강 이차방정식의 활용

## ① 이차방정식의 근의 개수

이차방정식 $ax^2+bx+c=0$의 서로 다른 근의 개수는 $b^2-4ac$의 부호에 따라 결정된다.

(1) $b^2-4ac>0$이면 서로 다른 두 근을 가진다. ➡ 2개

(2) $b^2-4ac=0$이면 중근을 가진다. ➡ 1개

(근을 가질 조건 $b^2-4ac\geq 0$)

(3) $b^2-4ac<0$이면 근이 없다. ➡ 0개

＊ $b^2-4ac$의 부호

이차방정식 $ax^2+bx+c=0(a\neq 0)$의 근의 공식 $x=\dfrac{-b\pm\sqrt{b^2-4ac}}{2a}$에서

(1) $b^2-4ac\geq 0$이면 근이 존재한다.

(2) $b^2-4ac<0$이면 근은 없다.

**예제 1** 다음 이차방정식의 근의 개수를 구하시오.

(1) $3x^2-x-1=0$ (2) $x^2+7x+1=0$

(3) $4x^2-4x+1=0$ (4) $x^2-2x+6=0$

## ② 이차방정식 구하기

(1) 두 근이 $\alpha$, $\beta$이고 $x^2$의 계수가 $a$인 이차방정식은

➡ $a(x-\alpha)(x-\beta)=0(a\neq 0)$

(2) $x=\alpha$를 중근으로 갖고 $x^2$의 계수가 $a$인 이차방정식은

➡ $a(x-\alpha)^2=0(a\neq 0)$ ← (완전제곱식)=0

＊ 이차방정식 구하기

(1) 두 근이 1, 2이고 $x^2$의 계수가 3인 이차방정식

➡ $3(x-1)(x-2)=0$

(2) $x=2$를 중근으로 갖고 $x^2$의 계수가 5인 이차방정식

➡ $5(x-2)^2=0$

**예제 2** 다음 이차방정식을 구하시오.

(1) 두 근이 $-2$, 4이고 $x^2$의 계수가 2인 이차방정식

(2) $x=-2$를 중근으로 갖고 $x^2$의 계수가 4인 이차방정식

## ③ 이차방정식의 활용

[이차방정식을 활용하여 문제를 해결하는 과정]

미지수 정하기 ➡ 이차방정식 세우기 ➡ 이차방정식 풀기 ➡ 확인하기

주의

(1) 이차방정식의 모든 해가 문제의 답이 되는 것은 아니므로 문제의 조건에 맞는지 확인하는 것이 중요하다.

(2) 길이, 넓이, 시간, 자연수 등을 구하는 문제에서 음수는 답이 될 수 없다.

**예제 3** 곱이 63인 연속하는 두 홀수를 구하려고 한다. 다음 물음에 답하시오.

(1) 연속하는 두 홀수 중 작은 수를 $2x-1$이라 하고, $x$에 대한 이차방정식을 $x^2+ax+b=0$ 꼴로 나타내시오.

(2) 연속하는 두 홀수를 구하시오.

**예제 4** 가로의 길이가 세로의 길이보다 2 cm 더 긴 직사각형이 있다. 이 직사각형의 넓이가 143 $\text{cm}^2$일 때, 세로의 길이를 구하시오.

# 핵심 유형 익히기

**1** 다음 중 이차방정식 $7x^2-3x-1=k+1$이 근을 갖도록 하는 상수 $k$의 값으로 적당하지 않은 것을 모두 고르면? (정답 2개)

① $-4$　② $-3$　③ $-1$
④ $0$　⑤ $1$

**2** 이차방정식 $x^2-3x+k-2=0$이 중근을 가질 때, 상수 $k$의 값을 구하시오.

**3** 이차방정식 $x^2+ax+b=0$의 두 근이 $-2$, $3$일 때, 상수 $a$, $b$에 대하여 $ab$의 값을 구하시오.

**4** $x^2$의 계수가 1인 어떤 이차방정식을 혜리와 미혜가 푸는데 혜리는 $x$의 계수를 잘못 보고 풀어 $x=-3$ 또는 $x=8$을 해로 얻었고, 미혜는 상수항을 잘못 보고 풀어 $x=-5$ 또는 $x=3$을 해로 얻었다. 원래의 이차방정식의 해를 구하시오.

- 이차방정식 $x^2+ax+b=0$에서
  (1) $x$의 계수를 잘못 본 경우
  ➡ 상수항은 바르게 보았으므로 상수항은 $b$
  (2) 상수항을 잘못 본 경우
  ➡ $x$의 계수는 바르게 보았으므로 $x$의 계수는 $a$

**5** 연속하는 두 자연수의 곱이 두 수의 제곱의 합보다 7이 작을 때, 두 자연수는?

① 1, 2　② 2, 3　③ 3, 4
④ 4, 5　⑤ 5, 6

- 수에 대한 문제
  (1) 연속하는 두 정수: $x$, $x+1$ 또는 $x-1$, $x$
  (2) 연속하는 세 정수: $x-1$, $x$, $x+1$ 또는 $x$, $x+1$, $x+2$
  (3) 연속하는 두 홀수: $2x-1$, $2x+1$
  (4) 연속하는 두 짝수: $2x$, $2x+2$

**6** 25 m 높이의 건물 옥상에서 초속 20 m의 속력으로 쏘아 올린 공의 $t$초 후의 높이는 $(-5t^2+20t+25)$ m이다. 이때 다음을 구하시오.

(1) 쏘아 올린 공의 2초 후의 높이
(2) 공의 높이가 다시 건물의 옥상의 높이와 같게 되는 순간까지 걸리는 시간

- 쏘아 올린 물체에 대한 문제
  (1) $t$초 후의 물체의 높이가 $t$에 대한 이차식으로 주어질 때, 높이 $h$ m에 도달하는 시간
  ➡ ($t$에 대한 이차식)$=h$로 놓고, 이차방정식을 푼다.
  (2) 쏘아 올린 물체가 높이 $h$ m에 도달하는 경우는 물체가 올라갈 때와 내려올 때 두 번 생긴다. (단, 가장 높이 올라간 경우는 제외한다.)

# 내공 쌓는 족집게 문제

## Step 1 반드시 나오는 문제

**1** 이차방정식 $2x^2-4x+k=0$이 서로 다른 두 근을 갖도록 하는 상수 $k$의 값의 범위는?

① $k>0$ ② $k<2$ ③ $k\le2$
④ $k\ge2$ ⑤ $k>2$

**2** 다음 이차방정식 중 중근을 갖는 것을 모두 고르면? (정답 2개)

① $x^2-5x-7=0$ ② $x^2+8x+16=0$
③ $2x^2+3x+5=0$ ④ $3x^2+2x-4=0$
⑤ $4x^2-12x+9=0$

**3** 다음 이차방정식 중 근의 개수가 나머지 넷과 다른 하나는?

① $x^2+x-4=0$ ② $x^2-3x-1=0$
③ $x^2+4x+5=0$ ④ $2x^2-5x+3=0$
⑤ $3x^2-9x+5=0$

**4** 다음 중 두 근이 $-1$, $\frac{3}{4}$이고 $x^2$의 계수가 4인 이차방정식은?

① $4x^2-x-3=0$ ② $4x^2-x+3=0$
③ $4x^2+x-3=0$ ④ $4x^2+3x-1=0$
⑤ $4x^2-3x+1=0$

**5** $n$각형의 대각선의 총개수는 $\frac{n(n-3)}{2}$개이다. 이때 대각선의 총개수가 44개인 다각형은 몇 각형인가?

① 오각형 ② 육각형 ③ 팔각형
④ 십일각형 ⑤ 이십각형

**6** 어떤 자연수를 제곱해야 할 것을 잘못하여 2배하였더니 제곱한 것보다 15만큼 작았다. 이때 어떤 자연수는?

① 2 ② 3 ③ 4
④ 5 ⑤ 6

중요 **7** 연속하는 세 자연수의 제곱의 합이 245일 때, 이 세 자연수를 구하시오.

**8** 사과 195개를 남김없이 몇 명의 학생들에게 똑같이 나누어 주려고 한다. 한 학생에게 나누어 주는 사과의 수가 학생의 수보다 2개 적을 때, 학생의 수를 구하시오.

전국 중학교의 기출문제와 새로운 교육과정의 문제를 종합, 분석하여 핵심 문제만을 모았습니다.

**9** 오른쪽 그림과 같은 두 정사각형의 넓이의 합이 $34\,\text{cm}^2$일 때, 다음 중 큰 정사각형의 한 변의 길이를 구하기 위한 식으로 알맞은 것은?

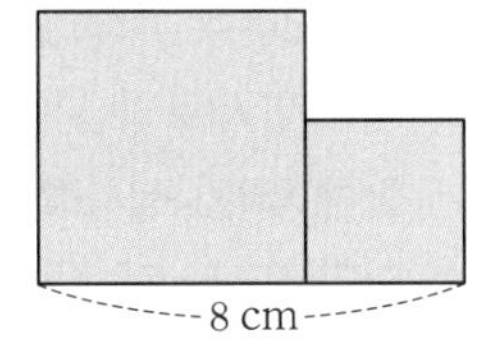


① $x^2+(8-x)^2=34$ ② $(x+8)^2+x^2=34$
③ $x(x-8)=34$ ④ $8^2+x^2=34$
⑤ $(x+8)^2+(x-8)^2=34$

**10** 오른쪽 그림과 같이 운동장에 반지름의 길이가 $3\,\text{m}$인 원이 그려져 있다. 이 원의 외부에 폭이 $x\,\text{m}$로 일정한 길을 만들었다. 길의 넓이가 $16\pi\,\text{m}^2$일 때, $x$의 값을 구하시오.

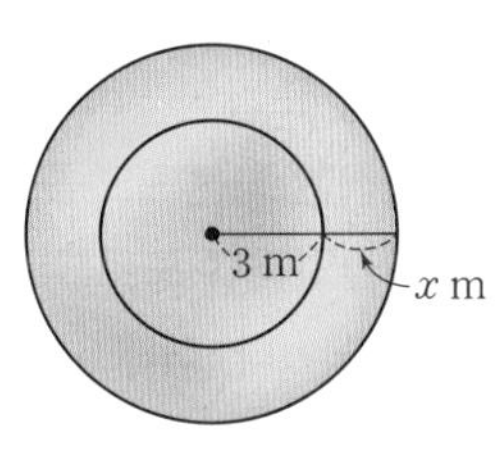


아차! 돌다리 문제

중요 **11** 지면에서 초속 $30\,\text{m}$의 속력으로 쏘아 올린 물체의 $x$초 후의 높이는 $(30x-5x^2)\,\text{m}$라 한다. 이 물체가 땅에 떨어지는 순간은 쏘아 올린 지 몇 초 후인가?

① 3초 후 ② 6초 후 ③ 10초 후
④ 15초 후 ⑤ 21초 후

## Step 2 자주 나오는 문제

**12** 이차방정식 $2x^2-x+3-k=0$이 근을 갖도록 하는 상수 $k$의 값의 범위를 구하시오.

중요 **13** 이차방정식 $4x^2-2x+\frac{k}{8}=0$이 중근을 가질 때, 이차방정식 $(k-1)x^2-kx-1=0$의 해는? (단, $k$는 상수)

① $x=-2\pm\sqrt{2}$ ② $x=-1\pm\sqrt{2}$
③ $x=1\pm\sqrt{2}$ ④ $x=2\pm\sqrt{2}$
⑤ $x=3\pm\sqrt{2}$

**14** 이차방정식 $4x^2-3x-k=0$의 근이 존재하지 않도록 하는 상수 $k$의 값 중 가장 큰 정수는?

① $-2$ ② $-1$ ③ $0$
④ $1$ ⑤ $2$

**15** 이차방정식 $x^2+ax+b=0$의 해가 $x=-3$ 또는 $x=1$일 때, 이차방정식 $ax^2+bx-9=0$의 해는? (단, $a$, $b$는 상수)

① $x=-3$ 또는 $x=1$ ② $x=-3$ 또는 $x=\frac{3}{2}$
③ $x=-\frac{3}{2}$ 또는 $x=3$ ④ $x=-1$ 또는 $x=3$
⑤ $x=\frac{3}{2}$ 또는 $x=3$

아차! 돌다리 문제

중요 **16** 이차방정식 $3x^2-9x+k=0$의 한 근이 다른 한 근의 2배일 때, 상수 $k$의 값을 구하시오.

중요 **17** $x^2$의 계수가 1인 어떤 이차방정식을 푸는데 $x$의 계수를 잘못 보고 풀었더니 근이 $-2$, $6$이었고, 상수항을 잘못 보고 풀었더니 근이 $-4$, $-1$이었다. 원래의 이차방정식의 해를 구하시오.

**18** 두 자리의 자연수가 있다. 일의 자리의 숫자는 십의 자리의 숫자의 2배이고, 각 자리의 숫자의 곱은 처음 수보다 16이 작다고 한다. 이를 만족시키는 모든 두 자리의 자연수의 합을 구하시오.

**19** 길이가 28 cm인 끈으로 직사각형을 만들어 그 넓이가 24 cm²가 되게 하려고 한다. 이 직사각형의 가로와 세로의 길이의 차는?

① 2 cm ② 4 cm ③ 6 cm
④ 8 cm ⑤ 10 cm

**20** 오른쪽 그림과 같이 가로의 길이가 세로의 길이보다 3 cm만큼 더 긴 직사각형 모양의 종이가 있다. 이 종이의 각 모퉁이를 한 변의 길이가 2 cm인 정사각형 모양으로 잘라 내고 나머지로 뚜껑이 없는 직육면체 모양의 상자를 만들었더니 그 부피가 56 cm³가 되었다. 처음 직사각형의 세로의 길이를 구하시오.

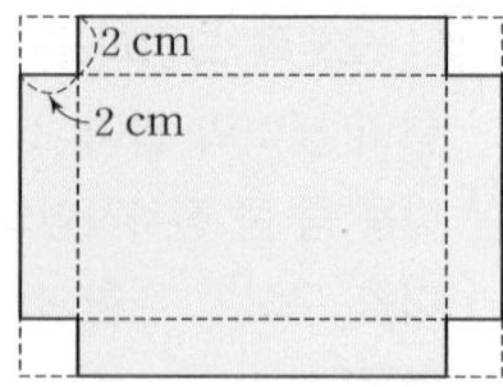


**21** 오른쪽 그림과 같이 가로, 세로의 길이가 각각 35 m, 20 m인 직사각형 모양의 땅에 폭이 일정한 직선 도로를 2개 만들었더니 도로를 제외한 나머지 부분의 넓이가 450 m²가 되었다. 이때 $x$의 값은?

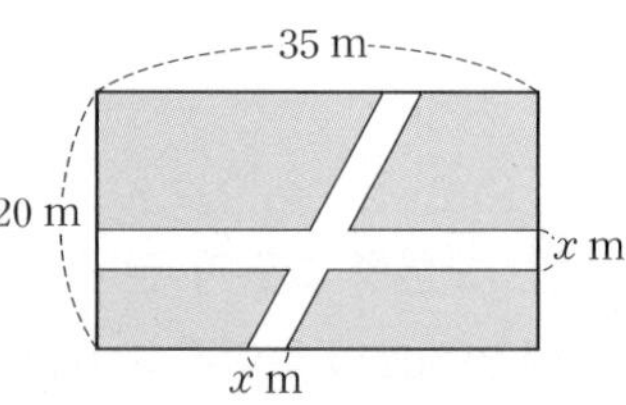


① 5 ② 6 ③ 7
④ 8 ⑤ 9

**22** 다음은 조선의 수학자 홍정하가 중국의 사신 하국주에게 낸 방정식 문제이다. 이 문제를 풀면?

> 크기가 다른 두 개의 정사각형이 있다. 두 정사각형의 넓이의 합은 468이고, 큰 정사각형의 한 변의 길이는 작은 정사각형의 한 변의 길이보다 6만큼 더 길다. 두 정사각형의 한 변의 길이는 각각 얼마인가?

① 6, 12 ② 8, 14 ③ 10, 16
④ 12, 18 ⑤ 18, 24

## 서술형 문제

## Step3 만점! 도전 문제

**23** 오른쪽 그림의 두 직사각형 ABCD와 DEFC는 서로 닮은 도형이다. $\overline{AB}=\overline{AE}=1$일 때, $\overline{BC}$의 길이는?

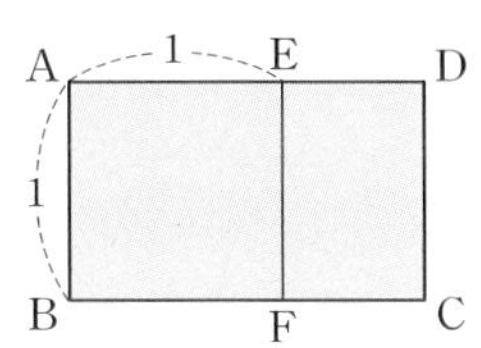


① $\frac{1+\sqrt{5}}{5}$ ② $\frac{1+\sqrt{5}}{4}$ ③ $\frac{1+\sqrt{5}}{3}$
④ $\frac{-1+\sqrt{5}}{2}$ ⑤ $\frac{1+\sqrt{5}}{2}$

**24** 오른쪽 그림과 같이 일차함수 $y=-x+10$의 그래프 위의 한 점 A에서 $x$축, $y$축에 내린 수선의 발을 각각 P, Q라 할 때, □OPAQ의 넓이는 24이다. 점 A의 좌표를 구하시오.

(단, $\overline{OP}>\overline{OQ}$)

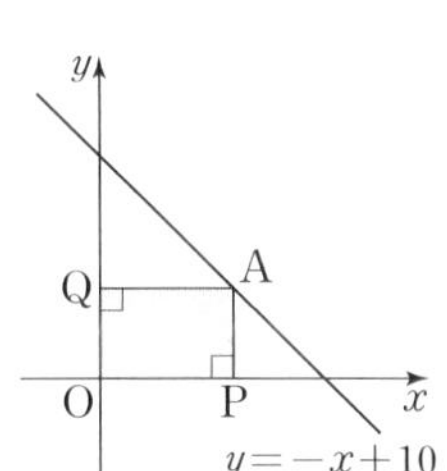


**25** 오른쪽 그림과 같이 $\overline{AB}=8\,\text{cm}$, $\overline{BC}=10\,\text{cm}$인 직사각형 ABCD가 있다. 점 P는 점 A에서 출발하여 $\overline{AB}$를 따라 점 B까지 매초 $1\,\text{cm}$의 속력으로, 점 Q는 점 B에서 출발하여 $\overline{BC}$를 따라 점 C까지 매초 $2\,\text{cm}$의 속력으로 움직이고 있다. 두 점 P, Q가 동시에 출발하였을 때, $\triangle PBQ=16\,\text{cm}^2$가 되는 것은 몇 초 후인지 구하시오.

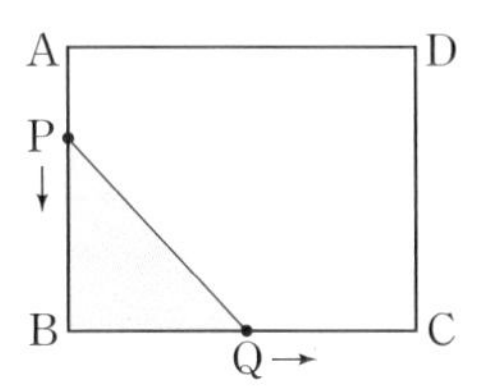


**26** 이차방정식 $3x^2+ax+b=0$의 해가 $x=-\frac{1}{3}$ 또는 $x=2$일 때, 상수 $a$, $b$에 대하여 $a-b$의 값을 구하시오. (단, 풀이 과정을 자세히 쓰시오.)

풀이 과정

답

**27** 오른쪽 그림과 같이 가로, 세로의 길이가 각각 $3\,\text{m}$, $2\,\text{m}$인 직사각형 모양의 창고가 있다. 이 창고의 가로의 길이와 세로의 길이를 똑같이 $x\,\text{m}$씩 늘였더니 넓이가 $24\,\text{m}^2$만큼 넓어졌다고 할 때, $x$의 값을 구하시오.

(단, 풀이 과정을 자세히 쓰시오.)

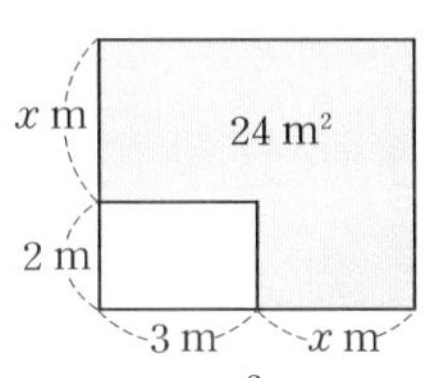


풀이 과정

답

# 이차함수 $y=ax^2$의 그래프

## ❶ 이차함수의 뜻

함수 $y=f(x)$에서 $y$가 $x$에 대한 이차식 $y=ax^2+bx+c$($a$, $b$, $c$는 상수, $a\neq0$)로 나타날 때, 이 함수를 $x$에 대한 이차함수라 한다.

* 이차함수의 구분
$a$, $b$, $c$는 상수이고, $a\neq0$일 때
$ax^2+bx+c$ ➡ 이차식
$ax^2+bx+c=0$ ➡ 이차방정식
$y=ax^2+bx+c$ ➡ 이차함수

**예제 1** 다음 중 $y$가 $x$에 대한 이차함수인 것은?

① $y=-2x^3+3x-1$ ② $y=-4x+5$ ③ $5x^2-2x+1=0$
④ $y=-\frac{1}{x}$ ⑤ $y=\frac{1}{2}x^2$

## ❷ 이차함수 $y=x^2$의 그래프

(1) 원점 (0, 0)을 지나고, 아래로 볼록한 곡선이다.
(2) $y$축에 대칭이다.
(3) $x<0$일 때, $x$의 값이 증가하면 $y$의 값은 감소한다.
$x>0$일 때, $x$의 값이 증가하면 $y$의 값도 증가한다.
(4) $y=-x^2$의 그래프와 $x$축에 서로 대칭이다.

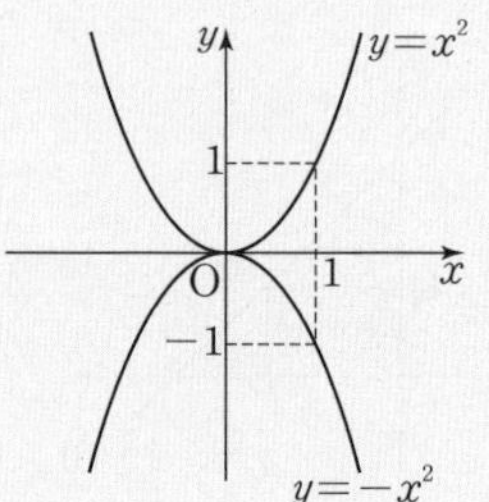


* 이차함수 $y=-x^2$의 그래프
(1) 원점을 지나고, 위로 볼록한 곡선이다.
(2) $y$축에 대칭이다.
(3) $x<0$일 때, $x$의 값이 증가하면 $y$의 값도 증가한다.
$x>0$일 때, $x$의 값이 증가하면 $y$의 값은 감소한다.

**예제 2** 다음 중 이차함수 $y=x^2$의 그래프에 대한 설명으로 옳지 않은 것을 모두 고르시오.

• 보기 •
ㄱ. 원점을 지난다. ㄴ. 위로 볼록하다.
ㄷ. $y$축에 대칭이다. ㄹ. $y=-x^2$의 그래프와 $y$축에 서로 대칭이다.

## ❸ 이차함수 $y=ax^2$의 그래프

(1) 꼭짓점의 좌표: (0, 0)
(2) 축의 방정식: $x=0$($y$축)
(3) $a$의 부호: 그래프의 모양에 따라 결정된다.
➡ $a>0$일 때 아래로 볼록하고,
$a<0$일 때 위로 볼록하다.
(4) $a$의 절댓값: 그래프의 폭을 결정한다.
➡ $a$의 절댓값이 클수록 그래프의 폭이 좁아진다.
(5) $y=-ax^2$의 그래프와 $x$축에 서로 대칭이다.

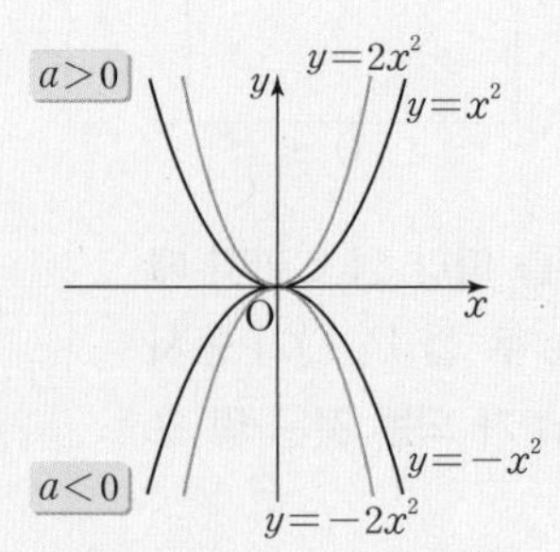


* 이차함수의 그래프
(1) 포물선: 이차함수 $y=x^2$의 그래프와 같은 모양의 곡선
(2) 축: 선대칭도형인 포물선의 대칭축
(3) 꼭짓점: 포물선과 축의 교점

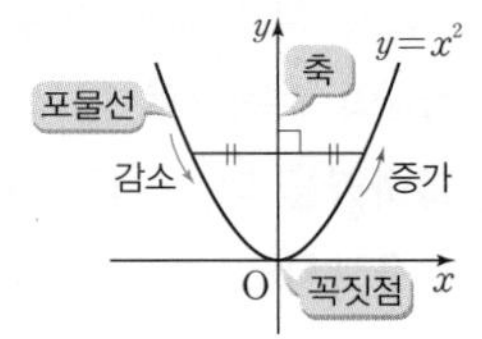


**예제 3** 다음 이차함수의 그래프 중 폭이 가장 좁은 것은?

① $y=-3x^2$ ② $y=-2x^2$ ③ $y=\frac{1}{2}x^2$
④ $y=x^2$ ⑤ $y=2x^2$

**1** 다음 보기 중 $y$가 $x$에 대한 이차함수인 것을 모두 고르시오.

• 보기 •

ㄱ. 한 변의 길이가 $x$ cm인 정사각형의 넓이 $y$ cm$^2$

ㄴ. 연속하는 두 정수 $x$, $x+1$의 합 $y$

ㄷ. 둘레의 길이가 20 cm이고, 가로의 길이가 $x$ cm인 직사각형의 넓이 $y$ cm$^2$

ㄹ. 분속 $x$ m의 속력으로 100 m를 달릴 때 걸리는 시간 $y$분

• 이차함수 찾기
❶ $y=$($x$에 대한 식)으로 정리한다.
❷ 우변이 $x$에 대한 이차식인지 확인한다.

**2** 이차함수 $f(x)=-x^2-3x+4$에 대하여 $2f(0)+f(-1)$의 값을 구하시오.

• 이차함수 $f(x)=ax^2+bx+c$에 대하여 함숫값 $f(k)$
➡ $f(x)=ax^2+bx+c$에 $x=k$를 대입하여 얻은 값
➡ $f(k)=ak^2+bk+c$
└ $x$ 대신 $k$를 대입한다.

**3** 다음 중 이차함수 $y=-x^2$의 그래프에 대한 설명으로 옳지 않은 것은?

① 꼭짓점은 원점이다.
② 아래로 볼록하다.
③ 점 $(2, -4)$를 지난다.
④ 제3, 4사분면을 지난다.
⑤ $x>0$일 때, $x$의 값이 증가하면 $y$의 값은 감소한다.

**4** 다음 보기의 이차함수의 그래프에 대하여 물음에 답하시오.

• 보기 •

ㄱ. $y=-\frac{1}{2}x^2$ ㄴ. $y=-3x^2$ ㄷ. $y=5x^2$ ㄹ. $y=\frac{1}{3}x^2$ ㅁ. $y=3x^2$

(1) 아래로 볼록한 이차함수의 그래프를 모두 고르시오.
(2) 위로 볼록한 이차함수의 그래프를 모두 고르시오.
(3) 폭이 가장 좁은 그래프와 가장 넓은 그래프를 차례로 쓰시오.
(4) 그래프가 $x$축에 서로 대칭인 것끼리 짝 지으시오.

**5** 이차함수 $y=ax^2$의 그래프가 점 $(3, -6)$을 지날 때, 상수 $a$의 값은?

① $-3$
② $-\frac{2}{3}$
③ $\frac{2}{3}$
④ $3$
⑤ $6$

• 이차함수 $y=ax^2$의 그래프는 점 $(m, n)$을 지난다.
➡ $y=ax^2$에 $x=m$, $y=n$을 대입하면 성립한다.

# 내공 쌓는 족집게 문제

## Step1 반드시 나오는 문제

중요 **1** 다음 중 $y$가 $x$에 대한 이차함수가 아닌 것은?

① $y=\frac{1}{7}x^2+1$　② $y=\frac{1}{x^2}$

③ $y=-\frac{1}{3}x(x+2)$　④ $y=2x^2-3x+4$

⑤ $y=x(1-x)$

**2** 다음 중 $y$가 $x$에 대한 이차함수인 것을 모두 고르면? (정답 2개)

① 한 변의 길이가 $x$ cm인 정사각형의 둘레의 길이 $y$ cm

② 밑변의 길이가 $x$ cm, 높이가 $(x+2)$ cm인 삼각형의 넓이 $y\text{ cm}^2$

③ 반지름의 길이가 $x$ cm인 원의 넓이 $y\text{ cm}^2$

④ 가로의 길이가 $x$ cm, 세로의 길이가 10 cm인 직사각형의 넓이 $y\text{ cm}^2$

⑤ 윗변의 길이가 $2x$ cm, 아랫변의 길이가 $x$ cm, 높이가 2 cm인 사다리꼴의 넓이 $y\text{ cm}^2$

**3** 이차함수 $f(x)=2x^2+ax+5$에서 $f(2)=11$일 때, $f(-1)$의 값은? (단, $a$는 상수)

① 1　② 4　③ 6

④ 8　⑤ 9

**4** 다음 중 오른쪽 그림에서 점선으로 나타나는 그래프의 식이 될 수 있는 것은?

$y$, O, $x$, $y=-x^2$

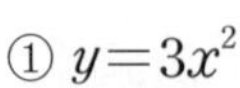

① $y=3x^2$　② $y=\frac{1}{3}x^2$

③ $y=-\frac{3}{4}x^2$　④ $y=-\frac{4}{3}x^2$

⑤ $y=-2x^2$

## Step2 자주 나오는 문제

**5** $y=2x^2-x(ax+1)$이 $x$에 대한 이차함수일 때, 다음 중 상수 $a$의 값이 될 수 없는 것은?

① $-1$　② 1　③ 2

④ 3　⑤ 4

**6** 어느 공장에서 하루에 $x$개의 제품을 생산하였을 때 이익금이 $y$만 원이라 하면 $x$, $y$ 사이에는 $y=-2x^2+100x-500$인 관계가 성립한다고 한다. 하루에 25개의 제품을 생산하였을 때, 이익금을 구하시오.

**7** 다음 중 보기의 이차함수의 그래프에 대한 설명으로 옳지 않은 것을 모두 고르면? (정답 2개)

보기

ㄱ. $y=2x^2$　ㄴ. $y=-\frac{1}{3}x^2$　ㄷ. $y=x^2$

ㄹ. $y=-\frac{1}{2}x^2$　ㅁ. $y=-x^2$　ㅂ. $y=-3x^2$

① 위로 볼록한 그래프는 2개이다.

② 그래프의 폭이 가장 좁은 것은 ㄴ이다.

③ ㄷ과 ㅁ은 $x$축에 서로 대칭이다.

④ 모두 원점을 지나는 포물선이다.

⑤ 점 $(2, -2)$를 지나는 그래프는 ㄹ뿐이다.

**8** 이차함수 $y=5x^2$의 그래프와 $x$축에 서로 대칭인 그래프가 점 $(-1, k)$를 지날 때, $k$의 값은?

① $-5$　② $-3$　③ $-1$

④ 1　⑤ 5

아차! 돌다리 문제

**9** 오른쪽 그림과 같은 이차함수의 그래프가 점 $(m,\ 16)$을 지날 때, 양수 $m$의 값은?

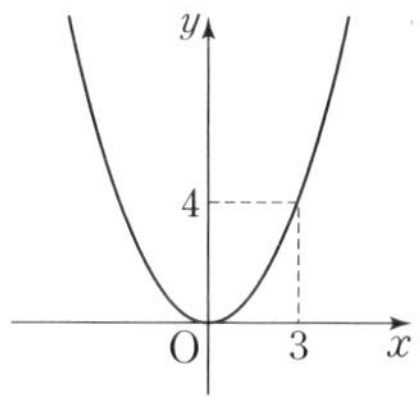

① 3　② 4　③ 5　④ 6　⑤ 7

## Step3 만점! 도전 문제

**10** 오른쪽 그림과 같이 이차함수 $y=x^2$의 그래프와 직선 $y=8$로 둘러싸인 부분에 내접하는 정사각형 ABCD의 넓이를 구하시오.

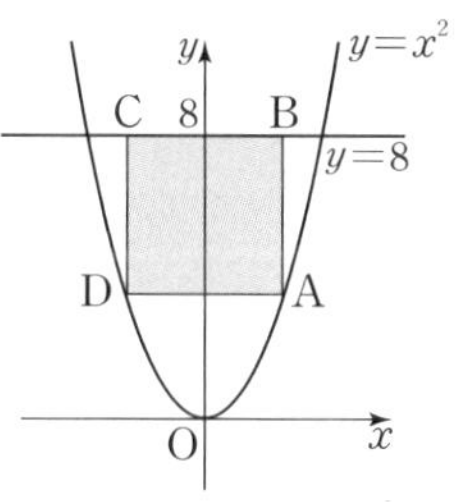


**11** 오른쪽 그림과 같이 두 이차함수 $y=x^2$, $y=ax^2$의 그래프가 직선 $y=9$와 만나는 점을 A, B, C, D라 하자.

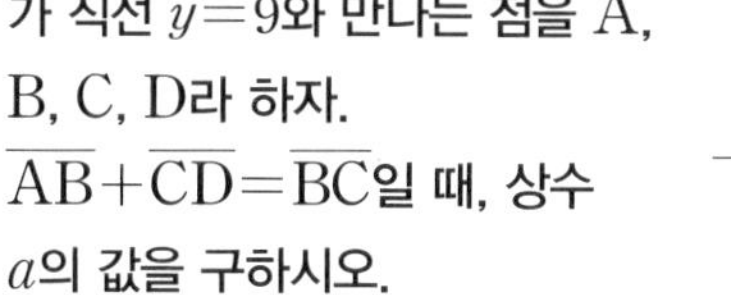

$\overline{AB}+\overline{CD}=\overline{BC}$일 때, 상수 $a$의 값을 구하시오.

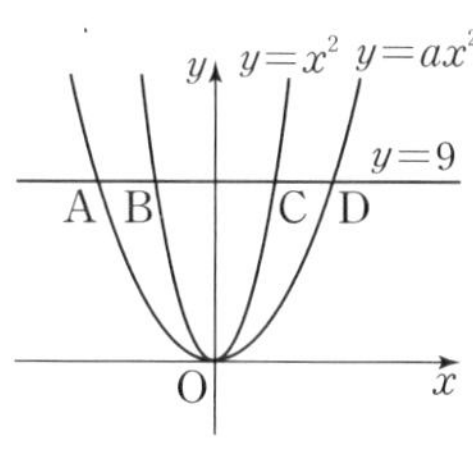


## 서술형 문제

**12** 이차함수 $y=ax^2$의 그래프가 두 점 $(1,\ -2)$, $(2,\ b)$를 지날 때, 상수 $a$, $b$에 대하여 $a+b$의 값을 구하시오. (단, 풀이 과정을 자세히 쓰시오.)

풀이 과정

답

**13** 오른쪽 그림과 같이 이차함수 $y=ax^2$의 그래프가 직사각형 ABCD의 둘레 위의 서로 다른 두 점에서 만날 때, 상수 $a$의 값의 범위를 구하시오.

(단, 풀이 과정을 자세히 쓰시오.)

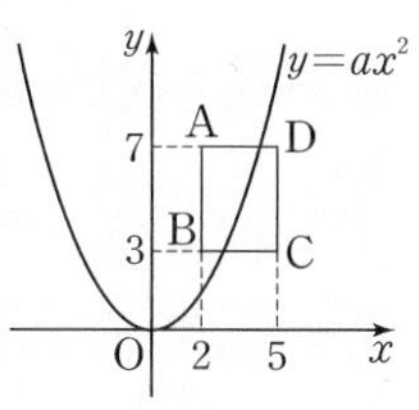


풀이 과정

답

# 19강 이차함수의 그래프

## ① 이차함수 $y=ax^2+q$의 그래프

(1) $y=ax^2$의 그래프 $\xrightarrow[q\text{만큼 평행이동}]{y\text{축의 방향으로}}$ $y=ax^2+q$의 그래프

(2) 꼭짓점의 좌표: $(0,\ q)$

(3) 축의 방정식: $x=0$($y$축)

예 이차함수 $y=x^2+2$의 그래프는 이차함수 $y=x^2$의 그래프를 $y$축의 방향으로 2만큼 평행이동한 것으로 꼭짓점의 좌표는 $(0,\ 2)$이고, 축의 방정식은 $x=0$이다.

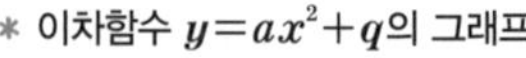

＊ 이차함수 $y=ax^2+q$의 그래프

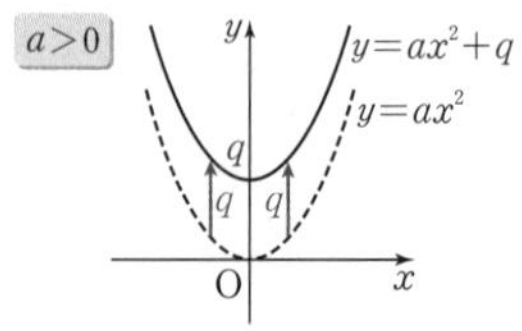


➡ $a$의 값은 변하지 않으므로 그래프의 모양과 폭은 변하지 않는다.

**예제 1** 다음 이차함수의 그래프를 $y$축의 방향으로 [ ] 안의 수만큼 평행이동한 그래프의 식을 구하고, 꼭짓점의 좌표와 축의 방정식을 각각 구하시오.

(1) $y=3x^2$ $[3]$ (2) $y=-\frac{1}{2}x^2$ $[-4]$

## ② 이차함수 $y=a(x-p)^2$의 그래프

(1) $y=ax^2$의 그래프 $\xrightarrow[p\text{만큼 평행이동}]{x\text{축의 방향으로}}$ $y=a(x-p)^2$의 그래프

(2) 꼭짓점의 좌표: $(p,\ 0)$

(3) 축의 방정식: $x=p$

예 이차함수 $y=(x-1)^2$의 그래프는 이차함수 $y=x^2$의 그래프를 $x$축의 방향으로 1만큼 평행이동한 것으로 꼭짓점의 좌표는 $(1,\ 0)$이고, 축의 방정식은 $x=1$이다.

＊ 이차함수 $y=a(x-p)^2$의 그래프

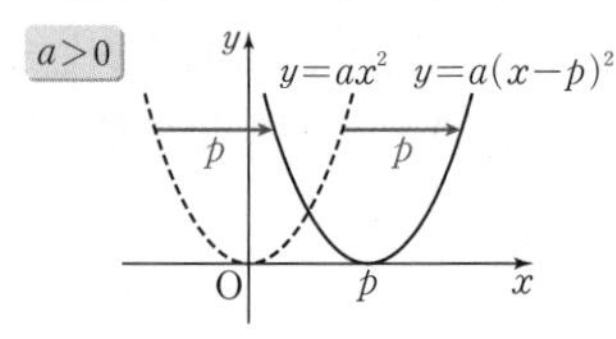


➡ $x$축의 방향으로 평행이동하면 꼭짓점과 축도 함께 이동한다.

**예제 2** 다음 이차함수의 그래프를 $x$축의 방향으로 [ ] 안의 수만큼 평행이동한 그래프의 식을 구하고, 꼭짓점의 좌표와 축의 방정식을 각각 구하시오.

(1) $y=2x^2$ $[-3]$ (2) $y=-\frac{2}{3}x^2$ $[4]$

## ③ 이차함수 $y=a(x-p)^2+q$의 그래프

→ 이차함수의 표준형

(1) $y=ax^2$의 그래프 $\xrightarrow[y\text{축의 방향으로 }q\text{만큼 평행이동}]{x\text{축의 방향으로 }p\text{만큼}}$ $y=a(x-p)^2+q$의 그래프

(2) 꼭짓점의 좌표: $(p,\ q)$

(3) 축의 방정식: $x=p$

예 이차함수 $y=(x-1)^2+2$의 그래프는 이차함수 $y=x^2$의 그래프를 $x$축의 방향으로 1만큼, $y$축의 방향으로 2만큼 평행이동한 것으로 꼭짓점의 좌표는 $(1,\ 2)$이고, 축의 방정식은 $x=1$이다.

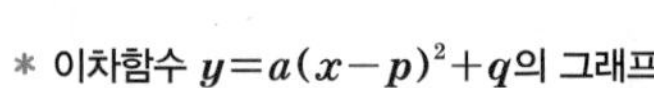

＊ 이차함수 $y=a(x-p)^2+q$의 그래프

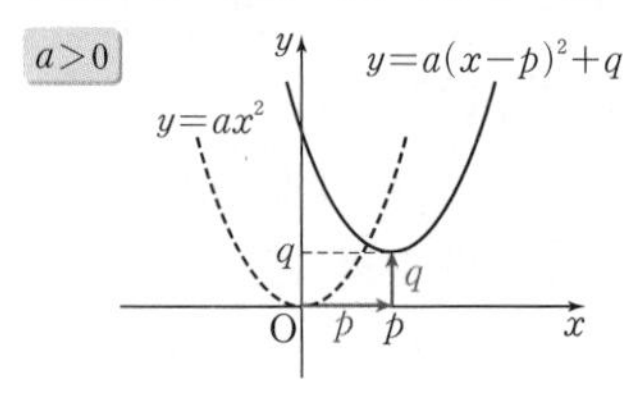


**예제 3** 다음 이차함수의 그래프를 $x$축, $y$축의 방향으로 [ ] 안의 수만큼 차례로 평행이동한 그래프의 식을 구하고, 꼭짓점의 좌표와 축의 방정식을 각각 구하시오.

(1) $y=2x^2$ $[5,\ -2]$ (2) $y=-\frac{1}{2}x^2$ $[-4,\ 7]$

정답과 해설 40쪽

**1** 이차함수 $y=\frac{1}{3}x^2$의 그래프를 $y$축의 방향으로 $a$만큼 평행이동하면 점 $(3, 2)$를 지난다고 할 때, $a$의 값은?

① $-1$　② $1$　③ $2$
④ $3$　⑤ $4$

**2** 다음 중 이차함수 $y=-9(x-5)^2$의 그래프에 대한 설명으로 옳은 것을 모두 고르면? (정답 2개)

① 꼭짓점의 좌표는 $(0, 5)$이다.
② 그래프의 모양은 아래로 볼록한 포물선이다.
③ 축의 방정식은 $x=\frac{5}{2}$이다.
④ $x>5$일 때, $x$의 값이 증가하면 $y$의 값은 감소한다.
⑤ 이차함수 $y=-9x^2$의 그래프를 $x$축의 방향으로 5만큼 평행이동한 것이다.

**3** 다음 중 그래프를 그렸을 때, 축의 위치가 가장 오른쪽에 있는 이차함수의 식은?

① $y=-3(x-1)^2$　② $y=\frac{1}{2}(x+3)^2$　③ $y=\frac{3}{4}(x-2)^2$
④ $y=-2(x+7)^2$　⑤ $y=\left(x-\frac{3}{2}\right)^2$

**4** 이차함수 $y=-6(x-5)^2-3$의 그래프의 꼭짓점의 좌표를 $(a, b)$, 축의 방정식을 $x=c$라 할 때, $a+b+c$의 값을 구하시오.

**5** 이차함수 $y=-2(x-1)^2+6$의 그래프에서 $x$의 값이 증가할 때, $y$의 값은 감소하는 $x$의 값의 범위는?

① $x<-1$　② $x>-1$　③ $x<1$
④ $x>1$　⑤ $x<4$

• 이차함수의 그래프의 평행이동

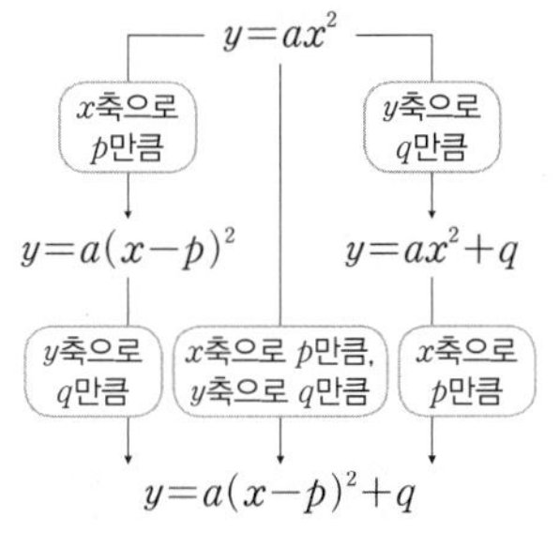


• 이차함수 $y=a(x-p)^2+q$의 그래프의 증가 · 감소
➡ 축 $x=p$를 기준으로 나눈다.
(1) $a>0$　(2) $a<0$

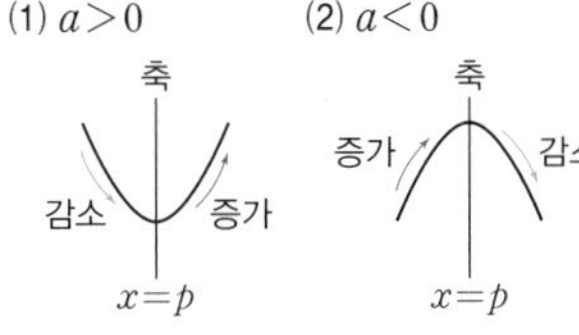


기초를 좀 더 다지려면~! 98쪽 »

# 20강 이차함수 $y=a(x-p)^2+q$의 그래프

## ① 이차함수 $y=a(x-p)^2+q$에서 $a$, $p$, $q$의 부호

(1) $a$의 부호: 그래프의 모양에 따라 결정된다.

① 아래로 볼록(∪) ➡ $a>0$ ② 위로 볼록(∩) ➡ $a<0$

(2) $p$, $q$의 부호: 꼭짓점의 위치에 따라 결정된다.

꼭짓점의 위치가

① 제1사분면: $p>0$, $q>0$ ② 제2사분면: $p<0$, $q>0$

③ 제3사분면: $p<0$, $q<0$ ④ 제4사분면: $p>0$, $q<0$

＊ 이차함수 $y=a(x-p)^2+q$에서 $a$, $p$, $q$의 부호

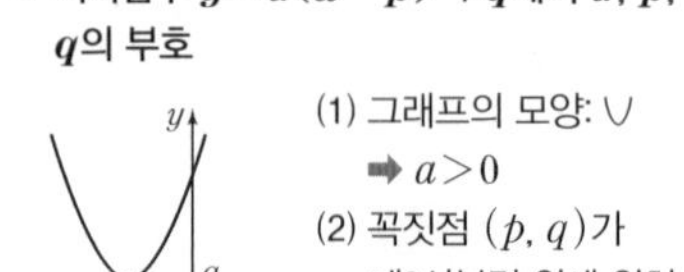


(1) 그래프의 모양: ∪ ➡ $a>0$

(2) 꼭짓점 $(p, q)$가 제2사분면 위에 위치 ➡ $p<0$, $q>0$

**예제 1** 이차함수 $y=a(x-p)^2+q$의 그래프가 오른쪽 그림과 같을 때, 상수 $a$, $p$, $q$의 부호를 정하시오.

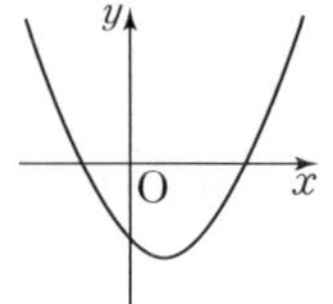


**예제 2** 이차함수 $y=ax^2+q$의 그래프가 오른쪽 그림과 같을 때, 상수 $a$, $q$의 부호는?

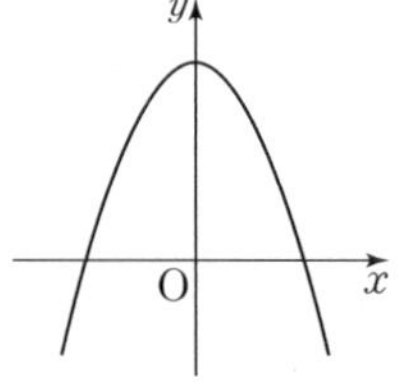


① $a\neq0$, $q>0$ ② $a>0$, $q>0$
③ $a>0$, $q<0$ ④ $a<0$, $q>0$
⑤ $a<0$, $q<0$

## ② 이차함수 $y=a(x-p)^2+q$의 그래프의 평행이동

$y=a(x-p)^2+q$의 그래프를 $x$축의 방향으로 $m$만큼, $y$축의 방향으로 $n$만큼 평행이동하면

(1) 그래프의 식: $y=a(x-p)^2+q$

➡ $y-n=a(x-m-p)^2+q$ ← $x$ 대신 $x-m$, $y$ 대신 $y-n$을 대입한다.

➡ $y=a(x-m-p)^2+q+n$

(2) 꼭짓점의 좌표: $(p, q)$ ➡ $(p+m, q+n)$

＊ 이차함수 $y=a(x-m-p)^2+q+n$의 그래프

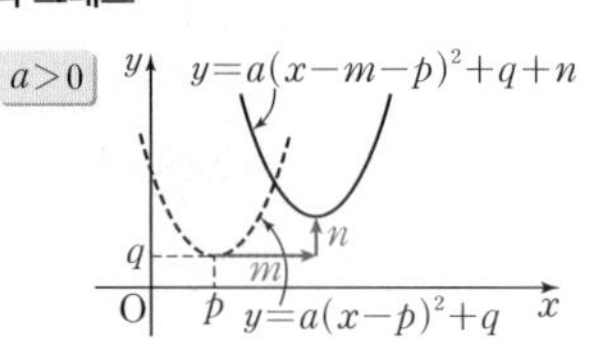


**예제 3** 이차함수 $y=-5(x-3)^2-2$의 그래프를 $x$축의 방향으로 5만큼, $y$축의 방향으로 $-1$만큼 평행이동한 그래프의 식은?

① $y=-5(x+2)^2-3$ ② $y=-5(x+2)^2-1$
③ $y=-5(x-8)^2-3$ ④ $y=-5(x-8)^2+3$
⑤ $y=-5(x+8)^2+3$

**예제 4** 이차함수 $y=\frac{1}{2}(x-1)^2+3$의 그래프를 $x$축의 방향으로 $-3$만큼, $y$축의 방향으로 2만큼 평행이동한 그래프에 대하여 다음을 구하시오.

(1) 꼭짓점의 좌표 (2) 축의 방정식

**1** 이차함수 $y=a(x+p)^2-q$의 그래프가 오른쪽 그림과 같을 때, 상수 $a$, $p$, $q$의 부호는?

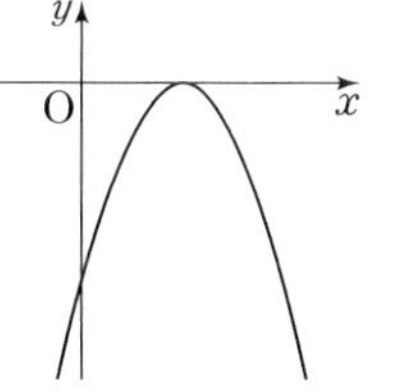


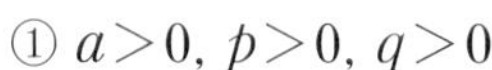

① $a>0$, $p>0$, $q>0$　② $a>0$, $p>0$, $q=0$
③ $a<0$, $p>0$, $q=0$　④ $a<0$, $p<0$, $q=0$
⑤ $a<0$, $p<0$, $q<0$

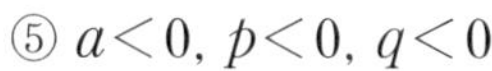

**2** 이차함수 $y=a(x-p)^2+q$의 그래프가 오른쪽 그림과 같을 때, 다음 보기 중 옳은 것을 모두 고르시오.
(단, $a$, $p$, $q$는 상수)

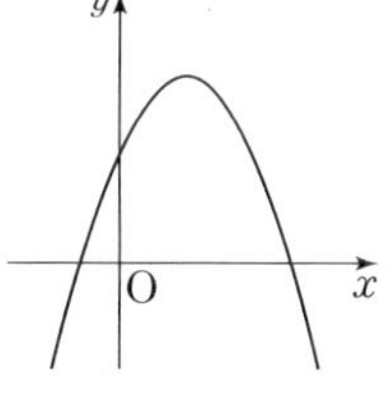


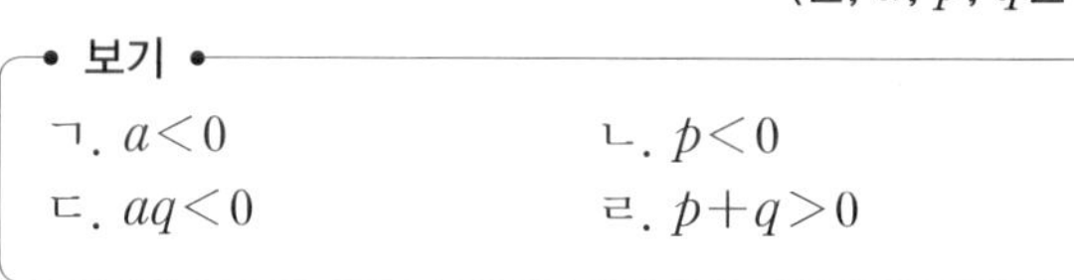

• 보기 •
ㄱ. $a<0$　ㄴ. $p<0$
ㄷ. $aq<0$　ㄹ. $p+q>0$

**3** 이차함수 $y=-3(x-1)^2+2$의 그래프를 $x$축의 방향으로 1만큼, $y$축의 방향으로 4만큼 평행이동하였더니 $y=a(x-p)^2+q$의 그래프와 일치하였다. 이때 $a+p+q$의 값은? (단, $a$, $p$, $q$는 상수)

① $-4$　② $-3$　③ $2$
④ $3$　⑤ $5$

• $y=a(x-p)^2+q$의 그래프의 평행이동
$x$축의 방향으로 $m$만큼, $y$축의 방향으로 $n$만큼 평행이동
➡ $x$ 대신 $x-m$,
$y$ 대신 $y-n$을 대입한다.

**4** 이차함수 $y=2(x+1)^2+4$의 그래프를 $x$축의 방향으로 $p$만큼, $y$축의 방향으로 $q$만큼 평행이동하였더니 $y=2x^2$의 그래프와 일치하였다. 이때 $p+q$의 값은?

① $-5$　② $-4$　③ $-3$
④ $-2$　⑤ $-1$

**5** 이차함수 $y=-3(x-2)^2+5$의 그래프를 $x$축의 방향으로 4만큼, $y$축의 방향으로 $-6$만큼 평행이동하면 점 $(1, a)$를 지난다고 할 때, $a$의 값을 구하시오.

기초를 좀 더 다지려면~! 99쪽 »

# 기초 내공 다지기

## 19강 이차함수의 그래프

**1** 다음 이차함수의 그래프를 $y$축의 방향으로 [ ] 안의 수만큼 평행이동한 그래프의 식을 구하고, 꼭짓점의 좌표와 축의 방정식을 각각 구하시오.

(1) $y=2x^2$ [ 3 ]

(2) $y=\frac{2}{3}x^2$ [ −1 ]

(3) $y=4x^2$ [ −7 ]

(4) $y=-\frac{3}{5}x^2$ [ 2 ]

(5) $y=-5x^2$ $\left[\frac{1}{2}\right]$

**2** 다음 이차함수의 그래프를 $y$축의 방향으로 [ ] 안의 수만큼 평행이동한 그래프의 식이 주어진 점을 지날 때, $a$의 값을 구하시오.

(1) $y=2x^2$ [ −3 ] $(1, a)$

(2) $y=\frac{1}{4}x^2$ $\left[-\frac{3}{5}\right]$ $(4, a)$

(3) $y=-x^2$ [ 5 ] $(3, a)$

(4) $y=3x^2$ [ $a$ ] $(-1, 5)$

(5) $y=-\frac{1}{2}x^2$ [ $a$ ] $(-2, 2)$

**3** 다음 이차함수의 그래프를 $x$축의 방향으로 [ ] 안의 수만큼 평행이동한 그래프의 식을 구하고, 꼭짓점의 좌표와 축의 방정식을 각각 구하시오.

(1) $y=-3x^2$ [ 2 ]

(2) $y=\frac{1}{7}x^2$ [ −3 ]

(3) $y=-6x^2$ [ −9 ]

(4) $y=-\frac{3}{4}x^2$ [ 1 ]

(5) $y=-\frac{2}{5}x^2$ $\left[-\frac{2}{3}\right]$

**4** 다음 이차함수의 그래프를 $x$축의 방향으로 [ ] 안의 수만큼 평행이동한 그래프의 식이 주어진 점을 지날 때, $a$의 값을 구하시오.

(1) $y=3x^2$ [ −2 ] $(-1, a)$

(2) $y=\frac{1}{2}x^2$ [ 3 ] $(2, a)$

(3) $y=-6x^2$ [ −5 ] $(0, a)$

(4) $y=\frac{4}{9}x^2$ $\left[\frac{3}{2}\right]$ $(0, a)$

(5) $y=2x^2$ [ −3 ] $(-2, a)$

**5** 다음 이차함수의 그래프를 $x$축, $y$축의 방향으로 [ ] 안의 수만큼 차례로 평행이동한 그래프의 식을 구하고, 꼭짓점의 좌표와 축의 방정식을 각각 구하시오.

(1) $y=9x^2$ $[3, -2]$

(2) $y=-3x^2$ $[-5, 7]$

(3) $y=-\frac{2}{5}x^2$ $[4, 3]$

(4) $y=-8x^2$ $[-2, -1]$

(5) $y=\frac{1}{2}x^2$ $\left[\frac{1}{2}, -\frac{1}{2}\right]$

**6** 다음 이차함수의 그래프를 $x$축, $y$축의 방향으로 [ ] 안의 수만큼 차례로 평행이동한 그래프의 식이 주어진 점을 지날 때, $a$의 값을 구하시오.

(1) $y=2x^2$ $[-3, 1]$ $(-2, a)$

(2) $y=-\frac{1}{2}x^2$ $[2, -1]$ $(1, a)$

(3) $y=5x^2$ $[3, 3]$ $(4, a)$

(4) $y=-x^2$ $[-5, a]$ $(-4, -2)$

(5) $y=-\frac{1}{8}x^2$ $[-1, a]$ $\left(-3, -\frac{5}{2}\right)$

## 20강 이차함수 $y=a(x-p)^2+q$의 그래프

**7** 이차함수 $y=a(x-p)^2+q$의 그래프가 다음과 같을 때, 상수 $a$, $p$, $q$의 부호를 각각 구하시오.

(1)

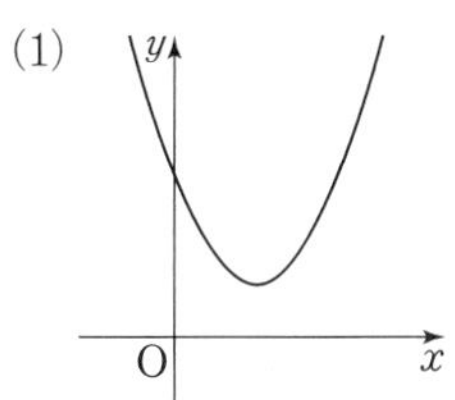


(2)

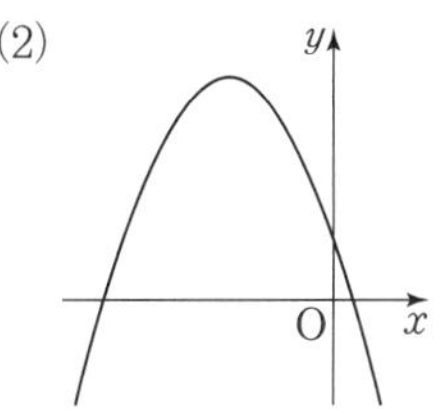


(3)

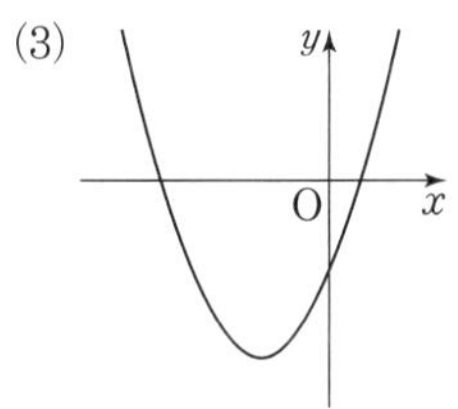


**8** 다음 이차함수의 그래프를 $x$축, $y$축의 방향으로 [ ] 안의 수만큼 차례로 평행이동한 그래프의 식을 구하고, 꼭짓점의 좌표와 축의 방정식을 각각 구하시오.

(1) $y=-\frac{1}{3}(x+2)^2-1$ $[2, -1]$

(2) $y=7(x-4)^2+3$ $[4, 6]$

(3) $y=2(x+1)^2-5$ $[3, 2]$

(4) $y=5(x-3)^2+3$ $[-1, 4]$

(5) $y=-(x+5)^2+1$ $[-5, -2]$

# 내공 쌓는 족집게 문제

## Step 1 반드시 나오는 문제

중요 **1** 다음 중 이차함수 $y=-3x^2$의 그래프를 $y$축의 방향으로 평행이동한 그래프의 식은?

① $y=-3x^2-2$　② $y=-3(x+1)^2$
③ $y=3x^2+2$　④ $y=3(x-2)^2$
⑤ $y=-\frac{1}{3}x^2+4$

**2** 다음 중 이차함수 $y=5x^2+1$의 그래프에 대한 설명으로 옳지 않은 것은?

① 이차함수 $y=5x^2$의 그래프를 $y$축의 방향으로 1만큼 평행이동한 것이다.
② 그래프의 모양은 아래로 볼록한 포물선이다.
③ 꼭짓점의 좌표는 $(0, 1)$이다.
④ 축의 방정식은 $x=0$이다.
⑤ 점 $(1, 5)$를 지난다.

**3** 이차함수 $y=-\frac{1}{2}x^2+b$의 그래프가 점 $(-2, 2)$를 지날 때, 이 그래프의 꼭짓점의 좌표는? (단, $b$는 상수)

① $(-4, 0)$　② $(-2, 0)$　③ $(0, -2)$
④ $(0, 2)$　⑤ $(0, 4)$

**4** 다음 중 이차함수 $y=\frac{1}{4}(x+5)^2$의 그래프가 될 수 있는 것은?

①
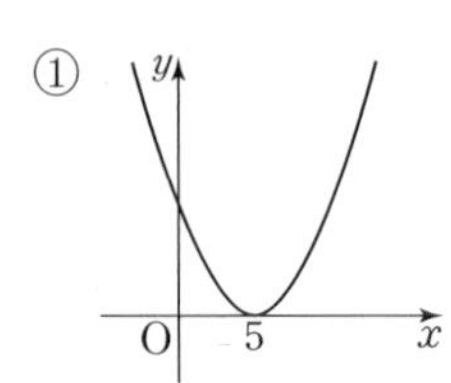


②
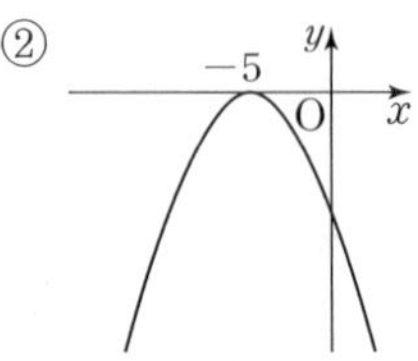


③
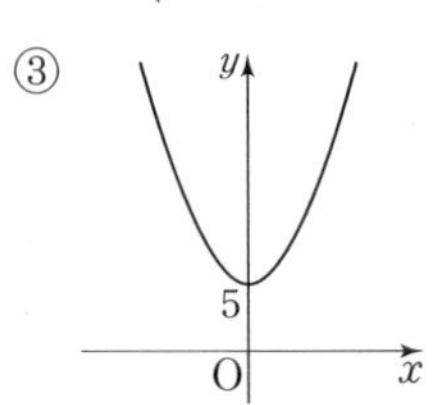


④
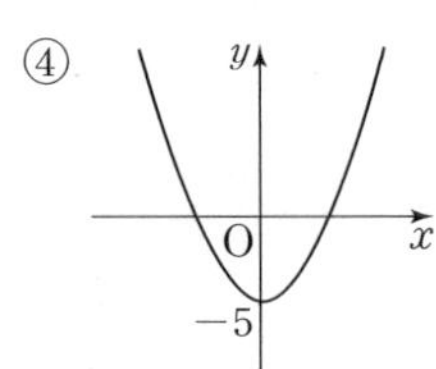


⑤
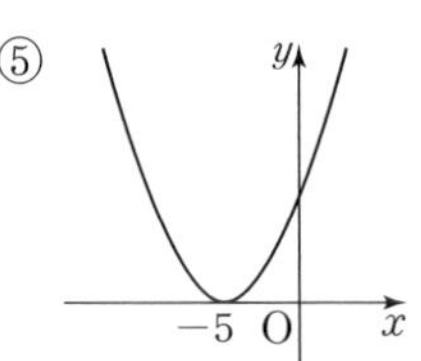


**5** 이차함수 $y=-\frac{1}{4}x^2$의 그래프를 $x$축의 방향으로 7만큼 평행이동한 그래프의 꼭짓점의 좌표와 축의 방정식을 차례로 구하면?

① $(0, 7)$, $x=-7$　② $(0, 7)$, $x=0$
③ $(7, 0)$, $x=7$　④ $(7, 0)$, $y=-7$
⑤ $(7, 0)$, $y=0$

아차! 돌다리 문제

**6** 오른쪽 그림은 이차함수 $y=ax^2$의 그래프를 평행이동한 그래프이다. 이 그래프가 점 $(9, k)$를 지날 때, $k$의 값을 구하시오.

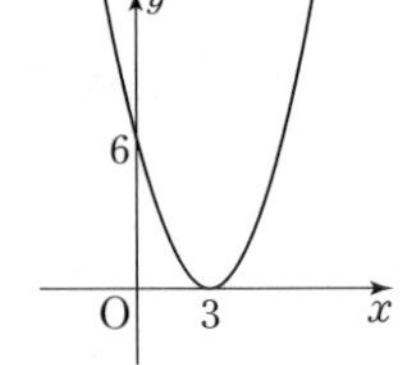

전국 중학교의 기출문제와 새로운 교육과정의 문제를
종합, 분석하여 핵심 문제만을 모았습니다.

**7** 다음 보기의 이차함수의 그래프 중 평행이동하면 완전히 포개어지는 것끼리 바르게 짝 지어진 것은?

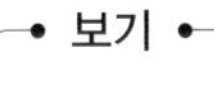

• 보기 •

ㄱ. $y=-\frac{1}{2}x^2$　　ㄴ. $y=2-x^2$

ㄷ. $y=2(x+1)^2+4$　　ㄹ. $y=4x^2-\frac{4}{5}$

ㅁ. $y=\frac{1}{3}(x-5)^2$　　ㅂ. $y=-(x+2)^2+1$

① ㄱ, ㄴ　② ㄴ, ㅂ　③ ㄷ, ㅂ
④ ㄹ, ㅁ　⑤ ㄹ, ㅂ

**8** 이차함수 $y=3x^2$의 그래프를 $x$축의 방향으로 2만큼, $y$축의 방향으로 1만큼 평행이동한 그래프의 식은?

① $y=3(x+2)^2+1$　② $y=3(x+2)^2-1$
③ $y=3(x-2)^2+1$　④ $y=3(x-2)^2-1$
⑤ $y=-3(x-2)^2+1$

**9** 이차함수 $y=-(x-4)^2-5$의 그래프에서 $x$의 값이 증가할 때, $y$의 값도 증가하는 $x$의 값의 범위를 구하시오.

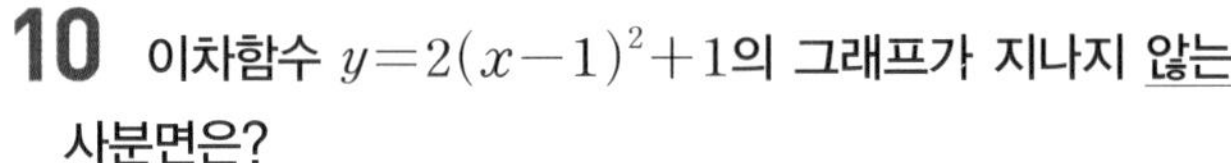

**10** 이차함수 $y=2(x-1)^2+1$의 그래프가 지나지 않는 사분면은?

① 제1, 2사분면　② 제1, 4사분면
③ 제2, 3사분면　④ 제2, 4사분면
⑤ 제3, 4사분면

중요 **11** 이차함수 $y=a(x-p)^2+q$의 그래프가 오른쪽 그림과 같을 때, 상수 $a$, $p$, $q$의 부호는?

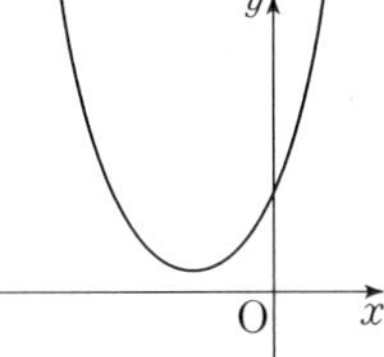


① $a<0$, $p>0$, $q<0$
② $a<0$, $p<0$, $q<0$
③ $a>0$, $p>0$, $q<0$
④ $a>0$, $p<0$, $q>0$
⑤ $a>0$, $p<0$, $q<0$

**12** 이차함수 $y=2x^2-1$의 그래프를 $x$축의 방향으로 7만큼, $y$축의 방향으로 $-4$만큼 평행이동한 그래프의 식은?

① $y=2(x-7)^2-4$　② $y=2(x+7)^2-4$
③ $y=2(x-7)^2-5$　④ $y=2(x+7)^2-5$
⑤ $y=2(x-7)^2+5$

**13** 이차함수 $y=a(x+2)^2+3$의 그래프가 $x$축의 방향으로 $-1$만큼, $y$축의 방향으로 $-5$만큼 평행이동하면 이차함수 $y=-4(x+b)^2+c$의 그래프와 일치한다고 할 때, $abc$의 값은? (단, $a$, $b$, $c$는 상수)

① $-56$　② $-40$　③ 24
④ 36　⑤ 40

## Step 2 자주 나오는 문제

**14** 이차함수 $y=-4x^2$의 그래프를 $y$축의 방향으로 $p$만큼 평행이동하면 두 점 $(0,\ -5)$, $(-1,\ k)$를 지날 때, $k-p$의 값을 구하시오.

**15** 다음 보기 중 두 이차함수 $y=-\frac{1}{2}(x-3)^2$, $y=-\frac{1}{2}x^2+3$의 그래프에 대한 설명으로 옳은 것을 모두 고르시오.

보기
ㄱ. 두 그래프의 꼭짓점의 좌표가 서로 같다.
ㄴ. 두 그래프는 이차함수 $y=-\frac{1}{2}x^2$의 그래프를 평행이동한 것이다.
ㄷ. 두 그래프 모두 점 $(0,\ 0)$을 지난다.
ㄹ. 두 그래프 모두 $x$축과 한 점에서 만난다.

**16** 이차함수 $y=\frac{1}{4}x^2$의 그래프를 $x$축의 방향으로 $-1$만큼, $y$축의 방향으로 $-3$만큼 평행이동하면 점 $(a,\ 1)$을 지난다고 한다. 이때 모든 $a$의 값의 합을 구하시오.

중요 **17** 다음 중 이차함수 $y=-6(x+2)^2-1$의 그래프에 대한 설명으로 옳지 않은 것은?

① 꼭짓점의 좌표는 $(-2,\ -1)$이다.
② 이차함수 $y=-6x^2+2$의 그래프와 폭이 같다.
③ 제3, 4사분면을 지나는 그래프이다.
④ 이차함수 $y=-6x^2$의 그래프를 $x$축의 방향으로 $-2$만큼, $y$축의 방향으로 $-1$만큼 평행이동한 것이다.
⑤ $x<-2$일 때, $x$의 값이 증가하면 $y$의 값은 감소한다.

**18** 오른쪽 그림은 이차함수 $y=-a(x+p)^2+q$의 그래프이다. 다음 중 옳은 것은? (단, $a$, $p$, $q$는 상수)

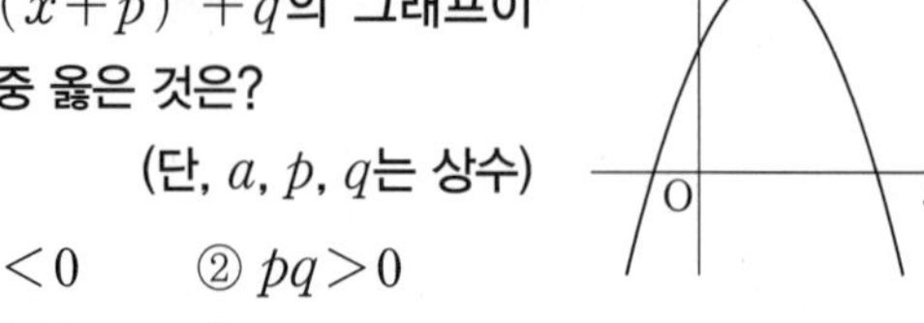


① $a+q<0$ ② $pq>0$
③ $p-q>0$ ④ $apq>0$
⑤ $ap^2+q>0$

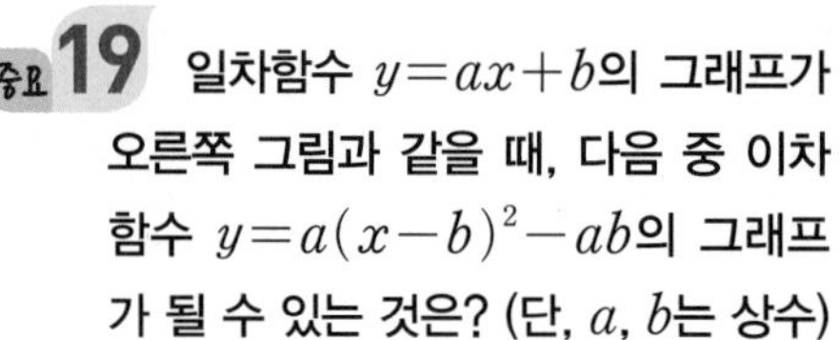

중요 **19** 일차함수 $y=ax+b$의 그래프가 오른쪽 그림과 같을 때, 다음 중 이차함수 $y=a(x-b)^2-ab$의 그래프가 될 수 있는 것은? (단, $a$, $b$는 상수)

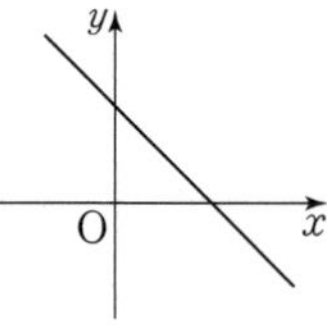


①
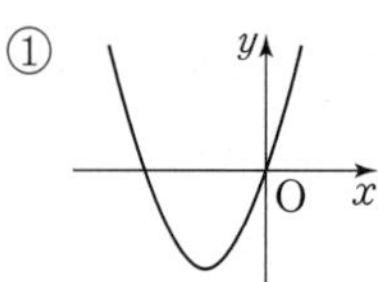


②
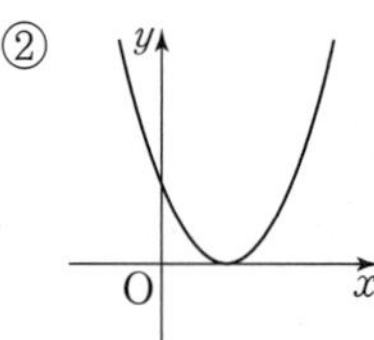


③
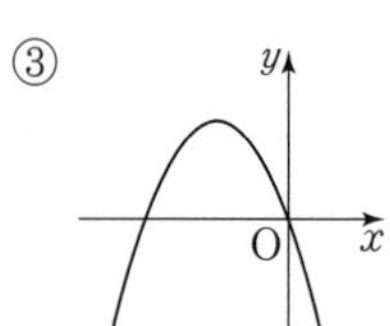


④
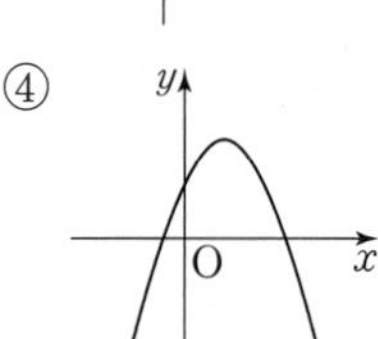


⑤
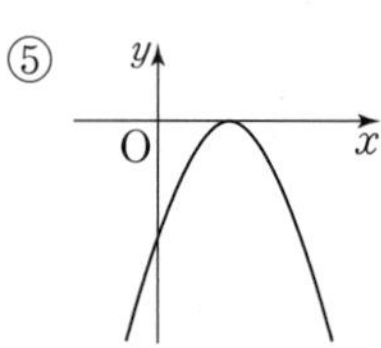


**20** 이차함수 $y=2(x+2)^2+3$의 그래프를 $x$축의 방향으로 $p$만큼, $y$축의 방향으로 $q$만큼 평행이동하였더니 $y=2x^2+1$의 그래프와 일치하였다. 이때 $p+q$의 값은?

① $-2$ ② $-1$ ③ $0$
④ $1$ ⑤ $2$

## Step 3 만점! 도전 문제

**21** 오른쪽 그림과 같은 이차함수 $y=-2x^2+b$의 그래프와 이차함수 $y=a(x-2)^2$의 그래프가 서로의 꼭짓점을 지날 때, $b-a$의 값은?

(단, $a$, $b$는 상수)

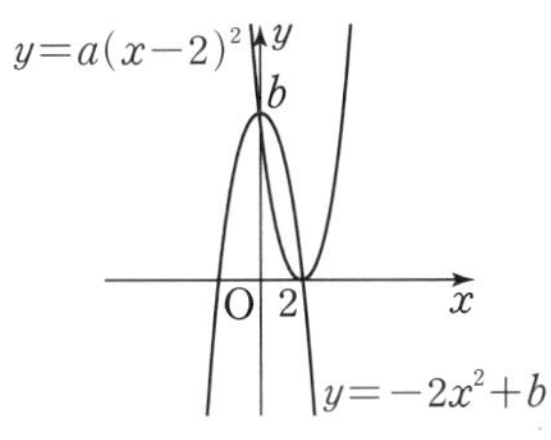


① 4 ② 6 ③ 8
④ 10 ⑤ 12

**22** 이차함수 $y=9(x+a)^2-\frac{5}{2}a$의 그래프의 꼭짓점이 직선 $y=\frac{1}{2}x-4$ 위에 있을 때, 상수 $a$의 값을 구하시오.

**23** 두 이차함수
$y=-(x-1)^2+5$,
$y=-(x-5)^2+5$
의 그래프가 오른쪽 그림과 같을 때, 색칠한 부분의 넓이를 구하시오.

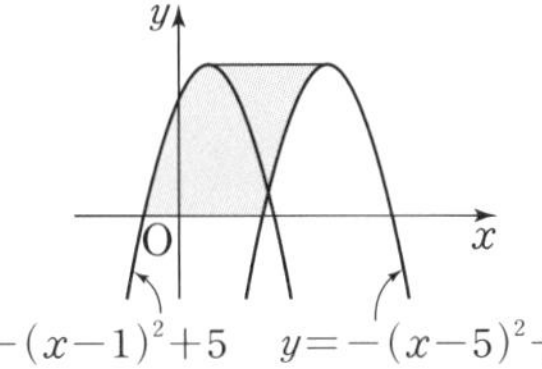


**24** 오른쪽 그림은 이차함수 $y=a(x-p)^2+q$의 그래프이다. 이 그래프와 $x$축의 양의 방향과 만나는 점을 A, 꼭짓점을 B라 할 때, $\triangle$BOA의 넓이가 27이다. 이때 상수 $a$, $p$, $q$에 대하여 $a+p+q$의 값을 구하시오.

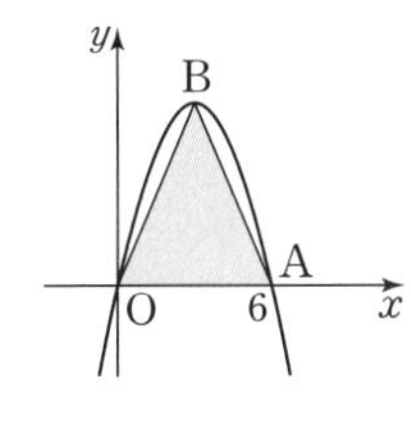


## 서술형 문제

**25** 이차함수 $y=a(x-p)^2$의 그래프가 오른쪽 그림과 같을 때, 상수 $a$, $p$에 대하여 $a+p$의 값을 구하시오.

(단, 풀이 과정을 자세히 쓰시오.)

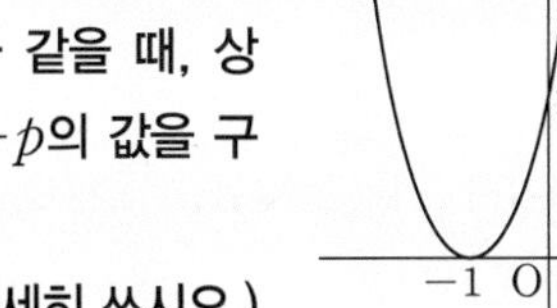


풀이 과정

답

**26** 이차함수 $y=\frac{3}{7}(x-3)^2+1$의 그래프를 $x$축의 방향으로 3만큼, $y$축의 방향으로 $m$만큼 평행이동하면 점 $(-1, 21)$을 지난다고 할 때, $m$의 값을 구하시오.

(단, 풀이 과정을 자세히 쓰시오.)

풀이 과정

답

# 21강 이차함수 $y=ax^2+bx+c$의 그래프 (1)

## ❶ 이차함수 $y=ax^2+bx+c$의 그래프

(↱ 이차함수의 일반형)

완전제곱식을 이용하여 $y=a(x-p)^2+q$ 꼴로 고친다.

$$y=ax^2+bx+c \longrightarrow y=a\left(x+\frac{b}{2a}\right)^2-\frac{b^2-4ac}{4a}$$

(1) 꼭짓점의 좌표: $\left(-\frac{b}{2a},\ -\frac{b^2-4ac}{4a}\right)$

(2) 축의 방정식: $x=-\frac{b}{2a}$

(3) $y$축과 만나는 점의 좌표: $(0,\ c)$ ← $y=ax^2+bx+c$에서 $x=0$일 때, $y=c$이므로 $(0,\ c)$

* $y=ax^2+bx+c$를 $y=a(x-p)^2+q$ 꼴로 변형하기

$y=ax^2+bx+c$

$=a\left(x^2+\frac{b}{a}x\right)+c$

$=a\left\{x^2+\frac{b}{a}x+\left(\frac{b}{2a}\right)^2-\left(\frac{b}{2a}\right)^2\right\}+c$

$=a\left\{x^2+\frac{b}{a}x+\left(\frac{b}{2a}\right)^2\right\}-a\left(\frac{b}{2a}\right)^2+c$

$=a\left(x+\frac{b}{2a}\right)^2-\frac{b^2-4ac}{4a}$

**예제 1** 다음 이차함수의 그래프의 꼭짓점의 좌표와 축의 방정식을 각각 구하시오.

(1) $y=4x^2+8x-1$ (2) $y=-\frac{1}{2}x^2+x+2$

## ❷ 이차함수 $y=ax^2+bx+c$의 그래프 그리기

❶ $y=a(x-p)^2+q$ 꼴로 변형하여 꼭짓점의 좌표를 구한다. ➡ $(p,\ q)$

❷ $a$의 부호에 따라 그래프의 모양을 결정하여 그린다.

➡ $a>0$이면 아래로 볼록

$a<0$이면 위로 볼록

❸ $y$축과 만나는 점을 표시한다. ➡ 점 $(0,\ c)$

* 이차함수 $y=x^2+2x+4$의 그래프 그리기

$y=x^2+2x+4=(x+1)^2+3$에서

(1) $x^2$의 계수가 양수이므로 그래프는 아래로 볼록(∪)

(2) $y$축과 만나는 점의 좌표는 $(0,\ 4)$

(3) 축의 방정식은 $x=-1$

(4) 꼭짓점의 좌표는 $(-1,\ 3)$

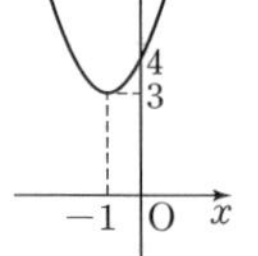

**예제 2** 다음 중 이차함수 $y=3x^2-6x+1$의 그래프는?

①
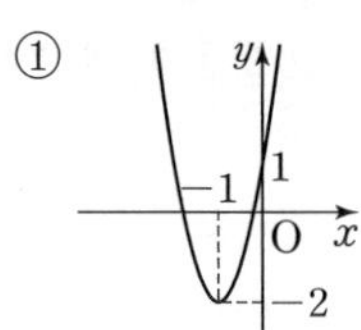

②
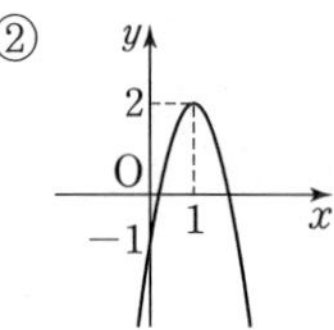

③
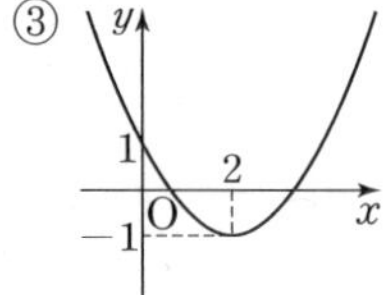

④
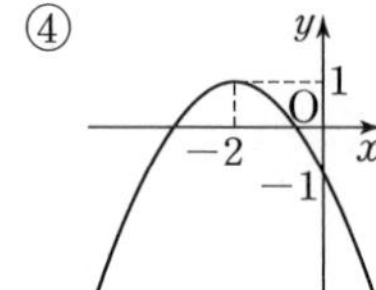

⑤
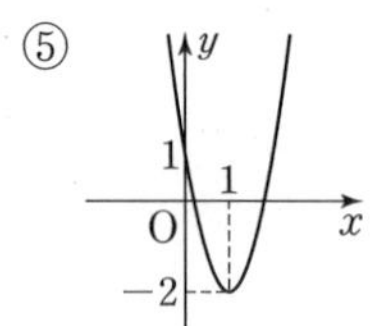

## ❸ 이차함수 $y=ax^2+bx+c$의 그래프와 $x$축, $y$축과 만나는 점의 좌표

이차함수 $y=ax^2+bx+c$의 그래프와

(1) $x$축과 만나는 점의 좌표: $y=0$일 때, $x$의 값을 구한다. ➡ $(\alpha,\ 0)$ 꼴

(2) $y$축과 만나는 점의 좌표: $x=0$일 때, $y$의 값을 구한다. ➡ $(0,\ c)$

* 이차함수 $y=ax^2+bx+c$의 그래프가 $x$축과 만나는 점의 $x$좌표는 이차방정식 $ax^2+bx+c=0$의 해와 같다.

**예제 3** 다음 이차함수의 그래프가 $x$축, $y$축과 만나는 점의 좌표를 각각 구하시오.

(1) $y=-x^2+5x-4$ (2) $y=-\frac{1}{3}x^2+3x-6$

# 핵심 유형 익히기

정답과 해설 44쪽

**1** 다음은 이차함수 $y=\frac{1}{4}x^2-x+5$를 $y=a(x-p)^2+q$ 꼴로 나타내는 과정이다. □ 안에 들어갈 수로 옳지 않은 것은? (단, $a$, $p$, $q$는 상수)

$$\begin{aligned} y&=\frac{1}{4}x^2-x+5 \\ &=\frac{1}{4}(x^2-\boxed{①}x)+5 \\ &=\frac{1}{4}(x^2-\boxed{①}x+\boxed{②}-\boxed{②})+5 \\ &=\frac{1}{4}(x-\boxed{③})^2-\boxed{④}+5 \\ &=\frac{1}{4}(x-\boxed{③})^2+\boxed{⑤} \end{aligned}$$

① 4 ② 4 ③ 2 ④ 4 ⑤ 4

- $y=ax^2+bx+c$를 $y=a(x-p)^2+q$ 꼴로 고치기
  ❶ $x^2$의 계수로 묶어 낸다.
  ❷ $\left(\frac{x\text{의 계수}}{2}\right)^2$을 더하고 뺀다.
  ❸ 완전제곱식 꼴로 바꾼다.
  ❹ 상수항을 정리한다.

**2** 다음 이차함수 중 그 그래프의 축이 가장 오른쪽에 있는 것은?

① $y=(x-1)^2$ ② $y=2x^2+3$ ③ $y=\frac{1}{2}x^2+x+4$
④ $y=x^2-4x+5$ ⑤ $y=-x^2+5x+1$

**3** 이차함수 $y=x^2+ax-1$의 그래프가 점 $(1, -4)$를 지날 때, 이 그래프의 꼭짓점의 좌표를 구하시오. (단, $a$는 상수)

**4** 이차함수 $y=-x^2+4x-1$의 그래프가 지나지 않는 사분면은?

① 제1사분면 ② 제2사분면 ③ 제3사분면
④ 제4사분면 ⑤ 모든 사분면을 지난다.

**5** 이차함수 $y=-x^2+2x+3$의 그래프가 $x$축과 만나는 두 점의 $x$좌표를 각각 $p$, $q$라 하고, $y$축과 만나는 점의 $y$좌표를 $r$라 할 때, $p+q+r$의 값을 구하시오.

**6** 오른쪽 그림과 같이 이차함수 $y=x^2+2x-15$의 그래프가 $x$축과 만나는 두 점을 각각 A, B라 할 때, $\overline{AB}$의 길이를 구하시오.

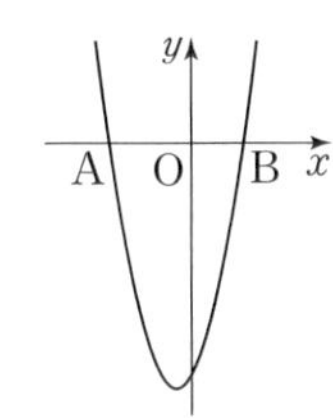


기초를 좀 더 다지려면~! 110쪽 »

# 이차함수 $y=ax^2+bx+c$의 그래프 (2)

## ❶ 이차함수 $y=ax^2+bx+c$의 그래프의 평행이동

이차함수 $y=ax^2+bx+c$의 그래프를 $x$축의 방향으로 $m$만큼, $y$축의 방향으로 $n$만큼 평행이동한 그래프의 식은 다음과 같이 구한다.

❶ $y=a(x-p)^2+q$ 꼴로 변형한다.

❷ $x$ 대신 $x-m$, $y$ 대신 $y-n$을 대입한다.

➡ $y-n=a(x-m-p)^2+q$ $\quad\therefore y=a(x-m-p)^2+q+n$

* 이차함수 $y=x^2+2x+2$의 그래프의 평행이동

$y=x^2+2x+2=(x+1)^2+1$

➡ $x$축의 방향으로 3만큼, $y$축의 방향으로 2만큼 평행이동

➡ $y=(x-3+1)^2+1+2$
$=(x-2)^2+3$

**예제 1** 이차함수 $y=-x^2+4x+2$의 그래프를 $x$축의 방향으로 $m$만큼, $y$축의 방향으로 $n$만큼 평행이동하였더니 $y=-x^2+8x-7$의 그래프와 일치하였다. 이때 $m+n$의 값을 구하시오.

## ❷ 이차함수 $y=ax^2+bx+c$의 그래프의 성질

이차함수 $y=ax^2+bx+c$에서

(1) 꼭짓점의 좌표와 축의 방정식 구하기 ➡ $y=a(x-p)^2+q$ 꼴로 변형한다.

(2) 좌표축과 만나는 점의 좌표 구하기

➡ $x$축($y$축)과 만나는 점은 $y=0(x=0)$을 각각 대입한다.

(3) 지나는 사분면, 증가·감소하는 범위 구하기 ➡ 그래프를 그린다.

* 그래프의 증가와 감소

$y=ax^2+bx+c=a(x-p)^2+q$에서

(1) $a>0$일 때

$x$의 값: 증가, $y$의 값: 감소 | $x=p$ | $x$의 값: 증가, $y$의 값: 증가

(2) $a<0$일 때

$x$의 값: 증가, $y$의 값: 증가 | $x=p$ | $x$의 값: 증가, $y$의 값: 감소

**예제 2** 이차함수 $y=-2x^2+8x-6$의 그래프에서 $x$의 값이 증가할 때, $y$의 값은 감소하는 $x$의 값의 범위를 구하시오.

## ❸ 이차함수 $y=ax^2+bx+c$의 $a$, $b$, $c$의 부호

이차함수 $y=ax^2+bx+c$에서

(1) $a$의 부호: 그래프의 모양에 따라 결정된다.

① 아래로 볼록 ➡ $a>0$ ② 위로 볼록 ➡ $a<0$

(2) $b$의 부호: 축의 위치에 따라 결정된다.

① $y$축의 왼쪽 ➡ $ab>0$ ② $y$축 ➡ $b=0$ ③ $y$축의 오른쪽 ➡ $ab<0$

(3) $c$의 부호: $y$축과 만나는 점의 위치에 따라 결정된다.

① $x$축보다 위쪽 ➡ $c>0$ ② $x$축(원점) ➡ $c=0$ ③ $x$축보다 아래쪽 ➡ $c<0$

* 이차함수 $y=ax^2+bx+c(a>0)$에서 $b$, $c$의 부호

(1) $b$의 부호

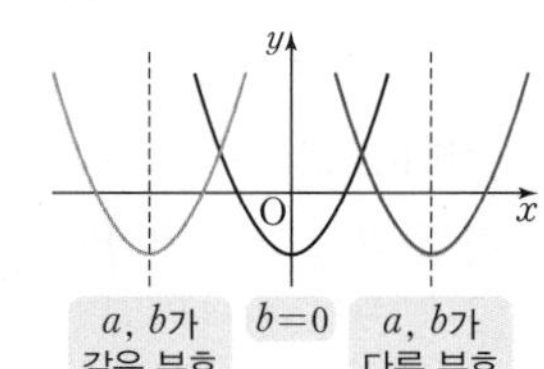


(2) $c$의 부호

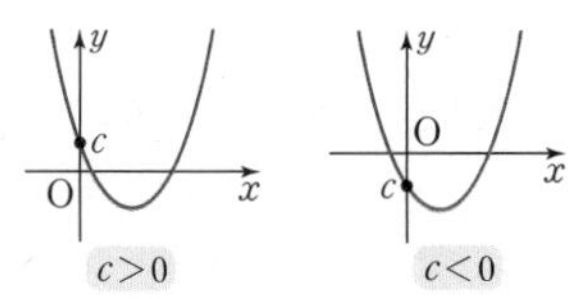


**예제 3** 이차함수 $y=ax^2+bx+c$의 그래프가 오른쪽 그림과 같을 때, 상수 $a$, $b$, $c$의 부호를 각각 구하시오.

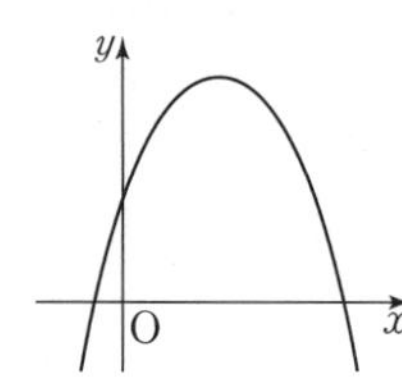

**1** 이차함수 $y=5x^2-10x+9$의 그래프를 $x$축의 방향으로 1만큼, $y$축의 방향으로 $-2$만큼 평행이동한 그래프가 점 $(3, k)$를 지날 때, $k$의 값을 구하시오.

**2** 다음 중 이차함수 $y=2x^2-6x+8$의 그래프에 대한 설명으로 옳은 것은?

① 꼭짓점의 좌표는 $\left(-\frac{3}{2}, \frac{7}{2}\right)$이다.

② 축의 방정식은 $x=-\frac{3}{2}$이다.

③ $y$축과 만나는 점의 좌표는 $(0, -8)$이다.

④ 제2사분면을 지나지 않는다.

⑤ 이차함수 $y=2x^2$의 그래프를 $x$축의 방향으로 $\frac{3}{2}$만큼, $y$축의 방향으로 $\frac{7}{2}$만큼 평행이동한 것이다.

**3** 이차함수 $y=ax^2+bx+c$의 그래프가 오른쪽 그림과 같을 때, 상수 $a$, $b$, $c$의 부호는?

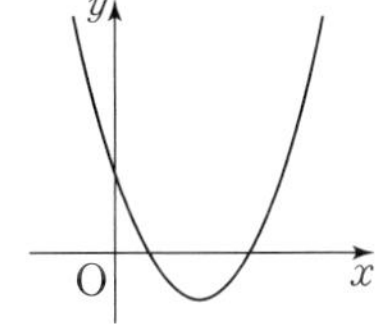


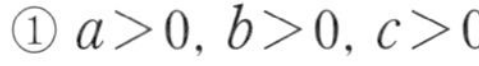
① $a>0$, $b>0$, $c>0$ ② $a>0$, $b<0$, $c>0$
③ $a>0$, $b<0$, $c<0$ ④ $a<0$, $b>0$, $c>0$
⑤ $a<0$, $b<0$, $c>0$

- $y=ax^2+bx+c$의 그래프의 축의 방정식이 $x=-\frac{b}{2a}$이므로
  - (1) 축이 $y$축의 오른쪽에 있으면 $-\frac{b}{2a}>0$에서 $\frac{b}{2a}<0$
    $\therefore ab<0$ ➡ $a$와 $b$는 다른 부호
  - (2) 축이 $y$축의 왼쪽에 있으면 $-\frac{b}{2a}<0$에서 $\frac{b}{2a}>0$
    $\therefore ab>0$ ➡ $a$와 $b$는 같은 부호

**4** 이차함수 $y=ax^2+bx+c$의 그래프가 오른쪽 그림과 같을 때, 다음 보기 중 옳은 것을 모두 고르시오.

(단, $a$, $b$, $c$는 상수)

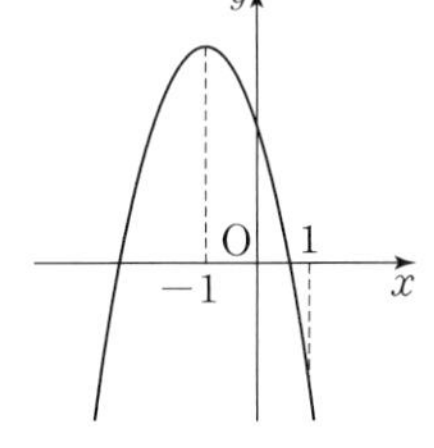


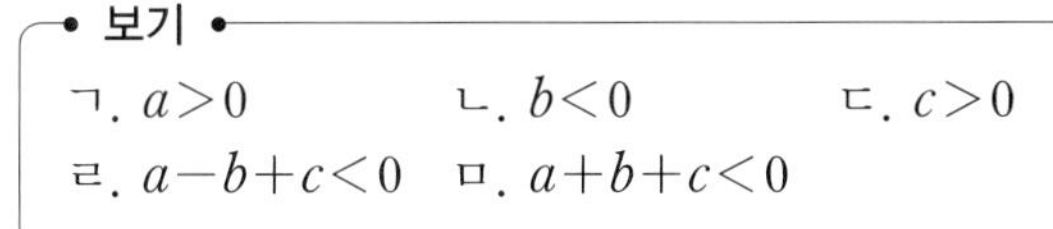
보기
ㄱ. $a>0$ ㄴ. $b<0$ ㄷ. $c>0$
ㄹ. $a-b+c<0$ ㅁ. $a+b+c<0$

**5** 가로, 세로의 길이의 합이 26 cm인 직사각형의 넓이를 $y$ cm$^2$, 가로의 길이를 $x$ cm라 할 때, 다음 물음에 답하시오.

(1) $x$와 $y$ 사이의 관계식을 $y=ax^2+bx+c$ 꼴로 나타내시오.

(단, $a$, $b$, $c$는 상수)

(2) 가로의 길이가 13 cm일 때, 직사각형의 넓이를 구하시오.

- 이차함수의 활용
  - $x$, $y$ 사이의 관계식 세우기
  - ⬇
  - 조건에 맞는 값 구하기
  - ⬇
  - 확인하기

기초를 좀 더 다지려면~! 110쪽 »

# 23강 이차함수의 식 구하기

### ❶ 이차함수의 식 구하기 (1) – 꼭짓점의 좌표와 다른 한 점을 알 때

꼭짓점의 좌표 $(p,\ q)$와 그래프가 지나는 다른 한 점의 좌표를 알 때
❶ 이차함수의 식을 $y=a(x-p)^2+q$로 놓는다.
❷ 주어진 다른 한 점의 좌표를 ❶의 식에 대입하여 $a$의 값을 구한다.

* 꼭짓점의 좌표에 따른 이차함수의 식을 다음과 같이 놓으면 편리하다.

| 꼭짓점의 좌표 | 이차함수의 식 |
|---|---|
| $(0,\ 0)$ | $y=ax^2$ |
| $(0,\ q)$ | $y=ax^2+q$ |
| $(p,\ 0)$ | $y=a(x-p)^2$ |
| $(p,\ q)$ | $y=a(x-p)^2+q$ |

**예제 1** 다음 포물선을 그래프로 하는 이차함수의 식을 $y=ax^2+bx+c$ 꼴로 나타내시오. (단, $a$, $b$, $c$는 상수)

(1) 꼭짓점의 좌표가 $(2,\ 0)$이고, 점 $(1,\ 2)$를 지나는 포물선
(2) 꼭짓점의 좌표가 $(1,\ 3)$이고, 점 $(-1,\ -5)$를 지나는 포물선

### ❷ 이차함수의 식 구하기 (2) – 축의 방정식과 두 점을 알 때

축의 방정식 $x=p$와 그래프가 지나는 두 점의 좌표를 알 때
❶ 이차함수의 식을 $y=a(x-p)^2+q$로 놓는다.
❷ 주어진 두 점의 좌표를 ❶의 식에 대입하여 $a$와 $q$의 값을 구한다.

* 축의 방정식에 따른 이차함수의 식을 다음과 같이 놓으면 편리하다.

| 축의 방정식 | 이차함수의 식 |
|---|---|
| $x=0$ | $y=ax^2+q$ |
| $x=p$ | $y=a(x-p)^2+q$ |

**예제 2** 다음 포물선을 그래프로 하는 이차함수의 식을 $y=ax^2+bx+c$ 꼴로 나타내시오. (단, $a$, $b$, $c$는 상수)

(1) 축의 방정식이 $x=1$이고, 두 점 $(0,\ 4)$, $(-1,\ 7)$을 지나는 포물선
(2) 축의 방정식이 $x=-3$이고, 두 점 $(-1,\ -8)$, $(-2,\ -5)$를 지나는 포물선

### ❸ 이차함수의 식 구하기 (3) – 서로 다른 세 점을 알 때

그래프가 지나는 서로 다른 세 점의 좌표를 알 때
❶ 이차함수의 식을 $y=ax^2+bx+c$로 놓는다.
❷ 주어진 세 점의 좌표를 식에 각각 대입하여 $a$, $b$, $c$의 값을 구한다.

* $x$좌표가 0인 점($y$축과 만나는 점)이 있는 경우, 그 점의 좌표를 먼저 대입하여 $c$의 값을 구한다.

**예제 3** 다음 세 점을 지나는 포물선을 그래프로 하는 이차함수의 식을 $y=ax^2+bx+c$ 꼴로 나타내시오. (단, $a$, $b$, $c$는 상수)

(1) $(0,\ 1)$, $(1,\ 2)$, $(-1,\ 4)$ (2) $(-1,\ -9)$, $(0,\ -5)$, $(2,\ -3)$

### ❹ 이차함수의 식 구하기 (4) – $x$축과 만나는 두 점과 다른 한 점을 알 때

$x$축과 만나는 두 점 $(\alpha,\ 0)$, $(\beta,\ 0)$과 그래프가 지나는 다른 한 점의 좌표를 알 때
❶ 이차함수의 식을 $y=a(x-\alpha)(x-\beta)$로 놓는다.
❷ 주어진 다른 한 점의 좌표를 식에 각각 대입하여 $a$의 값을 구한다.

* $x$축과 만나는 두 점과 다른 한 점의 좌표를 알 때, 서로 다른 세 점을 알 때와 같은 방법으로 이차함수의 식을 구할 수 있다.

**예제 4** 다음 포물선을 그래프로 하는 이차함수의 식을 $y=ax^2+bx+c$ 꼴로 나타내시오. (단, $a$, $b$, $c$는 상수)

(1) $x$축과 두 점 $(-2,\ 0)$, $(1,\ 0)$에서 만나고, 점 $(2,\ 8)$을 지나는 포물선
(2) $x$축과 두 점 $(-1,\ 0)$, $(4,\ 0)$에서 만나고, 점 $(0,\ 12)$를 지나는 포물선

# 핵심 유형 익히기

**1** 꼭짓점의 좌표가 $(-2,\ -4)$이고, 점 $(2,\ 20)$을 지나는 이차함수의 그래프가 $y$축과 만나는 점의 $y$좌표를 구하시오.

**2** 오른쪽 그림과 같은 포물선을 그래프로 하는 이차함수의 식을 $y=ax^2+bx+c$ 꼴로 나타내시오.
(단, $a$, $b$, $c$는 상수)

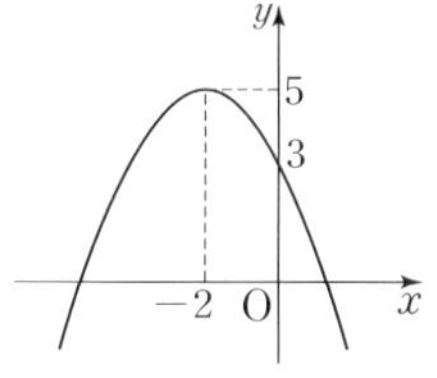


• 꼭짓점의 좌표와 그래프가 지나는 다른 한 점의 좌표를 먼저 구한다.

**3** 축의 방정식이 $x=-1$이고, 두 점 $(-1,\ 5)$, $(0,\ -1)$을 지나는 포물선을 그래프로 하는 이차함수의 식을 $y=ax^2+bx+c$라 하자. 이때 상수 $a$, $b$, $c$에 대하여 $a+b+c$의 값을 구하시오.

**4** 오른쪽 그림과 같은 포물선을 그래프로 하는 이차함수의 식은?

① $y=-2x^2+x+4$　② $y=-x^2-5x-2$
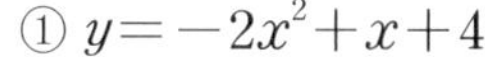
③ $y=-x^2-3x+4$　④ $y=2x^2-x+4$
⑤ $y=3x^2-x-4$

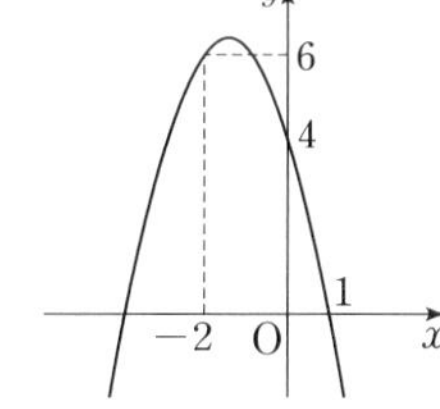


• 그래프가 지나는 세 점의 좌표를 먼저 구한다.

**5** 이차함수 $y=2x^2+ax+b$의 그래프가 $x$축과 두 점 $(-5,\ 0)$, $(3,\ 0)$에서 만날 때, 상수 $a$, $b$에 대하여 $a-b$의 값을 구하시오.

기초를 좀 더 다지려면~! 111쪽 »

# 기초 내공 다지기

## 21~22강 이차함수 $y=ax^2+bx+c$의 그래프

**1** 다음 이차함수를 $y=a(x-p)^2+q$ 꼴로 고치시오. (단, $a$, $p$, $q$는 상수)

(1) $y=-x^2-6x+1$

(2) $y=2x^2-4x+1$

(3) $y=-3x^2+6x+2$

(4) $y=-\frac{1}{2}x^2+3x+1$

(5) $y=\frac{3}{2}x^2+6x+7$

**2** 다음 이차함수의 그래프의 꼭짓점의 좌표와 축의 방정식을 차례로 구하시오.

(1) $y=-x^2+10x-24$

(2) $y=-3x^2+6x-8$

(3) $y=4x^2-16x+15$

(4) $y=\frac{1}{3}x^2+2x-15$

(5) $y=-\frac{3}{4}x^2-3x+2$

**3** 다음 이차함수의 그래프가 $x$축, $y$축과 만나는 점의 좌표를 각각 구하시오.

(1) $y=x^2-2x-3$

(2) $y=-x^2-x+6$

(3) $y=3x^2+6x+3$

(4) $y=-\frac{1}{2}x^2+x+4$

**4** 이차함수 $y=ax^2+bx+c$의 그래프가 다음과 같을 때, 상수 $a$, $b$, $c$의 부호를 각각 구하시오.

(1)

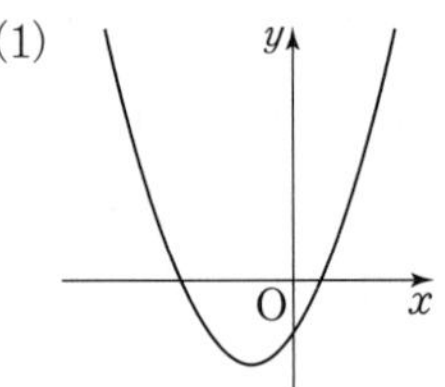


(2)

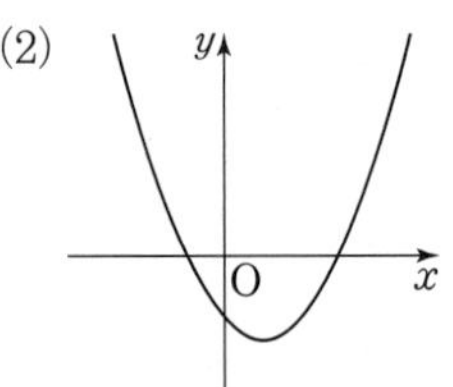


(3)

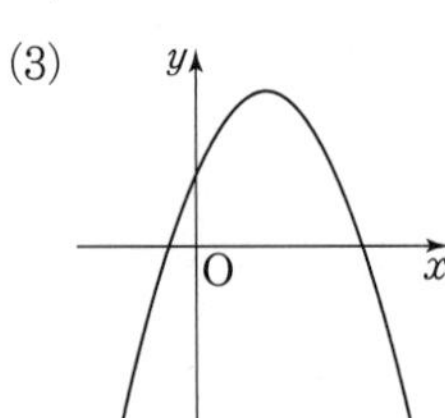


(4)

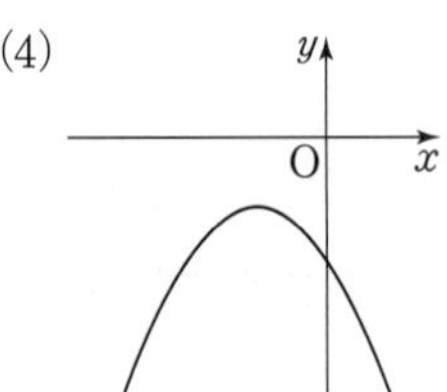

## 23강 이차함수의 식 구하기

**5** 다음 포물선을 그래프로 하는 이차함수의 식을 $y=ax^2+bx+c$ 꼴로 나타내시오. (단, $a$, $b$, $c$는 상수)

(1) 꼭짓점의 좌표가 $(-2, -3)$이고, 점 $(0, -1)$을 지나는 포물선

(2) 꼭짓점의 좌표가 $(2, 0)$이고, 점 $(4, -3)$을 지나는 포물선

(3) 꼭짓점의 좌표가 $(-2, 9)$이고, 점 $(0, 5)$를 지나는 포물선

(4) 꼭짓점의 좌표가 $(1, -6)$이고, 점 $(-1, -14)$를 지나는 포물선

(5) 꼭짓점의 좌표가 $(3, 4)$이고, 점 $(1, 8)$을 지나는 포물선

**6** 다음 포물선을 그래프로 하는 이차함수의 식을 $y=ax^2+bx+c$ 꼴로 나타내시오. (단, $a$, $b$, $c$는 상수)

(1) 축의 방정식이 $x=-1$이고, 두 점 $(0, 3)$, $(-3, -3)$을 지나는 포물선

(2) 축의 방정식이 $x=-2$이고, 두 점 $(-1, -1)$, $(-4, 5)$를 지나는 포물선

(3) 축의 방정식이 $x=1$이고, 두 점 $(0, 3)$, $(3, 0)$을 지나는 포물선

(4) 축의 방정식이 $x=2$이고, 두 점 $(1, 6)$, $(-2, 3)$을 지나는 포물선

(5) 축의 방정식이 $x=3$이고, 두 점 $(1, 2)$, $(0, -1)$을 지나는 포물선

**7** 다음 세 점을 지나는 포물선을 그래프로 하는 이차함수의 식을 $y=ax^2+bx+c$ 꼴로 나타내시오. (단, $a$, $b$, $c$는 상수)

(1) $(0, 5)$, $(-1, 15)$, $(1, -1)$

(2) $(-1, -6)$, $(0, 1)$, $(2, 9)$

(3) $(0, 4)$, $(2, 0)$, $(-2, -8)$

(4) $(-1, 7)$, $(1, -5)$, $(0, -2)$

(5) $(3, 2)$, $(6, 1)$, $(0, -5)$

**8** 다음 포물선을 그래프로 하는 이차함수의 식을 $y=ax^2+bx+c$ 꼴로 나타내시오. (단, $a$, $b$, $c$는 상수)

(1) $x$축과 두 점 $(-1, 0)$, $(5, 0)$에서 만나고, 점 $(0, 5)$를 지나는 포물선

(2) $x$축과 두 점 $(-3, 0)$, $(1, 0)$에서 만나고, 점 $(0, -6)$을 지나는 포물선

(3) $x$축과 두 점 $(-4, 0)$, $(-2, 0)$에서 만나고, 점 $(-1, 3)$을 지나는 포물선

(4) $x$축과 두 점 $(1, 0)$, $(5, 0)$에서 만나고, 점 $(3, 4)$를 지나는 포물선

(5) $x$축과 두 점 $(-1, 0)$, $(3, 0)$에서 만나고, 점 $(0, 8)$을 지나는 포물선

# 내공 쌓는 족집게 문제

## Step1 반드시 나오는 문제

**1** 이차함수 $y=7x^2-14x-4$를 $y=a(x-p)^2+q$ 꼴로 나타낼 때, $a+p+q$의 값은? (단, $a$, $p$, $q$는 상수)

① $-5$ ② $-4$ ③ $-3$
④ $-2$ ⑤ $-1$

**2** 이차함수 $y=-2x^2+16x-4$의 그래프의 꼭짓점의 좌표는?

① $(-4, 28)$ ② $(2, 12)$ ③ $(4, 4)$
④ $(4, 12)$ ⑤ $(4, 28)$

**3** 이차함수 $y=x^2-6x+k$의 그래프의 꼭짓점이 $x$축 위에 있을 때, 상수 $k$의 값은?

① 0 ② 1 ③ 3
④ 6 ⑤ 9

**4** 다음 중 이차함수 $y=x^2-4x+3$의 그래프는?

①
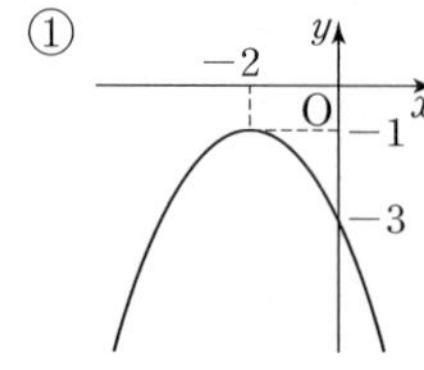


②
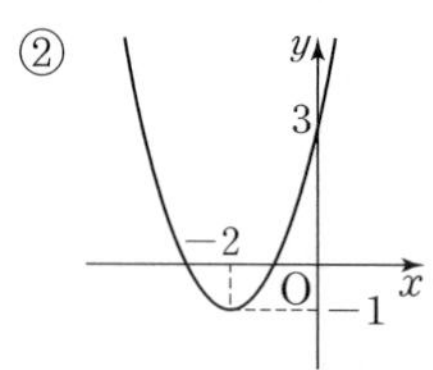


③
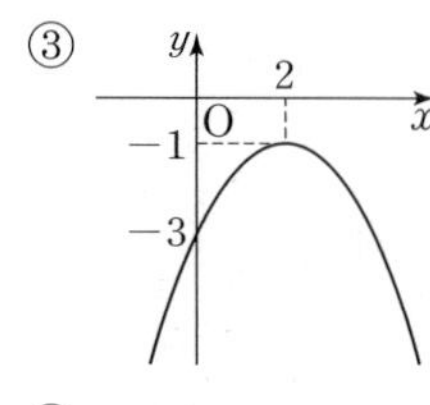


④
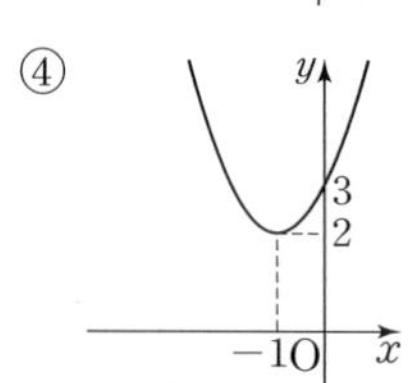


⑤
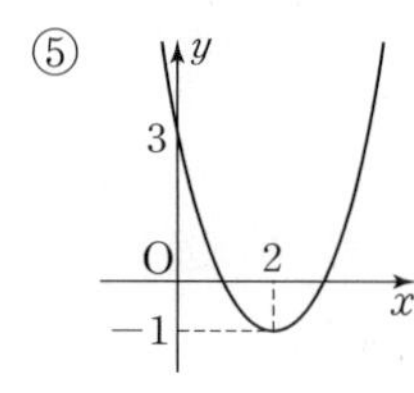


**5** 이차함수 $y=-2x^2-4x-1$의 그래프가 지나지 않는 사분면은?

① 제1사분면 ② 제2사분면
③ 제3사분면 ④ 제4사분면
⑤ 모든 사분면을 지난다.

**중요 6** 이차함수 $y=-x^2+4x+5$의 그래프는 이차함수 $y=-x^2$의 그래프를 $x$축의 방향으로 $p$만큼, $y$축의 방향으로 $q$만큼 평행이동한 것이다. 이때 $p$, $q$의 값을 차례로 구한 것은?

① $-2$, $-9$ ② $-2$, $-5$ ③ $-2$, $5$
④ $2$, $5$ ⑤ $2$, $9$

**7** 이차함수 $y=3x^2-12x+7$의 그래프에서 $x$의 값이 증가할 때, $y$의 값도 증가하는 $x$의 값의 범위는?

① $x<-2$ ② $x>-2$ ③ $x<2$
④ $x>2$ ⑤ $x<4$

전국 중학교의 기출문제와 새로운 교육과정의 문제를 종합, 분석하여 핵심 문제만을 모았습니다.

중요 **8** 이차함수 $y=ax^2+bx+c$의 그래프가 오른쪽 그림과 같을 때, 상수 $a$, $b$, $c$의 부호는?

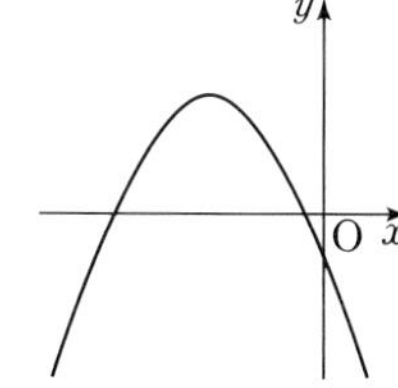


① $a>0$, $b<0$, $c<0$
② $a>0$, $b<0$, $c>0$
③ $a<0$, $b>0$, $c>0$
④ $a<0$, $b>0$, $c<0$
⑤ $a<0$, $b<0$, $c<0$

**9** 이차함수 $y=ax^2+bx+c$의 그래프의 꼭짓점의 좌표가 $(-1, 2)$이고 점 $(-2, 0)$을 지날 때, $a+b+c$의 값은? (단, $a$, $b$, $c$는 상수)

① $-6$　② $-4$　③ $0$
④ $4$　⑤ $6$

**10** $x=4$를 축으로 하고, 두 점 $(0, -3)$, $(6, 3)$을 지나는 이차함수의 그래프가 점 $(2, k)$를 지날 때, $k$의 값은?

① $-3$　② $-\frac{1}{2}$　③ $0$
④ $\frac{1}{2}$　⑤ $3$

**11** 오른쪽 그림은 이차함수 $y=-x^2+ax+b$의 그래프이다. 이때 상수 $a$, $b$에 대하여 $a+b$의 값을 구하시오.

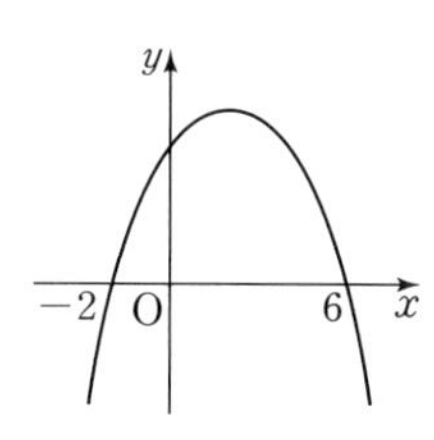


## Step2 자주 나오는 문제

**12** 이차함수 $y=2x^2-8x+11$의 그래프와 $y=-3x^2+ax+b$의 그래프의 꼭짓점이 일치할 때, 상수 $a$, $b$에 대하여 $a+b$의 값은?

① 3　② 4　③ 5
④ 6　⑤ 7

**13** 이차함수 $y=-\frac{1}{2}x^2+x+a-1$의 그래프가 $x$축과 만나지 않기 위한 상수 $a$의 값의 범위는?

① $a>-1$　② $a>-\frac{1}{2}$　③ $a<\frac{1}{2}$
④ $a<1$　⑤ $a<2$

아차! 돌다리 문제

**14** 오른쪽 그림과 같이 이차함수 $y=-x^2+6x-5$의 그래프가 $x$축과 만나는 두 점을 각각 A, B라 하고, 꼭짓점을 C라 할 때, $\triangle$ABC의 넓이는?

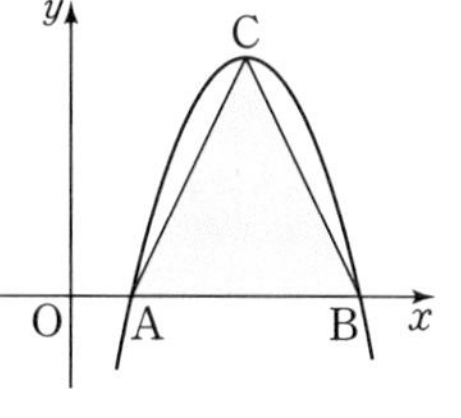


① 4　② 8　③ 12
④ 16　⑤ 20

**15** 이차함수 $y=x^2+4x-3$의 그래프를 $x$축의 방향으로 5만큼, $y$축의 방향으로 $-2$만큼 평행이동한 포물선을 그래프로 하는 이차함수의 식을 $y=ax^2+bx+c$ 꼴로 나타내시오. (단, $a$, $b$, $c$는 상수)

**16** 이차함수 $y=-x^2+2ax+4a$의 그래프는 $x<3$일 때 $x$의 값이 증가하면 $y$의 값도 증가하고, $x>3$일 때 $x$의 값이 증가하면 $y$의 값은 감소한다. 이때 상수 $a$의 값을 구하고, 이 이차함수의 그래프의 꼭짓점의 좌표를 구하시오.

중요 **17** 다음 중 이차함수 $y=-x^2+2x+2$의 그래프에 대한 설명으로 옳지 않은 것은?

① 직선 $x=1$을 축으로 한다.
② 꼭짓점의 좌표는 $(1, 3)$이다.
③ $y$축과 만나는 점의 $y$좌표는 2이다.
④ $x>1$일 때, $x$의 값이 증가하면 $y$의 값은 감소한다.
⑤ 이차함수 $y=-x^2$의 그래프를 $x$축의 방향으로 $-1$만큼, $y$축의 방향으로 3만큼 평행이동한 그래프이다.

**18** 일차함수 $y=ax+b$의 그래프가 오른쪽 그림과 같을 때, 다음 중 이차함수 $y=-x^2+ax+b$의 그래프가 될 수 있는 것은? (단, $a$, $b$는 상수)

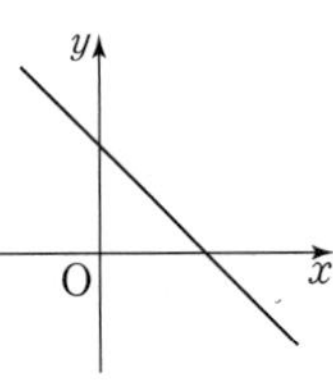


① 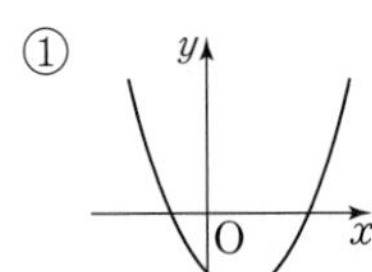
② 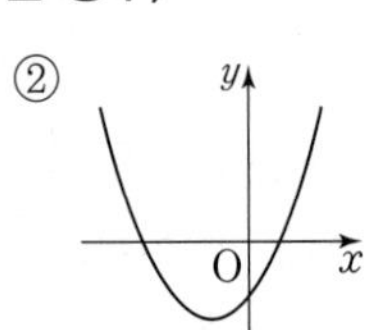
③ 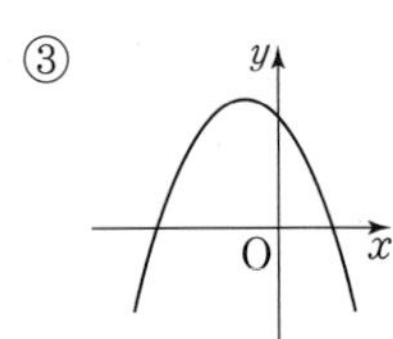
④ 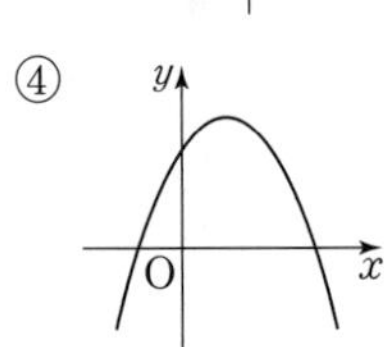
⑤ 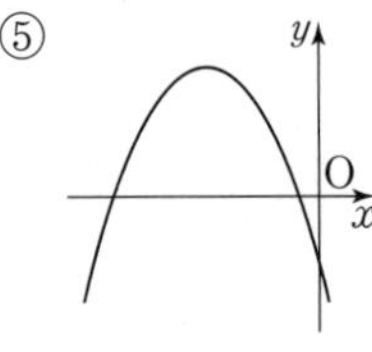

**19** 오른쪽 그림과 같은 포물선을 그래프로 하는 이차함수의 식은?

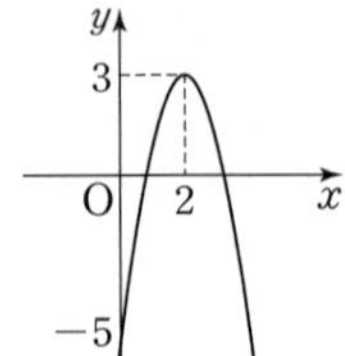


① $y=-2x^2-8x-5$
② $y=-2x^2+4x-5$
③ $y=-2x^2+8x-5$
④ $y=-x^2+8x-5$
⑤ $y=-x^2+4x-5$

**20** 이차함수 $y=\frac{1}{3}x^2+ax+b$ 의 그래프가 오른쪽 그림과 같을 때, $a+b$의 값은? (단, $a$, $b$는 상수)

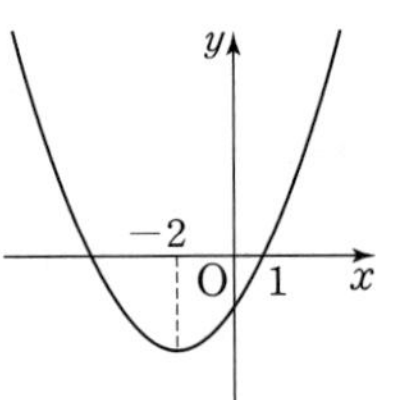


① $-3$　② $-\frac{1}{3}$
③ $1$　④ $\frac{5}{3}$
⑤ $\frac{7}{3}$

**21** 세 점 $(-2, 1)$, $(0, -3)$, $(1, -8)$을 지나는 이차함수의 그래프의 꼭짓점의 좌표를 구하시오.

**22** 이차함수 $y=3x^2+4x-2$의 그래프를 평행이동하면 완전히 포갤 수 있고, $x$축과 두 점 $(-2, 0)$, $(3, 0)$에서 만나는 포물선을 그래프로 하는 이차함수의 식이 $y=ax^2+bx+c$일 때, $3a-b+c$의 값은? (단, $a$, $b$, $c$는 상수)

① $-8$　② $-6$　③ $0$
④ $6$　⑤ $8$

## Step3 만점! 도전 문제

**23** 이차함수 $y=x^2-2ax+15$의 그래프의 꼭짓점이 직선 $y=2x$ 위에 있을 때, 상수 $a$의 값은? (단, $a<0$)

① $-7$　② $-5$　③ $-4$
④ $-2$　⑤ $-1$

**24** 오른쪽 그림과 같은 이차함수 $y=-x^2-2x+8$의 그래프에서 꼭짓점을 A, $x$축과 만나는 두 점을 각각 B, C, $y$축과 만나는 점을 D라 할 때, 사각형 ABCD의 넓이를 구하시오.

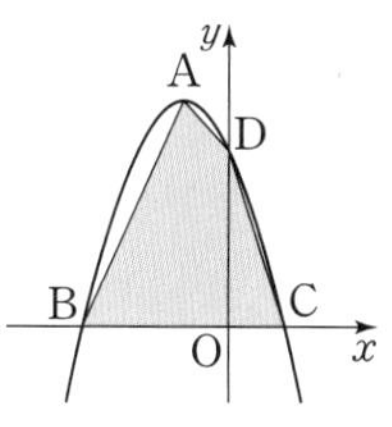


**25** 운전 중 운전자가 브레이크를 밟은 후부터 자동차가 완전히 멈출 때까지 자동차가 움직인 거리를 제동 거리라 한다. 자동차가 마찰력이 일정한 도로를 시속 $x$ km로 달릴 때의 제동 거리를 $y$ m라 할 때, $y$는 $x$의 제곱에 정비례한다고 한다. 시속 80 km로 달리는 어느 자동차의 제동 거리가 32 m라 할 때, 다음 물음에 답하시오.

(1) $y$를 $x$에 대한 식으로 나타내시오.

(2) 이 자동차의 운전자가 시속 100 km로 운전하다가 위험을 감지하고 1초 후에 브레이크를 밟아 차를 세웠다. 운전자가 위험을 감지한 후부터 자동차가 완전히 멈출 때까지 자동차가 움직인 거리를 구하시오.
(단, 시속 1 km는 초속 0.28 m로 계산한다.)

## 서술형 문제

**26** 이차함수 $y=3x^2+12x+8$의 그래프를 $x$축의 방향으로 $p$만큼, $y$축의 방향으로 $q$만큼 평행이동하였더니 $y=3x^2-18x+15$의 그래프와 일치하였다. 이때 $p+q$의 값을 구하시오. (단, 풀이 과정을 자세히 쓰시오.)

풀이 과정

답

**27** 오른쪽 그림은 이차함수 $y=ax^2+bx+c$의 그래프이다. 이때 상수 $a$, $b$, $c$에 대하여 $2a-b+c$의 값을 구하시오.
(단, 풀이 과정을 자세히 쓰시오.)

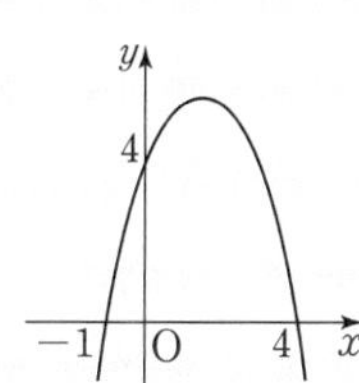


풀이 과정

답

다시 보는

# 핵심문제

**1** 다음 중 옳지 않은 것은?

① 제곱근 4는 2이다.
② 0의 제곱근은 0뿐이다.
③ 음수의 제곱근은 없다.
④ $0.\dot{1}$의 제곱근은 $\pm 0.\dot{3}$이다.
⑤ $\sqrt{36}$의 제곱근은 $\sqrt{6}$이다.

**2** 다음 중 그 값이 나머지 넷과 다른 하나는?

① 제곱근 10
② $\sqrt{10}$
③ 10의 양의 제곱근
④ 넓이가 10인 정사각형의 한 변의 길이
⑤ $x^2=10$을 만족시키는 수 $x$

**3** $(-3)^2$의 음의 제곱근을 $A$, $\sqrt{49}$의 양의 제곱근을 $B$라 할 때, $A+B^2$의 값은?

① $\sqrt{3}-7$　② $3-\sqrt{7}$　③ 4
④ 10　⑤ 46

**4** 오른쪽 그림과 같이 한 변의 길이가 각각 2 m, 5 m인 정사각형 모양의 화단이 나란히 붙어 있다. 이 두 화단의 넓이의 합과 넓이가 같은 정사각형 모양의 화단을 하나 만들 때, 새로 만든 화단의 한 변의 길이는?

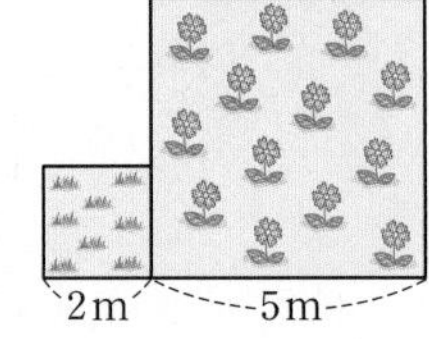


① $\sqrt{26}$ m　② $\sqrt{29}$ m　③ $\sqrt{31}$ m
④ $\sqrt{34}$ m　⑤ $\sqrt{35}$ m

**5** 다음 중 근호를 사용하지 않고 나타낼 수 없는 것은?

① $\sqrt{4}$　② $\sqrt{25}$　③ $\sqrt{0.04}$
④ $\sqrt{0.9}$　⑤ $\sqrt{\frac{36}{121}}$

**6** 다음 중 그 값이 나머지 넷과 다른 하나는?

① $-\sqrt{(-7)^2}$　② $\sqrt{(-7)^2}$　③ $-(\sqrt{7})^2$
④ $-(-\sqrt{7})^2$　⑤ $-\sqrt{7^2}$

**7** 다음 중 옳은 것은?

① $\sqrt{9}+\sqrt{16}=5$
② $\sqrt{12^2}-\sqrt{(-11)^2}=1$
③ $(\sqrt{2})^2\times(-\sqrt{7})^2=-14$
④ $\sqrt{169}\div13=13$
⑤ $\sqrt{8^2}\div(\sqrt{2})^2=2$

**8** $\sqrt{225}-2\sqrt{(-6)^2}-\sqrt{(-3)^4}$을 계산하면?

① $-8$　② $-6$　③ $-4$
④ 4　⑤ 6

**9** $a<0$일 때, 다음 보기 중 옳은 것을 모두 고른 것은?

보기

ㄱ. $-\sqrt{a^2}=a$　　ㄴ. $\sqrt{25a^2}=5a$
ㄷ. $\sqrt{9a^2}=-9a$　　ㄹ. $-\sqrt{(-2a)^2}=2a$

① ㄱ, ㄴ　② ㄱ, ㄹ　③ ㄴ, ㄷ
④ ㄴ, ㄹ　⑤ ㄷ, ㄹ

**10** $a>0$, $ab<0$일 때, $\sqrt{(-a)^2}-\sqrt{(3b)^2}+\sqrt{(b-4a)^2}$을 간단히 하시오.

**11** $2<x<3$일 때, $\sqrt{(x-3)^2}+\sqrt{(x-2)^2}$을 간단히 하시오.

**12** $\sqrt{100-4n}$이 자연수가 되도록 하는 자연수 $n$의 개수는?

① 2개　② 3개　③ 4개
④ 5개　⑤ 6개

**13** $\sqrt{\dfrac{540}{n}}$이 자연수가 되도록 하는 자연수 $n$의 값을 모두 구하시오.

**14** 다음 중 두 수의 대소 관계가 옳지 않은 것은?

① $3<\sqrt{10}$　② $\sqrt{\dfrac{2}{3}}>\sqrt{\dfrac{3}{4}}$
③ $-\sqrt{2}>-\sqrt{3}$　④ $2>\sqrt{3}$
⑤ $\sqrt{\dfrac{1}{3}}>\dfrac{1}{2}$

**15** $\sqrt{(\sqrt{5}-2)^2}+\sqrt{(\sqrt{5}-3)^2}$을 간단히 하면?

① $1-2\sqrt{5}$　② $2\sqrt{5}$　③ $-5$
④ $-5+2\sqrt{5}$　⑤ $1$

**16** 자연수 $x$에 대하여 $\sqrt{x}$ 이하의 자연수의 개수를 $f(x)$라 할 때, $f(30)-f(17)$의 값은?

① 1　② 2　③ 3
④ 4　⑤ 5

## 서술형 문제

**17** $A=\sqrt{6^2}\times(-\sqrt{3})^2\div 9$,
$B=\left(-\sqrt{\frac{3}{5}}\right)^2\div\sqrt{9}\times\sqrt{(-5)^2}$일 때, $A-B$의 값을 구하시오. (단, 풀이 과정을 자세히 쓰시오.)

풀이 과정 |

답 |

**18** 다음 각 경우에 대하여
$\sqrt{(x+3)^2}-\sqrt{(x-3)^2}=3x+1$을 만족시키는 $x$의 값을 각각 구하시오. (단, 풀이 과정을 자세히 쓰시오.)

(1) $x<-3$
(2) $-3<x<3$
(3) $x>3$

풀이 과정 |
(1)

(2)

(3)

답 |

**19** $\sqrt{375x}$가 자연수가 되도록 하는 $x$의 값 중에서 가장 작은 짝수를 구하시오.
(단, 풀이 과정을 자세히 쓰시오.)

풀이 과정 |

답 |

**20** 부등식 $-8<-\sqrt{3x}<-6$을 만족시키는 가장 큰 정수를 $a$, 가장 작은 정수를 $b$라 할 때, $a-b$의 값을 구하시오. (단, 풀이 과정을 자세히 쓰시오.)

풀이 과정 |

답 |

**1** 다음은 실수를 분류한 것이다. (가), (나), (다)에 들어갈 것으로 알맞은 것은?

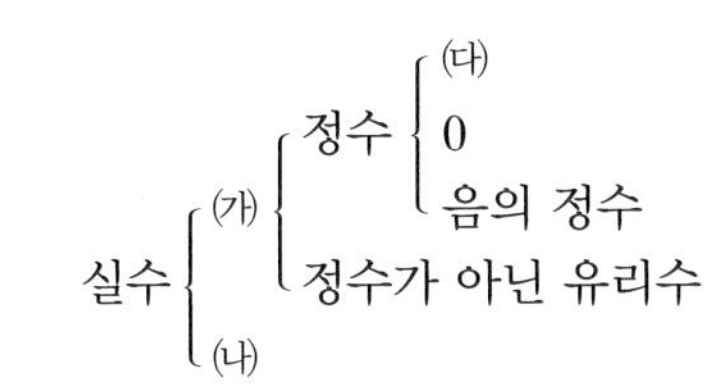


| | (가) | (나) | (다) |
|---|---|---|---|
| ① | 무리수 | 유리수 | 소수 |
| ② | 무리수 | 유리수 | 무한소수 |
| ③ | 무리수 | 유리수 | 자연수 |
| ④ | 유리수 | 무리수 | 자연수 |
| ⑤ | 유리수 | 무리수 | 무한소수 |

**2** 다음 중 무리수를 모두 고르면? (정답 2개)

① $2\pi$ ② $-0.3\dot{2}\dot{5}$ ③ $4$
④ $-\sqrt{0.04}$ ⑤ $\frac{1}{2}+\sqrt{3}$

**3** 다음 중 무리수에 대한 설명으로 옳은 것은?

① 순환소수로 나타낼 수 있다.
② $\frac{a}{b}$($a$, $b$는 정수, $b\neq 0$) 꼴로 나타낼 수 있다.
③ 순환하지 않는 무한소수이다.
④ 정수가 아닌 유리수이다.
⑤ 근호가 있는 수이다.

**4** 다음 보기 중 정사각형의 한 변의 길이가 유리수인 것을 모두 고른 것은?

• 보기 •
ㄱ. 넓이가 49인 정사각형
ㄴ. 넓이가 16인 정사각형
ㄷ. 넓이가 12인 정사각형
ㄹ. 넓이가 7인 정사각형

① ㄱ, ㄴ ② ㄱ, ㄷ ③ ㄱ, ㄹ
④ ㄴ, ㄷ ⑤ ㄷ, ㄹ

**5** $a=\sqrt{2}$일 때, 다음 중 유리수인 것을 모두 고르면? (정답 2개)

① $a-\sqrt{2}$ ② $2a^2$ ③ $\sqrt{a^2}$
④ $\frac{a}{4}$ ⑤ $-2a$

**6** 오른쪽 그림은 한 칸의 가로와 세로의 길이가 각각 1인 모눈종이 위에 수직선과 직각삼각형 ABC를 그린 것이다. $\overline{CA}=\overline{CP}$이고 점 B의 좌표가 5일 때, 점 P의 좌표를 구하시오.

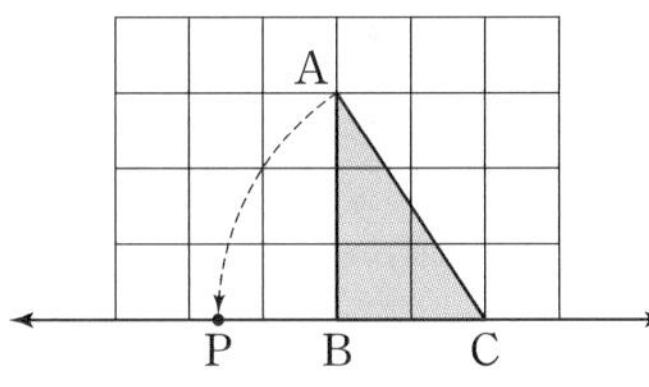


**7** 아래 그림과 같이 수직선 위에 한 변의 길이가 1인 세 정사각형이 있을 때, 다음 중 수직선 위에 대응하는 점의 좌표로 옳은 것은?

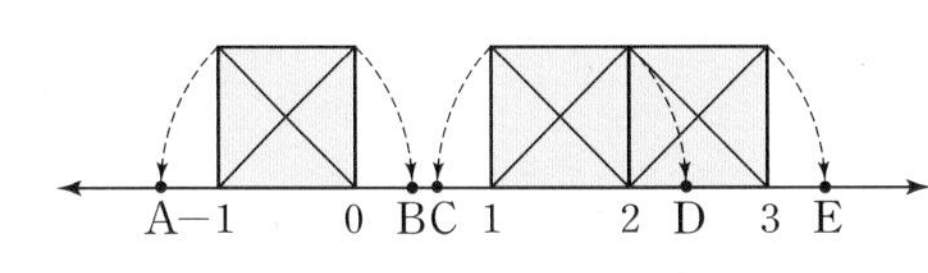


① $A(-1-\sqrt{2})$ ② $B(-1+\sqrt{2})$
③ $C(\sqrt{2})$ ④ $D(2+\sqrt{2})$
⑤ $E(3+\sqrt{2})$

**8** 다음 설명 중 옳지 않은 것은?

① 모든 실수는 수직선 위에 나타낼 수 있다.
② 서로 다른 두 무리수 사이에는 무수히 많은 무리수가 존재한다.
③ 서로 다른 두 유리수 사이에는 무수히 많은 유리수가 존재한다.
④ 수직선은 실수에 대응하는 점들로 완전히 메울 수 있다.
⑤ 서로 다른 두 무리수 사이에는 적어도 1개의 정수가 존재한다.

**9** 다음 중 $\sqrt{2}$와 $\sqrt{18}$ 사이에 있는 실수가 아닌 것은?

① $\sqrt{2}+0.1$　　② $\sqrt{7}$
③ $\sqrt{18}-4$　　④ $\dfrac{\sqrt{2}+\sqrt{18}}{2}$
⑤ $\sqrt{15}-0.3$

**10** 아래 수직선 위의 점 A, B, C, D에 대응하는 수를 다음 보기에서 찾아 바르게 짝 지으시오.

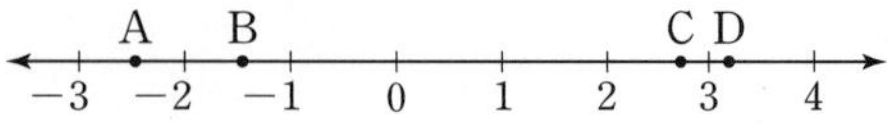


보기
ㄱ. $\sqrt{10}$　ㄴ. $-\sqrt{6}$　ㄷ. $\sqrt{3}+1$　ㄹ. $-\sqrt{6}+1$

**11** 두 수 $\sqrt{8}-8$과 $8-\sqrt{8}$ 사이에 있는 정수의 개수는?

① 8개　② 9개　③ 10개
④ 11개　⑤ 12개

**12** 다음 중 두 수의 대소 관계가 옳지 않은 것은?

① $\sqrt{7}+\sqrt{3}>2+\sqrt{3}$　② $\sqrt{3}-1<1$
③ $\sqrt{2}-1<5+\sqrt{2}$　④ $3+\sqrt{2}<\sqrt{2}+\sqrt{8}$
⑤ $-\sqrt{2}+1<3-\sqrt{2}$

**13** 다음 중 가장 큰 수는?

① $\sqrt{3}-1$　② $-\sqrt{2}$　③ 2
④ 0　⑤ $1+\sqrt{2}$

**14** 다음 세 수 $a$, $b$, $c$의 대소 관계를 부등호로 바르게 나타낸 것은?

$a=\sqrt{5}+\sqrt{3}$,　$b=\sqrt{5}+1$,　$c=3+\sqrt{3}$

① $a>b>c$　② $a>c>b$　③ $b>c>a$
④ $c>a>b$　⑤ $c>b>a$

**15** 다음 주어진 제곱근표에서 $\sqrt{5.76}=a$이고, $\sqrt{b}=2.474$일 때, $a+b$의 값은?

| 수 | 0 | 1 | 2 | 3 | 4 | 5 | 6 |
|---|---|---|---|---|---|---|---|
| 5.7 | 2.387 | 2.390 | 2.392 | 2.394 | 2.396 | 2.398 | 2.400 |
| 5.8 | 2.408 | 2.410 | 2.412 | 2.415 | 2.417 | 2.419 | 2.421 |
| 5.9 | 2.429 | 2.431 | 2.433 | 2.435 | 2.437 | 2.439 | 2.441 |
| 6.0 | 2.449 | 2.452 | 2.454 | 2.456 | 2.458 | 2.460 | 2.462 |
| 6.1 | 2.470 | 2.472 | 2.474 | 2.476 | 2.478 | 2.480 | 2.482 |

① 8.51　② 8.52　③ 8.53
④ 8.504　⑤ 8.517

## 서술형 문제

**16** 다음 그림은 한 칸의 가로와 세로의 길이가 각각 1인 모눈종이 위에 수직선과 두 직각삼각형 ABC, CDE를 그린 것이다. $\overline{CA}=\overline{CP}$, $\overline{CE}=\overline{CQ}$일 때, 두 점 P, Q에 대응하는 수를 각각 구하시오.

(단, 풀이 과정을 자세히 쓰시오.)

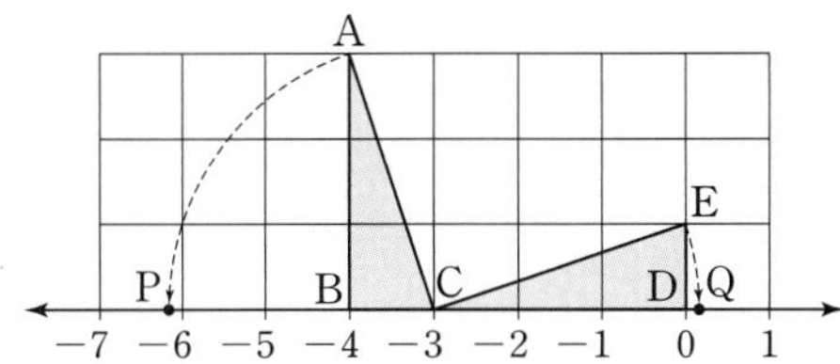


풀이 과정 |

답 |

**17** 다음 그림과 같이 지름의 길이가 2인 원이 수직선 위의 점 B에서 접한다. 이 원을 수직선 위에서 시계 방향으로 반 바퀴 굴렸을 때, 점 A가 수직선과 만나는 점에 대응하는 수를 구하시오.

(단, 풀이 과정을 자세히 쓰시오.)

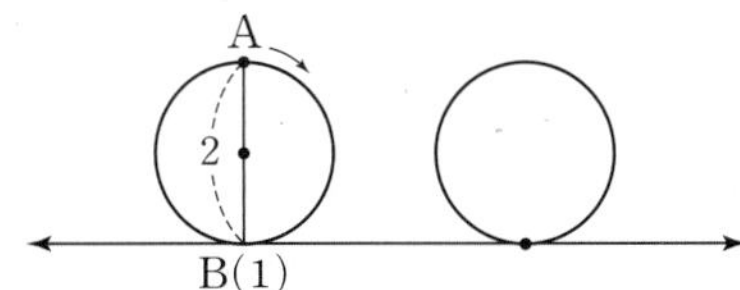


풀이 과정 |

답 |

**18** 다음 조건을 모두 만족시키는 $x$의 개수를 구하시오.

(단, 풀이 과정을 자세히 쓰시오.)

조건

(가) $x$는 100 이하의 자연수이다.
(나) $\sqrt{x}$는 무리수이다.
(다) $\sqrt{x}$는 4와 7 사이에 있다.

풀이 과정 |

답 |

**19** 다음 수에 대응하는 점을 수직선 위에 각각 나타낼 때, 가장 왼쪽에 위치하는 수를 구하시오.

(단, 풀이 과정을 자세히 쓰시오.)

$-1+\sqrt{2}$, $0$, $1-\sqrt{2}$, $3-\sqrt{17}$, $1+\sqrt{3}$

풀이 과정 |

답 |

**1** 다음 중 옳지 않은 것은?

① $-\sqrt{5}\times\sqrt{20}=-10$ ② $\sqrt{30}\div\sqrt{3}=\sqrt{10}$

③ $\sqrt{\frac{7}{3}}\times\sqrt{\frac{6}{7}}=2$ ④ $\sqrt{\frac{1}{5}}\div\sqrt{\frac{3}{2}}=\sqrt{\frac{2}{15}}$

⑤ $2\sqrt{18}\div(-3\sqrt{6})\times\sqrt{48}=-8$

**2** $\sqrt{2}\times\sqrt{3}\times\sqrt{a}\times\sqrt{18}\times\sqrt{3a}=54$일 때, 자연수 $a$의 값은?

① 2 ② 3 ③ 4
④ 9 ⑤ 12

**3** $\sqrt{8}\times\sqrt{45}=a\sqrt{10}$, $7\sqrt{6}\div\sqrt{2}=7\sqrt{b}$일 때, $ab$의 값은? (단, $a$, $b$는 유리수)

① 6 ② 9 ③ 12
④ 15 ⑤ 18

**4** $\sqrt{150}=a\sqrt{6}$, $\sqrt{0.24}=b\sqrt{6}$일 때, $ab$의 값을 구하시오.

**5** $\sqrt{3}=a$, $\sqrt{5}=b$일 때, $\sqrt{45}$를 $a$, $b$를 사용하여 나타내면?

① $\sqrt{a+b}$ ② $ab^2$ ③ $a^2b$
④ $ab$ ⑤ $a^2+b^2$

**6** $a>0$, $b>0$이고 $ab=25$일 때, $a\sqrt{\frac{4b}{a}}+b\sqrt{\frac{4a}{b}}$의 값은?

① $4\sqrt{5}$ ② 10 ③ $8\sqrt{5}$
④ 20 ⑤ $20\sqrt{5}$

**7** $\sqrt{2.8}=1.673$, $\sqrt{28}=5.292$일 때, $\sqrt{280}$의 값은?

① 0.1673 ② 0.5292 ③ 16.73
④ 52.92 ⑤ 167.3

**8** 다음 중 분모를 유리화한 것으로 옳지 않은 것은?

① $\frac{2}{\sqrt{3}}=\frac{2\sqrt{3}}{3}$ ② $\frac{6}{\sqrt{2}}=3\sqrt{2}$

③ $\frac{\sqrt{3}}{\sqrt{5}}=\frac{\sqrt{15}}{5}$ ④ $\frac{1}{\sqrt{7}}=\frac{\sqrt{7}}{7}$

⑤ $\frac{4}{\sqrt{20}}=\frac{\sqrt{5}}{10}$

**9** $\frac{2\sqrt{8}}{\sqrt{5}}=a\sqrt{10}$, $\frac{3}{\sqrt{72}}=b\sqrt{2}$일 때, 유리수 $a$, $b$에 대하여 $\sqrt{ab}$의 값은?

① $\frac{\sqrt{10}}{5}$ ② $\frac{\sqrt{5}}{5}$ ③ $\frac{\sqrt{5}}{3}$
④ $\frac{\sqrt{5}}{2}$ ⑤ $\sqrt{5}$

**10** $\frac{\sqrt{3}}{2\sqrt{2}}\div\frac{\sqrt{5}}{\sqrt{8}}\times(-\sqrt{21})$을 간단히 하면?

① $-\frac{8\sqrt{7}}{5}$ ② $-\frac{3\sqrt{35}}{5}$ ③ $-\frac{3\sqrt{21}}{5}$
④ $\frac{7\sqrt{5}}{5}$ ⑤ $\frac{3\sqrt{35}}{5}$

**11** 다음 그림과 같이 밑면의 반지름의 길이가 $\sqrt{24}$ cm, 높이가 $\sqrt{2x}$ cm인 원기둥과 밑면의 반지름의 길이가 $\sqrt{18}$ cm, 높이가 $\sqrt{20}$ cm인 원뿔의 부피가 같을 때, $x$의 값은?

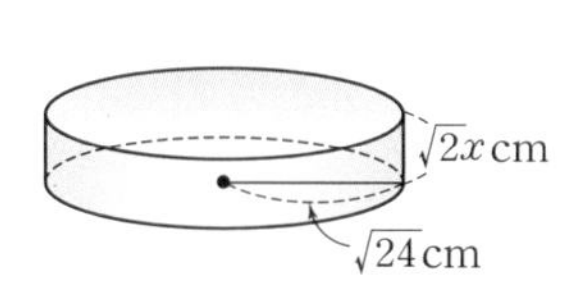


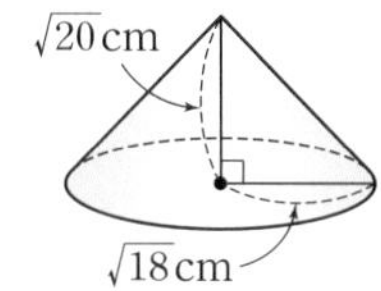


① $\frac{\sqrt{10}}{4}$ ② $\frac{\sqrt{10}}{2}$ ③ $\sqrt{10}$
④ $\frac{3\sqrt{10}}{2}$ ⑤ $2\sqrt{10}$

**12** $\sqrt{72}-\sqrt{27}-\sqrt{50}+\sqrt{48}=a\sqrt{2}+b\sqrt{3}$일 때, $a-b$의 값은? (단, $a$, $b$는 상수)

① $-2$ ② $-1$ ③ $0$
④ $1$ ⑤ $2$

**13** $\sqrt{2}(\sqrt{3}+1)-\sqrt{3}(\sqrt{6}-\sqrt{8})$을 계산하면?

① $-2\sqrt{6}-\sqrt{2}$ ② $\sqrt{6}-2\sqrt{2}$
③ $2\sqrt{6}+\sqrt{2}$ ④ $3\sqrt{6}-2\sqrt{2}$
⑤ $3\sqrt{6}+2\sqrt{2}$

**14** $\sqrt{2}(a+4\sqrt{2})-\sqrt{3}(\sqrt{3}+\sqrt{6})$이 유리수가 되도록 하는 유리수 $a$의 값은?

① $-3$ ② $-2$ ③ $0$
④ $2$ ⑤ $3$

**15** 다음 그림과 같이 넓이가 각각 $20\,\text{cm}^2$, $45\,\text{cm}^2$, $80\,\text{cm}^2$인 정사각형 모양의 색종이 세 장을 붙였을 때, $\overline{AB}+\overline{BC}$의 길이는?

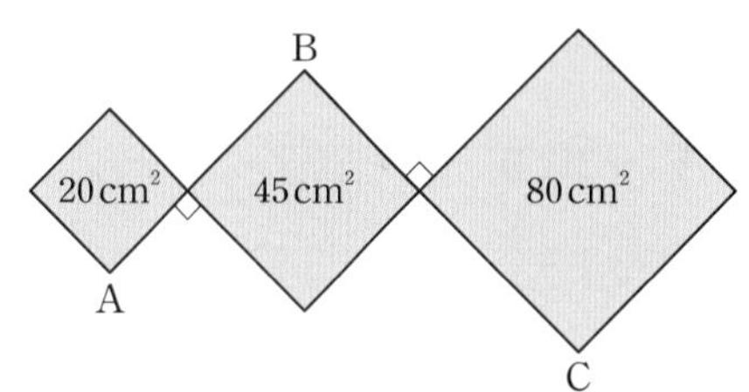


① $5\sqrt{5}$ cm ② $7\sqrt{5}$ cm ③ $12\sqrt{5}$ cm
④ $15\sqrt{5}$ cm ⑤ $17\sqrt{5}$ cm

**16** 자연수 $a$에 대하여 $\sqrt{a}$의 소수 부분을 $f(a)$라 할 때, $f(32)-f(18)$의 값은?

① $-3-\sqrt{2}$ ② $-2-\sqrt{2}$ ③ $-1-\sqrt{2}$
④ $-1+\sqrt{2}$ ⑤ $2+\sqrt{2}$

## 서술형 문제

**17** 아래 제곱근표를 이용하여 다음 물음에 답하시오.
(단, 풀이 과정을 자세히 쓰시오.)

| 수 | 0 | 1 | 2 | 3 | 4 |
|---|---|---|---|---|---|
| 5.6 | 2.366 | 2.369 | 2.371 | 2.373 | 2.375 |
| 5.7 | 2.387 | 2.390 | 2.392 | 2.394 | 2.396 |
| 5.8 | 2.408 | 2.410 | 2.412 | 2.415 | 2.417 |
| 56 | 7.483 | 7.490 | 7.497 | 7.503 | 7.510 |
| 57 | 7.550 | 7.556 | 7.563 | 7.570 | 7.576 |
| 58 | 7.616 | 7.622 | 7.629 | 7.635 | 7.642 |

(1) $\sqrt{582}$의 값을 구하시오.
(2) $\sqrt{0.582}$의 값을 구하시오.

풀이 과정 |
(1)

(2)

답 |

**18** $A=\sqrt{3}(\sqrt{3}-2)+5(1-2\sqrt{12})$,
$B=\left(3\sqrt{3}+\dfrac{9}{\sqrt{3}}-4\right)\div\sqrt{3}$일 때, $A+3B$의 값을 구하시오. (단, 풀이 과정을 자세히 쓰시오.)

풀이 과정 |

답 |

**19** $3+\sqrt{2}$의 정수 부분을 $a$, $2+\sqrt{7}$의 소수 부분을 $b$라 할 때, $\sqrt{7}a-b+\dfrac{14}{\sqrt{7}}$의 값을 구하시오.
(단, 풀이 과정을 자세히 쓰시오.)

풀이 과정 |

답 |

**20** 오른쪽 그림은 한 칸의 가로와 세로의 길이가 각각 1인 모눈종이 위에 수직선과 두 직각삼각형 ABC, CDE를 그린 것이다. $\overline{CA}=\overline{CP}$, $\overline{CE}=\overline{CQ}$일 때, $\overline{PQ}$의 길이를 구하시오.
(단, 풀이 과정을 자세히 쓰시오.)

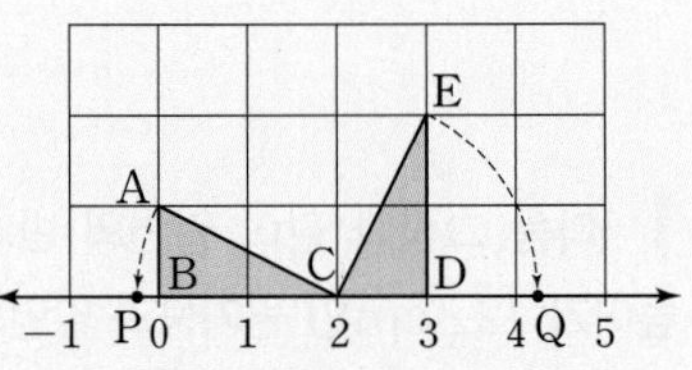


풀이 과정 |

답 |

**1** $(x-3)(x^2+2x-1)$를 전개한 식에서 $x^2$의 계수는?

① $-3$　② $-1$　③ $0$　④ $1$　⑤ $3$

**2** 다음 중 옳지 않은 것은?

① $(a+3)(b+5)=ab+5a+3b+15$
② $(2x+3)(x-4)=2x^2-5x-12$
③ $(-2a+b)(-a-b)=2a^2-3ab-b^2$
④ $-xy(3x-2y)=-3x^2y+2xy^2$
⑤ $(3x-1)(2x+5)=6x^2+13x-5$

**3** $\left(x-\frac{a}{3}\right)^2$을 전개한 식이 $x^2-bx+\frac{4}{9}$일 때, 상수 $a$, $b$에 대하여 $a-b$의 값은? (단, $a>0$)

① $\frac{1}{3}$　② $\frac{2}{3}$　③ $1$　④ $2$　⑤ $4$

**4** $(4x+a)(x-3)$을 전개한 식에서 $x$의 계수와 상수항이 같을 때, 상수 $a$의 값을 구하시오.

**5** $(x+4)(x-3)-(x-a)^2$을 간단히 하면 $x$의 계수가 1일 때, 상수 $a$의 값은?

① $-2$　② $-1$　③ $0$　④ $1$　⑤ $2$

**6** $(x-2)(x+2)(x^2+4)=x^a+b$일 때, 상수 $a$, $b$에 대하여 $a-b$의 값은?

① $-14$　② $-12$　③ $12$　④ $18$　⑤ $20$

**7** 오른쪽 그림과 같이 한 변의 길이가 $10\text{ m}$인 정사각형 모양의 땅을 가로의 길이는 $x\text{ m}$ 늘이고, 세로의 길이는 $x\text{ m}$ 줄여서 꽃밭을 만들려고 한다. 처음 땅의 넓이와 꽃밭의 넓이의 차는?

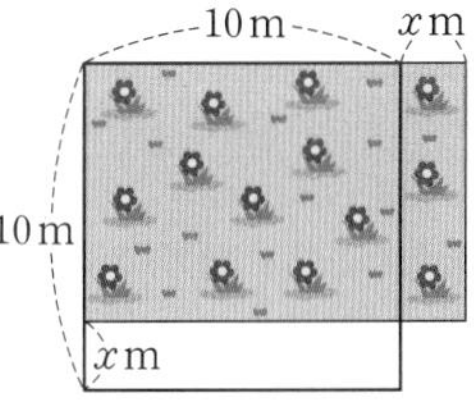


① $x^2\text{ m}^2$　② $10\text{ m}^2$　③ $100\text{ m}^2$　④ $x\text{ m}^2$　⑤ $(100-x)\text{ m}^2$

**8** 곱셈 공식을 이용하여 $102^2$을 계산할 때, 다음 중 가장 편리한 것은?

① $(a+b)^2=a^2+2ab+b^2$ (단, $a>0$, $b>0$)
② $(a-b)^2=a^2-2ab+b^2$ (단, $a>0$, $b>0$)
③ $(a+b)(a-b)=a^2-b^2$
④ $(x+a)(x+b)=x^2+(a+b)x+ab$
⑤ $(ax+b)(cx+d)=acx^2+(ad+bc)x+bd$

**9** 곱셈 공식을 이용하여 $\frac{1014\times1022+16}{1018}$을 계산하면?

① 1014 ② 1016 ③ 1018
④ 1020 ⑤ 1022

**10** $\frac{3\sqrt{2}}{2+\sqrt{2}}=a+3\sqrt{b}$를 만족시키는 유리수 $a$, $b$에 대하여 $a+b$의 값은?

① $-2$ ② $-1$ ③ 0
④ 1 ⑤ 2

**11** $x=\frac{2}{\sqrt{7}+\sqrt{5}}$, $y=\frac{2}{\sqrt{7}-\sqrt{5}}$일 때, $x^2+y^2$의 값은?

① 12 ② $12\sqrt{5}$ ③ 24
④ 28 ⑤ $24\sqrt{7}$

**12** $\sqrt{5}+2$의 정수 부분을 $a$, 소수 부분을 $b$라 할 때, $\frac{a}{b}$의 값은?

① $2\sqrt{5}+4$ ② $2\sqrt{5}-4$ ③ $4\sqrt{5}-8$
④ $4\sqrt{5}+8$ ⑤ $8\sqrt{5}+4$

**13** $x-y=2$, $xy=4$일 때, $\frac{y}{x}+\frac{x}{y}$의 값은?

① 1 ② 2 ③ 3
④ 4 ⑤ 5

**14** $x^2+5x+1=0$일 때, $x^2+x+\frac{1}{x}+\frac{1}{x^2}$의 값은?

① 5 ② 13 ③ 18
④ 23 ⑤ 28

**15** $\frac{1}{2-\sqrt{3}}$의 소수 부분을 $x$라 할 때, $x^2+2x+5$의 값은?

① 1 ② 3 ③ 5
④ 7 ⑤ 9

**16** $(x-3+y)(x+2+y)$를 전개하시오.

## 서술형 문제

**17** 다음 그림과 같이 합동인 4개의 직사각형 모양의 나무 판자를 이용하여 2종류의 액자를 만들었다. 두 액자에서 색칠한 부분의 넓이를 각각 $A$, $B$라 할 때, $A-B$를 구하시오. (단, $a<b$이고, 풀이 과정을 자세히 쓰시오.)

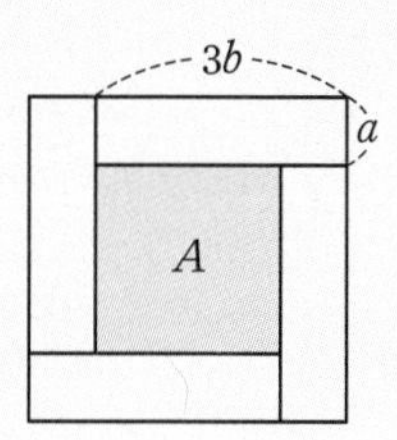


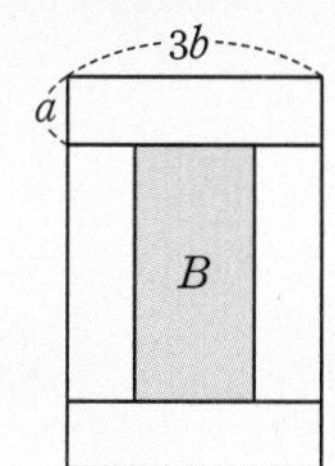


풀이 과정 |

답 |

**18** 다음 식에서 $A$의 값을 구하시오.
(단, 풀이 과정을 자세히 쓰시오.)

$$-\frac{2}{3}\left(\frac{1}{3}+1\right)\left(\frac{1}{3^2}+1\right)\left(\frac{1}{3^4}+1\right)\left(\frac{1}{3^8}+1\right)-\frac{1}{3^{16}}$$
$$=-\frac{2}{3}A$$

풀이 과정 |

답 |

**19** $x=\dfrac{\sqrt{3}-1}{\sqrt{3}+1}$일 때, $3x^2-12x-2$의 값을 구하시오. (단, 풀이 과정을 자세히 쓰시오.)

풀이 과정 |

답 |

**20** $x+y=3$, $x^2+y^2=15$일 때, $\dfrac{y}{x}+\dfrac{x}{y}$의 값을 구하시오. (단, 풀이 과정을 자세히 쓰시오.)

풀이 과정 |

답 |

**1** 다음 중 $2ax-4ay$의 인수가 아닌 것은?

① $2a$ ② $x-y$ ③ $x-2y$
④ $a$ ⑤ $a(x-2y)$

**2** $xy(a-b)+y(b-a)$를 인수분해하면?

① $y(x+1)(a-b)$ ② $2xy(a-b)$
③ $y(x+1)(b-a)$ ④ $y(x-1)(a-b)$
⑤ $y(x-1)(b-a)$

**3** 다항식 $16x^2-40x+A$를 완전제곱식으로 고치면 $(4x+B)^2$일 때, 상수 $A$, $B$에 대하여 $A-B$의 값은?

① 20 ② 25 ③ 30
④ 35 ⑤ 40

**4** $(2x+3)(2x-1)+k$가 완전제곱식이 되도록 하는 상수 $k$의 값은?

① $-4$ ② $-2$ ③ 0
④ 2 ⑤ 4

**5** $a<b<0$일 때, $\sqrt{a^2-2ab+b^2}-\sqrt{a^2+2ab+b^2}$을 간단히 하면?

① $-2a$ ② $-2b$ ③ 0
④ $2a$ ⑤ $2b$

**6** 다음 중 옳지 않은 것은?

① $9x^2-3xy=3x(3x-y)$
② $49a^2-4b^2=(7a+2b)(7a-2b)$
③ $x^2-2x-15=(x+3)(x-5)$
④ $4x^2-12xy+9y^2=(2x+3y)^2$
⑤ $-3xy-12x=-3x(y+4)$

**7** 다음 중 $x^3-x$의 인수를 모두 고르면? (정답 2개)

① $x^2$ ② $x^2+1$ ③ $x^2-1$
④ $x^3-1$ ⑤ $x-1$

**8** $x^2+2x-15$를 인수분해하면 $(x+a)(x+b)$일 때, 상수 $a$, $b$에 대하여 $|a-b|$의 값은?

① 2 ② 3 ③ 5
④ 8 ⑤ 15

**9** $6x^2+7x+A$를 인수분해하면 $(2x+B)(Cx-1)$일 때, 상수 $A$, $B$, $C$에 대하여 $A+B+C$의 값을 구하시오.

**10** $9x^2-14x+a$가 $x-1$로 나누어떨어질 때, 상수 $a$의 값은?

① 1 ② 2 ③ 3
④ 4 ⑤ 5

**11** 다음 그림과 같은 12개의 직사각형을 빈틈없이 겹치지 않게 이어 붙여서 하나의 큰 직사각형을 만들 때, 새로 만든 직사각형의 넓이는?

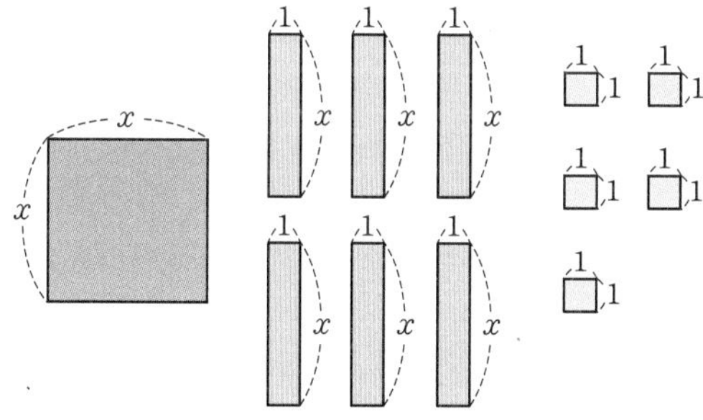


① $(x+1)(x+5)$ ② $(x+2)(x+3)$
③ $(x+3)(x-2)$ ④ $(x+6)(x-1)$
⑤ $(x+2)^2$

**12** 오른쪽 그림과 같이 윗변의 길이가 $x+3$, 아랫변의 길이가 $x+7$인 사다리꼴의 넓이가 $10x^2+48x-10$일 때, 이 사다리꼴의 높이는?

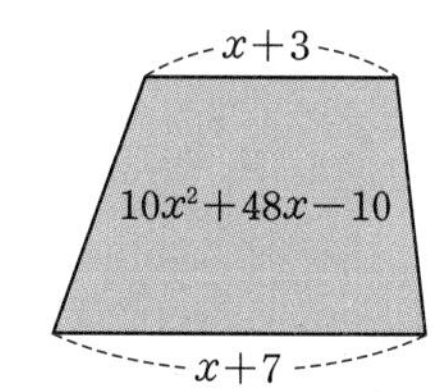


① $5x-1$ ② $10x-2$
③ $5x+2$ ④ $6x+2$
⑤ $10x+3$

## 서술형 문제

**13** 다음 두 다항식의 일차 이상의 공통인 인수를 구하시오. (단, 풀이 과정을 자세히 쓰시오.)

$4x^2-9y^2$, $8x^2-10xy-3y^2$

풀이 과정 |

답 |

**14** $x^2$의 계수가 1인 이차식을 소현이는 $x$의 계수를 잘못 보고 $(x+8)(x-3)$으로 인수분해하였고, 영선이는 상수항을 잘못 보고 $(x+4)(x-2)$로 인수분해하였다. 처음 이차식을 바르게 인수분해하시오.
(단, 풀이 과정을 자세히 쓰시오.)

풀이 과정 |

답 |

**1** 인수분해 공식을 이용하여 $999^2-1$을 계산할 때, 다음 중 가장 편리한 것은?

① $a^2+2ab+b^2=(a+b)^2$ (단, $a>0$, $b>0$)
② $a^2-2ab+b^2=(a-b)^2$ (단, $a>0$, $b>0$)
③ $a^2-b^2=(a+b)(a-b)$
④ $x^2+(a+b)x+ab=(x+a)(x+b)$
⑤ $acx^2+(ad+bc)x+bd=(ax+b)(cx+d)$

**2** 두 수 $A$, $B$가 다음과 같을 때, $A+B$의 값은?

$A=2021^2-2020^2$,  $B=2\times52^2+2\times52-12$

① 6001 ② 6787 ③ 8074
④ 9329 ⑤ 9541

**3** 인수분해 공식을 이용하여
$1^2-4^2+7^2-10^2+13^2-16^2$을 계산하면?

① $-153$ ② $-87$ ③ $-51$
④ 51 ⑤ 153

**4** $5^4-1$의 약수의 개수는?

① 10개 ② 12개 ③ 20개
④ 36개 ⑤ 48개

**5** $(x-2)^2-(x-2)-6$을 인수분해하면?

① $(x-5)(x-4)$ ② $(x-5)(x+1)$
③ $x(x-5)$ ④ $x(x+1)$
⑤ $(x+1)(x-4)$

**6** $(3x+1)^2-4x^2$을 인수분해하면 $(ax+1)(bx+1)$일 때, 상수 $a$, $b$에 대하여 $a+b$의 값을 구하시오.

**7** 다음 중 □ 안에 알맞은 것은?

$(x+2y+3)(x+2y-1)+3=(x+2y)(\square)$

① $x+2y-1$ ② $x+2y-2$
③ $x+2y+1$ ④ $x+2y+2$
⑤ $x+2y+3$

**8** 다음 두 다항식의 일차 이상의 공통인 인수를 구하시오.

$3ab-2a-3b+2$,  $a^2-ab-a+b$

**9** $1-x^2+2xy-y^2$을 인수분해하면 $(1+ax+by)(a-x-cy)$일 때, 상수 $a$, $b$, $c$에 대하여 $a+b+c$의 값은?

① $-2$ ② $-1$ ③ $0$
④ $1$ ⑤ $2$

**10** $x^2-xy-x+2y-2$가 $x$의 계수가 1인 두 일차식의 곱으로 인수분해될 때, 두 일차식의 합을 구하시오.

**11** 다음 보기 중 $x^2-y^2+2x+8y-15$의 인수를 모두 고른 것은?

ㄱ. $x+y+4$ ㄴ. $x+1$ ㄷ. $x+y-3$
ㄹ. $-x+y+2$ ㅁ. $x-y+5$

① ㄱ, ㄹ ② ㄱ, ㅁ ③ ㄴ, ㅁ
④ ㄷ, ㄹ ⑤ ㄷ, ㅁ

**12** $\sqrt{5}$의 소수 부분을 $a$라 할 때, $a^3+6a^2+8a$의 값은?

① $-\sqrt{5}$ ② $1-\sqrt{5}$ ③ $\sqrt{5}$
④ $5-\sqrt{5}$ ⑤ $1+2\sqrt{5}$

**13** $x=\dfrac{1}{3-2\sqrt{2}}$, $y=\dfrac{1}{3+2\sqrt{2}}$일 때, $x^2-y^2+2y-1$의 값을 구하시오.

**14** $x+y=2+\sqrt{3}$, $x-y=\sqrt{3}$일 때, $x^3-x^2y-xy^2+y^3$의 값은?

① $2$ ② $8$ ③ $2+3\sqrt{3}$
④ $4+3\sqrt{3}$ ⑤ $6+3\sqrt{3}$

**15** 오른쪽 그림과 같은 입체도형에서 밑면은 안쪽 원의 반지름의 길이가 $6.5\,\text{cm}$, 바깥쪽 원의 반지름의 길이가 $13.5\,\text{cm}$이다. 이 입체도형의 높이가 $15\,\text{cm}$일 때, 부피를 구하시오.

**16** 오른쪽 그림과 같이 원 모양의 잔디밭의 둘레에 폭이 $a\,\text{m}$인 산책로가 있다. 이 산책로의 한가운데를 지나는 원의 둘레의 길이가 $12\pi\,\text{m}$이고, 이 산책로의 넓이가 $48\pi\,\text{m}^2$일 때, $a$의 값을 구하시오.

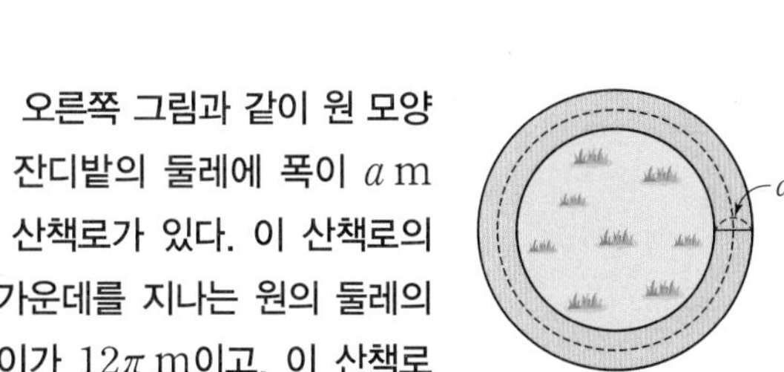

## 서술형 문제

**17** 인수분해 공식을 이용하여
$\dfrac{111\times320+260\times320}{371\times0.58^2-371\times0.42^2}$을 계산하시오.
(단, 풀이 과정을 자세히 쓰시오.)

풀이 과정 |

답 |

**18** 정사각형 모양의 화단의 넓이가 $(x+4)^2-12(x+4)+36$일 때, 이 화단의 둘레의 길이를 구하시오. (단, 풀이 과정을 자세히 쓰시오.)

풀이 과정 |

답 |

**19** $x^2-y^2-x+3y-2$가 $x-y+1$과 다른 일차식의 곱으로 인수분해될 때, 그 일차식을 구하시오.
(단, 풀이 과정을 자세히 쓰시오.)

풀이 과정 |

답 |

**20** $a+b=6$, $a^2-b^2-2b-1=42$일 때, $a-b$의 값을 구하시오. (단, 풀이 과정을 자세히 쓰시오.)

풀이 과정 |

답 |

# 다시 보는 핵심 문제

**1** 다음 보기 중 이차방정식인 것을 모두 고른 것은?

보기
ㄱ. $x^2+x+1$　　ㄴ. $(x-1)(x+2)=0$
ㄷ. $3x+5=0$　　ㄹ. $2x(x-1)=5+2x^2$
ㅁ. $(x^2+1)^2=x$　　ㅂ. $3x^2=-7x+1$

① ㄱ, ㄴ　② ㄴ, ㅂ　③ ㄷ, ㄹ
④ ㄹ, ㅁ　⑤ ㅁ, ㅂ

**2** $5x^2-3=a(x+1)(x-2)$가 $x$에 대한 이차방정식일 때, 다음 중 상수 $a$의 값이 될 수 없는 것은?

① 1　② 2　③ 4
④ 5　⑤ 6

**3** 자연수 $x$가 $4x-5\leq 2x+3$의 해일 때, 이차방정식 $x^2+3x-4=0$의 해를 구하시오.

**4** 이차방정식 $3x^2+10x+3=0$의 해는?

① $x=-3$ 또는 $x=-1$
② $x=-3$ 또는 $x=-\frac{1}{3}$
③ $x=-3$ 또는 $x=\frac{1}{3}$
④ $x=3$ 또는 $x=-\frac{1}{3}$
⑤ $x=3$ 또는 $x=1$

**5** 이차방정식 $2x^2+5x-12=0$의 두 근이 $a$, $b$일 때, $2a+b$의 값은? (단, $a>b$)

① $-6$　② $-3$　③ $-1$
④ 1　⑤ 3

**6** 이차방정식 $x^2-7x+12=0$의 두 근이 $a$, $b$일 때, 이차방정식 $4x^2-2ax+b=0$의 해는? (단, $a>b$)

① $x=-4$ 또는 $x=-2$
② $x=-3$ 또는 $x=1$
③ $x=-\frac{1}{2}$ 또는 $x=\frac{3}{2}$
④ $x=\frac{1}{2}$ 또는 $x=\frac{3}{2}$
⑤ $x=2$ 또는 $x=4$

**7** 다음 두 이차방정식의 공통인 근은?

$$2x^2-7x+3=0,\quad 3x^2-4x-15=0$$

① $x=1$　② $x=2$　③ $x=3$
④ $x=5$　⑤ $x=6$

**8** 이차방정식 $x^2-(a+1)x+a=0$의 한 근이 $x=-3$일 때, 다른 한 근은? (단, $a$는 상수)

① $x=-4$　② $x=-2$　③ $x=-1$
④ $x=0$　⑤ $x=1$

**9** 이차방정식 $x^2+2x-5=0$의 한 근이 $x=a$이고, 이차방정식 $2x^2-3x-6=0$의 한 근이 $x=b$일 때, $-2a^2-4a+2b^2-3b$의 값은?

① $-4$ ② $-3$ ③ $0$
④ $4$ ⑤ $11$

**10** 이차방정식 $x^2-4x-3=0$의 한 근을 $a$라 할 때, $a^2+3a-\frac{9}{a}+\frac{9}{a^2}$의 값은?

① 32 ② 34 ③ 36
④ 37 ⑤ 39

**11** 두 이차방정식 $(x+1)(2x+a)=0$, $4x^2+bx+2=0$의 해가 서로 같을 때, 두 상수 $a$, $b$에 대하여 $ab$의 값을 구하시오.

**12** 다음 이차방정식 중 중근을 갖는 것은?

① $x(x-1)=0$ ② $x^2=1$
③ $x^2+x=-x^2-x$ ④ $x^2-2x=2x-4$
⑤ $x^2-8x-16=0$

**13** 이차방정식 $x^2-8x+m-5=0$이 중근 $x=n$을 가질 때, $m-n$의 값을 구하시오. (단, $m$은 상수)

**14** 이차방정식 $(x+3)^2=A$의 해가 $x=B\pm\sqrt{17}$일 때, 유리수 $A$, $B$에 대하여 $A+B$의 값을 구하시오.

**15** 다음은 완전제곱식을 이용하여 이차방정식 $x^2-6x-5=0$의 해를 구하는 과정이다. ①~⑤에 들어갈 수로 알맞지 않은 것은?

$$x^2-6x-5=0$$
$$x^2-6x=5$$
$$x^2-6x+\boxed{①}=5+\boxed{②}$$
$$(x-3)^2=\boxed{③}$$
$$x-3=\boxed{④}$$
$$\therefore x=\boxed{⑤}$$

① 9 ② 9 ③ 14
④ $\sqrt{14}$ ⑤ $3\pm\sqrt{14}$

**16** 이차방정식 $(x-4)(x-6)=4$를 $(x+a)^2=b$ 꼴로 나타낼 때, 상수 $a$, $b$에 대하여 $a+b$의 값을 구하시오.

## 서술형 문제

**17** $x$에 대한 이차방정식 $(a-1)x^2-(a^2+1)x+2(a+1)=0$의 한 근이 $x=2$일 때, 상수 $a$의 값과 다른 한 근을 각각 구하시오.
(단, 풀이 과정을 자세히 쓰시오.)

풀이 과정 |

답 |

**18** 이차방정식 $x^2+7x+2a=0$의 한 근은 $x=-5$이고, 다른 한 근은 이차방정식 $5x^2+bx-6=0$의 한 근일 때, 상수 $a$, $b$의 값을 각각 구하시오.
(단, 풀이 과정을 자세히 쓰시오.)

풀이 과정 |

답 |

**19** 이차방정식 $2x^2+5x=17x-2m$이 중근을 가질 때, 이차방정식 $(m-15)x^2+x+5=0$의 해를 구하시오. (단, 풀이 과정을 자세히 쓰시오.)

풀이 과정 |

답 |

**20** 이차방정식 $6x^2-5x-2=0$의 해를 제곱근을 이용하여 구하면 $x=\frac{A\pm\sqrt{B}}{12}$이다. 이때 유리수 $A$, $B$에 대하여 $A+B$의 값을 구하시오.
(단, 풀이 과정을 자세히 쓰시오.)

풀이 과정 |

답 |

**1** 다음 이차방정식 중 그 근이 잘못 짝 지어진 것은?

① $2x^2-4x-1=0 \Rightarrow x=\frac{2\pm\sqrt{6}}{2}$

② $2x^2-2x-3=0 \Rightarrow x=\frac{1\pm\sqrt{7}}{2}$

③ $x^2-4x+1=0 \Rightarrow x=2\pm\sqrt{3}$

④ $x^2-6x-1=0 \Rightarrow x=\frac{3\pm\sqrt{10}}{2}$

⑤ $x^2+2x-1=0 \Rightarrow x=-1\pm\sqrt{2}$

**2** 이차방정식 $x^2-9x+20=0$의 두 근을 $a$, $b$라 할 때, $2x^2-2ax+b=0$의 두 근의 차는 (단, $a<b$)

① $\sqrt{3}$　② $\sqrt{6}$　③ 4
④ $\sqrt{17}$　⑤ 10

**3** 이차방정식 $2x^2-7x+a=0$의 해가 $x=\frac{b\pm\sqrt{33}}{4}$ 일 때, 두 유리수 $a$, $b$에 대하여 $a+b$의 값은?

① 6　② 7　③ 8
④ 9　⑤ 10

**4** 이차방정식 $x^2+6x+2=0$의 두 근을 $a$, $b$라 할 때, $b-3<n<a+3$을 만족시키는 정수 $n$의 개수는?
(단, $a>b$)

① 9개　② 11개　③ 13개
④ 15개　⑤ 17개

**5** 이차방정식 $x^2-6x+5-k=0$의 해가 정수가 되도록 하는 두 자리의 정수 $k$의 개수는?

① 6개　② 7개　③ 8개
④ 9개　⑤ 10개

**6** 이차방정식 $\frac{1}{3}x^2+\frac{1}{2}x-\frac{3}{2}=0$의 두 근 사이에 있는 정수의 합은?

① $-5$　② $-4$　③ $-2$
④ 1　⑤ 2

**7** 이차방정식 $0.1x^2-x-0.3=0$의 해 중 음수인 해는?

① $x=-5-2\sqrt{7}$　② $x=5-2\sqrt{7}$
③ $x=1-\sqrt{7}$　④ $x=-10-2\sqrt{7}$
⑤ $x=-10-\sqrt{7}$

**8** 이차방정식 $\frac{5}{2}x^2-3x=-0.5$의 두 근을 $a$, $b$라 할 때, $a-5b$의 값은? (단, $a>b$)

① $-5$　② $-1$　③ 0
④ $\frac{1}{5}$　⑤ 1

**9** 이차방정식 $\frac{x+1}{4}=\frac{(x+3)(x-1)}{2}$의 해는?

① $x=\frac{-3\pm\sqrt{23}}{2}$ ② $x=\frac{3\pm\sqrt{23}}{2}$
③ $x=\frac{-3\pm\sqrt{65}}{2}$ ④ $x=\frac{-3\pm\sqrt{65}}{4}$
⑤ $x=\frac{3\pm\sqrt{65}}{4}$

**10** 다음 두 이차방정식의 공통인 근을 구하시오.

$$\frac{1}{2}x^2-\frac{7}{6}x-1=0$$
$$(x-1)(x-2)=-2(x-4)$$

**11** 이차방정식 $(x-2)^2-3(x-2)-4=0$의 두 근을 $\alpha$, $\beta$라 할 때, $\alpha^2+\beta^2$의 값은?

① 5 ② 9 ③ 17
④ 26 ⑤ 37

**12** $x<y$이고 $(x-y)(x-y-2)=8$일 때, $x-y$의 값은?

① $-5$ ② $-4$ ③ $-3$
④ $-2$ ⑤ $-1$

## 서술형 문제

**13** 이차방정식 $x^2+3x-3=0$의 해가 $x=\frac{A\pm\sqrt{B}}{2}$일 때, 유리수 $A$, $B$에 대하여 $A-B$의 값을 구하시오. (단, 풀이 과정을 자세히 쓰시오.)

풀이 과정 |

답 |

**14** 이차방정식 $x^2+\sqrt{\frac{x^2}{9}}=1$의 해를 구하시오.
(단, 풀이 과정을 자세히 쓰시오.)

풀이 과정 |

답 |

**1** 다음 이차방정식 중 서로 다른 두 근을 갖는 것을 모두 고르면? (정답 2개)

① $x^2=0$ ② $3x^2-x+2=0$
③ $x^2-3x-1=0$ ④ $x^2-4x+4=0$
⑤ $2x^2-6x-1=0$

**2** 다음 보기 중 이차방정식 $x^2+10x-k=0$에 대한 설명으로 옳은 것을 모두 고른 것은?

• 보기 •
ㄱ. $k=25$이면 근이 없다.
ㄴ. $k=-39$이면 두 개의 음수인 근을 갖는다.
ㄷ. $k=-25$이면 중근을 갖는다.
ㄹ. $k=30$이면 서로 다른 두 근을 갖는다.

① ㄷ ② ㄱ, ㄴ ③ ㄱ, ㄹ
④ ㄴ, ㄷ ⑤ ㄷ, ㄹ

**3** 이차방정식 $3x^2+ax+b=0$의 두 근이 2, $-4$일 때, 상수 $a$, $b$의 값을 각각 구하면?

① $a=-6$, $b=-24$ ② $a=-6$, $b=24$
③ $a=6$, $b=-24$ ④ $a=6$, $b=-8$
⑤ $a=6$, $b=24$

**4** 두 근이 $-\frac{1}{2}$, $\frac{1}{3}$이고 $x^2$의 계수가 6인 이차방정식의 상수항은?

① $-1$ ② $-\frac{1}{6}$ ③ $\frac{1}{6}$
④ 2 ⑤ 6

**5** 이차방정식 $2x^2-2x+k=0$의 두 근의 차가 5일 때, 상수 $k$의 값은?

① $-12$ ② $-6$ ③ 0
④ 6 ⑤ 12

**6** 다음 그림과 같은 규칙으로 구슬을 놓을 때, $n$번째에 사용한 구슬의 개수는 $\frac{n(n+1)}{2}$개이다. 구슬의 개수가 45개가 되는 것은 몇 번째인지 구하시오.

첫 번째

두 번째

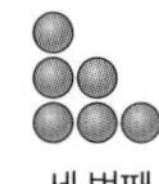
세 번째

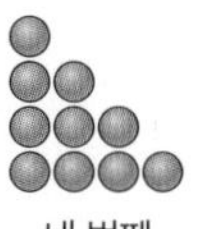
네 번째

…

**7** 연속하는 두 자연수에서 큰 수의 제곱은 작은 수의 9배보다 1만큼 더 크다고 할 때, 두 자연수 중 큰 수는?

① 5 ② 7 ③ 8
④ 15 ⑤ 21

**8** 아랫변의 길이와 높이가 서로 같은 사다리꼴의 윗변의 길이는 4 cm이고 넓이가 48 $\text{cm}^2$일 때, 이 사다리꼴의 높이는?

① 4 cm ② 6 cm ③ 8 cm
④ 10 cm ⑤ 12 cm

**9** 오른쪽 그림과 같이 가로, 세로의 길이가 각각 $80\,\mathrm{m}$, $50\,\mathrm{m}$인 직사각형 모양의 땅에 폭이 일정한 길을 만들었다. 길을 제외한 땅의 넓이가 $2400\,\mathrm{m}^2$일 때, 길의 폭은 몇 m인지 구하시오

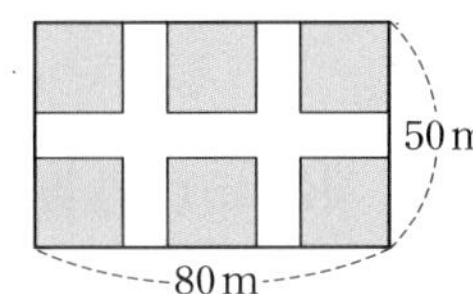


**10** 오른쪽 그림과 같이 가로, 세로의 길이가 각각 $24\,\mathrm{cm}$, $20\,\mathrm{cm}$인 직사각형에서 가로의 길이는 매초 $1\,\mathrm{cm}$씩 줄어들고, 세로의 길이는 매초 $2\,\mathrm{cm}$씩 늘어난다고 한다. 이때 변화된 직사각형의 넓이와 처음 직사각형의 넓이가 같아지는 것은 몇 초 후인지 구하시오.

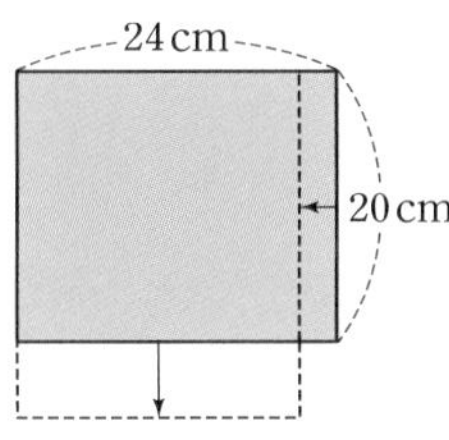


**11** 오른쪽 그림과 같이 가로의 길이가 $6\,\mathrm{cm}$인 직사각형 ABCD에서 정사각형 ABFE를 잘라 내었다. 남은 직사각형 EFCD의 가로의 길이와 세로의 길이의 비와 직사각형 ABCD의 세로의 길이와 가로의 길이의 비가 같을 때, $\overline{\mathrm{AB}}$의 길이를 구하시오.

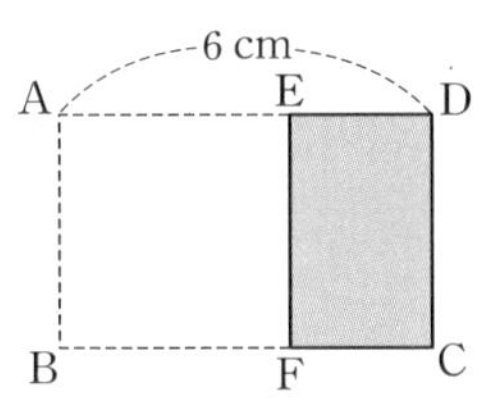


**12** 길이가 $40\,\mathrm{cm}$인 끈을 두 도막으로 잘라서 크기가 서로 다른 두 개의 정사각형을 만들려고 한다. 두 정사각형의 넓이의 비가 $1:4$가 되도록 할 때, 큰 정사각형의 한 변의 길이를 구하시오.

## 서술형 문제

**13** $x$에 대한 이차방정식
$x^2-2(k+1)x+2k^2-4k+6=0$이 중근을 갖도록 하는 모든 상수 $k$의 값의 합을 구하시오.
(단, 풀이 과정을 자세히 쓰시오.)

풀이 과정 |

답 |

**14** 어느 제과점에서 한 개에 400원 하는 빵이 평소에 500개 팔리는데, 이 빵의 가격을 $20x$원 올리면 평소보다 $10x$개 적게 팔린다고 한다. 총 판매 금액이 245000원일 때, 빵 한 개의 가격은 얼마인지 구하시오.
(단, 풀이 과정을 자세히 쓰시오.)

풀이 과정 |

답 |

**1** 다음 보기 중 $y$가 $x$에 대한 이차함수인 것을 모두 고른 것은?

• 보기 •
ㄱ. $y=2x-2$ ㄴ. $y=2x^2-5x+1$
ㄷ. $y=x(x+2)-x^2$ ㄹ. $y=\frac{3}{x^2}$
ㅁ. $y=2(x+1)^2-4$

① ㄱ, ㄴ ② ㄴ, ㄷ ③ ㄴ, ㅁ
④ ㄷ, ㄹ ⑤ ㄹ, ㅁ

**2** 다음 중 $y$가 $x$에 대한 이차함수인 것은?

① 둘레의 길이가 $30\,\mathrm{cm}$인 직사각형의 가로의 길이 $x\,\mathrm{cm}$와 세로의 길이 $y\,\mathrm{cm}$
② 비행기가 시속 $900\,\mathrm{km}$의 속력으로 $x$시간 동안 비행한 거리 $y\,\mathrm{km}$
③ 반지름의 길이가 $x\,\mathrm{cm}$인 원의 둘레의 길이 $y\,\mathrm{cm}$
④ 한 모서리의 길이가 $x\,\mathrm{cm}$인 정육면체의 부피 $y\,\mathrm{cm}^3$
⑤ $x$개의 변을 가진 다각형의 대각선의 총개수 $y$

**3** $y=(x-2)^2-2ax^2+5x$가 $x$에 대한 이차함수가 되도록 하는 상수 $a$의 조건은?

① $a\neq-\frac{1}{2}$ ② $a\neq0$ ③ $a\neq\frac{1}{2}$
④ $a\neq1$ ⑤ $a\neq2$

**4** 이차함수 $f(x)=2x^2+5x-3$일 때, $f(-1)+f(1)$의 값은?

① $-20$ ② $-10$ ③ $-8$
④ $-7$ ⑤ $-2$

**5** 지상 $45\,\mathrm{m}$의 높이에서 초속 $40\,\mathrm{m}$의 속력으로 쏘아 올린 물체의 $x$초 후의 높이를 $y\,\mathrm{m}$라 하면 $y=-5x^2+40x+45$인 관계가 성립한다. 이 물체를 쏘아 올린 지 3초 후의 높이를 구하시오.

**6** 다음 보기의 이차함수 중 그래프의 폭이 좁은 것부터 차례로 나열한 것은?

• 보기 •
ㄱ. $y=-\frac{1}{3}x^2$ ㄴ. $y=x^2$ ㄷ. $y=-\frac{3}{4}x^2$
ㄹ. $y=5x^2$ ㅁ. $y=-2x^2$ ㅂ. $y=\frac{3}{2}x^2$

① ㄱ－ㄴ－ㅂ－ㄷ－ㅁ－ㄹ
② ㄱ－ㄷ－ㄴ－ㅂ－ㅁ－ㄹ
③ ㄹ－ㄴ－ㅁ－ㄱ－ㄷ－ㅂ
④ ㄹ－ㅁ－ㄴ－ㅂ－ㄱ－ㄷ
⑤ ㄹ－ㅁ－ㅂ－ㄴ－ㄷ－ㄱ

**7** 두 이차함수 $y=ax^2$, $y=-\frac{3}{2}x^2$의 그래프가 오른쪽 그림과 같을 때, 다음 중 상수 $a$의 값이 될 수 있는 것은?

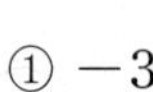

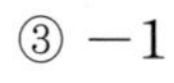


① $-3$ ② $-2$
③ $-1$ ④ $\frac{3}{2}$
⑤ $2$

**8** 다음 중 이차함수 $y=\frac{1}{2}x^2$의 그래프에 대한 설명으로 옳지 않은 것은?

① 점 $(2,\ 2)$를 지난다.
② 위로 볼록한 포물선이다.
③ 원점을 꼭짓점으로 갖는다.
④ 이차함수 $y=2x^2$의 그래프보다 폭이 넓다.
⑤ 이차함수 $y=-\frac{1}{2}x^2$의 그래프와 $x$축에 서로 대칭이다.

**9** 이차함수 $y=2x^2$의 그래프와 $x$축에 서로 대칭인 그래프가 점 $(-1,\ a)$를 지날 때, $a$의 값은?

① $-2$ ② $-1$ ③ $1$
④ $2$ ⑤ $3$

**10** 이차함수 $y=ax^2$의 그래프가 두 점 $(2,\ -4)$, $(k,\ -9)$를 지날 때, 음수 $k$의 값은? (단, $a$는 상수)

① $-9$ ② $-6$ ③ $-4$
④ $-3$ ⑤ $-1$

**11** 이차함수 $y=f(x)$의 그래프가 오른쪽 그림과 같을 때, $f(3)$의 값은?

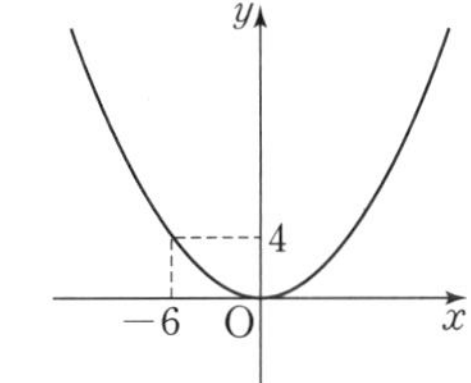

① $-3$ ② $-2$
③ $-1$ ④ $1$
⑤ $3$

**12** 다음 중 아래 조건을 모두 만족시키는 포물선을 그래프로 하는 이차함수의 식은?

• 조건 •
(가) 꼭짓점은 원점이고, 축의 방정식은 $x=0$이다.
(나) $x$의 모든 값에 대하여 $y\le 0$이다.
(다) 이차함수 $y=\frac{2}{3}x^2$의 그래프보다 폭이 좁다.

① $y=-x^2$ ② $y=-\frac{1}{2}x^2$ ③ $y=-\frac{1}{3}x^2$
④ $y=\frac{1}{2}x^2$ ⑤ $y=3x^2$

## 서술형 문제

**13** 다음 보기의 이차함수의 그래프에 대하여 물음에 답하시오. (단, 풀이 과정을 자세히 쓰시오.)

• 보기 •
ㄱ. $y=\frac{2}{3}x^2$ ㄴ. $y=-5x^2$ ㄷ. $y=5x^2$
ㄹ. $y=-\frac{3}{2}x^2$ ㅁ. $y=\frac{3}{4}x^2$ ㅂ. $y=-6x^2$

(1) 그래프가 아래로 볼록한 것을 모두 고르시오.
(2) 그래프의 폭이 가장 넓은 것을 고르시오.
(3) 그래프가 $x$축에 서로 대칭인 두 함수를 고르시오.

풀이 과정 |
(1)

(2)

(3)

답 |

**14** 오른쪽 그림과 같이 두 이차함수 $y=3x^2$, $y=-x^2$의 그래프 위의 네 점 A, B, C, D를 꼭짓점으로 하는 정사각형 ABCD가 있다. □ABCD의 각 변은 $x$축 또는 $y$축에 평행할 때, □ABCD의 넓이를 구하시오.
(단, 풀이 과정을 자세히 쓰시오.)

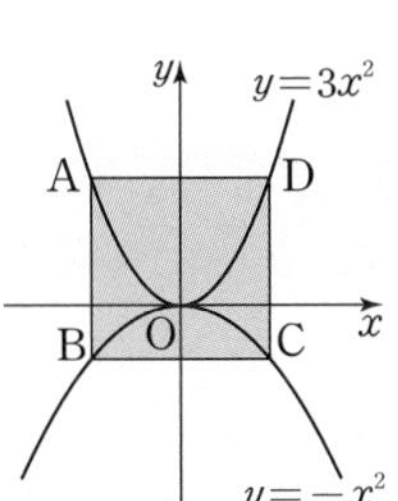


풀이 과정 |

답 |

**1** 이차함수 $y=-x^2$의 그래프를 $y$축의 방향으로 $-3$만큼 평행이동한 그래프의 식은?

① $y=-x^2+3$ ② $y=-x^2-3$
③ $y=-(x-3)^2$ ④ $y=-(x+3)^2$
⑤ $y=x^2-3$

**2** 이차함수 $y=2x^2$의 그래프를 $y$축의 방향으로 $q$만큼 평행이동한 그래프가 점 $(-1, 5)$를 지날 때, $q$의 값은?

① $-3$ ② $-2$ ③ 0
④ 2 ⑤ 3

**3** 이차함수 $y=-4(x-1)^2$의 그래프의 꼭짓점의 좌표는 $(a, b)$, 축의 방정식은 $x=c$일 때, $a+b+c$의 값은?

① $-5$ ② $-2$ ③ 2
④ 5 ⑤ 7

**4** 이차함수 $y=-\frac{1}{2}x^2$의 그래프를 $x$축의 방향으로 $p$만큼 평행이동하면 두 점 $(-2, 0)$, $(0, q)$를 지날 때, $p+q$의 값은?

① $-4$ ② $-2$ ③ 0
④ 4 ⑤ 6

**5** 다음 중 아래 조건을 모두 만족시키는 포물선을 그래프로 하는 이차함수의 식은?

• 조건 •
(가) 축의 방정식이 $x=3$이다.
(나) 위로 볼록하다.
(다) 이차함수 $y=-x^2$의 그래프보다 폭이 좁다.

① $y=-\frac{3}{2}(x-3)^2$ ② $y=-\frac{3}{2}(x+3)^2$
③ $y=-\frac{2}{3}(x-3)^2$ ④ $y=-\frac{2}{3}(x+3)^2$
⑤ $y=\frac{3}{2}(x-3)^2$

**6** 이차함수 $y=5x^2$의 그래프를 $x$축의 방향으로 $p$만큼, $y$축의 방향으로 $q$만큼 평행이동하면 이차함수 $y=a(x-3)^2+1$의 그래프와 일치할 때, $a+p+q$의 값은? (단, $a$는 상수)

① 1 ② 3 ③ 5
④ 7 ⑤ 9

**7** 다음 이차함수의 그래프 중 이차함수 $y=2x^2$의 그래프를 평행이동하여 완전히 포갤 수 있는 것은?

① $y=-2x^2-5$ ② $y=-\frac{1}{2}(x+3)^2$
③ $y=\frac{1}{2}x^2+3$ ④ $y=2(x+3)^2$
⑤ $y=-2(x+3)^2+5$

**8** 다음 중 이차함수 $y=-(x-1)^2-3$의 그래프에 대한 설명으로 옳지 <u>않은</u> 것은?

① 위로 볼록한 포물선이다.
② 꼭짓점의 좌표는 $(1, -3)$이다.
③ 축의 방정식은 $x=1$이다.
④ 점 $(2, -2)$를 지난다.
⑤ 이차함수 $y=-x^2$의 그래프를 $x$축의 방향으로 1만큼, $y$축의 방향으로 $-3$만큼 평행이동한 그래프이다.

**9** 이차함수 $y=-\frac{2}{3}(x+2)^2-5$의 그래프에서 $x$의 값이 증가할 때, $y$의 값은 감소하는 $x$의 값의 범위는?

① $x<-5$ ② $x>-5$ ③ $x<-2$
④ $x>-2$ ⑤ $x<2$

**10** 다음 중 이차함수 $y=-(x-3)^2-1$의 그래프는?

①
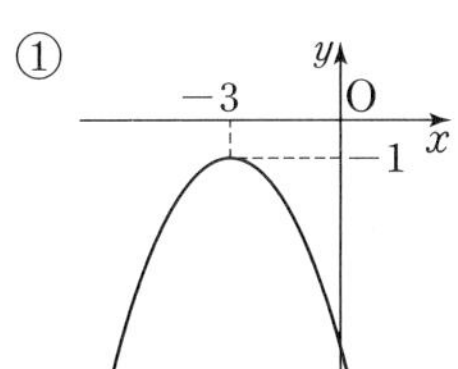


②
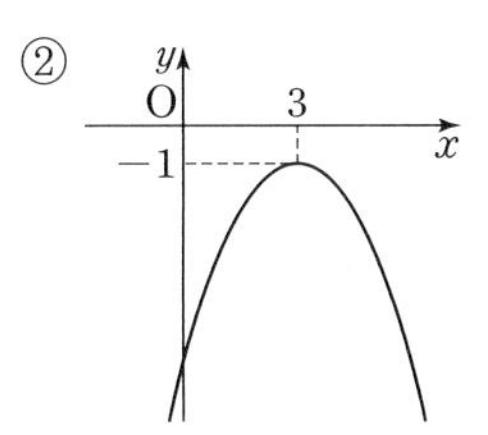


③
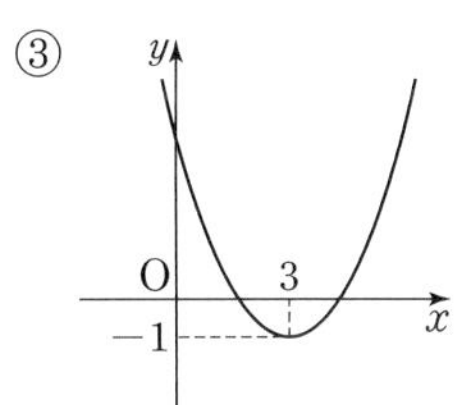


④
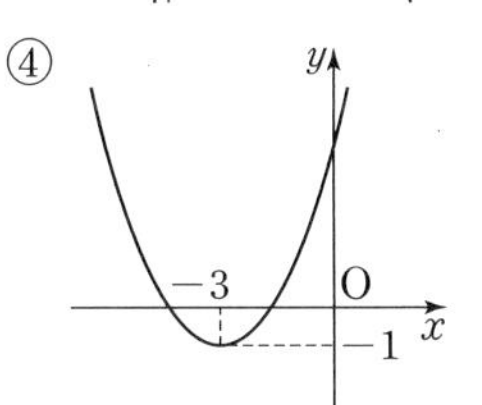


⑤
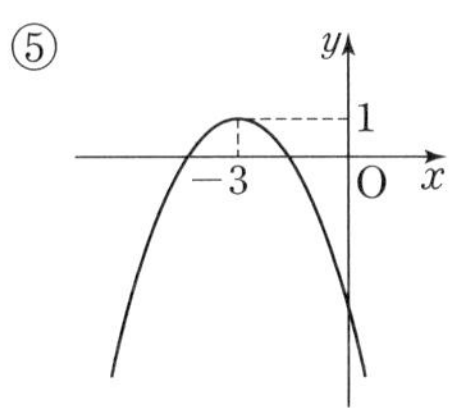


**11** 이차함수 $y=a(x-p)^2+q$의 그래프가 오른쪽 그림과 같을 때, 상수 $a$, $p$, $q$의 부호는?

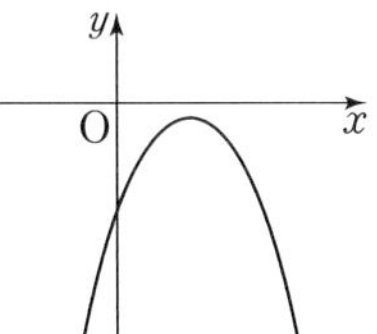


① $a>0$, $p>0$, $q<0$
② $a>0$, $p<0$, $q>0$
③ $a<0$, $p>0$, $q>0$
④ $a<0$, $p>0$, $q<0$
⑤ $a<0$, $p<0$, $q>0$

**12** 이차함수 $y=a(x+p)^2+q$의 그래프가 제2사분면만을 지나지 않을 때, 상수 $a$, $p$, $q$의 부호는?

① $a<0$, $p<0$, $q>0$ ② $a<0$, $p>0$, $q<0$
③ $a<0$, $p>0$, $q>0$ ④ $a>0$, $p>0$, $q<0$
⑤ $a>0$, $p>0$, $q>0$

**13** 일차함수 $y=-ax+b$의 그래프가 오른쪽 그림과 같을 때, 다음 중 이차함수 $y=ax^2-b$의 그래프가 될 수 있는 것은? (단, $a$, $b$는 상수)

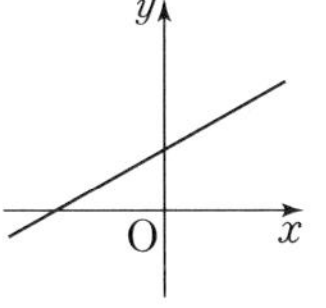


①
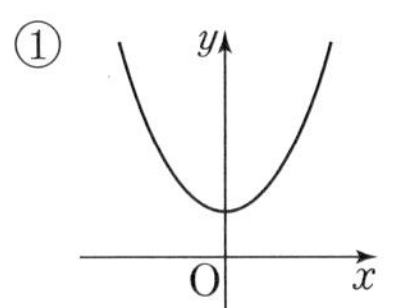


②
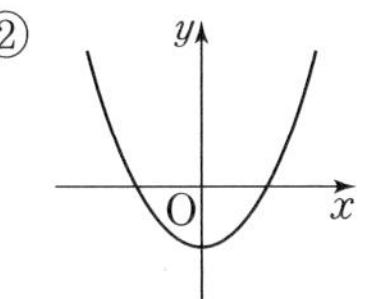


③
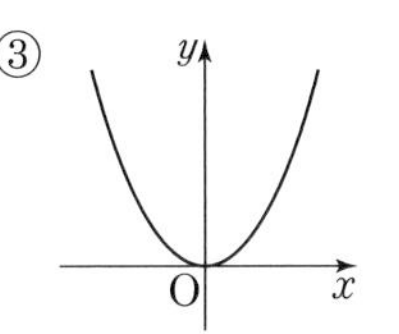


④
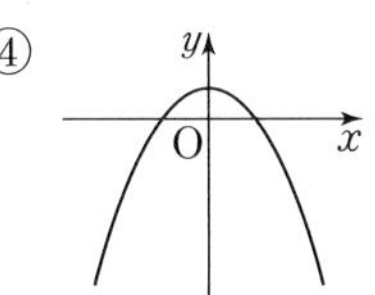


⑤
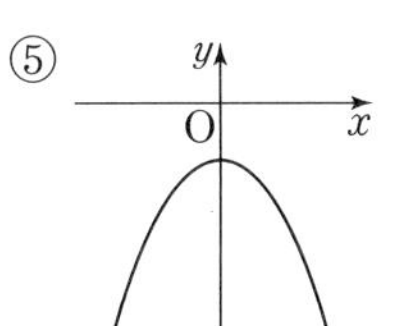


**14** 이차함수 $y=(x-3)^2+2$의 그래프를 $x$축의 방향으로 $m$만큼, $y$축의 방향으로 $n$만큼 평행이동하면 $y=(x-1)^2+\frac{1}{3}$의 그래프와 일치한다. 이때 $m+n$의 값을 구하시오.

**15** 오른쪽 그림과 같은 이차함수 $y=(x-m)^2+m-7$의 그래프의 꼭짓점을 A, 점 A에서 $x$축에 내린 수선의 발을 H라 하자. $\triangle AHO$의 넓이가 3일 때, 상수 $m$의 값을 구하시오.

(단, $\overline{OH}<\overline{AH}$)

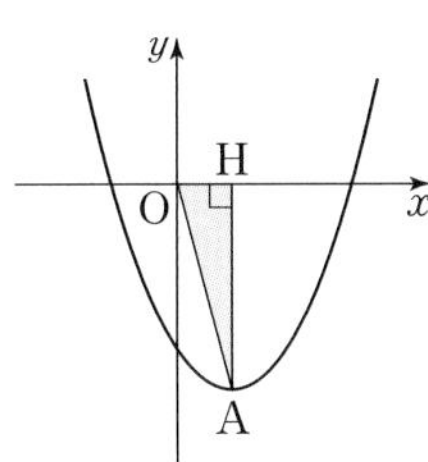

## 서술형 문제

**16** 오른쪽 그림과 같이 두 이차함수 $y=\frac{1}{4}x^2+4$, $y=\frac{1}{4}x^2-4$의 그래프와 두 직선 $x=0$, $x=4$로 둘러싸인 부분의 넓이를 구하시오.

(단, 풀이 과정을 자세히 쓰시오.)

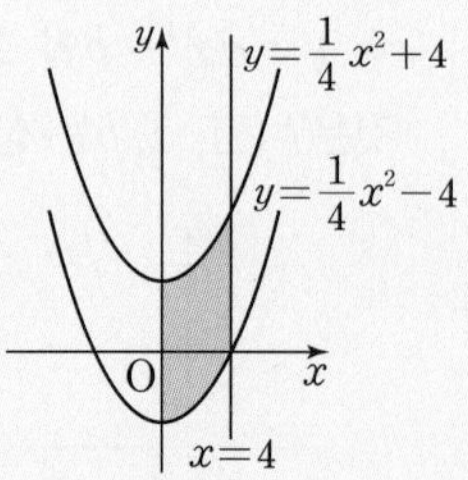


풀이 과정 |

답 |

**17** 오른쪽 그림은 이차함수 $y=-\frac{1}{4}x^2$의 그래프를 $x$축의 방향으로 평행이동한 것이다. 이 그래프를 나타내는 식을 $y=f(x)$라 할 때, $f(-1)-f(3)$의 값을 구하시오.

(단, 풀이 과정을 자세히 쓰시오.)

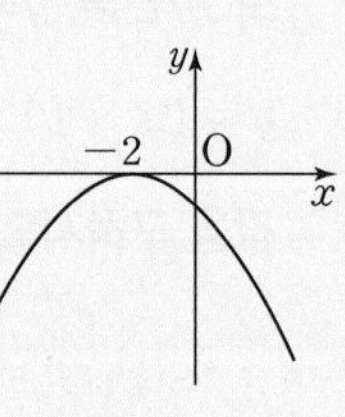


풀이 과정 |

답 |

**18** 이차함수 $y=\frac{1}{2}(x-p)+p^2$의 그래프의 꼭짓점이 직선 $y=2x+3$ 위에 있을 때, 양수 $p$의 값을 구하시오. (단, 풀이 과정을 자세히 쓰시오.)

풀이 과정 |

답 |

**19** 이차함수 $y=\frac{1}{4}(x-8)^2+2$의 그래프를 $x$축의 방향으로 $-5$만큼, $y$축의 방향으로 $-3$만큼 평행이동한 그래프가 점 $(4, a)$를 지날 때, $a$의 값을 구하시오.

(단, 풀이 과정을 자세히 쓰시오.)

풀이 과정 |

답 |

# 다시 보는 핵심 문제

**1** 이차함수 $y=x^2+kx+1$의 그래프가 점 $(1, -2)$를 지날 때, 이 그래프의 꼭짓점의 좌표를 구하시오.

**2** 이차함수 $y=-2x^2+4x-1$의 그래프의 꼭짓점이 직선 $y=ax+3$ 위에 있을 때, 상수 $a$의 값은?

① $-2$　② $-1$　③ $0$
④ $1$　⑤ $2$

**3** 이차함수 $y=x^2+kx-3$의 그래프의 축의 방정식이 $x=-3$일 때, 상수 $k$의 값은?

① $-6$　② $-4$　③ $-3$
④ $3$　⑤ $6$

**4** 다음 중 이차함수 $y=2x^2+4x-1$의 그래프는?

①
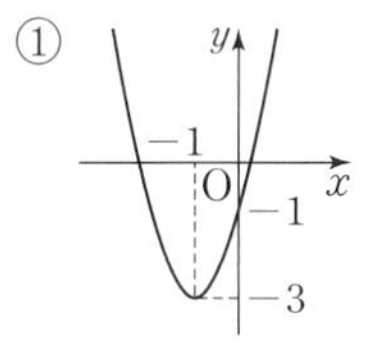


②
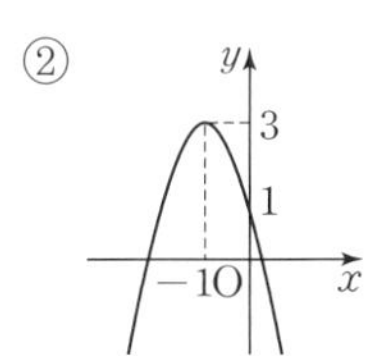


③
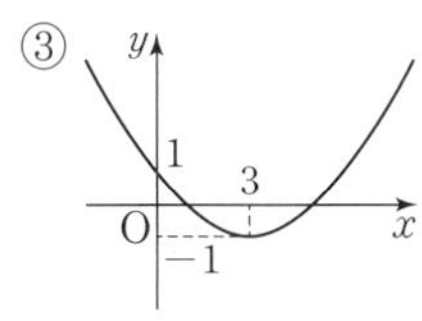


④
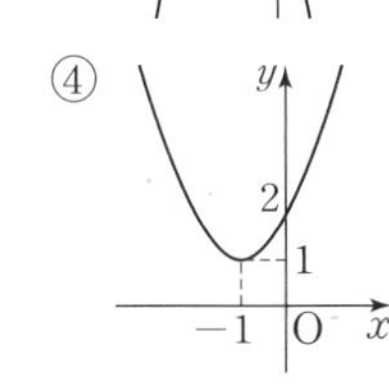


⑤
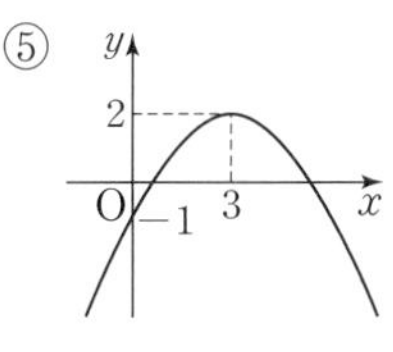


**5** 이차함수 $y=-3x^2+6x+c$의 그래프가 점 $(1, 2)$를 지날 때, 다음 중 이 그래프가 지나지 않는 사분면은? (단, $c$는 상수)

① 제1사분면　② 제2사분면
③ 제3사분면　④ 제4사분면
⑤ 모든 사분면을 지난다.

**6** 이차함수 $y=-x^2+2x+8$의 그래프가 $x$축과 만나는 두 점을 각각 A, B라 할 때, $\overline{AB}$의 길이는?

① $2$　② $3$　③ $4$
④ $5$　⑤ $6$

**7** 다음 이차함수의 그래프 중 그 그래프를 평행이동하여 서로 포갤 수 없는 것은?

① $y=2x^2+3x+1$　② $y=2(x-1)^2$
③ $y=2x^2-4$　④ $y=-2x^2+1$
⑤ $y=2(x-3)^2+1$

**8** 이차함수 $y=-2x^2-12x-19$의 그래프를 $x$축의 방향으로 $a$만큼, $y$축의 방향으로 $b$만큼 평행이동하면 이차함수 $y=-2x^2-8x-7$의 그래프와 일치한다. 이때 $a+b$의 값은?

① $-2$　② $-1$　③ $0$
④ $1$　⑤ $3$

**9** 오른쪽 그림과 같이 두 이차함수
$y=-x^2+2x+3$,
$y=-x^2+8x-12$의
그래프의 꼭짓점을 각각 P, Q라 할 때, 색칠한 부분의 넓이를 구하시오.

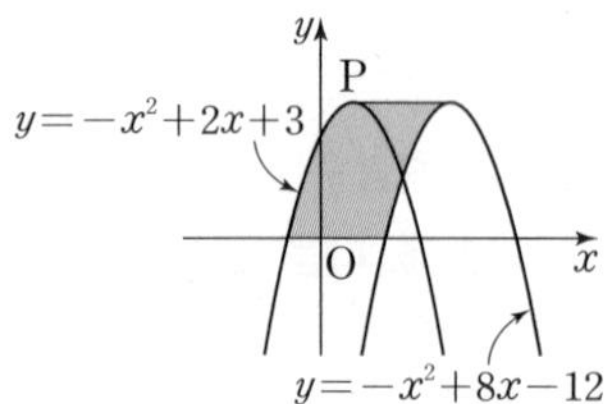


**10** 다음 중 이차함수 $y=3x^2-12x+2$의 그래프에 대한 설명으로 옳은 것은?

① 위로 볼록한 포물선이다.
② 꼭짓점의 좌표는 $(2, -10)$이다.
③ $y$축과 점 $(0, -2)$에서 만난다.
④ 축의 방정식은 $x=-2$이다.
⑤ 이차함수 $y=3x^2-10$의 그래프를 $x$축의 방향으로 $-2$만큼 평행이동한 것이다.

**11** 이차함수 $y=ax^2+bx+c$의 그래프가 오른쪽 그림과 같을 때, 다음 중 옳지 않은 것은? (단, $a$, $b$, $c$는 상수)

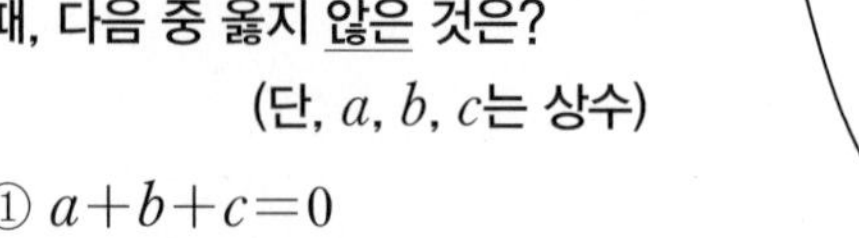

① $a+b+c=0$
② $a-b+c<0$
③ $ab>0$
④ $abc>0$
⑤ $4a-2b+c<0$

**12** 이차함수 $y=ax^2+bx+c$의 그래프의 꼭짓점의 좌표가 $(-2, 1)$이고 점 $(-1, 4)$를 지날 때, $4a-b-c$의 값은? (단, $a$, $b$, $c$는 상수)

① $-16$　② $-15$　③ $-14$
④ $-13$　⑤ $-12$

**13** 이차함수 $y=-2x^2+ax+b$의 그래프는 직선 $x=1$을 축으로 하고 점 $(-1, 3)$을 지날 때, 이 그래프가 $y$축과 만나는 점의 $y$좌표는? (단, $a$, $b$는 상수)

① 5　② 6　③ 7
④ 8　⑤ 9

**14** 세 점 $(-1, 0)$, $(0, 4)$, $(1, 6)$을 지나는 포물선을 그래프로 하는 이차함수의 식을 $y=ax^2+bx+c$ 꼴로 나타내시오.

**15** 이차함수 $y=-3x^2+2x-5$의 그래프를 평행이동하면 완전히 포갤 수 있고, $x$축과 두 점 $(-3, 0)$, $(4, 0)$에서 만나는 포물선을 그래프로 하는 이차함수의 식이 $y=ax^2+bx+c$일 때, $9a-b+c$의 값은? (단, $a$, $b$, $c$는 상수)

① $-14$　② $-8$　③ 2
④ 6　⑤ 8

## 서술형 문제

**16** 이차함수 $y=-4x^2+8x+1$의 그래프를 $y=a(x-p)^2+q$ 꼴로 고치고, 이 그래프의 꼭짓점의 좌표와 축의 방정식을 차례로 구하시오.

(단, 풀이 과정을 자세히 쓰시오.)

풀이 과정 |

답 |

**17** 이차함수 $y=x^2-2ax+b$의 그래프는 점 $(1,\ 4)$를 지나고, 꼭짓점이 직선 $y=-2x+7$ 위에 있을 때, 상수 $a$, $b$에 대하여 $a+b$의 값을 구하시오.

(단, 풀이 과정을 자세히 쓰시오.)

풀이 과정 |

답 |

**18** 오른쪽 그림과 같이 이차함수 $y=x^2+x-2$의 그래프가 $x$축과 만나는 두 점을 각각 A, B라 하고 $y$축과 만나는 점을 C라 할 때, $\triangle ACB$의 넓이를 구하시오. (단, 풀이 과정을 자세히 쓰시오.)

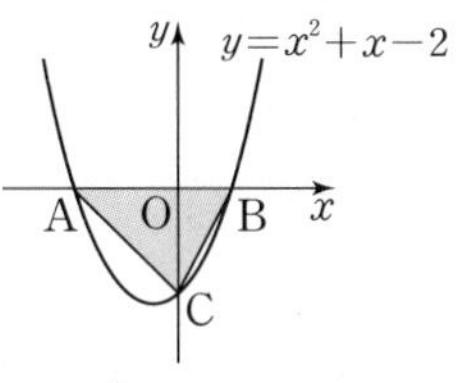


풀이 과정 |

답 |

**19** 이차함수 $y=ax^2+bx+c$의 그래프가 오른쪽 그림과 같을 때, 상수 $a$, $b$, $c$에 대하여 $a+b+c$의 값을 구하시오.
(단, 풀이 과정을 자세히 쓰시오.)

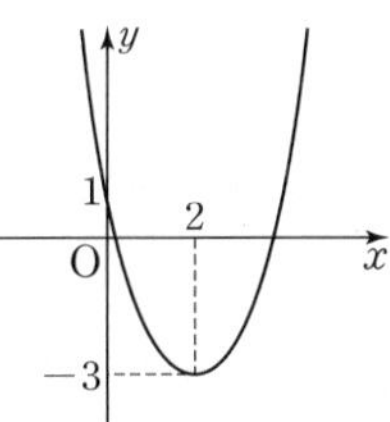


풀이 과정 |

답 |

# 제곱근표 (1), (2) 1.00부터 9.99까지의 수

## 제곱근표 (1)

| 수 | 0 | 1 | 2 | 3 | 4 | 5 | 6 | 7 | 8 | 9 |
|---|---|---|---|---|---|---|---|---|---|---|
| 1.0 | 1.000 | 1.005 | 1.010 | 1.015 | 1.020 | 1.025 | 1.030 | 1.034 | 1.039 | 1.044 |
| 1.1 | 1.049 | 1.054 | 1.058 | 1.063 | 1.068 | 1.072 | 1.077 | 1.082 | 1.086 | 1.091 |
| 1.2 | 1.095 | 1.100 | 1.105 | 1.109 | 1.114 | 1.118 | 1.122 | 1.127 | 1.131 | 1.136 |
| 1.3 | 1.140 | 1.145 | 1.149 | 1.153 | 1.158 | 1.162 | 1.166 | 1.170 | 1.175 | 1.179 |
| 1.4 | 1.183 | 1.187 | 1.192 | 1.196 | 1.200 | 1.204 | 1.208 | 1.212 | 1.217 | 1.221 |
| 1.5 | 1.225 | 1.229 | 1.233 | 1.237 | 1.241 | 1.245 | 1.249 | 1.253 | 1.257 | 1.261 |
| 1.6 | 1.265 | 1.269 | 1.273 | 1.277 | 1.281 | 1.285 | 1.288 | 1.292 | 1.296 | 1.300 |
| 1.7 | 1.304 | 1.308 | 1.311 | 1.315 | 1.319 | 1.323 | 1.327 | 1.330 | 1.334 | 1.338 |
| 1.8 | 1.342 | 1.345 | 1.349 | 1.353 | 1.356 | 1.360 | 1.364 | 1.367 | 1.371 | 1.375 |
| 1.9 | 1.378 | 1.382 | 1.386 | 1.389 | 1.393 | 1.396 | 1.400 | 1.404 | 1.407 | 1.411 |
| 2.0 | 1.414 | 1.418 | 1.421 | 1.425 | 1.428 | 1.432 | 1.435 | 1.439 | 1.442 | 1.446 |
| 2.1 | 1.449 | 1.453 | 1.456 | 1.459 | 1.463 | 1.466 | 1.470 | 1.473 | 1.476 | 1.480 |
| 2.2 | 1.483 | 1.487 | 1.490 | 1.493 | 1.497 | 1.500 | 1.503 | 1.507 | 1.510 | 1.513 |
| 2.3 | 1.517 | 1.520 | 1.523 | 1.526 | 1.530 | 1.533 | 1.536 | 1.539 | 1.543 | 1.546 |
| 2.4 | 1.549 | 1.552 | 1.556 | 1.559 | 1.562 | 1.565 | 1.568 | 1.572 | 1.575 | 1.578 |
| 2.5 | 1.581 | 1.584 | 1.587 | 1.591 | 1.594 | 1.597 | 1.600 | 1.603 | 1.606 | 1.609 |
| 2.6 | 1.612 | 1.616 | 1.619 | 1.622 | 1.625 | 1.628 | 1.631 | 1.634 | 1.637 | 1.640 |
| 2.7 | 1.643 | 1.646 | 1.649 | 1.652 | 1.655 | 1.658 | 1.661 | 1.664 | 1.667 | 1.670 |
| 2.8 | 1.673 | 1.676 | 1.679 | 1.682 | 1.685 | 1.688 | 1.691 | 1.694 | 1.697 | 1.700 |
| 2.9 | 1.703 | 1.706 | 1.709 | 1.712 | 1.715 | 1.718 | 1.720 | 1.723 | 1.726 | 1.729 |
| 3.0 | 1.732 | 1.735 | 1.738 | 1.741 | 1.744 | 1.746 | 1.749 | 1.752 | 1.755 | 1.758 |
| 3.1 | 1.761 | 1.764 | 1.766 | 1.769 | 1.772 | 1.775 | 1.778 | 1.780 | 1.783 | 1.786 |
| 3.2 | 1.789 | 1.792 | 1.794 | 1.797 | 1.800 | 1.803 | 1.806 | 1.808 | 1.811 | 1.814 |
| 3.3 | 1.817 | 1.819 | 1.822 | 1.825 | 1.828 | 1.830 | 1.833 | 1.836 | 1.838 | 1.841 |
| 3.4 | 1.844 | 1.847 | 1.849 | 1.852 | 1.855 | 1.857 | 1.860 | 1.863 | 1.865 | 1.868 |
| 3.5 | 1.871 | 1.873 | 1.876 | 1.879 | 1.881 | 1.884 | 1.887 | 1.889 | 1.892 | 1.895 |
| 3.6 | 1.897 | 1.900 | 1.903 | 1.905 | 1.908 | 1.910 | 1.913 | 1.916 | 1.918 | 1.921 |
| 3.7 | 1.924 | 1.926 | 1.929 | 1.931 | 1.934 | 1.936 | 1.939 | 1.942 | 1.944 | 1.947 |
| 3.8 | 1.949 | 1.952 | 1.954 | 1.957 | 1.960 | 1.962 | 1.965 | 1.967 | 1.970 | 1.972 |
| 3.9 | 1.975 | 1.977 | 1.980 | 1.982 | 1.985 | 1.987 | 1.990 | 1.992 | 1.995 | 1.997 |
| 4.0 | 2.000 | 2.002 | 2.005 | 2.007 | 2.010 | 2.012 | 2.015 | 2.017 | 2.020 | 2.022 |
| 4.1 | 2.025 | 2.027 | 2.030 | 2.032 | 2.035 | 2.037 | 2.040 | 2.042 | 2.045 | 2.047 |
| 4.2 | 2.049 | 2.052 | 2.054 | 2.057 | 2.059 | 2.062 | 2.064 | 2.066 | 2.069 | 2.071 |
| 4.3 | 2.074 | 2.076 | 2.078 | 2.081 | 2.083 | 2.086 | 2.088 | 2.090 | 2.093 | 2.095 |
| 4.4 | 2.098 | 2.100 | 2.102 | 2.105 | 2.107 | 2.110 | 2.112 | 2.114 | 2.117 | 2.119 |
| 4.5 | 2.121 | 2.124 | 2.126 | 2.128 | 2.131 | 2.133 | 2.135 | 2.138 | 2.140 | 2.142 |
| 4.6 | 2.145 | 2.147 | 2.149 | 2.152 | 2.154 | 2.156 | 2.159 | 2.161 | 2.163 | 2.166 |
| 4.7 | 2.168 | 2.170 | 2.173 | 2.175 | 2.177 | 2.179 | 2.182 | 2.184 | 2.186 | 2.189 |
| 4.8 | 2.191 | 2.193 | 2.195 | 2.198 | 2.200 | 2.202 | 2.205 | 2.207 | 2.209 | 2.211 |
| 4.9 | 2.214 | 2.216 | 2.218 | 2.220 | 2.223 | 2.225 | 2.227 | 2.229 | 2.232 | 2.234 |
| 5.0 | 2.236 | 2.238 | 2.241 | 2.243 | 2.245 | 2.247 | 2.249 | 2.252 | 2.254 | 2.256 |
| 5.1 | 2.258 | 2.261 | 2.263 | 2.265 | 2.267 | 2.269 | 2.272 | 2.274 | 2.276 | 2.278 |
| 5.2 | 2.280 | 2.283 | 2.285 | 2.287 | 2.289 | 2.291 | 2.293 | 2.296 | 2.298 | 2.300 |
| 5.3 | 2.302 | 2.304 | 2.307 | 2.309 | 2.311 | 2.313 | 2.315 | 2.317 | 2.319 | 2.322 |
| 5.4 | 2.324 | 2.326 | 2.328 | 2.330 | 2.332 | 2.335 | 2.337 | 2.339 | 2.341 | 2.343 |

## 제곱근표 (2)

| 수 | 0 | 1 | 2 | 3 | 4 | 5 | 6 | 7 | 8 | 9 |
|---|---|---|---|---|---|---|---|---|---|---|
| 5.5 | 2.345 | 2.347 | 2.349 | 2.352 | 2.354 | 2.356 | 2.358 | 2.360 | 2.362 | 2.364 |
| 5.6 | 2.366 | 2.369 | 2.371 | 2.373 | 2.375 | 2.377 | 2.379 | 2.381 | 2.383 | 2.385 |
| 5.7 | 2.387 | 2.390 | 2.392 | 2.394 | 2.396 | 2.398 | 2.400 | 2.402 | 2.404 | 2.406 |
| 5.8 | 2.408 | 2.410 | 2.412 | 2.415 | 2.417 | 2.419 | 2.421 | 2.423 | 2.425 | 2.427 |
| 5.9 | 2.429 | 2.431 | 2.433 | 2.435 | 2.437 | 2.439 | 2.441 | 2.443 | 2.445 | 2.447 |
| 6.0 | 2.449 | 2.452 | 2.454 | 2.456 | 2.458 | 2.460 | 2.462 | 2.464 | 2.466 | 2.468 |
| 6.1 | 2.470 | 2.472 | 2.474 | 2.476 | 2.478 | 2.480 | 2.482 | 2.484 | 2.486 | 2.488 |
| 6.2 | 2.490 | 2.492 | 2.494 | 2.496 | 2.498 | 2.500 | 2.502 | 2.504 | 2.506 | 2.508 |
| 6.3 | 2.510 | 2.512 | 2.514 | 2.516 | 2.518 | 2.520 | 2.522 | 2.524 | 2.526 | 2.528 |
| 6.4 | 2.530 | 2.532 | 2.534 | 2.536 | 2.538 | 2.540 | 2.542 | 2.544 | 2.546 | 2.548 |
| 6.5 | 2.550 | 2.551 | 2.553 | 2.555 | 2.557 | 2.559 | 2.561 | 2.563 | 2.565 | 2.567 |
| 6.6 | 2.569 | 2.571 | 2.573 | 2.575 | 2.577 | 2.579 | 2.581 | 2.583 | 2.585 | 2.587 |
| 6.7 | 2.588 | 2.590 | 2.592 | 2.594 | 2.596 | 2.598 | 2.600 | 2.602 | 2.604 | 2.606 |
| 6.8 | 2.608 | 2.610 | 2.612 | 2.613 | 2.615 | 2.617 | 2.619 | 2.621 | 2.623 | 2.625 |
| 6.9 | 2.627 | 2.629 | 2.631 | 2.632 | 2.634 | 2.636 | 2.638 | 2.640 | 2.642 | 2.644 |
| 7.0 | 2.646 | 2.648 | 2.650 | 2.651 | 2.653 | 2.655 | 2.657 | 2.659 | 2.661 | 2.663 |
| 7.1 | 2.665 | 2.666 | 2.668 | 2.670 | 2.672 | 2.674 | 2.676 | 2.678 | 2.680 | 2.681 |
| 7.2 | 2.683 | 2.685 | 2.687 | 2.689 | 2.691 | 2.693 | 2.694 | 2.696 | 2.698 | 2.700 |
| 7.3 | 2.702 | 2.704 | 2.706 | 2.707 | 2.709 | 2.711 | 2.713 | 2.715 | 2.717 | 2.718 |
| 7.4 | 2.720 | 2.722 | 2.724 | 2.726 | 2.728 | 2.729 | 2.731 | 2.733 | 2.735 | 2.737 |
| 7.5 | 2.739 | 2.740 | 2.742 | 2.744 | 2.746 | 2.748 | 2.750 | 2.751 | 2.753 | 2.755 |
| 7.6 | 2.757 | 2.759 | 2.760 | 2.762 | 2.764 | 2.766 | 2.768 | 2.769 | 2.771 | 2.773 |
| 7.7 | 2.775 | 2.777 | 2.778 | 2.780 | 2.782 | 2.784 | 2.786 | 2.787 | 2.789 | 2.791 |
| 7.8 | 2.793 | 2.795 | 2.796 | 2.798 | 2.800 | 2.802 | 2.804 | 2.805 | 2.807 | 2.809 |
| 7.9 | 2.811 | 2.812 | 2.814 | 2.816 | 2.818 | 2.820 | 2.821 | 2.823 | 2.825 | 2.827 |
| 8.0 | 2.828 | 2.830 | 2.832 | 2.834 | 2.835 | 2.837 | 2.839 | 2.841 | 2.843 | 2.844 |
| 8.1 | 2.846 | 2.848 | 2.850 | 2.851 | 2.853 | 2.855 | 2.857 | 2.858 | 2.860 | 2.862 |
| 8.2 | 2.864 | 2.865 | 2.867 | 2.869 | 2.871 | 2.872 | 2.874 | 2.876 | 2.877 | 2.879 |
| 8.3 | 2.881 | 2.883 | 2.884 | 2.886 | 2.888 | 2.890 | 2.891 | 2.893 | 2.895 | 2.897 |
| 8.4 | 2.898 | 2.900 | 2.902 | 2.903 | 2.905 | 2.907 | 2.909 | 2.910 | 2.912 | 2.914 |
| 8.5 | 2.915 | 2.917 | 2.919 | 2.921 | 2.922 | 2.924 | 2.926 | 2.927 | 2.929 | 2.931 |
| 8.6 | 2.933 | 2.934 | 2.936 | 2.938 | 2.939 | 2.941 | 2.943 | 2.944 | 2.946 | 2.948 |
| 8.7 | 2.950 | 2.951 | 2.953 | 2.955 | 2.956 | 2.958 | 2.960 | 2.961 | 2.963 | 2.965 |
| 8.8 | 2.966 | 2.968 | 2.970 | 2.972 | 2.973 | 2.975 | 2.977 | 2.978 | 2.980 | 2.982 |
| 8.9 | 2.983 | 2.985 | 2.987 | 2.988 | 2.990 | 2.992 | 2.993 | 2.995 | 2.997 | 2.998 |
| 9.0 | 3.000 | 3.002 | 3.003 | 3.005 | 3.007 | 3.008 | 3.010 | 3.012 | 3.013 | 3.015 |
| 9.1 | 3.017 | 3.018 | 3.020 | 3.022 | 3.023 | 3.025 | 3.027 | 3.028 | 3.030 | 3.032 |
| 9.2 | 3.033 | 3.035 | 3.036 | 3.038 | 3.040 | 3.041 | 3.043 | 3.045 | 3.046 | 3.048 |
| 9.3 | 3.050 | 3.051 | 3.053 | 3.055 | 3.056 | 3.058 | 3.059 | 3.061 | 3.063 | 3.064 |
| 9.4 | 3.066 | 3.068 | 3.069 | 3.071 | 3.072 | 3.074 | 3.076 | 3.077 | 3.079 | 3.081 |
| 9.5 | 3.082 | 3.084 | 3.085 | 3.087 | 3.089 | 3.090 | 3.092 | 3.094 | 3.095 | 3.097 |
| 9.6 | 3.098 | 3.100 | 3.102 | 3.103 | 3.105 | 3.106 | 3.108 | 3.110 | 3.111 | 3.113 |
| 9.7 | 3.114 | 3.116 | 3.118 | 3.119 | 3.121 | 3.122 | 3.124 | 3.126 | 3.127 | 3.129 |
| 9.8 | 3.130 | 3.132 | 3.134 | 3.135 | 3.137 | 3.138 | 3.140 | 3.142 | 3.143 | 3.145 |
| 9.9 | 3.146 | 3.148 | 3.150 | 3.151 | 3.153 | 3.154 | 3.156 | 3.158 | 3.159 | 3.161 |

# 제곱근표 (3), (4) 10.0부터 99.9까지의 수

## 제곱근표 (3)

| 수 | 0 | 1 | 2 | 3 | 4 | 5 | 6 | 7 | 8 | 9 |
|---|---|---|---|---|---|---|---|---|---|---|
| 10 | 3.162 | 3.178 | 3.194 | 3.209 | 3.225 | 3.240 | 3.256 | 3.271 | 3.286 | 3.302 |
| 11 | 3.317 | 3.332 | 3.347 | 3.362 | 3.376 | 3.391 | 3.406 | 3.421 | 3.435 | 3.450 |
| 12 | 3.464 | 3.479 | 3.493 | 3.507 | 3.521 | 3.536 | 3.550 | 3.564 | 3.578 | 3.592 |
| 13 | 3.606 | 3.619 | 3.633 | 3.647 | 3.661 | 3.674 | 3.688 | 3.701 | 3.715 | 3.728 |
| 14 | 3.742 | 3.755 | 3.768 | 3.782 | 3.795 | 3.808 | 3.821 | 3.834 | 3.847 | 3.860 |
| 15 | 3.873 | 3.886 | 3.899 | 3.912 | 3.924 | 3.937 | 3.950 | 3.962 | 3.975 | 3.987 |
| 16 | 4.000 | 4.012 | 4.025 | 4.037 | 4.050 | 4.062 | 4.074 | 4.087 | 4.099 | 4.111 |
| 17 | 4.123 | 4.135 | 4.147 | 4.159 | 4.171 | 4.183 | 4.195 | 4.207 | 4.219 | 4.231 |
| 18 | 4.243 | 4.254 | 4.266 | 4.278 | 4.290 | 4.301 | 4.313 | 4.324 | 4.336 | 4.347 |
| 19 | 4.359 | 4.370 | 4.382 | 4.393 | 4.405 | 4.416 | 4.427 | 4.438 | 4.450 | 4.461 |
| 20 | 4.472 | 4.483 | 4.494 | 4.506 | 4.517 | 4.528 | 4.539 | 4.550 | 4.561 | 4.572 |
| 21 | 4.583 | 4.593 | 4.604 | 4.615 | 4.626 | 4.637 | 4.648 | 4.658 | 4.669 | 4.680 |
| 22 | 4.690 | 4.701 | 4.712 | 4.722 | 4.733 | 4.743 | 4.754 | 4.764 | 4.775 | 4.785 |
| 23 | 4.796 | 4.806 | 4.817 | 4.827 | 4.837 | 4.848 | 4.858 | 4.868 | 4.879 | 4.889 |
| 24 | 4.899 | 4.909 | 4.919 | 4.930 | 4.940 | 4.950 | 4.960 | 4.970 | 4.980 | 4.990 |
| 25 | 5.000 | 5.010 | 5.020 | 5.030 | 5.040 | 5.050 | 5.060 | 5.070 | 5.079 | 5.089 |
| 26 | 5.099 | 5.109 | 5.119 | 5.128 | 5.138 | 5.148 | 5.158 | 5.167 | 5.177 | 5.187 |
| 27 | 5.196 | 5.206 | 5.215 | 5.225 | 5.235 | 5.244 | 5.254 | 5.263 | 5.273 | 5.282 |
| 28 | 5.292 | 5.301 | 5.310 | 5.320 | 5.329 | 5.339 | 5.348 | 5.357 | 5.367 | 5.376 |
| 29 | 5.385 | 5.394 | 5.404 | 5.413 | 5.422 | 5.431 | 5.441 | 5.450 | 5.459 | 5.468 |
| 30 | 5.477 | 5.486 | 5.495 | 5.505 | 5.514 | 5.523 | 5.532 | 5.541 | 5.550 | 5.559 |
| 31 | 5.568 | 5.577 | 5.586 | 5.595 | 5.604 | 5.612 | 5.621 | 5.630 | 5.639 | 5.648 |
| 32 | 5.657 | 5.666 | 5.675 | 5.683 | 5.692 | 5.701 | 5.710 | 5.718 | 5.727 | 5.736 |
| 33 | 5.745 | 5.753 | 5.762 | 5.771 | 5.779 | 5.788 | 5.797 | 5.805 | 5.814 | 5.822 |
| 34 | 5.831 | 5.840 | 5.848 | 5.857 | 5.865 | 5.874 | 5.882 | 5.891 | 5.899 | 5.908 |
| 35 | 5.916 | 5.925 | 5.933 | 5.941 | 5.950 | 5.958 | 5.967 | 5.975 | 5.983 | 5.992 |
| 36 | 6.000 | 6.008 | 6.017 | 6.025 | 6.033 | 6.042 | 6.050 | 6.058 | 6.066 | 6.075 |
| 37 | 6.083 | 6.091 | 6.099 | 6.107 | 6.116 | 6.124 | 6.132 | 6.140 | 6.148 | 6.156 |
| 38 | 6.164 | 6.173 | 6.181 | 6.189 | 6.197 | 6.205 | 6.213 | 6.221 | 6.229 | 6.237 |
| 39 | 6.245 | 6.253 | 6.261 | 6.269 | 6.277 | 6.285 | 6.293 | 6.301 | 6.309 | 6.317 |
| 40 | 6.325 | 6.332 | 6.340 | 6.348 | 6.356 | 6.364 | 6.372 | 6.380 | 6.387 | 6.395 |
| 41 | 6.403 | 6.411 | 6.419 | 6.427 | 6.434 | 6.442 | 6.450 | 6.458 | 6.465 | 6.473 |
| 42 | 6.481 | 6.488 | 6.496 | 6.504 | 6.512 | 6.519 | 6.527 | 6.535 | 6.542 | 6.550 |
| 43 | 6.557 | 6.565 | 6.573 | 6.580 | 6.588 | 6.595 | 6.603 | 6.611 | 6.618 | 6.626 |
| 44 | 6.633 | 6.641 | 6.648 | 6.656 | 6.663 | 6.671 | 6.678 | 6.686 | 6.693 | 6.701 |
| 45 | 6.708 | 6.716 | 6.723 | 6.731 | 6.738 | 6.745 | 6.753 | 6.760 | 6.768 | 6.775 |
| 46 | 6.782 | 6.790 | 6.797 | 6.804 | 6.812 | 6.819 | 6.826 | 6.834 | 6.841 | 6.848 |
| 47 | 6.856 | 6.863 | 6.870 | 6.877 | 6.885 | 6.892 | 6.899 | 6.907 | 6.914 | 6.921 |
| 48 | 6.928 | 6.935 | 6.943 | 6.950 | 6.957 | 6.964 | 6.971 | 6.979 | 6.986 | 6.993 |
| 49 | 7.000 | 7.007 | 7.014 | 7.021 | 7.029 | 7.036 | 7.043 | 7.050 | 7.057 | 7.064 |
| 50 | 7.071 | 7.078 | 7.085 | 7.092 | 7.099 | 7.106 | 7.113 | 7.120 | 7.127 | 7.134 |
| 51 | 7.141 | 7.148 | 7.155 | 7.162 | 7.169 | 7.176 | 7.183 | 7.190 | 7.197 | 7.204 |
| 52 | 7.211 | 7.218 | 7.225 | 7.232 | 7.239 | 7.246 | 7.253 | 7.259 | 7.266 | 7.273 |
| 53 | 7.280 | 7.287 | 7.294 | 7.301 | 7.308 | 7.314 | 7.321 | 7.328 | 7.335 | 7.342 |
| 54 | 7.348 | 7.355 | 7.362 | 7.369 | 7.376 | 7.382 | 7.389 | 7.396 | 7.403 | 7.409 |

## 제곱근표 (4)

| 수 | 0 | 1 | 2 | 3 | 4 | 5 | 6 | 7 | 8 | 9 |
|---|---|---|---|---|---|---|---|---|---|---|
| 55 | 7.416 | 7.423 | 7.430 | 7.436 | 7.443 | 7.450 | 7.457 | 7.463 | 7.470 | 7.477 |
| 56 | 7.483 | 7.490 | 7.497 | 7.503 | 7.510 | 7.517 | 7.523 | 7.530 | 7.537 | 7.543 |
| 57 | 7.550 | 7.556 | 7.563 | 7.570 | 7.576 | 7.583 | 7.589 | 7.596 | 7.603 | 7.609 |
| 58 | 7.616 | 7.622 | 7.629 | 7.635 | 7.642 | 7.649 | 7.655 | 7.662 | 7.668 | 7.675 |
| 59 | 7.681 | 7.688 | 7.694 | 7.701 | 7.707 | 7.714 | 7.720 | 7.727 | 7.733 | 7.740 |
| 60 | 7.746 | 7.752 | 7.759 | 7.765 | 7.772 | 7.778 | 7.785 | 7.791 | 7.797 | 7.804 |
| 61 | 7.810 | 7.817 | 7.823 | 7.829 | 7.836 | 7.842 | 7.849 | 7.855 | 7.861 | 7.868 |
| 62 | 7.874 | 7.880 | 7.887 | 7.893 | 7.899 | 7.906 | 7.912 | 7.918 | 7.925 | 7.931 |
| 63 | 7.937 | 7.944 | 7.950 | 7.956 | 7.962 | 7.969 | 7.975 | 7.981 | 7.987 | 7.994 |
| 64 | 8.000 | 8.006 | 8.012 | 8.019 | 8.025 | 8.031 | 8.037 | 8.044 | 8.050 | 8.056 |
| 65 | 8.062 | 8.068 | 8.075 | 8.081 | 8.087 | 8.093 | 8.099 | 8.106 | 8.112 | 8.118 |
| 66 | 8.124 | 8.130 | 8.136 | 8.142 | 8.149 | 8.155 | 8.161 | 8.167 | 8.173 | 8.179 |
| 67 | 8.185 | 8.191 | 8.198 | 8.204 | 8.210 | 8.216 | 8.222 | 8.228 | 8.234 | 8.240 |
| 68 | 8.246 | 8.252 | 8.258 | 8.264 | 8.270 | 8.276 | 8.283 | 8.289 | 8.295 | 8.301 |
| 69 | 8.307 | 8.313 | 8.319 | 8.325 | 8.331 | 8.337 | 8.343 | 8.349 | 8.355 | 8.361 |
| 70 | 8.367 | 8.373 | 8.379 | 8.385 | 8.390 | 8.396 | 8.402 | 8.408 | 8.414 | 8.420 |
| 71 | 8.426 | 8.432 | 8.438 | 8.444 | 8.450 | 8.456 | 8.462 | 8.468 | 8.473 | 8.479 |
| 72 | 8.485 | 8.491 | 8.497 | 8.503 | 8.509 | 8.515 | 8.521 | 8.526 | 8.532 | 8.538 |
| 73 | 8.544 | 8.550 | 8.556 | 8.562 | 8.567 | 8.573 | 8.579 | 8.585 | 8.591 | 8.597 |
| 74 | 8.602 | 8.608 | 8.614 | 8.620 | 8.626 | 8.631 | 8.637 | 8.643 | 8.649 | 8.654 |
| 75 | 8.660 | 8.666 | 8.672 | 8.678 | 8.683 | 8.689 | 8.695 | 8.701 | 8.706 | 8.712 |
| 76 | 8.718 | 8.724 | 8.729 | 8.735 | 8.741 | 8.746 | 8.752 | 8.758 | 8.764 | 8.769 |
| 77 | 8.775 | 8.781 | 8.786 | 8.792 | 8.798 | 8.803 | 8.809 | 8.815 | 8.820 | 8.826 |
| 78 | 8.832 | 8.837 | 8.843 | 8.849 | 8.854 | 8.860 | 8.866 | 8.871 | 8.877 | 8.883 |
| 79 | 8.888 | 8.894 | 8.899 | 8.905 | 8.911 | 8.916 | 8.922 | 8.927 | 8.933 | 8.939 |
| 80 | 8.944 | 8.950 | 8.955 | 8.961 | 8.967 | 8.972 | 8.978 | 8.983 | 8.989 | 8.994 |
| 81 | 9.000 | 9.006 | 9.011 | 9.017 | 9.022 | 9.028 | 9.033 | 9.039 | 9.044 | 9.050 |
| 82 | 9.055 | 9.061 | 9.066 | 9.072 | 9.077 | 9.083 | 9.088 | 9.094 | 9.099 | 9.105 |
| 83 | 9.110 | 9.116 | 9.121 | 9.127 | 9.132 | 9.138 | 9.143 | 9.149 | 9.154 | 9.160 |
| 84 | 9.165 | 9.171 | 9.176 | 9.182 | 9.187 | 9.192 | 9.198 | 9.203 | 9.209 | 9.214 |
| 85 | 9.220 | 9.225 | 9.230 | 9.236 | 9.241 | 9.247 | 9.252 | 9.257 | 9.263 | 9.268 |
| 86 | 9.274 | 9.279 | 9.284 | 9.290 | 9.295 | 9.301 | 9.306 | 9.311 | 9.317 | 9.322 |
| 87 | 9.327 | 9.333 | 9.338 | 9.343 | 9.349 | 9.354 | 9.359 | 9.365 | 9.370 | 9.375 |
| 88 | 9.381 | 9.386 | 9.391 | 9.397 | 9.402 | 9.407 | 9.413 | 9.418 | 9.423 | 9.429 |
| 89 | 9.434 | 9.439 | 9.445 | 9.450 | 9.455 | 9.460 | 9.466 | 9.471 | 9.476 | 9.482 |
| 90 | 9.487 | 9.492 | 9.497 | 9.503 | 9.508 | 9.513 | 9.518 | 9.524 | 9.529 | 9.534 |
| 91 | 9.539 | 9.545 | 9.550 | 9.555 | 9.560 | 9.566 | 9.571 | 9.576 | 9.581 | 9.586 |
| 92 | 9.592 | 9.597 | 9.602 | 9.607 | 9.612 | 9.618 | 9.623 | 9.628 | 9.633 | 9.638 |
| 93 | 9.644 | 9.649 | 9.654 | 9.659 | 9.664 | 9.670 | 9.675 | 9.680 | 9.685 | 9.690 |
| 94 | 9.695 | 9.701 | 9.706 | 9.711 | 9.716 | 9.721 | 9.726 | 9.731 | 9.737 | 9.742 |
| 95 | 9.747 | 9.752 | 9.757 | 9.762 | 9.767 | 9.772 | 9.778 | 9.783 | 9.788 | 9.793 |
| 96 | 9.798 | 9.803 | 9.808 | 9.813 | 9.818 | 9.823 | 9.829 | 9.834 | 9.839 | 9.844 |
| 97 | 9.849 | 9.854 | 9.859 | 9.864 | 9.869 | 9.874 | 9.879 | 9.884 | 9.889 | 9.894 |
| 98 | 9.899 | 9.905 | 9.910 | 9.915 | 9.920 | 9.925 | 9.930 | 9.935 | 9.940 | 9.945 |
| 99 | 9.950 | 9.955 | 9.960 | 9.965 | 9.970 | 9.975 | 9.980 | 9.985 | 9.990 | 9.995 |

MEMO

자르는 선

# 중간고사 대비 실전 모의고사 제1회

이름 점수 /100점

객관식 각 4점 | 주관식 각 5점 | 서술형 각 6, 7점

**1** 다음 보기 중 근호를 사용하지 않고 제곱근을 나타낼 수 있는 것의 개수는?

• 보기 •
$0$, $5.4$, $\sqrt{\frac{1}{36}}$, $\sqrt{8}-1$, $(-0.3)^2$

① 1개 ② 2개 ③ 3개
④ 4개 ⑤ 5개

**2** 다음 중 옳지 않은 것은?

① $-\sqrt{2^2}=-2$ ② $\sqrt{(-2)^2}=2$
③ $-\sqrt{(-2)^2}=-2$ ④ $-(\sqrt{2})^2=-2$
⑤ $(-\sqrt{2})^2=-2$

**3** $0<a<1$일 때, 다음 식을 간단히 하면?

$$\sqrt{(a-1)^2}+\sqrt{(-a)^2}-\sqrt{(1-a)^2}$$

① $a$ ② $3a$ ③ $3a-2$
④ $-3a-2$ ⑤ $-a$

**4** $\sqrt{48n}$이 자연수가 되도록 하는 가장 작은 자연수 $n$의 값은?

① 3 ② 5 ③ 7
④ 15 ⑤ 21

**5** 다음 중 유리수가 아닌 실수를 모두 고르면? (정답 2개)

① $-\sqrt{6}$ ② $\sqrt{\frac{9}{16}}$ ③ $\sqrt{\frac{3}{5}}$
④ $0.232323\cdots$ ⑤ 0

**6** 다음 중 $\sqrt{3}$과 $\sqrt{15}$ 사이에 있는 실수가 아닌 것은?

① 2 ② $\sqrt{11}$ ③ $\sqrt{15}-3$
④ $\sqrt{3}+1$ ⑤ $\frac{\sqrt{3}+\sqrt{15}}{2}$

**7** 다음 보기 중 옳은 것을 모두 고른 것은?

• 보기 •
ㄱ. $\sqrt{8}<3$ ㄴ. $0.5>\sqrt{0.5}$
ㄷ. $2<\sqrt{8}-1$ ㄹ. $2+\sqrt{3}<4$

① ㄱ, ㄷ ② ㄱ, ㄹ ③ ㄴ, ㄷ
④ ㄴ, ㄹ ⑤ ㄷ, ㄹ

**8** 다음 중 옳지 않은 것은?

① $4\sqrt{5}+\sqrt{20}=6\sqrt{5}$ ② $5\sqrt{2}-\frac{9}{\sqrt{2}}=\frac{\sqrt{2}}{2}$
③ $\sqrt{6}(3\sqrt{3}-\sqrt{6})=9\sqrt{2}-6$ ④ $4\sqrt{27}\div6\sqrt{3}\times3\sqrt{2}=12\sqrt{2}$
⑤ $\sqrt{\frac{14}{24}}\times\frac{2\sqrt{2}}{\sqrt{7}}\div\sqrt{\frac{2}{9}}=\sqrt{3}$

**9** 오른쪽 그림과 같이 수직선 위에 한 변의 길이가 1인 정사각형 ABCD의 대각선 AC를 반지름으로 하고 점 C가 중심인 원을 그렸을 때, 원과 수직선이 만나는 두 점을 각각 P, Q라 하자. 이때 수직선 위의 두 점 P, Q에 대응하는 수의 합은?

① 1 ② $3-\sqrt{2}$ ③ $3+\sqrt{2}$
④ 6 ⑤ 9

**10** $5(\sqrt{2}+\sqrt{3})-2(3\sqrt{2}-\sqrt{3})=a\sqrt{2}+b\sqrt{3}$일 때, 유리수 $a$, $b$에 대하여 $2a+b$의 값은?

① $-6$ ② $-5$ ③ 1
④ 5 ⑤ 6

**11** $2+\sqrt{3}$의 정수 부분을 $a$, 소수 부분을 $b$라 할 때, $3a+b^2$의 값은?

① $12-2\sqrt{3}$ ② $13-2\sqrt{3}$ ③ $14-2\sqrt{3}$
④ $15-2\sqrt{3}$ ⑤ $16-2\sqrt{3}$

**12** 다음 중 옳지 않은 것은?

① $(x+5)(x-3)=x^2+2x-15$ ② $(2x-3)(x+1)=2x^2-x-3$
③ $(3x+y)(3x-y)=9x^2-y^2$ ④ $(3x-2y)^2=9x^2-6xy+4y^2$
⑤ $\left(x-\frac{1}{2}\right)^2=x^2-x+\frac{1}{4}$

**13** 곱셈 공식을 이용하여 $1004\times996$을 계산하려고 할 때, 다음 중 가장 편리한 것은?

① $(a+b)^2=a^2+2ab+b^2$ (단, $a>0$, $b>0$)
② $(a-b)^2=a^2-2ab+b^2$ (단, $a>0$, $b>0$)
③ $(a+b)(a-b)=a^2-b^2$
④ $(x+a)(x+b)=x^2+(a+b)x+ab$
⑤ $(ax+b)(cx+d)=acx^2+(ad+bc)x+bd$

**14** $x=\dfrac{1}{\sqrt{5}-\sqrt{3}}$, $y=\dfrac{1}{\sqrt{5}+\sqrt{3}}$일 때, $x+y$의 값은?

① $-2\sqrt{3}$ ② $-2$ ③ $0$
④ $\sqrt{5}$ ⑤ $2\sqrt{5}$

**15** 다음 중 완전제곱식이 <u>아닌</u> 것은?

① $x^2+6x+9$ ② $4x^2+12xy+9y^2$
③ $x^2-2x+1$ ④ $x^2+x+\dfrac{1}{4}$
⑤ $25x^2+5x+1$

**16** 다음 중 $20x^3-5x$의 인수가 <u>아닌</u> 것은?

① $5x$ ② $4x^2-1$ ③ $4x^2+1$
④ $2x+1$ ⑤ $5x(2x-1)$

**17** $x^2+13x+k$가 $(x+a)(x+b)$로 인수분해될 때, 다음 중 상수 $k$의 값이 될 수 <u>없는</u> 것은? (단, $a$, $b$는 자연수, $a<b$)

① 12 ② 22 ③ 36
④ 40 ⑤ 48

**18** $(2x+1)^2-(x-2)^2$을 인수분해하면 $(3x+a)(x+b)$일 때, 상수 $a$, $b$에 대하여 $2a+b$의 값은?

① 1 ② 2 ③ 3
④ 4 ⑤ 5

## 주관식

**19** $\dfrac{2}{\sqrt{3}}+\dfrac{3}{\sqrt{6}}-\sqrt{3}(\sqrt{8}-1)$을 계산하시오.

**20** $(x+3)(x+A)$를 전개하면 $x$의 계수가 2일 때, 상수항을 구하시오. (단, $A$는 상수)

**21** $x=\sqrt{2}+1$일 때, $x^3-x^2-x+1$의 값을 구하시오.

## 서술형

**22** 반지름의 길이가 2 cm, 3 cm인 두 원의 넓이의 합과 같은 넓이를 가지는 원의 반지름의 길이를 구하시오. (단, 풀이 과정을 자세히 쓰시오.) [7점]

풀이 과정 |

답 |

**23** 다항식 $x^4-13x^2+36$은 $x$의 계수가 자연수인 네 일차식의 곱으로 인수분해된다. 이때 네 일차식의 합을 구하시오. (단, 풀이 과정을 자세히 쓰시오.) [6점]

풀이 과정 |

답 |

# 중간고사 대비 실전 모의고사

| 이름 | 점수 |
|---|---|
| | /100점 |

객관식 각 4점 | 주관식 각 5점 | 서술형 각 6, 7점

**1** 다음 중 옳은 것을 모두 고르면? (정답 2개)

① $\sqrt{36}$의 제곱근은 $\pm 6$이다.
② $a>0$일 때, $\sqrt{(-a)^2}=a$이다.
③ 0의 제곱근은 없다.
④ 모든 수의 제곱근은 항상 2개이다.
⑤ $-3$은 9의 음의 제곱근이다.

**2** 다음 중 순환하지 않는 무한소수는?

① $\sqrt{25}$　② $\sqrt{20}$　③ $\sqrt{0.49}$
④ $0.3$　⑤ $0.\dot{8}$

**3** 다음 그림은 한 칸의 가로와 세로의 길이가 각각 1인 모눈종이 위에 수직선과 직각삼각형 ABC를 그린 것이다. $\overline{CA}=\overline{CP}$일 때, 점 P에 대응하는 수는?

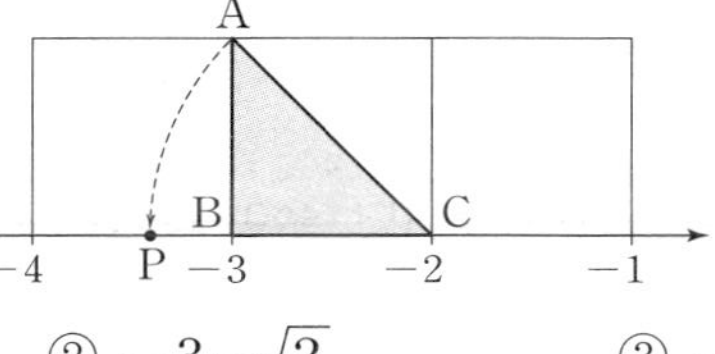


① $-4-\sqrt{2}$　② $-3-\sqrt{2}$　③ $-3+\sqrt{2}$
④ $-2-\sqrt{2}$　⑤ $-2+\sqrt{2}$

**4** 다음 중 두 수의 대소 관계가 옳은 것은?

① $\sqrt{2}+1>3$　② $4<\sqrt{3}+2$
③ $\sqrt{5}-1>\sqrt{3}-1$　④ $5-\sqrt{10}>5-2\sqrt{2}$
⑤ $3+\sqrt{5}<\sqrt{5}+\sqrt{8}$

**5** $\sqrt{2}=a$, $\sqrt{3}=b$일 때, $\sqrt{150}$을 $a$, $b$를 사용하여 나타내면?

① $a^2b$　② $ab^2$　③ $3ab$
④ $5ab$　⑤ $6ab$

**6** $\sqrt{5.31}=2.304$일 때, 다음 중 그 값을 구할 수 있는 것을 모두 고르면? (정답 2개)

① $\sqrt{5310}$　② $\sqrt{531}$　③ $\sqrt{53.1}$
④ $\sqrt{0.531}$　⑤ $\sqrt{0.0531}$

**7** $3\sqrt{2}\times(-2\sqrt{24})\div\frac{\sqrt{3}}{2}$을 계산하면?

① $-48$　② $-24$　③ $-12$
④ $-3\sqrt{2}$　⑤ $-2\sqrt{3}$

**8** $a>0$, $b>0$, $c>0$이고, $abc=25$일 때, $a\sqrt{\frac{8bc}{a}}+b\sqrt{\frac{2ac}{b}}-c\sqrt{\frac{32ab}{c}}$의 값은?

① $-10\sqrt{2}$　② $-5\sqrt{2}$　③ $0$
④ $5\sqrt{2}$　⑤ $10\sqrt{2}$

**9** $A=\sqrt{6}+\sqrt{2}$, $B=\sqrt{6}-\sqrt{2}$일 때, $\sqrt{2}A-\sqrt{6}B$의 값은?

① $-4+4\sqrt{3}$　② $-16+4\sqrt{3}$　③ $2\sqrt{6}$
④ $8-4\sqrt{3}$　⑤ $8$

**10** 오른쪽 그림과 같은 직사각형에서 색칠한 부분의 넓이는?

① $a^2$　② $a^2-ab-2b^2$
③ $ab-2b^2$　④ $a^2+ab-2b^2$
⑤ $a^2+2ab+b^2$

**11** $(2-3\sqrt{5})(a-6\sqrt{5})$의 값이 유리수가 되도록 하는 유리수 $a$의 값은?

① $-12$　② $-4$　③ $1$
④ $3$　⑤ $6$

**12** $x=\frac{\sqrt{2}-1}{\sqrt{2}+1}$일 때, $x+\frac{1}{x}$의 값은?

① $2\sqrt{2}$　② $3\sqrt{2}$　③ $6$
④ $7$　⑤ $8$

**13** $x+y=5$, $xy=6$일 때, $\frac{y}{x}+\frac{x}{y}$의 값은?

① 2 ② $\frac{13}{6}$ ③ 3
④ $\frac{17}{5}$ ⑤ $\frac{15}{4}$

**14** 다항식 $(x-1)(x-5)+k$가 완전제곱식이 되도록 하는 상수 $k$의 값은?

① $-4$ ② $-1$ ③ 1
④ 4 ⑤ 9

**15** 다음 중 인수분해가 옳은 것은?

① $a^2+6a^2b=a(6a+b)$
② $49x-x^3=x(7-x)^2$
③ $9x^2-12xy+4y^2=(3x+2y)(3x-2y)$
④ $4x^2-4x-3=(4x+1)(x-3)$
⑤ $a^2+2ab-3b^2=(a+3b)(a-b)$

**16** $ab+a-b-1$을 인수분해하면?

① $(a-1)(b-1)$ ② $(a-1)(a+b)$
③ $(a-1)(b+1)$ ④ $(a-1)(2b+1)$
⑤ $(2a-1)(b+1)$

**17** $x^2+Ax+18$이 $(x+a)(x+b)$로 인수분해될 때, 다음 중 상수 $A$의 값이 될 수 없는 것은? (단, $a$, $b$는 정수)

① $-19$ ② $-11$ ③ $-7$
④ 9 ⑤ 11

**18** $a=\sqrt{2}+\sqrt{3}$, $b=\sqrt{2}-\sqrt{3}$일 때, $a^2-b^2$의 값은?

① $-4\sqrt{6}$ ② $-2\sqrt{6}$ ③ $\sqrt{6}$
④ $2\sqrt{6}$ ⑤ $4\sqrt{6}$

## 주관식

**19** $\sqrt{81}$의 음의 제곱근을 $a$, $(-\sqrt{25})^2$의 양의 제곱근을 $b$라 할 때, $a+b$의 값을 구하시오.

**20** 부등식 $3<2\sqrt{x}\le 8$을 만족시키는 자연수 $x$의 개수를 구하시오.

**21** 인수분해를 이용하여 $396^2+396\times 208+104^2$을 계산하시오.

## 서술형

**22** $\sqrt{48}=a\sqrt{3}$, $\frac{12}{\sqrt{18}}=b\sqrt{2}$일 때, 유리수 $a$, $b$에 대하여 $a+b$의 값을 구하시오.

(단, 풀이 과정을 자세히 쓰시오.) [6점]

풀이 과정 |

답 |

**23** 넓이가 $(5a^2+6a+1)\text{cm}^2$, $(a^2+5a+2)\text{cm}^2$인 두 직사각형이 있다. 이 두 직사각형의 넓이의 합과 넓이가 같은 직사각형의 한 변의 길이가 $(3a+1)\text{cm}$일 때, 나머지 한 변의 길이를 구하시오.

(단, 풀이 과정을 자세히 쓰시오.) [7점]

풀이 과정 |

답 |

자르는 선

# 기말고사 대비 실전 모의고사 

이름 | 점수 /100점

객관식 각 4점 | 주관식 각 5점 | 서술형 각 6, 7점

**1** 다음 중 이차방정식인 것을 모두 고르면? (정답 2개)

① $3x^2=15$ ② $5x^2+4x-1=5x^2+3$
③ $x^2-5=3x+1$ ④ $x^3-2=2x+7$
⑤ $(x-3)(x+2)=x^2$

**2** 다음 보기 중 $x=1$을 근으로 갖는 이차방정식을 모두 고른 것은?

• 보기 •
ㄱ. $x^2+x=0$ ㄴ. $(x-1)(x+2)=0$
ㄷ. $(x+1)^2=0$ ㄹ. $2x^2+x-3=0$

① ㄱ, ㄴ ② ㄱ, ㄷ ③ ㄴ, ㄷ
④ ㄴ, ㄹ ⑤ ㄷ, ㄹ

**3** 이차방정식 $3x^2+ax-2a+2=0$의 한 근이 $x=1$일 때, 다른 한 근은? (단, $a$는 상수)

① $x=-8$ ② $x=-5$ ③ $x=-\frac{8}{3}$
④ $x=2$ ⑤ $x=5$

**4** 이차방정식 $(x-2)^2=5$의 근이 $x=a\pm\sqrt{b}$일 때, 유리수 $a$, $b$에 대하여 $a-b$의 값은?

① $-3$ ② $-2$ ③ $-1$
④ $2$ ⑤ $3$

**5** 이차방정식 $2x^2-3x+A=0$의 근이 $x=\frac{B\pm\sqrt{17}}{4}$일 때, 유리수 $A$, $B$에 대하여 $A+B$의 값은?

① $-4$ ② $-3$ ③ $0$
④ $2$ ⑤ $6$

**6** 이차방정식 $6(x-1)^2+4(x-1)-2=0$의 두 근을 $\alpha$, $\beta$라 할 때, $\alpha^2+\beta^2$의 값은?

① $0$ ② $1$ ③ $\frac{4}{3}$
④ $\frac{16}{9}$ ⑤ $\frac{9}{4}$

**7** 이차방정식 $x^2-4x+k-2=0$이 서로 다른 두 근을 갖도록 하는 상수 $k$의 값의 범위는?

① $k>-6$ ② $k>0$ ③ $k<6$
④ $k>6$ ⑤ $k<8$

**8** 어떤 정사각형의 가로, 세로의 길이를 각각 3 cm, 2 cm 늘여서 만든 직사각형의 넓이는 처음 정사각형의 넓이의 2배와 같다. 처음 정사각형의 넓이는?

① $9\,cm^2$ ② $16\,cm^2$ ③ $25\,cm^2$
④ $36\,cm^2$ ⑤ $49\,cm^2$

**9** 다음 중 이차함수 $y=\frac{1}{2}x^2$의 그래프 위의 점이 아닌 것은?

① $\left(-1, \frac{1}{2}\right)$ ② $(2, 2)$ ③ $(-2, 2)$
④ $\left(-3, \frac{9}{2}\right)$ ⑤ $(-4, 4)$

**10** 다음 이차함수의 그래프 중 위로 볼록하면서 폭이 가장 좁은 것은?

① $y=-4x^2-1$ ② $y=-\frac{1}{2}x^2$
③ $y=-3x^2-x$ ④ $y=\frac{3}{2}(x-2)^2$
⑤ $y=2x^2+x+3$

**11** 다음 이차함수의 그래프 중 이차함수 $y=3x^2$의 그래프를 평행이동하여 완전히 포갤 수 있는 것은?

① $y=x^2$ ② $y=-\frac{1}{3}x^2+2$
③ $y=-3x^2+3$ ④ $y=\frac{1}{3}x^2$
⑤ $y=3(x+2)^2$

**12** 오른쪽 그림의 이차함수의 그래프는 이차함수 $y=ax^2$의 그래프를 $y$축의 방향으로 $p$만큼 평행이동한 것이다. 이때 $9a+p$의 값은? (단, $a$는 상수)

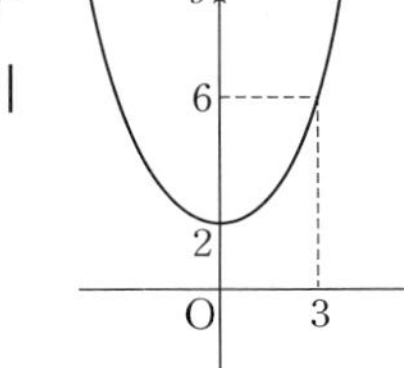


① 2 ② 3
③ 4 ④ 5
⑤ 6

**13** 다음 중 이차함수 $y=-(x+3)^2+5$의 그래프가 지나지 않는 사분면은?

① 제1사분면 ② 제2사분면 ③ 제3사분면
④ 제4사분면 ⑤ 모든 사분면을 지난다.

**14** 이차함수 $y=a(x+p)^2+q$의 그래프가 오른쪽 그림과 같을 때, 다음 중 옳은 것은? (단, $a$, $p$, $q$는 상수)

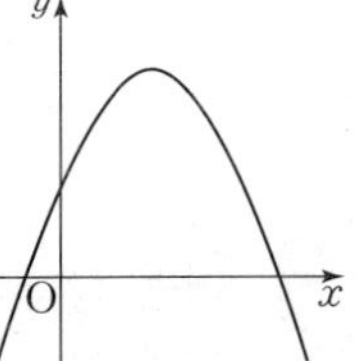


① $a>0$ ② $p>0$
③ $q<0$ ④ $ap>0$
⑤ $a+p>0$

**15** 이차함수 $y=x^2+6x+8$의 그래프의 꼭짓점의 좌표는?

① $(3, 4)$ ② $(3, 1)$ ③ $(3, -1)$
④ $(-3, 1)$ ⑤ $(-3, -1)$

**16** 이차함수 $y=x^2-ax+7$의 그래프가 점 $(2, -1)$을 지날 때, 축의 방정식은? (단, $a$는 상수)

① $x=-1$ ② $x=1$ ③ $x=0$
④ $x=-3$ ⑤ $x=3$

**17** 오른쪽 그림과 같이 이차함수 $y=-x^2+4$의 그래프의 꼭짓점을 A, $x$축과 만나는 두 점을 B, C라 할 때, △ABC의 넓이는?

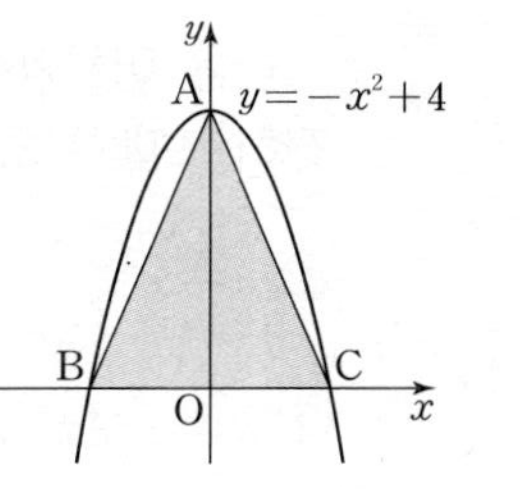


① 4 ② 6
③ 8 ④ 10
⑤ 16

**18** 이차함수 $y=-x^2+6$의 그래프를 $x$축의 방향으로 $m$만큼, $y$축의 방향으로 $n$만큼 평행이동하면 이차함수 $y=-x^2+6x-8$의 그래프와 일치한다. 이때 $m+n$의 값은?

① $-4$ ② $-2$ ③ 2
④ 4 ⑤ 8

## 주관식

**19** 이차방정식 $2x^2-4x-1=0$의 두 근을 $a$, $b$라 할 때, $\dfrac{2a^2-4a+1}{b^2-2b-1}$의 값을 구하시오.

**20** 이차방정식 $x^2-6x+(m-7)=0$이 중근을 가질 때, 상수 $m$의 값을 구하시오.

**21** 이차함수 $y=-\dfrac{1}{3}x^2+4kx+1$의 그래프의 축의 방정식이 $x=2$일 때, 상수 $k$의 값을 구하시오.

## 서술형

**22** 일차부등식 $\dfrac{2x+5}{3}<\dfrac{3x-10}{2}$을 만족시키는 $x$에 대하여 이차방정식 $x^2-8x+16=28$의 해를 구하시오. (단, 풀이 과정을 자세히 쓰시오.) [7점]

풀이 과정 |

답 |

**23** 꼭짓점의 좌표가 $(1, 2)$이고, 점 $(2, 3)$을 지나는 포물선을 그래프로 하는 이차함수의 식을 $y=a(x-p)^2+q$ 꼴로 나타내시오.
(단, $a$, $p$, $q$는 상수이고, 풀이 과정을 자세히 쓰시오.) [6점]

풀이 과정 |

답 |

✂ 자르는 선

# 기말고사 대비 실전 모의고사 

이름 | 점수 /100점

객관식 각 4점 | 주관식 각 5점 | 서술형 각 6, 7점

**1** $2(x-1)(x-6)=ax^2+3x(x+2)$가 $x$에 대한 이차방정식이 되기 위한 상수 $a$의 조건은?

① $a\neq-3$ ② $a\neq-1$ ③ $a\neq0$
④ $a\neq1$ ⑤ $a\neq2$

**2** 다음 중 [ ] 안의 수가 주어진 이차방정식의 해인 것은?

① $3x^2-2x-1=0$ [ 2 ] ② $2x^2+x-1=0$ $\left[\frac{1}{3}\right]$
③ $2x^2+7x-10=0$ [ 2 ] ④ $x^2-3x+2=0$ [ 1 ]
⑤ $\frac{1}{2}x^2+3x-3=0$ [$-4$]

**3** 두 이차방정식 $x^2+x-12=0$, $x^2+3x-18=0$을 동시에 만족시키는 $x$의 값은?

① $-6$ ② $-4$ ③ $-1$
④ 3 ⑤ 6

**4** 다음은 완전제곱식을 이용하여 이차방정식 $2x^2-8x+1=0$의 해를 구하는 과정이다. □ 안에 알맞은 수들의 합은?

> 양변을 2로 나누고 상수항을 우변으로 이항하면 $x^2-4x=\square$
> 양변에 4를 더하여 완전제곱식으로 고치면 $(x-\square)^2=\square$
> 제곱근을 이용하여 방정식을 풀면 $x=\frac{4\pm\sqrt{14}}{2}$

① $-2$ ② $-1$ ③ 5
④ 6 ⑤ $\frac{13}{2}$

**5** 이차방정식 $3x^2+9x+1=0$을 풀면?

① $x=\frac{-3\pm\sqrt{69}}{3}$ ② $x=\frac{-9\pm\sqrt{69}}{3}$
③ $x=\frac{-9\pm\sqrt{69}}{6}$ ④ $x=\frac{-9\pm\sqrt{78}}{6}$
⑤ $x=\frac{-3\pm\sqrt{78}}{6}$

**6** 다음 이차방정식 중 중근을 갖는 것은?

① $4x^2-12x+9=0$ ② $x^2-16=0$
③ $x^2-8x-9=0$ ④ $(x-2)^2=16$
⑤ $x^2=2(x+3)$

**7** 이차방정식 $\frac{2}{5}x^2-0.5x-1=0$의 해를 구하면 $x=\frac{a\pm\sqrt{185}}{b}$이다. 자연수 $a$, $b$에 대하여 $a-b$의 값은?

① $-4$ ② $-3$ ③ 1
④ 3 ⑤ 4

**8** 연속하는 두 짝수의 곱이 288일 때, 이 두 짝수의 합은?

① 34 ② 36 ③ 38
④ 40 ⑤ 42

**9** 오른쪽 그림의 이차함수 $y=ax^2$의 그래프 중에서 상수 $a$의 값이 가장 작은 것은?

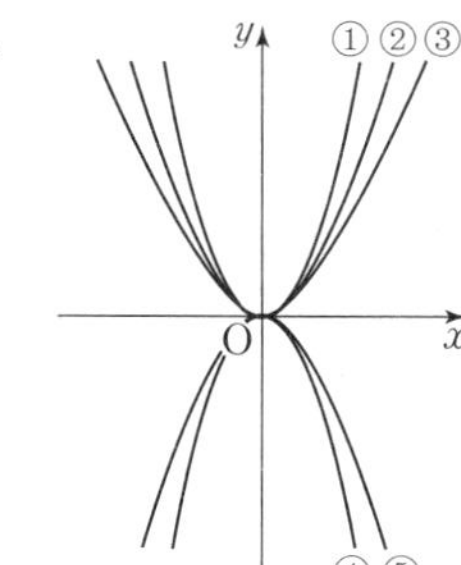


**10** 다음 중 이차함수 $y=-\frac{1}{2}x^2$의 그래프에 대한 설명으로 옳지 않은 것은?

① 원점을 지난다.
② 모든 $x$에 대하여 $y\leq0$이다.
③ $y$축에 대칭이다.
④ 점 $(4, -8)$을 지난다.
⑤ 꼭짓점의 좌표는 $(0, -1)$이다.

**11** 이차함수 $y=-\frac{1}{3}x^2+k$의 그래프가 점 $(-3, 1)$을 지날 때, 이 그래프의 꼭짓점의 좌표는? (단, $k$는 상수)

① $(0, 3)$ ② $(0, 4)$ ③ $(0, 5)$
④ $(1, 4)$ ⑤ $(4, 0)$

**12** 이차함수 $y=(x-2)^2+3$의 그래프는 이차함수 $y=x^2$의 그래프를 $x$축, $y$축의 방향으로 각각 얼마만큼 평행이동한 것인지 차례로 구하면?

① $-2$, $-3$ ② $-2$, 3 ③ 2, $-3$
④ 2, 3 ⑤ 3, 2

**13** 이차함수 $y=a(x-2)^2+4$의 그래프를 $x$축의 방향으로 3만큼, $y$축의 방향으로 $-2$만큼 평행이동하면 점 $(1,\ -2)$를 지난다고 할 때, 상수 $a$의 값은?

① $-9$　② $-1$　③ $-\frac{1}{4}$
④ $1$　⑤ $9$

**14** 다음 이차함수의 그래프 중 축의 방정식이 나머지 넷과 다른 하나는?

① $y=x^2+2x-3$　② $y=(x+1)^2+2$
③ $y=3x^2+6x-5$　④ $y=-x^2-2x-1$
⑤ $y=-2x^2+4x+3$

**15** 다음 이차함수의 그래프 중 아래로 볼록하면서 폭이 가장 넓은 것은?

① $y=2x^2$　② $y=\frac{1}{2}x^2$
③ $y=\frac{1}{4}x^2+2x+3$　④ $y=-\frac{1}{3}x^2-1$
⑤ $y=-(x-2)^2+1$

**16** 다음 이차함수의 그래프 중 $x$축과 서로 다른 두 점에서 만나는 것은?

① $y=x^2-6x+10$　② $y=-x^2+2x+2$
③ $y=2x^2+4x+5$　④ $y=-2x^2-8x-11$
⑤ $y=-3x^2+6x-3$

**17** 오른쪽 그림과 같은 포물선을 그래프로 하는 이차함수의 식은?

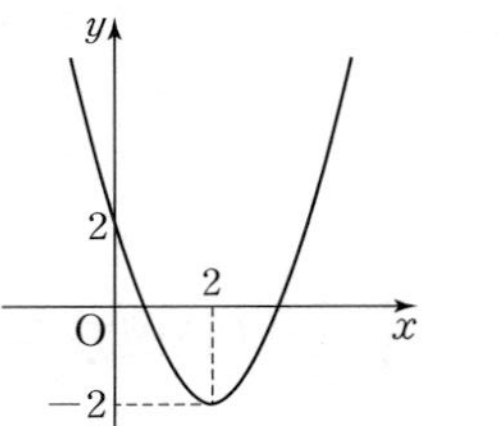


① $y=x^2-4x+2$
② $y=2x^2-8x+2$
③ $y=3x^2+12x+12$
④ $y=x^2+4x+2$
⑤ $y=x^2+2x-2$

**18** 이차함수 $y=x^2+ax+b$의 그래프가 점 $(1,\ 2)$를 지나고, $y$축과 만나는 점의 좌표가 $(0,\ 2)$일 때, 상수 $a$, $b$에 대하여 $a-b$의 값은?

① $-3$　② $-2$　③ $-1$
④ $1$　⑤ $2$

## 주관식

**19** 이차방정식 $x^2-8x-3k+1=0$의 해가 $x=4\pm\sqrt{3}$일 때, 상수 $k$의 값을 구하시오.

**20** 이차방정식 $ax^2-x-b=0$의 두 근은 이차방정식 $x^2-5x-24=0$의 두 근보다 각각 2만큼 작다고 할 때, $a+b$의 값을 구하시오. (단, $a$, $b$는 상수)

**21** 이차함수 $y=ax^2+bx+c$의 그래프가 오른쪽 그림과 같을 때, 상수 $a$, $b$, $c$의 부호를 정하시오.

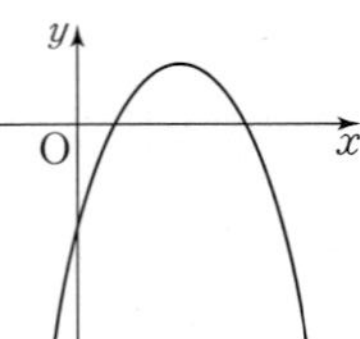


## 서술형

**22** $(x-y)(x-y-6)+9=0$일 때, $x-y$의 값을 구하시오.
(단, 풀이 과정을 자세히 쓰시오.) [6점]

풀이 과정 |

답 |

**23** 오른쪽 그림과 같이 이차함수 $y=2x^2-12x$의 그래프는 원점과 $x$축 위의 한 점 A에서 만난다. 꼭짓점을 B라 할 때, △OBA의 넓이를 구하시오.
(단, 풀이 과정을 자세히 쓰시오.) [7점]

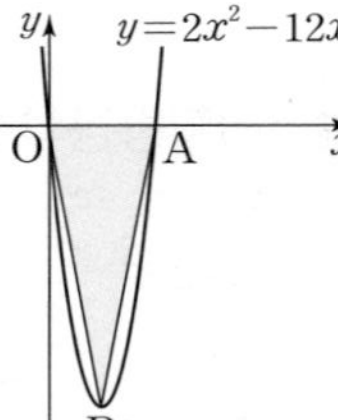


풀이 과정 |

답 |

15개정 교육과정

# 내공의 힘

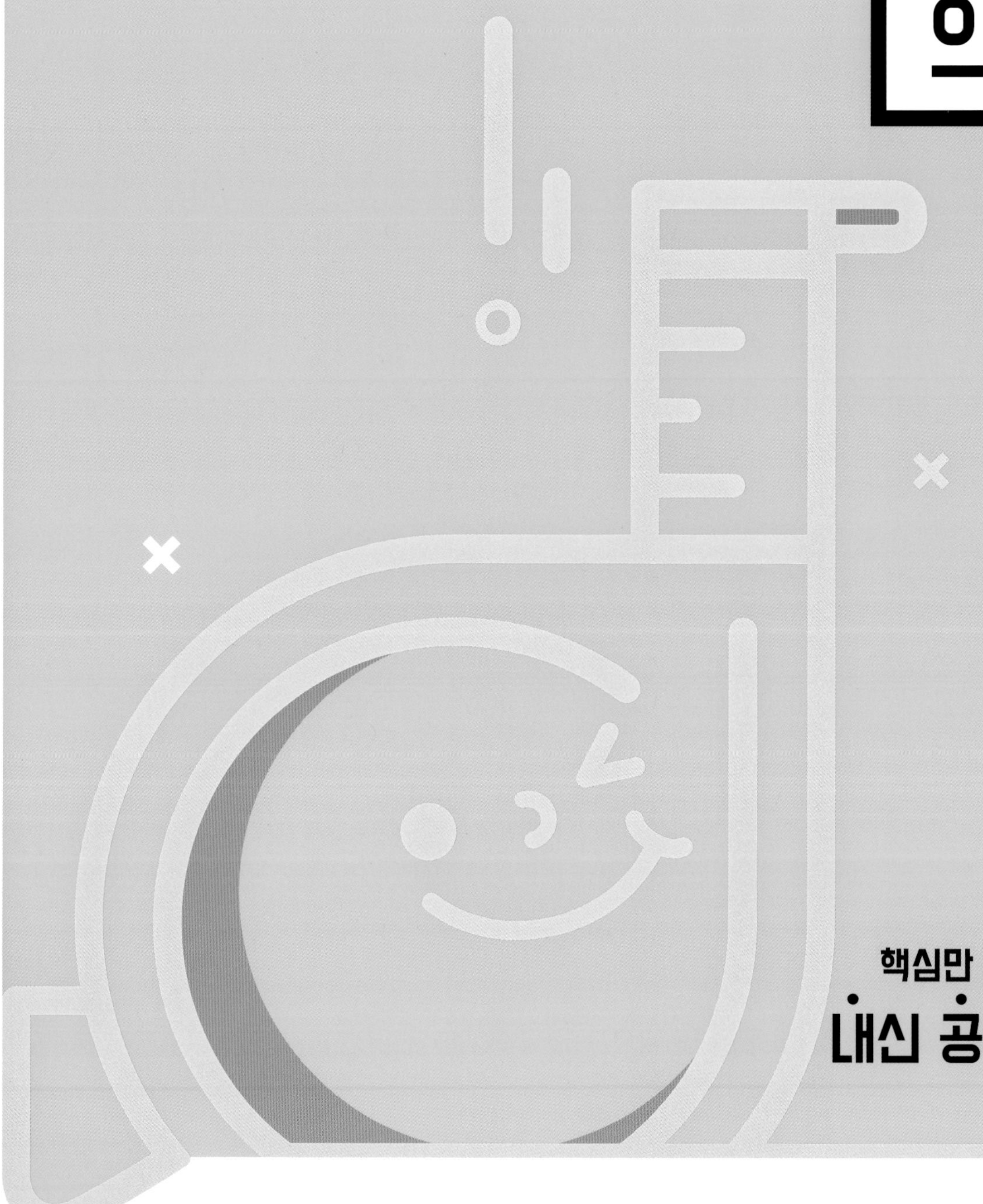

핵심만 빠르게~ 단기간에
내신 공부의 힘을 키운다

# 정답과 해설

중등 수학 3·1

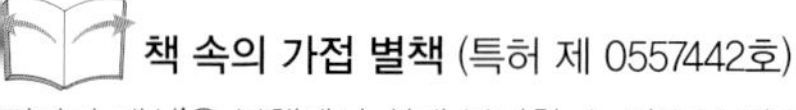

책 속의 가접 별책 (특허 제 0557442호)

'정답과 해설'은 본책에서 쉽게 분리할 수 있도록 제작되었으므로
유통 과정에서 분리될 수 있으나 파본이 아닌 정상제품입니다.

**ABOVE IMAGINATION**

우리는 남다른 상상과 혁신으로
교육 문화의 새로운 전형을 만들어
모든 이의 행복한 경험과 성장에 기여한다

# 정답과 해설

내신 성적을 쑥쑥~ 올리는 내공의 힘

## 01강 제곱근의 뜻과 표현

### 예제 p. 6

**1** (1) $7, -7$ (2) $3, -3$ (3) 없다

(1) $7^2=49$, $(-7)^2=49$이므로 $x^2=49$를 만족시키는 $x$의 값은 $7$, $-7$이다.

(2) $3^2=9$, $(-3)^2=9$이므로 제곱하여 9가 되는 수는 $3$, $-3$이다.

(3) 음수의 제곱근은 없다.

**2** (1) $\pm2$ (2) $\pm6$ (3) $\sqrt{7}$ (4) $-\sqrt{10}$

**3** (1) $\pm\sqrt{11}$ (2) $\sqrt{11}$

$a>0$일 때, $a$의 제곱근은 $\pm\sqrt{a}$이고, 제곱근 $a$는 $\sqrt{a}$이다.

### 핵심 유형 익히기 p. 7

**1** (1) $\pm8$ (2) $\pm0.2$ (3) $\pm\frac{1}{3}$ (4) $\pm7$

(1) $8^2=64$, $(-8)^2=64$이므로 64의 제곱근은 $8$, $-8$이다.

(2) $0.2^2=0.04$, $(-0.2)^2=0.04$이므로 0.04의 제곱근은 $0.2$, $-0.2$이다.

(3) $\left(\frac{1}{3}\right)^2=\frac{1}{9}$, $\left(-\frac{1}{3}\right)^2=\frac{1}{9}$이므로 $\frac{1}{9}$의 제곱근은 $\frac{1}{3}$, $-\frac{1}{3}$이다.

(4) $(-7)^2=49$이고, $7^2=49$이므로 $(-7)^2$, 즉 49의 제곱근은 $7$, $-7$이다.

**2** ㄱ, ㄴ

ㄷ. 0의 제곱근은 0이다.

ㄹ. 음수의 제곱근은 없다.

**3** ⑤

①, ②, ③, ④ $\pm6$ ⑤ $6$

따라서 나머지 넷과 다른 하나는 ⑤이다.

확인 '$a$의 제곱근'과 '제곱근 $a$'의 구분

(1) $a$의 제곱근: $\pm\sqrt{a}$

(2) 제곱근 $a$: $\sqrt{a}$

**4** $\sqrt{89}$ cm

$\triangle$ADC에서 $\overline{AD}^2=10^2-6^2=64$

$\triangle$ABD에서 $\overline{AB}^2=5^2+64=89$

이때 $\overline{AB}$는 89의 제곱근이고, $\overline{AB}>0$이므로 $\overline{AB}=\sqrt{89}$ cm

**5** (1) $4$ (2) $-\frac{1}{5}$ (3) $0.3$

(3) $0.3^2=0.09$이므로 0.09의 양의 제곱근은 0.3이다.

$\therefore \sqrt{0.09}=0.3$

**6** $\sqrt{3}, -\sqrt{8}$

$\sqrt{9}=3$이므로 제곱근 3은 $\sqrt{3}$이고, $\sqrt{64}=8$이므로 $\sqrt{64}$, 즉 8의 음의 제곱근은 $-\sqrt{8}$이다.

## 02강 제곱근의 성질

### 예제 p. 8

**1** (1) $5$ (2) $7$ (3) $11$ (4) $13$

(2) $(-\sqrt{7})^2=(\sqrt{7})^2=7$

(4) $\sqrt{(-13)^2}=\sqrt{13^2}=13$

확인 $a>0$일 때

(1) $(\sqrt{a})^2=a$ (2) $(-\sqrt{a})^2=a$

(3) $\sqrt{a^2}=a$ (4) $\sqrt{(-a)^2}=a$

**2** (1) $10$ (2) $3$ (3) $9$ (4) $7$

(1) $(\sqrt{7})^2+(-\sqrt{3})^2=7+3=10$

(2) $\sqrt{4^2}-\sqrt{(-1)^2}=4-1=3$

(3) $\sqrt{(-12)^2}\times\left(-\sqrt{\frac{3}{4}}\right)^2$

$=12\times\frac{3}{4}=9$

(4) $\sqrt{3^2}\div\sqrt{\left(-\frac{3}{7}\right)^2}=3\div\frac{3}{7}$

$=3\times\frac{7}{3}=7$

**3** (1) $a$ (2) $a$ (3) $-7a$ (4) $-3a$

(1) $a<0$이므로 $-\sqrt{a^2}=-(-a)=a$

(2) $a<0$이므로 $-a>0$

$\therefore -\sqrt{(-a)^2}=-(-a)=a$

(3) $a<0$이므로 $7a<0$

$\therefore \sqrt{(7a)^2}=-7a$

(4) $a<0$이므로 $-3a>0$

$\therefore \sqrt{(-3a)^2}=-3a$

**4** (1) $\sqrt{\frac{1}{5}}<\sqrt{\frac{1}{3}}$ (2) $4>\sqrt{15}$

(1) $\frac{1}{5}<\frac{1}{3}$이므로 $\sqrt{\frac{1}{5}}<\sqrt{\frac{1}{3}}$

(2) $4=\sqrt{16}$이고 $\sqrt{16}>\sqrt{15}$이므로 $4>\sqrt{15}$

### 핵심 유형 익히기 p. 9

**1** ①

① $(-\sqrt{2})^2=(\sqrt{2})^2=2$

②, ③, ④, ⑤ $-2$

따라서 나머지 넷과 다른 하나는 ①이다.

**2** ④

$\sqrt{(-3)^2}\times(-\sqrt{7})^2-\sqrt{8^2}+\sqrt{36}$

$=3\times7-8+6=19$

**3** 0

$x>2$이므로 $x-2>0$, $2-x<0$

$\therefore \sqrt{(x-2)^2}-\sqrt{(2-x)^2}$

$=x-2-\{-(2-x)\}$

$=x-2+2-x=0$

**4** (1) $1$ (2) $3$ (3) $2$

(1) $10-x$는 $0<10-x<10$인 (자연수)$^2$ 꼴이어야 하므로

$10-x=1, 4, 9$ $\therefore x=9, 6, 1$

따라서 자연수 $x$의 값 중 가장 작은 수는 1이다.

(2) 12를 소인수분해하면 $12=2^2\times3$

$\sqrt{12x}=\sqrt{2^2\times3\times x}$가 자연수가 되려면 소인수의 지수가 모두 짝수이어야 하므로 자연수 $x$의 값 중 가장 작은 수는 3이다.

(3) 8을 소인수분해하면 $8=2^3$

$\sqrt{\frac{8}{x}}=\sqrt{\frac{2^3}{x}}$이 자연수가 되려면 소인수의 지수가 모두 짝수이어야 하므로 자연수 $x$의 값 중 가장 작은 수는 2이다.

**5** ③

① $3<5$이므로 $\sqrt{3}<\sqrt{5}$

② $\sqrt{7}<\sqrt{8}$이므로 $-\sqrt{7}>-\sqrt{8}$

③ $5=\sqrt{25}$이고 $\sqrt{25}>\sqrt{21}$이므로 $5>\sqrt{21}$

④ $\frac{2}{3}<\frac{3}{4}$이므로 $\sqrt{\frac{2}{3}}<\sqrt{\frac{3}{4}}$

⑤ $0.3=\sqrt{0.09}$이고 $\sqrt{0.3}>\sqrt{0.09}$이므로 $\sqrt{0.3}>0.3$

확인 $\sqrt{\ }$가 있는 수와 없는 수의 대소 비교는 $\sqrt{\ }$가 없는 수를 $\sqrt{\ }$가 있는 수로 바꾸어 비교한다.

**6** 4개

$2<\sqrt{x}<3$에서 $\sqrt{4}<\sqrt{x}<\sqrt{9}$이므로 부등식을 만족시키는 자연수 $x$는 5, 6, 7, 8의 4개이다.

## 기초 내공 다지기 p. 10~11

1 (1) $\pm0.8$ (2) $\pm\frac{1}{9}$ (3) $\pm\sqrt{6}$ (4) $\pm\sqrt{111}$ (5) $\pm\sqrt{0.32}$ (6) $\pm\sqrt{\frac{47}{2}}$

2 (1) 1 (2) $\sqrt{6}$ (3) 1.3 (4) $-\frac{5}{11}$

3 (1) 7 (2) $-0.2$ (3) 3 (4) $\frac{5}{3}$ (5) 7.5 (6) $\frac{3}{2}$ (7) 27 (8) 1.1

4 (1) $5a$ (2) $-a$ (3) $-8a$ (4) $-6a$

5 (1) $3-x$ (2) $x-2$ (3) $2x-2$ (4) $-2x-6$

6 (1) $<$ (2) $>$ (3) $>$ (4) $<$ (5) $<$

7 (1) 3개 (2) 9개 (3) 14개

**1** (1) $0.8^2=0.64$, $(-0.8)^2=0.64$이므로 0.64의 제곱근은 $\pm0.8$이다.

(2) $\left(\frac{1}{9}\right)^2=\frac{1}{81}$, $\left(-\frac{1}{9}\right)^2=\frac{1}{81}$이므로 $\frac{1}{81}$의 제곱근은 $\pm\frac{1}{9}$이다.

**2** (1) $\sqrt{1}$은 1의 양의 제곱근이므로 1이다.

(2) $\sqrt{36}=6$이므로 제곱근 6은 $\sqrt{6}$이다.

**3** (1) $(-\sqrt{5})^2+\sqrt{(-2)^2}$
$=5+2=7$

(2) $\sqrt{(-0.3)^2}-(-\sqrt{0.5})^2$
$=0.3-0.5=-0.2$

(3) $\left(-\sqrt{\frac{2}{3}}\right)^2\times\sqrt{\left(\frac{9}{2}\right)^2}$
$=\frac{2}{3}\times\frac{9}{2}=3$

(4) $\left(\sqrt{\frac{5}{7}}\right)^2\div\sqrt{\left(-\frac{3}{7}\right)^2}$
$=\frac{5}{7}\div\frac{3}{7}=\frac{5}{7}\times\frac{7}{3}=\frac{5}{3}$

(5) $\sqrt{64}+\sqrt{(-4)^2}-(-\sqrt{4.5})^2$
$=8+4-4.5=7.5$

(6) $\sqrt{(-2)^2}\times\sqrt{\left(\frac{3}{10}\right)^2}\div\left(-\sqrt{\frac{2}{5}}\right)^2$
$=2\times\frac{3}{10}\div\frac{2}{5}$
$=2\times\frac{3}{10}\times\frac{5}{2}$
$=\frac{3}{2}$

(7) $\sqrt{4^2}\times(-\sqrt{6})^2+\sqrt{(-2)^2}\div\sqrt{\left(\frac{2}{3}\right)^2}$
$=4\times6+2\div\frac{2}{3}$
$=4\times6+2\times\frac{3}{2}$
$=24+3=27$

(8) $(-\sqrt{3})^2\times\sqrt{(-1.2)^2}$
$-(\sqrt{7})^2\div\sqrt{\left(\frac{14}{5}\right)^2}$
$=3\times1.2-7\div\frac{14}{5}$
$=3\times1.2-7\times\frac{5}{14}$
$=3.6-\frac{5}{2}$
$=3.6-2.5=1.1$

**4** (1) $a>0$이면 $2a>0$, $-3a<0$이므로
$\sqrt{(2a)^2}+\sqrt{(-3a)^2}$
$=2a-(-3a)=5a$

(2) $a>0$이면 $-4a<0$, $5a>0$이므로
$\sqrt{(-4a)^2}-\sqrt{(5a)^2}$
$=-(-4a)-5a=-a$

(3) $a<0$이면 $5a<0$, $-3a>0$이므로
$\sqrt{(5a)^2}+\sqrt{(-3a)^2}$
$=-5a-3a=-8a$

(4) $a<0$이면 $-7a>0$, $-a>0$이므로
$\sqrt{(-7a)^2}-\sqrt{(-a)^2}$
$=-7a-(-a)$
$=-6a$

**5** (1) $x<3$이면 $3-x>0$이므로
$\sqrt{(3-x)^2}=3-x$

(2) $x<2$이면 $x-2<0$이므로
$-\sqrt{(x-2)^2}=-\{-(x-2)\}$
$=x-2$

(3) $x>1$이면 $1-x<0$, $x-1>0$이므로
$\sqrt{(1-x)^2}+\sqrt{(x-1)^2}$
$=-(1-x)+(x-1)$
$=-1+x+x-1$
$=2x-2$

(4) $x<-3$이면
$x+3<0$, $-3-x>0$이므로
$\sqrt{(x+3)^2}+\sqrt{(-3-x)^2}$
$=-(x+3)+(-3-x)$
$=-x-3-3-x$
$=-2x-6$

**6** (1) $2<5$이므로 $\sqrt{2}<\sqrt{5}$

(2) $\frac{1}{4}>\frac{1}{7}$이므로 $\sqrt{\frac{1}{4}}>\sqrt{\frac{1}{7}}$

(3) $\frac{2}{5}=0.4$이고 $0.5>0.4$이므로
$\sqrt{0.5}>\sqrt{\frac{2}{5}}$

(4) $8=\sqrt{64}$이고 $64<65$이므로
$8<\sqrt{65}$

(5) $0.5=\sqrt{0.25}$이고 $0.25>0.24$이므로 $0.5>\sqrt{0.24}$
$\therefore -0.5<-\sqrt{0.24}$

**7** (1) $1<\sqrt{x-1}\leq2$에서
$\sqrt{1}<\sqrt{x-1}\leq\sqrt{4}$
$1<x-1\leq4$ $\therefore 2<x\leq5$
따라서 자연수 $x$는 3, 4, 5의 3개이다.

(2) $4\leq\sqrt{x+2}<5$에서
$\sqrt{16}\leq\sqrt{x+2}<\sqrt{25}$
$16\leq x+2<25$ $\therefore 14\leq x<23$
따라서 자연수 $x$는 14, 15, …, 22의 9개이다.

(3) $6<\sqrt{3x}<9$에서
$\sqrt{36}<\sqrt{3x}<\sqrt{81}$
$36<3x<81$ $\therefore 12<x<27$
따라서 자연수 $x$는 13, 14, …, 26의 14개이다.

## 내공 쌓는 족집게 문제 p. 12~15

| | | | |
|---|---|---|---|
| 1 ⑤ | 2 ② | 3 ① | 4 ② |
| 5 3 | 6 1 | 7 ② | 8 ③ |
| 9 ⑤ | 10 ② | 11 ① | 12 ① |
| 13 $\sqrt{3}$cm | | 14 ③ | 15 ③, ⑤ |
| 16 ② | 17 ② | 18 ① | 19 25 |
| 20 ② | 21 ⑤ | 22 ⑤ | 23 ⑤ |
| 24 1 | 25 $-2a$ | 26 ① | 27 161 |
| 28 54 | 29 $-4$, 과정은 풀이 참조 | | |
| 30 $-x+7$, 과정은 풀이 참조 | | | |

**1** ($x$는 양수 $a$의 제곱근)
=(제곱해서 $a$가 되는 수 $x$)
=($x^2=a$를 만족시키는 $x$)
$=\pm\sqrt{a}$

**2** $(-3)^2=9$의 제곱근은 $\pm3$이다.

**3** ㄴ. 양수 $a$의 제곱근은 $\sqrt{a}$, $-\sqrt{a}$로 양수, 음수가 있다.
ㄷ. 0의 제곱근은 0의 1개이고, 음수의 제곱근은 없다.

ㄹ. 4의 제곱근은 2, $-2$이고, 제곱근 4는 $\sqrt{4}=2$이다.
따라서 옳은 것은 ㄱ이다.

**4** ①, ③, ④, ⑤ $-9$ ② 9
따라서 나머지 넷과 다른 하나는 ②이다.

**5** $\sqrt{16}=\sqrt{4^2}=4$의 음의 제곱근 $A=-2$
$\sqrt{(-25)^2}=\sqrt{25^2}=25$의 양의 제곱근 $B=5$
$\therefore A+B=-2+5=3$

**6** $\sqrt{(-3)^2}\times\left(\sqrt{\frac{5}{3}}\right)^2-\sqrt{4^4}\div(-\sqrt{4})^2$
$=3\times\frac{5}{3}-16\div4$
$=5-4=1$

**7** $\sqrt{a^2}-\sqrt{(-a)^2}+\sqrt{4a^2}$
$=-a-(-a)-2a$
$=-a+a-2a=-2a$

**8** $\sqrt{30-2n}$이 자연수가 되려면 $30-2n$은 $0<30-2n<30$인 $(\text{자연수})^2$ 꼴이어야 하므로
$30-2n=1, 4, 9, 16, 25$
이때 $n$은 자연수이므로
$n=7, 13$
따라서 자연수 $n$의 값의 합은
$7+13=20$

**9** $\sqrt{135x}=\sqrt{3^3\times5\times x}$
$=\sqrt{3^2\times3\times5\times x}$
따라서 $\sqrt{135x}$가 자연수가 되려면 소인수의 지수가 모두 짝수이어야 하므로 가장 작은 자연수 $x$의 값은 $3\times5=15$이다.

**10** $\sqrt{\frac{12}{x}}=\sqrt{\frac{2^2\times3}{x}}$이 자연수가 되려면 소인수의 지수가 모두 짝수이어야 하므로 자연수 $x$는 3, 12의 2개이다.

**11** ① $\sqrt{9}<\sqrt{13}$이므로 $3<\sqrt{13}$
② $\sqrt{48}<\sqrt{49}$이므로 $\sqrt{48}<7$
③ $\sqrt{\frac{1}{2}}>\sqrt{\frac{1}{9}}$이므로 $\sqrt{\frac{1}{2}}>\frac{1}{3}$
④ $\sqrt{6}<\sqrt{\frac{25}{4}}$이므로 $\sqrt{6}<\frac{5}{2}$
⑤ $\sqrt{1.1}<\sqrt{1.2}$이므로
$-\sqrt{1.1}>-\sqrt{1.2}$
따라서 대소 관계가 옳은 것은 ①이다.

**12** $4<\sqrt{2x}<5$에서 $\sqrt{16}<\sqrt{2x}<\sqrt{25}$
즉, $16<2x<25$
$\therefore 8<x<12.5$
따라서 부등식을 만족시키는 자연수 $x$의 값은 9, 10, 11, 12이므로 옳지 않은 것은 ①이다.

**13** 정사각형을 한 번 접으면 그 넓이는 전 단계 정사각형의 넓이의 $\frac{1}{2}$이 되고, 처음 정사각형의 넓이는 $24\text{ cm}^2$이므로 1단계~3단계에서 생기는 정사각형의 넓이는
1단계: $24\times\frac{1}{2}=12(\text{cm}^2)$
2단계: $12\times\frac{1}{2}=6(\text{cm}^2)$
3단계: $6\times\frac{1}{2}=3(\text{cm}^2)$
따라서 3단계에서 생기는 정사각형의 한 변의 길이는 $\sqrt{3}\text{ cm}$이다.
**돌다리 두드리기** | 넓이가 $a$인 정사각형의 한 변의 길이는 $\sqrt{a}$임을 이용한다.

**14** ③ $\sqrt{1.21}=\sqrt{1.1^2}=1.1$

**15** $-a>0$이므로
③ $-\sqrt{(-a)^2}=-(-a)=a$
⑤ $(\sqrt{-a})^2=(\sqrt{-a})^2=-a$

**16** ① $\sqrt{49}+\sqrt{(-3)^2}=7+3=10$
② $(\sqrt{10})^2+(\sqrt{6})^2-(-\sqrt{3})^2$
$=10+6-3=13$
③ $(\sqrt{3})^2-\sqrt{(-3)^2}+\sqrt{0.64}$
$=3-3+0.8=0.8$
④ $\left(-\sqrt{\frac{3}{2}}\right)^2\div\sqrt{\left(-\frac{3}{4}\right)^2}$
$=\frac{3}{2}\div\frac{3}{4}=\frac{3}{2}\times\frac{4}{3}=2$
⑤ $\left(\sqrt{\frac{1}{3}}\right)^2\div\sqrt{\left(-\frac{5}{3}\right)^2}\times(-\sqrt{4})^2$
$=\frac{1}{3}\div\frac{5}{3}\times4$
$=\frac{1}{3}\times\frac{3}{5}\times4=\frac{4}{5}$
따라서 계산 결과가 가장 큰 것은 ②이다.

**17** $a>b$, $ab<0$이므로 $a>0$, $b<0$
$a>0$이므로 $(\sqrt{a})^2=a$
$-b>0$이므로 $\sqrt{(-b)^2}=-b$
$2a-b>0$이므로
$\sqrt{(2a-b)^2}=2a-b$
$\therefore (\sqrt{a})^2+\sqrt{(-b)^2}-\sqrt{(2a-b)^2}$
$=a-b-(2a-b)$
$=a-b-2a+b=-a$

**18** $1<a<2$이므로
$a-1>0$, $a-2<0$
$\therefore \sqrt{(a-1)^2}-\sqrt{(a-2)^2}$
$=(a-1)-\{-(a-2)\}$
$=a-1+a-2=2a-3$

**19** $\sqrt{35-x}$가 정수가 되려면 $35-x$는 0 또는 35보다 작은 $(\text{자연수})^2$ 꼴이어야 하므로
$35-x=0, 1, 4, 9, 16, 25$
$\therefore x=35, 34, 31, 26, 19, 10$
따라서 $A=35$, $B=10$이므로
$A-B=35-10=25$
**돌다리 두드리기** | $\sqrt{A-x}$($A$는 자연수)가 정수가 되려면 $A-x$는 0 또는 $A$보다 작은 $(\text{자연수})^2$ 꼴이어야 한다.

**20** $\sqrt{2x}$가 자연수가 되려면
$x=2\times(\text{자연수})^2$ 꼴이어야 하고,
$10<x<50$이므로
$x=2\times3^2$, $2\times4^2$
따라서 자연수 $x$는 18, 32의 2개이다.

**21** ㄱ. $\sqrt{(-5)^2}=5$의 제곱근은 $\pm\sqrt{5}$
ㄴ. $a<b$이면 $a-b<0$이므로
$\sqrt{(a-b)^2}=-(a-b)=-a+b$
ㄷ. 양수 $a$의 제곱근은 $\sqrt{a}$, $-\sqrt{a}$이므로 $\sqrt{a}+(-\sqrt{a})=0$
ㄹ. $0<a<b$이면 $\sqrt{a}<\sqrt{b}$
따라서 옳은 것은 ㄷ, ㄹ이다.

**22** 음수끼리 비교하면
$0.2=\sqrt{0.04}$이고 $\sqrt{0.04}<\sqrt{0.2}$이므로
$-0.2>-\sqrt{0.2}$
양수끼리 비교하면
$3=\sqrt{9}$이고 $\sqrt{9}>\sqrt{7}$이므로 $3>\sqrt{7}$
$\therefore 3>\sqrt{7}>0>-0.2>-\sqrt{0.2}$
따라서 네 번째에 오는 수는 $-0.2$이다.

**23** $0<a<1$이므로
$0<a^2<a(=\sqrt{a^2})<\sqrt{a}<1$
$<\sqrt{\frac{1}{a}}<\frac{1}{a}\left(=\sqrt{\left(\frac{1}{a}\right)^2}\right)$
| 다른 풀이 |
$0<a<1$이므로 $a=\frac{1}{4}$이라 하면
① $\sqrt{\frac{1}{a}}=2$ ② $\sqrt{a}=\sqrt{\frac{1}{4}}=\frac{1}{2}$

③ $\frac{1}{a}=4$　　④ $a=\frac{1}{4}$

⑤ $a^2=\left(\frac{1}{4}\right)^2=\frac{1}{16}$

이므로 그 값이 가장 작은 것은 ⑤이다.

**24** $\sqrt{3}<2$이므로 $\sqrt{3}-2<0$
$1<\sqrt{3}$이므로 $1-\sqrt{3}<0$
$\therefore \sqrt{(\sqrt{3}-2)^2}+\sqrt{(1-\sqrt{3})^2}$
$=-(\sqrt{3}-2)-(1-\sqrt{3})$
$=-\sqrt{3}+2-1+\sqrt{3}=1$

**25** $0<a<1$에서 $\frac{1}{a}>1$이므로
$a-\frac{1}{a}<0,\ a+\frac{1}{a}>0$
$\therefore \sqrt{\left(a-\frac{1}{a}\right)^2}-\sqrt{\left(a+\frac{1}{a}\right)^2}$
$=-\left(a-\frac{1}{a}\right)-\left(a+\frac{1}{a}\right)$
$=-2a$

**26** $\sqrt{40ab}=\sqrt{2^3\times5\times ab}$가 자연수가 되려면 $ab=2\times5=10$이어야 한다.
이때 $ab=10$을 만족시키는 순서쌍 $(a,\ b)$는 $(2,\ 5)$, $(5,\ 2)$의 2가지이므로 구하는 확률은
$\frac{2}{36}=\frac{1}{18}$

**27** 정사각형 A의 한 변의 길이는 $\sqrt{20n}$, 정사각형 B의 한 변의 길이는 $\sqrt{94-n}$이다.
$\sqrt{20n}=\sqrt{2^2\times5\times n}$이 자연수가 되려면 $n=5\times$(자연수)$^2$ 꼴이어야 하므로
$n=5,\ 20,\ 45,\ \cdots$　　$\cdots$ ㉠
$\sqrt{94-n}$이 자연수가 되려면 $94-n$은 94보다 작은 (자연수)$^2$ 꼴이어야 하므로
$94-n=1,\ 4,\ 9,\ 16,\ 25,\ 36,\ 49,\ 64,\ 81$
$\therefore n=13,\ 30,\ 45,\ 58,\ 69,\ 78,\ 85,\ 90,\ 93$　　$\cdots$ ㉡
㉠, ㉡을 모두 만족시키는 자연수 $n$의 값은 45이므로
정사각형 A의 한 변의 길이는
$\sqrt{20n}=\sqrt{20\times45}=\sqrt{900}=30$
정사각형 B의 한 변의 길이는
$\sqrt{94-n}=\sqrt{94-45}=\sqrt{49}=7$
따라서 직사각형 C의 넓이는
$7\times(30-7)=161$

**28** $\sqrt{1}=1,\ \sqrt{4}=2,\ \sqrt{9}=3,\ \sqrt{16}=4$이므로
$N(1)=N(2)=N(3)=1$
$N(4)=N(5)=\cdots=N(8)=2$
$N(9)=N(10)=\cdots=N(15)=3$
$N(16)=N(17)=\cdots=N(20)=4$
$\therefore N(1)+N(2)+\cdots+N(20)$
$=1\times3+2\times5+3\times7+4\times5$
$=54$

**29** $(\sqrt{3})^2=3,\ \sqrt{(-5)^2}=5$,
$\sqrt{0.25}=0.5$이므로
$A=3-5\div0.5$
$=3-10=-7$　　$\cdots$ (i)
$\sqrt{49}=7,\ \sqrt{(-11)^2}=11,\ \sqrt{4^2}=4$,
$\left(-\sqrt{\frac{4}{7}}\right)^2=\frac{4}{7}$이므로
$B=7-11+4\div\frac{4}{7}$
$=7-11+4\times\frac{7}{4}$
$=-4+7=3$　　$\cdots$ (ii)
$\therefore A+B=-7+3=-4$　　$\cdots$ (iii)

| 채점 기준 | 비율 |
|---|---|
| (i) $A$의 값 구하기 | 40 % |
| (ii) $B$의 값 구하기 | 40 % |
| (iii) $A+B$의 값 구하기 | 20 % |

**30** $-1<x<3$에서
$x-3<0,\ -x+3>0,\ x+1>0$이므로　　$\cdots$ (i)
$\sqrt{(x-3)^2}+\sqrt{(-x+3)^2}+\sqrt{(x+1)^2}$
$=-(x-3)+(-x+3)+(x+1)$　　$\cdots$ (ii)
$=-x+3-x+3+x+1$
$=-x+7$　　$\cdots$ (iii)

| 채점 기준 | 비율 |
|---|---|
| (i) $x-3,\ -x+3,\ x+1$의 부호 정하기 | 40 % |
| (ii) 근호 없애기 | 40 % |
| (iii) 답 구하기 | 20 % |

## 03강 무리수와 실수

### 예제　p. 16

**1** (1) 유　(2) 무　(3) 유　(4) 유　(5) 무　(6) 유
(2) 근호가 벗겨지지 않는 수는 무리수이다.
(4) 근호 안의 수가 유리수의 제곱이 되는 수는 유리수이다.
(5) 순환소수가 아닌 무한소수는 무리수이다.

**2** **P: $\sqrt{5}$, Q: $-\sqrt{5}$**
$\overline{OA}=\sqrt{\overline{OB}^2+\overline{AB}^2}=\sqrt{1^2+2^2}=\sqrt{5}$
이므로 $\overline{OP}=\overline{OQ}=\overline{OA}=\sqrt{5}$
점 P는 점 O로부터 오른쪽에 위치하므로 점 P에 대응하는 수는 $\sqrt{5}$이고, 점 Q는 점 O로부터 왼쪽에 위치하므로 점 Q에 대응하는 수는 $-\sqrt{5}$이다.

### 핵심 유형 익히기　p. 17

**1** (1) ×　(2) ○　(3) ×　(4) ○
(1) $\sqrt{4}=2$이므로 $\sqrt{4}$는 근호가 있지만 유리수이다.
(3) 무한소수 중 순환하는 무한소수는 유리수이다.

**2** ㄱ, ㄷ, ㅁ
ㄱ. $\pi$(무리수)
ㄴ. $2.131313\cdots$은 순환소수이므로 유리수이다.
ㄷ. $\sqrt{4}=2$의 양의 제곱근은 $\sqrt{2}$로 무리수이다.
ㄹ. $\sqrt{\frac{9}{16}}=\frac{3}{4}$(유리수)
ㅁ. $\sqrt{3}-1$(무리수)
따라서 유리수가 아닌 실수는 무리수이므로 ㄱ, ㄷ, ㅁ이다.

**확인** 무리수의 형태
(1) 순환소수가 아닌 무한소수
　예 $0.25732\cdots,\ -3.5214\cdots$
(2) 근호 안의 수가 유리수의 제곱이 되지 않는 수
　예 $\sqrt{3},\ \sqrt{5},\ \sqrt{7},\ \cdots$
(3) 원주율 $\pi$
(4) (무리수)+(유리수),
(무리수)−(유리수),
(유리수)−(무리수)
　예 $\sqrt{2}+1,\ \sqrt{3}-2,\ 3-\sqrt{5},\ \cdots$

**3** **$\overline{OC}=\sqrt{8}$, C($\sqrt{8}$)**
$\overline{OA}=\sqrt{\overline{OB}^2+\overline{AB}^2}=\sqrt{2^2+2^2}=\sqrt{8}$
$\overline{OC}=\overline{OA}$이므로 $\overline{OC}=\sqrt{8}$

**4** **P($-\sqrt{5}$), Q($4-\sqrt{10}$), R($\sqrt{5}$), S($4+\sqrt{10}$)**
$\overline{OA}=\sqrt{2^2+1^2}=\sqrt{5}$,
$\overline{OB}=\sqrt{1^2+2^2}=\sqrt{5}$

점 R는 점 O로부터 오른쪽에 위치하므로 R($\sqrt{5}$)이고, 점 P는 점 O로부터 왼쪽에 위치하므로 P($-\sqrt{5}$)이다.
$\overline{DC}=\sqrt{1^2+3^2}=\sqrt{10}$,
$\overline{DE}=\sqrt{3^2+1^2}=\sqrt{10}$
점 S는 점 D로부터 오른쪽에 위치하므로 S($4+\sqrt{10}$)이고, 점 Q는 점 D로부터 왼쪽에 위치하므로 Q($4-\sqrt{10}$)이다.

## 04강 실수의 대소 관계/제곱근표

**예제** p. 18

**1** ㄹ
ㄹ. 두 실수 사이에는 무수히 많은 무리수가 존재한다.

**2** (1) < (2) > (3) < (4) <
(1) $(\sqrt{10}-1)-3=\sqrt{10}-4$
$=\sqrt{10}-\sqrt{16}<0$
$\therefore \sqrt{10}-1<3$
(2) $(2-\sqrt{5})-(-1)=3-\sqrt{5}$
$=\sqrt{9}-\sqrt{5}>0$
$\therefore 2-\sqrt{5}>-1$
(3) $(\sqrt{8}+\sqrt{5})-(3+\sqrt{5})$
$=\sqrt{8}-3=\sqrt{8}-\sqrt{9}<0$
$\therefore \sqrt{8}+\sqrt{5}<3+\sqrt{5}$
(4) $(-1+\sqrt{5})-(\sqrt{7}-1)$
$=\sqrt{5}-\sqrt{7}<0$
$\therefore -1+\sqrt{5}<\sqrt{7}-1$
| 다른 풀이 |
(3) $3=\sqrt{9}$에서 $\sqrt{8}<3$이므로 부등식의 성질에 의해 양변에 $\sqrt{5}$를 더해도 부등호의 방향은 바뀌지 않는다.
$\therefore \sqrt{8}+\sqrt{5}<3+\sqrt{5}$
(4) $\sqrt{5}<\sqrt{7}$이므로 부등식의 성질에 의해 양변에서 1을 빼도 부등호의 방향은 바뀌지 않는다.
$\therefore -1+\sqrt{5}<\sqrt{7}-1$

**3** **2.460**
주어진 제곱근표에서 6.0의 가로줄과 5의 세로줄이 만나는 수는 2.460이므로 $\sqrt{6.05}=2.460$

**핵심 유형 익히기** p. 19

**1** ②, ⑤
② 2와 3 사이에는 또 다른 정수가 존재하지 않는다.
⑤ 3과 4 사이에는 무수히 많은 무리수가 있다.

**2** ④
$2<\sqrt{6}<3$, $4<\sqrt{17}<5$
① $3<\sqrt{6}+1<4$이므로
$\sqrt{6}+1$은 $\sqrt{6}$과 $\sqrt{17}$ 사이에 있다.
② $3<\sqrt{17}-1<4$이므로
$\sqrt{17}-1$은 $\sqrt{6}$과 $\sqrt{17}$ 사이에 있다.
③ $\sqrt{6}$과 $\sqrt{17}$의 평균 $\dfrac{\sqrt{6}+\sqrt{17}}{2}$은 $\sqrt{6}$과 $\sqrt{17}$ 사이에 있다.
④ $3<\sqrt{15}<4$이므로 $0<\sqrt{15}-3<1$
즉, $\sqrt{15}-3<\sqrt{6}$이므로 $\sqrt{15}-3$은 $\sqrt{6}$과 $\sqrt{17}$ 사이에 있지 않다.
⑤ $6<10<17$이므로 $\sqrt{6}<\sqrt{10}<\sqrt{17}$
따라서 $\sqrt{6}$과 $\sqrt{17}$ 사이에 있는 실수가 아닌 것은 ④이다.

**3** **D**
$1<\sqrt{3}<2$에서 $2<1+\sqrt{3}<3$
따라서 $1+\sqrt{3}$에 대응하는 점은 D이다.

**4** ②
① $(\sqrt{5}-2)-(\sqrt{3}-2)=\sqrt{5}-\sqrt{3}>0$
$\therefore \sqrt{5}-2>\sqrt{3}-2$
② $(4-\sqrt{3})-3=1-\sqrt{3}<0$
$\therefore 4-\sqrt{3}<3$
③ $5-(\sqrt{3}+3)=2-\sqrt{3}$
$=\sqrt{4}-\sqrt{3}>0$
$\therefore 5>\sqrt{3}+3$
④ $6-(\sqrt{20}+1)=5-\sqrt{20}$
$=\sqrt{25}-\sqrt{20}>0$
$\therefore 6>\sqrt{20}+1$
⑤ $(2-\sqrt{3})-(\sqrt{5}-\sqrt{3})$
$=2-\sqrt{5}=\sqrt{4}-\sqrt{5}<0$
$\therefore 2-\sqrt{3}<\sqrt{5}-\sqrt{3}$
따라서 옳은 것은 ②이다.
| 다른 풀이 |
① $\sqrt{5}>\sqrt{3}$이므로 부등식의 성질에 의해 양변에서 2를 빼도 부등호의 방향은 바뀌지 않는다.
$\therefore \sqrt{5}-2>\sqrt{3}-2$
⑤ $2=\sqrt{4}$에서 $2<\sqrt{5}$이므로 양변에서 $\sqrt{3}$을 빼도 부등호의 방향은 바뀌지 않는다.
$\therefore 2-\sqrt{3}<\sqrt{5}-\sqrt{3}$

**확인** 실수의 대소 관계
(1) 두 수의 차 이용
① $a-b>0$이면 $a>b$
② $a-b=0$이면 $a=b$
③ $a \quad b<0$이면 $a<b$
(2) 부등식의 성질 이용
① $a>b$이면 $a+m>b+m$
② $a>b$이면 $a-m>b-m$

**5** ①
$a-b=2-(3-\sqrt{2})=-1+\sqrt{2}>0$
$\therefore a>b$ ⋯ ㉠
$b-c=(3-\sqrt{2})-(-\sqrt{2}+1)=2>0$
$\therefore b>c$ ⋯ ㉡
따라서 ㉠, ㉡에 의해 $c<b<a$

**6** (1) **3.225** (2) **3.493** (3) **3.674**
(1) 주어진 제곱근표에서 10의 가로줄과 4의 세로줄이 만나는 수는 3.225이므로 $\sqrt{10.4}=3.225$
(2) 주어진 제곱근표에서 12의 가로줄과 2의 세로줄이 만나는 수는 3.493이므로 $\sqrt{12.2}=3.493$
(3) 주어진 제곱근표에서 13의 가로줄과 5의 세로줄이 만나는 수는 3.674이므로 $\sqrt{13.5}=3.674$

**기초 내공 다지기** p. 20~21

**1**

| | | | | |
|---|---|---|---|---|
| 2 | $\sqrt{45}$ | 3.74 | $\sqrt{60}$ | $0.\dot{3}$ |
| $\sqrt{3}\times\frac{1}{\sqrt{3}}$ | $\sqrt{0.4}$ | $\sqrt{8}$ | $\sqrt{3}+1$ | $-2$ |
| $\sqrt{30}$ | $\sqrt{3.6}$ | $\sqrt{36}$ | $\frac{49}{64}$ | 3.7 |
| $\sqrt{110}$ | $\pi$ | $1-\sqrt{3}$ | $\sqrt{10}$ | $0.2\dot{4}$ |
| $\sqrt{(-2)^2}$ | $0.4\dot{8}$ | $\sqrt{0.3}$ | $\sqrt{17}$ | $\sqrt{3+8}$ |
| 6 | $\sqrt{900}$ | $\sqrt{14}$ | $\sqrt{5}$ | $\sqrt{2}-\sqrt{3}$ |
| $\pi\times\frac{1}{\pi}$ | 0 | $\pi-1$ | $2\sqrt{3}$ | $\sqrt{8.1}$ |
| $1.\dot{2}$ | $\frac{1}{8}$ | $3\sqrt{7}$ | $\sqrt{15}$ | $\sqrt{5}+4$ |
| $\frac{1}{2}$ | $\sqrt{\frac{3}{4}}$ | $\sqrt{\frac{3}{2}}$ | $\sqrt{13}-1$ | $\sqrt{100}$ |
| $\sqrt{144}$ | $\sqrt{16}$ | $\frac{1}{3}$ | $\sqrt{21}$ | 7 |
| $\sqrt{121}$ | $\sqrt{7}+2$ | $\sqrt{625}$ | $\frac{7}{8}$ | $\sqrt{\frac{25}{64}}$ |
| $(\sqrt{7})^2$ | $\sqrt{49}$ | $\sqrt{13}$ | $\frac{1}{\sqrt{3}}$ | $\sqrt{64}$ |

| $\sqrt{400}$ | $\frac{1}{\sqrt{2}}$ | $0.2$ | $\sqrt{0.04}$ | $\sqrt{1.6}$ |
|---|---|---|---|---|
| $4$ | $0.75$ | $\sqrt{0.\dot{4}}$ | $8$ | $\sqrt{2}$ |
| $\sqrt{12}$ | $\sqrt{0.2}$ | $\sqrt{7}$ | $\pi-\sqrt{3}$ | $\sqrt{3}+4$ |
| $\sqrt{7.4}$ | $\sqrt{0.1}$ | $\sqrt{0.65}$ | $\sqrt{9+4}$ | $\sqrt{2}+\sqrt{3}$ |
| $\sqrt{5}+1$ | $\sqrt{2}+1$ | $\sqrt{\frac{2}{5}}$ | $\sqrt{19}$ | $\sqrt{25}$ |
| $\sqrt{0.81}$ | $\sqrt{4.9}$ | $(-\sqrt{3})^2$ | $\sqrt{\frac{9}{49}}$ | $\sqrt{14+2}$ |
| $\sqrt{1.4}$ | $\sqrt{20}$ | $1.14$ | $-\frac{49}{81}$ | $\frac{2}{3}$ |
| $\frac{1}{5}$ | $0.\dot{7}$ | $\frac{1}{\sqrt{8}}$ | $\sqrt{\frac{1}{2}}$ | $0.7\dot{8}$ |

**2** (1)

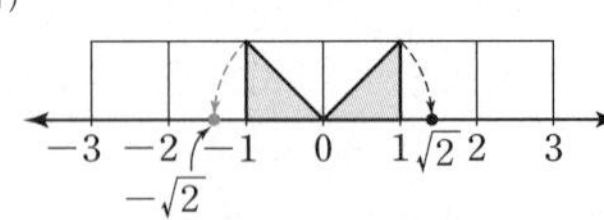


(2)

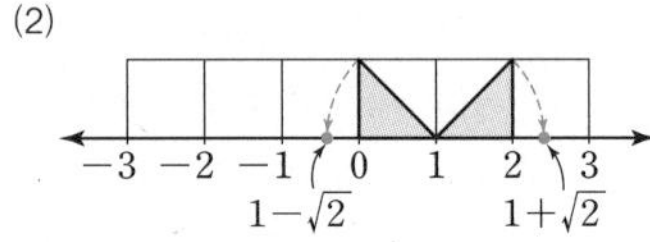


(3)

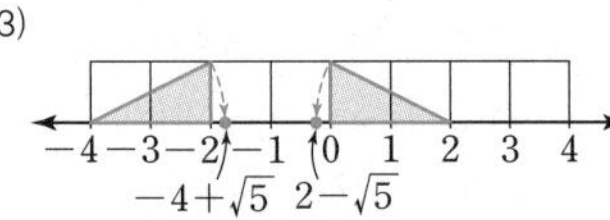


(4)

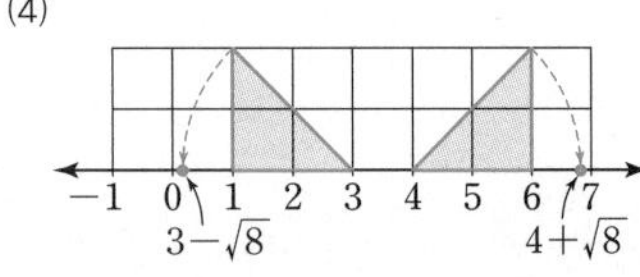


(5)

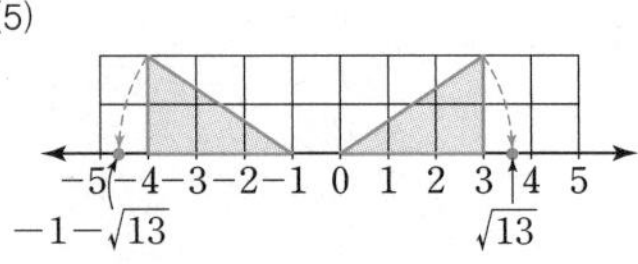


(6)

$-3$ $-2$ $-1$ $0$ $1$ $2$ $3$ $4$ $5$ $6$ $7$

$-3+\sqrt{17}$ $7-\sqrt{17}$

**3** (1) $<$ (2) $>$ (3) $>$
(4) $<$ (5) $<$ (6) $>$

**4** (1) $c<a<b$ (2) $c<a<b$
(3) $b<a<c$ (4) $c<b<a$

**5** (1) 7.436 (2) 7.556
(3) 7.642 (4) 7.694

**6** (1) 55.4 (2) 56.2
(3) 57.4 (4) 59.1

**1** (위에서부터 차례로)

$\sqrt{3}\times\frac{1}{\sqrt{3}}=1$, $\sqrt{36}=6$, $\sqrt{(-2)^2}=2$,
$\sqrt{900}=30$, $\pi\times\frac{1}{\pi}=1$,
$\sqrt{5+4}=\sqrt{9}=3$, $\sqrt{100}=10$,
$\sqrt{144}=12$, $\sqrt{16}=4$, $\sqrt{121}=11$,
$\sqrt{7+2}=\sqrt{9}=3$, $\sqrt{625}=25$,
$\sqrt{\frac{25}{64}}=\frac{5}{8}$, $(\sqrt{7})^2=7$, $\sqrt{49}=7$,
$\sqrt{64}=8$, $\sqrt{400}=20$, $\sqrt{0.04}=0.2$,
$\sqrt{0.\dot{4}}=\sqrt{\frac{4}{9}}=\frac{2}{3}$, $\sqrt{25}=5$,
$\sqrt{0.81}=0.9$, $(-\sqrt{3})^2=3$,
$\sqrt{\frac{9}{49}}=\frac{3}{7}$, $\sqrt{14+2}=\sqrt{16}=4$

**3** (1) $(4+\sqrt{2})-6=\sqrt{2}-2$
$=\sqrt{2}-\sqrt{4}<0$
$\therefore 4+\sqrt{2}<6$
(2) $(6+\sqrt{7})-7=\sqrt{7}-1>0$
$\therefore 6+\sqrt{7}>7$
(3) $4-(5-\sqrt{3})=-1+\sqrt{3}>0$
$\therefore 4>5-\sqrt{3}$
(4) $(3+\sqrt{5})-(3+\sqrt{7})$
$=\sqrt{5}-\sqrt{7}<0$
$\therefore 3+\sqrt{5}<3+\sqrt{7}$
(5) $(\sqrt{3}+4)-(\sqrt{17}+\sqrt{3})$
$=4-\sqrt{17}$
$=\sqrt{16}-\sqrt{17}<0$
$\therefore \sqrt{3}+4<\sqrt{17}+\sqrt{3}$
(6) $(3-\sqrt{11})-(\sqrt{5}-\sqrt{11})$
$=3-\sqrt{5}$
$=\sqrt{9}-\sqrt{5}>0$
$\therefore 3-\sqrt{11}>\sqrt{5}-\sqrt{11}$

**| 다른 풀이 |**

(4) $\sqrt{5}<\sqrt{7}$이므로 부등식의 성질에 의해 양변에 3을 더해도 부등호의 방향은 바뀌지 않는다.
$\therefore 3+\sqrt{5}<3+\sqrt{7}$
(5) $4=\sqrt{16}$에서 $4<\sqrt{17}$이므로 부등식의 성질에 의해 양변에 $\sqrt{3}$을 더해도 부등호의 방향은 바뀌지 않는다.
$\therefore \sqrt{3}+4<\sqrt{17}+\sqrt{3}$
(6) $3=\sqrt{9}$에서 $3>\sqrt{5}$이므로 부등식의 성질에 의해 양변에 $\sqrt{11}$을 빼도 부등호의 방향은 바뀌지 않는다.
$\therefore 3-\sqrt{11}>\sqrt{5}-\sqrt{11}$

**4** (1) $a-b=\sqrt{2}-\sqrt{3}<0$
$\therefore a<b$ ⋯ ㉠
$a-c=\sqrt{2}-(\sqrt{2}-2)=2>0$
$\therefore a>c$ ⋯ ㉡
따라서 ㉠, ㉡에 의해 $c<a<b$
(2) $a-b=(2+\sqrt{3})-(\sqrt{5}+2)$
$=\sqrt{3}-\sqrt{5}<0$
$\therefore a<b$ ⋯ ㉠
$a-c=(2+\sqrt{3})-3$
$=\sqrt{3}-1>0$
$\therefore a>c$ ⋯ ㉡
따라서 ㉠, ㉡에 의해 $c<a<b$
(3) $a-c=(\sqrt{3}+\sqrt{7})-(2+\sqrt{7})$
$=\sqrt{3}-2$
$=\sqrt{3}-\sqrt{4}<0$
$\therefore a<c$ ⋯ ㉠
$a$는 양수이고, $b$는 음수이므로
$b<a$ ⋯ ㉡
따라서 ㉠, ㉡에 의해 $b<a<c$
(4) $a-b=(3+\sqrt{3})-(3-\sqrt{5})$
$=\sqrt{3}+\sqrt{5}>0$
$\therefore a>b$ ⋯ ㉠
$b-c=(3-\sqrt{5})-(\sqrt{3}-\sqrt{5})$
$=3-\sqrt{3}$
$=\sqrt{9}-\sqrt{3}>0$
$\therefore b>c$ ⋯ ㉡
따라서 ㉠, ㉡에 의해 $c<b<a$

**5** (1) 주어진 제곱근표에서 55의 가로줄과 3의 세로줄이 만나는 수는 7.436이므로 $\sqrt{55.3}=7.436$
(2) 주어진 제곱근표에서 57의 가로줄과 1의 세로줄이 만나는 수는 7.556이므로 $\sqrt{57.1}=7.556$
(3) 주어진 제곱근표에서 58의 가로줄과 4의 세로줄이 만나는 수는 7.642이므로 $\sqrt{58.4}=7.642$
(4) 주어진 제곱근표에서 59의 가로줄과 2의 세로줄이 만나는 수는 7.694이므로 $\sqrt{59.2}=7.694$

**6** (1) 7.443의 가로줄에 대응하는 수는 55, 세로줄에 대응하는 수는 4이므로 $a=55.4$
(2) 7.497의 가로줄에 대응하는 수는 56, 세로줄에 대응하는 수는 2이므로 $a=56.2$
(3) 7.576의 가로줄에 대응하는 수는 57, 세로줄에 대응하는 수는 4이므로 $a=57.4$
(4) 7.688의 가로줄에 대응하는 수는 59, 세로줄에 대응하는 수는 1이므로 $a=59.1$

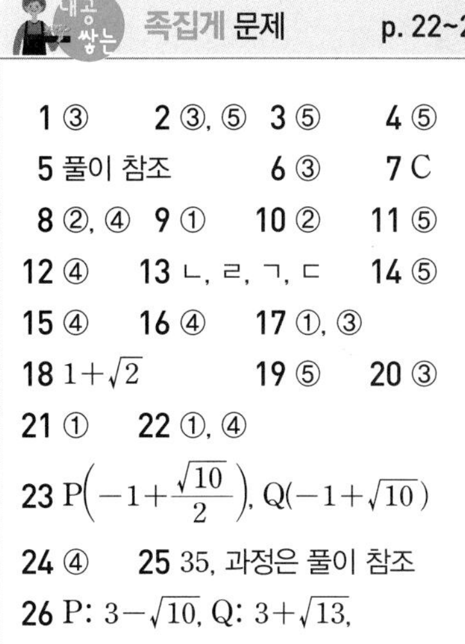

## 내공 쌓는 족집게 문제 p. 22~25

1 ③ 2 ③, ⑤ 3 ⑤ 4 ⑤
5 풀이 참조 6 ③ 7 C
8 ②, ④ 9 ① 10 ② 11 ⑤
12 ④ 13 ㄴ, ㄹ, ㄱ, ㄷ 14 ⑤
15 ④ 16 ④ 17 ①, ③
18 $1+\sqrt{2}$ 19 ⑤ 20 ③
21 ① 22 ①, ④
23 $P\left(-1+\frac{\sqrt{10}}{2}\right)$, $Q(-1+\sqrt{10})$
24 ④ 25 35, 과정은 풀이 참조
26 P: $3-\sqrt{10}$, Q: $3+\sqrt{13}$, 과정은 풀이 참조

**1** ㄱ. $\sqrt{0.04}=0.2$(유리수)
ㄹ. $-\sqrt{\frac{25}{64}}=-\frac{5}{8}$(유리수)
ㅂ. $0.45656\cdots=0.4\dot{5}\dot{6}$(유리수)
따라서 무리수인 것은 ㄴ, ㄷ, ㅁ이다.

**2** ① $1<\sqrt{3}<2$이므로 $\sqrt{3}$은 2보다 작다.
②, ③, ④ $\sqrt{3}$은 순환하지 않는 무한소수, 즉 무리수이므로 기약분수로 나타낼 수 없다.
⑤ $\sqrt{(-3)^2}=3$의 양의 제곱근은 $\sqrt{3}$이다.
따라서 옳은 것은 ③, ⑤이다.

**3** □ 안에 해당하는 수는 무리수이다.
① $-\sqrt{16}=-4$(유리수)
② $\sqrt{0.09}=0.3$(유리수)
③ $2.\dot{3}\dot{4}$(유리수)
④ $\frac{2}{35}$(유리수)
⑤ $\sqrt{7}$(무리수)
따라서 □ 안에 해당하는 수는 ⑤이다.

**4** ⑤ 순환하는 무한소수는 유리수이다.

**5** $\sqrt{49}=7$, $4-\sqrt{4}=4-2=2$
(1) $0.8\dot{7}$, $\sqrt{49}$, $0.1$, $4-\sqrt{4}$
(2) $\sqrt{0.4}$
(3) $0.8\dot{7}$, $\sqrt{0.4}$, $\sqrt{49}$, $0.1$, $4-\sqrt{4}$

**6** $\overline{AB}=\sqrt{\overline{BC}^2+\overline{AC}^2}$
$=\sqrt{2^2+1^2}=\sqrt{5}$,
$\overline{BA}=\overline{BP}$이므로 $\overline{BP}=\sqrt{5}$
점 P는 점 B(2)로부터 오른쪽에 위치하므로 점 P에 대응하는 수는 $2+\sqrt{5}$이다.

**7** $2-\sqrt{2}$에 대응하는 점은 2에 대응하는 점에서 왼쪽으로 $\sqrt{2}$만큼 이동한 점이다.
오른쪽 그림과 같은 정사각형 PQRS에서
$\overline{PR}=\overline{QS}=\sqrt{1^2+1^2}$
$=\sqrt{2}$
즉, 한 변의 길이가 1인 정사각형의 대각선의 길이는 $\sqrt{2}$이므로 $2-\sqrt{2}$에 대응하는 점은 C이다.

**8** ②, ④ 서로 다른 두 실수 사이에는 무수히 많은 무리수가 존재한다.

**돌다리 두드리기 | 실수와 수직선**
(1) 모든 실수와 수직선 위의 모든 점은 일대일로 대응된다.
(2) 두 유리수 사이에는 무수히 많은 유리수, 무리수가 존재한다.
(3) 두 무리수 사이에는 무수히 많은 유리수, 무리수가 존재한다.

**9** ① $2<\sqrt{7}<3$이고 $5<\sqrt{30}<6$이므로
$1<\sqrt{30}-4<2$
즉, $\sqrt{30}-4$는 $\sqrt{7}$과 $\sqrt{30}$ 사이에 있지 않다.
② $2<\sqrt{8}<3$이고 $3<\sqrt{8}+1<4$
즉, $\sqrt{8}+1$은 $\sqrt{7}$과 $\sqrt{30}$ 사이에 있다.
③ $7<21<30$이므로 $\sqrt{7}<\sqrt{21}<\sqrt{30}$
④ $\sqrt{7}$과 $\sqrt{30}$의 평균 $\frac{\sqrt{7}+\sqrt{30}}{2}$은 $\sqrt{7}$과 $\sqrt{30}$ 사이에 있다.
⑤ $5=\sqrt{25}$이므로 $\sqrt{7}<5<\sqrt{30}$
따라서 $\sqrt{7}$과 $\sqrt{30}$ 사이에 있는 실수가 아닌 것은 ①이다.

**10** $\sqrt{36}<\sqrt{46}<\sqrt{49}$에서 $6<\sqrt{46}<7$
따라서 $\sqrt{46}$에 대응하는 점이 존재하는 구간은 ②이다.

**11** ① $2.3-(\sqrt{0.01}+2)$
$=0.3-\sqrt{0.01}$
$=\sqrt{0.09}-\sqrt{0.01}>0$
$\therefore 2.3>\sqrt{0.01}+2$
② $(4-\sqrt{3})-3=1-\sqrt{3}<0$
$\therefore 4-\sqrt{3}<3$
③ $(\sqrt{5}-7)-(\sqrt{3}-7)=\sqrt{5}-\sqrt{3}>0$
$\therefore \sqrt{5}-7>\sqrt{3}-7$
④ $(7+\sqrt{15})-(\sqrt{15}+\sqrt{45})$
$=7-\sqrt{45}=\sqrt{49}-\sqrt{45}>0$
$\therefore 7+\sqrt{15}>\sqrt{15}+\sqrt{45}$
⑤ $(\sqrt{5}-\sqrt{13})-(2-\sqrt{13})$
$=\sqrt{5}-2=\sqrt{5}-\sqrt{4}>0$
$\therefore \sqrt{5}-\sqrt{13}>2-\sqrt{13}$
따라서 옳지 않은 것은 ⑤이다.

**12** $b-c=(\sqrt{2}+2)-(\sqrt{3}+\sqrt{2})$
$=2-\sqrt{3}=\sqrt{4}-\sqrt{3}>0$
$\therefore b>c$ ⋯ ㉠
$c-a=(\sqrt{3}+\sqrt{2})-(\sqrt{2}-1)$
$=\sqrt{3}+1>0$
$\therefore c>a$ ⋯ ㉡
따라서 ㉠, ㉡에 의해 $a<c<b$

**13** ㄱ. $\sqrt{0.64}=0.8$이므로
$\sqrt{0.64}-0.2=0.8-0.2=0.6$
ㄷ. $1<\sqrt{3}<2$에서
$-2<-\sqrt{3}<-1$이므로
$1<3-\sqrt{3}<2$
따라서 작은 것부터 차례로 나열하면 ㄴ, ㄹ, ㄱ, ㄷ이다.

**14** 주어진 제곱근표에서 2.2의 가로줄과 3의 세로줄이 만나는 수는 1.493이므로 $\sqrt{2.23}=1.493$ $\therefore a=1.493$
또 주어진 제곱근표에서 1.584의 가로줄에 대응하는 수는 2.5, 세로줄에 대응하는 수는 1이므로 $b=2.51$
$\therefore 1000a-100b=1493-251$
$=1242$

**15** $\sqrt{x}$가 무리수이려면 $x$는 (자연수)$^2$ 꼴이 아니어야 한다. 16보다 작은 자연수 중에서 (자연수)$^2$ 꼴은 1, 4, 9의 3개이므로 구하는 자연수 $x$의 개수는
$15-3=12$(개)

**16** ① 순환하는 무한소수는 유리수이다.
② 유리수는 유한소수 또는 순환소수로 나타내어진다.
③ $\sqrt{3^2}=3$과 같이 근호 안의 수가 (유리수)$^2$이면 유리수이다.
⑤ (유리수)$^2$의 제곱근은 유리수이다.
따라서 옳은 것은 ④이다.

**17** $a=\sqrt{3}$이므로
① $a-3=\sqrt{3}-3$
② $-\sqrt{3}a=-\sqrt{3}\times\sqrt{3}$
$=-(\sqrt{3})^2=-3$
③ $3a=3\sqrt{3}$
④ $(-a)^4=(-\sqrt{3})^4=9$이므로
$\sqrt{(-a)^4}=\sqrt{9}=3$
⑤ $a^2=(\sqrt{3})^2=3$
따라서 무리수인 것은 ①, ③이다.

18 $\overline{AC}=\sqrt{\overline{AB}^2+\overline{BC}^2}$
$=\sqrt{1^2+1^2}=\sqrt{2}$,
$\overline{CA}=\overline{CP}$이므로 $\overline{CP}=\sqrt{2}$
이때 점 P는 점 C로부터 왼쪽에 위치하고 대응하는 수가 $2-\sqrt{2}$이므로
점 C에 대응하는 수는 2이고,
점 B에 대응하는 수는 1이다.
$\overline{BD}=\sqrt{\overline{BC}^2+\overline{CD}^2}$
$=\sqrt{1^2+1^2}=\sqrt{2}$,
$\overline{BD}=\overline{BQ}$이므로 $\overline{BQ}=\sqrt{2}$
따라서 점 Q는 점 B로부터 오른쪽에 위치하므로 점 Q에 대응하는 수는
$1+\sqrt{2}$이다.

19 ① $-2<-\sqrt{3}<-1$, $3<\sqrt{10}<4$
이므로 $-\sqrt{3}$과 $\sqrt{10}$ 사이의 정수는
$-1$, 0, 1, 2, 3의 5개이다.
⑤ 수직선 위의 모든 점은 유리수와 무리수로 나타낼 수 있다.
따라서 옳지 않은 것은 ⑤이다.

20 A: $1<\sqrt{2}<2$이므로
$-2<-\sqrt{2}<-1$
$\therefore -4<-2-\sqrt{2}<-3$
B: $1<\sqrt{3}<2$이므로
$-2<-\sqrt{3}<-1$
C: $2<\sqrt{5}<3$이므로
$-1<-3+\sqrt{5}<0$
D: $1<\sqrt{3}<2$이므로 $2<1+\sqrt{3}<3$
E: $3<\sqrt{12}<4$
따라서 점 C에 대응하는 수 $-3+\sqrt{5}$는 $-1$과 0 사이의 수이므로 점 C의 위치가 바르지 않다.
**돌다리 두드리기** | 각 점에 대응하는 수의 범위를 구한 후, 수직선 위에서 위치를 생각해 본다.

21 수직선 위에 나타낼 때, 가장 오른쪽에 위치하는 수가 가장 큰 수이다.
$-1-\sqrt{2}$와 $\sqrt{3}-2$는 0보다 작고,
$3+\sqrt{3}$, $\sqrt{3}-1$, 4는 0보다 크다.
$(3+\sqrt{3})-(\sqrt{3}-1)=4>0$이므로
$3+\sqrt{3}>\sqrt{3}-1$
$(3+\sqrt{3})-4=-1+\sqrt{3}>0$이므로
$3+\sqrt{3}>4$
따라서 $3+\sqrt{3}$이 수직선 위에서 가장 오른쪽에 위치한다.

22 ① (유리수)+(무리수)=(무리수)
② $a=0$, $b=\sqrt{2}$이면 $ab=0$(유리수)
③ $b=\sqrt{5}$이면 $b^2=5$(유리수)
④ (무리수)−(유리수)=(무리수)
⑤ $a=0$, $b=\sqrt{3}$이면 $\frac{a}{b}=0$(유리수)
따라서 항상 무리수가 되는 것은 ①, ④이다.

23 $\overline{BD}=\sqrt{3^2+1^2}=\sqrt{10}$이고
점 E는 두 대각선의 교점이므로
$\overline{BE}=\frac{1}{2}\overline{BD}=\frac{\sqrt{10}}{2}$
점 P, Q는 점 B로부터 오른쪽에 위치하므로
$P\left(-1+\frac{\sqrt{10}}{2}\right)$, $Q(-1+\sqrt{10})$이다.

24 $\overline{AC}=\sqrt{1^2+2^2}=\sqrt{5}$이므로
점 C′에 대응하는 수는
$1+\sqrt{5}+1+2=4+\sqrt{5}$

25 $2<\sqrt{7}<3$에서 $-3<-\sqrt{7}<-2$
이므로 $4<7-\sqrt{7}<5$,
$9<7+\sqrt{7}<10$ … (i)
따라서 $7-\sqrt{7}$과 $7+\sqrt{7}$ 사이에 있는
정수는 5, 6, 7, 8, 9이므로 … (ii)
$5+6+7+8+9=35$ … (iii)

| 채점 기준 | 비율 |
|---|---|
| (i) $7-\sqrt{7}$, $7+\sqrt{7}$의 범위 구하기 | 40 % |
| (ii) $7-\sqrt{7}$과 $7+\sqrt{7}$ 사이에 있는 정수 구하기 | 40 % |
| (iii) 답 구하기 | 20 % |

26 $\overline{AC}=\sqrt{\overline{AB}^2+\overline{BC}^2}$
$=\sqrt{1^2+3^2}=\sqrt{10}$,
$\overline{CA}=\overline{CP}$이므로 $\overline{CP}=\sqrt{10}$ … (i)
점 P는 점 C로부터 왼쪽에 위치하므로
점 P에 대응하는 수는 $3-\sqrt{10}$이다.
… (ii)
$\overline{CD}=\sqrt{\overline{CE}^2+\overline{DE}^2}$
$=\sqrt{3^2+2^2}=\sqrt{13}$,
$\overline{CD}=\overline{CQ}$이므로 $\overline{CQ}=\sqrt{13}$ … (iii)
점 Q는 점 C로부터 오른쪽에 위치하므로 점 Q에 대응하는 수는 $3+\sqrt{13}$이다.
… (iv)

| 채점 기준 | 비율 |
|---|---|
| (i) $\overline{CP}$의 길이 구하기 | 30 % |
| (ii) 점 P에 대응하는 수 구하기 | 20 % |
| (iii) $\overline{CQ}$의 길이 구하기 | 30 % |
| (iv) 점 Q에 대응하는 수 구하기 | 20 % |

## 05강 제곱근의 곱셈과 나눗셈

**예제** p. 26

1 (1) **4** (2) $\sqrt{2}$ (3) $6\sqrt{21}$
(4) **2** (5) $\sqrt{6}$ (6) **6**
(1) $\sqrt{2}\times\sqrt{8}=\sqrt{16}=\sqrt{4^2}=4$
(2) $\sqrt{\frac{12}{5}}\times\sqrt{\frac{5}{6}}=\sqrt{\frac{12}{5}\times\frac{5}{6}}=\sqrt{2}$
(3) $2\sqrt{3}\times3\sqrt{7}=(2\times3)\times\sqrt{3\times7}$
$=6\sqrt{21}$
(4) $\frac{\sqrt{32}}{\sqrt{8}}=\sqrt{\frac{32}{8}}=\sqrt{4}=2$
(5) $\sqrt{18}\div\sqrt{3}=\frac{\sqrt{18}}{\sqrt{3}}$
$=\sqrt{\frac{18}{3}}=\sqrt{6}$
(6) $12\sqrt{8}\div4\sqrt{2}=\frac{12\sqrt{8}}{4\sqrt{2}}$
$=\frac{12}{4}\sqrt{\frac{8}{2}}$
$=3\sqrt{4}=6$

2 (1) $2\sqrt{5}$ (2) $3\sqrt{3}$ (3) $\frac{\sqrt{5}}{10}$ (4) $\frac{\sqrt{7}}{4}$
(5) $\sqrt{8}$ (6) $\sqrt{18}$ (7) $\sqrt{\frac{3}{16}}$ (8) $\sqrt{\frac{5}{9}}$
(1) $\sqrt{20}=\sqrt{2^2\times5}=2\sqrt{5}$
(2) $\sqrt{27}=\sqrt{3^3}=3\sqrt{3}$
(3) $\sqrt{\frac{5}{100}}=\sqrt{\frac{5}{10^2}}=\frac{\sqrt{5}}{10}$
(4) $\sqrt{\frac{7}{16}}=\sqrt{\frac{7}{4^2}}=\frac{\sqrt{7}}{4}$
(5) $2\sqrt{2}=\sqrt{2^2\times2}=\sqrt{8}$
(6) $3\sqrt{2}=\sqrt{3^2\times2}=\sqrt{18}$
(7) $\frac{\sqrt{3}}{4}=\sqrt{\frac{3}{4^2}}=\sqrt{\frac{3}{16}}$
(8) $\frac{\sqrt{5}}{3}=\sqrt{\frac{5}{3^2}}=\sqrt{\frac{5}{9}}$

3 (1) **14.14** (2) **447.2** (3) **0.1414**
(1) $\sqrt{200}=\sqrt{2\times100}=10\sqrt{2}$
$=10\times1.414=14.14$
(2) $\sqrt{200000}=\sqrt{20\times10000}=100\sqrt{20}$
$=100\times4.472=447.2$
(3) $\sqrt{0.02}=\sqrt{\frac{2}{100}}=\frac{\sqrt{2}}{10}$
$=\frac{1.414}{10}=0.1414$

 핵심 유형 익히기 p. 27

**1** ㄴ, ㅂ

ㄱ. $\sqrt{3}\times\sqrt{3}=\sqrt{9}=3$

ㄴ. $\dfrac{\sqrt{18}}{\sqrt{6}}=\sqrt{\dfrac{18}{6}}=\sqrt{3}$

ㄷ. $\sqrt{\dfrac{12}{7}}\sqrt{\dfrac{7}{3}}=\sqrt{\dfrac{12}{7}\times\dfrac{7}{3}}$
$=\sqrt{4}=2$

ㄹ. $\sqrt{10}\div\sqrt{2}=\dfrac{\sqrt{10}}{\sqrt{2}}$
$=\sqrt{\dfrac{10}{2}}=\sqrt{5}$

ㅁ. $\sqrt{3}\sqrt{2}\sqrt{5}=\sqrt{3\times2\times5}=\sqrt{30}$

ㅂ. $\sqrt{5}\div\sqrt{10}\div\sqrt{2}=\sqrt{5}\times\dfrac{1}{\sqrt{10}}\times\dfrac{1}{\sqrt{2}}$
$=\sqrt{5\times\dfrac{1}{10}\times\dfrac{1}{2}}$
$=\sqrt{\dfrac{1}{4}}=\dfrac{1}{2}$

따라서 옳은 것은 ㄴ, ㅂ이다.

**2** ④

④ $\sqrt{108}=\sqrt{6^2\times3}=6\sqrt{3}$

**3** 2

$\sqrt{6}\times\sqrt{10}=\sqrt{6\times10}$
$=\sqrt{2^2\times15}$
$=2\sqrt{15}$
$\therefore a=2$

**4** $4\sqrt{5}$

$4\sqrt{5}=\sqrt{4^2\times5}=\sqrt{80}$
$5\sqrt{2}=\sqrt{5^2\times2}=\sqrt{50}$
$3\sqrt{6}=\sqrt{3^2\times6}=\sqrt{54}$
$9\sqrt{\dfrac{1}{3}}=\sqrt{9^2\times\dfrac{1}{3}}=\sqrt{27}$
따라서 가장 큰 수는 $4\sqrt{5}$이다.

**5** (1) $a^2b$ (2) $ab^2$

(1) $\sqrt{175}=\sqrt{5^2\times7}$
$=(\sqrt{5})^2\times\sqrt{7}=a^2b$

(2) $\sqrt{245}=\sqrt{5\times7^2}$
$=\sqrt{5}\times(\sqrt{7})^2=ab^2$

**6** ②

$\sqrt{6000}=\sqrt{60\times100}$
$=10\sqrt{60}$
$=10\times7.746=77.46$

## 06강 분모의 유리화

예제 p. 28

**1** (1) $\dfrac{\sqrt{3}}{3}$ (2) $-\dfrac{\sqrt{10}}{5}$ (3) $\dfrac{5\sqrt{6}}{12}$ (4) $\dfrac{\sqrt{6}}{8}$

(1) $\dfrac{1}{\sqrt{3}}=\dfrac{1\times\sqrt{3}}{\sqrt{3}\times\sqrt{3}}=\dfrac{\sqrt{3}}{3}$

(2) $-\dfrac{\sqrt{2}}{\sqrt{5}}=-\dfrac{\sqrt{2}\times\sqrt{5}}{\sqrt{5}\times\sqrt{5}}=-\dfrac{\sqrt{10}}{5}$

(3) $\dfrac{5}{\sqrt{24}}=\dfrac{5}{2\sqrt{6}}=\dfrac{5\times\sqrt{6}}{2\sqrt{6}\times\sqrt{6}}=\dfrac{5\sqrt{6}}{12}$

(4) $\dfrac{\sqrt{3}}{\sqrt{32}}=\dfrac{\sqrt{3}}{4\sqrt{2}}=\dfrac{\sqrt{3}\times\sqrt{2}}{4\sqrt{2}\times\sqrt{2}}=\dfrac{\sqrt{6}}{8}$

**2** 10

$\dfrac{\sqrt{3}}{\sqrt{20}}=\dfrac{\sqrt{3}}{2\sqrt{5}}=\dfrac{\sqrt{3}\times\sqrt{5}}{2\sqrt{5}\times\sqrt{5}}=\dfrac{\sqrt{15}}{10}$
$\therefore x=10$

**3** (1) $-12$ (2) $15\sqrt{2}$ (3) $\dfrac{16\sqrt{3}}{9}$ (4) $\sqrt{105}$

(1) $8\sqrt{2}\times(-3\sqrt{6})\div4\sqrt{3}$
$=8\sqrt{2}\times(-3\sqrt{6})\times\dfrac{1}{4\sqrt{3}}$
$=-12$

(2) $5\sqrt{2}\times\sqrt{27}\div\sqrt{3}$
$=5\sqrt{2}\times3\sqrt{3}\times\dfrac{1}{\sqrt{3}}$
$=15\sqrt{2}$

(3) $\dfrac{4}{\sqrt{3}}\times\dfrac{2}{\sqrt{2}}\div\sqrt{\dfrac{9}{8}}$
$=\dfrac{4}{\sqrt{3}}\times\dfrac{2}{\sqrt{2}}\times\dfrac{\sqrt{8}}{\sqrt{9}}$
$=\dfrac{4}{\sqrt{3}}\times\dfrac{2}{\sqrt{2}}\times\dfrac{2\sqrt{2}}{3}$
$=\dfrac{16}{3\sqrt{3}}=\dfrac{16\times\sqrt{3}}{3\sqrt{3}\times\sqrt{3}}$
$=\dfrac{16\sqrt{3}}{9}$

(4) $\dfrac{3\sqrt{6}}{\sqrt{2}}\div\dfrac{\sqrt{3}}{2\sqrt{5}}\times\dfrac{\sqrt{7}}{\sqrt{12}}$
$=3\sqrt{3}\times\dfrac{2\sqrt{5}}{\sqrt{3}}\times\dfrac{\sqrt{7}}{2\sqrt{3}}$
$=\dfrac{3\sqrt{35}}{\sqrt{3}}=\dfrac{3\sqrt{35}\times\sqrt{3}}{\sqrt{3}\times\sqrt{3}}$
$=\sqrt{105}$

**4** 8

$\sqrt{32}\times\sqrt{18}\div\sqrt{6}\times\sqrt{2}$
$=4\sqrt{2}\times3\sqrt{2}\times\dfrac{1}{\sqrt{6}}\times\sqrt{2}$
$=\dfrac{24}{\sqrt{3}}=\dfrac{24\times\sqrt{3}}{\sqrt{3}\times\sqrt{3}}$
$=\dfrac{24\sqrt{3}}{3}=8\sqrt{3}$
$\therefore a=8$

핵심 유형 익히기 p. 29

**1** ④

$\dfrac{\sqrt{33}}{2\sqrt{54}}=\dfrac{\sqrt{33}}{6\sqrt{6}}=\dfrac{\sqrt{11}}{6\sqrt{2}}$
$=\dfrac{\sqrt{11}\times\sqrt{2}}{6\sqrt{2}\times\sqrt{2}}=\dfrac{\sqrt{22}}{12}$
따라서 $a=12$, $b=22$이므로
$a+b=12+22=34$

**2** (1) $\dfrac{5\sqrt{3}}{9}$ (2) $\dfrac{3\sqrt{14}}{7}$

(1) $\dfrac{5}{\sqrt{18}}\times\sqrt{\dfrac{2}{3}}=\dfrac{5}{3\sqrt{2}}\times\dfrac{\sqrt{2}}{\sqrt{3}}=\dfrac{5}{3\sqrt{3}}$
$=\dfrac{5\times\sqrt{3}}{3\sqrt{3}\times\sqrt{3}}=\dfrac{5\sqrt{3}}{9}$

(2) $\sqrt{\dfrac{6}{5}}\div\sqrt{\dfrac{7}{15}}=\dfrac{\sqrt{6}}{\sqrt{5}}\div\dfrac{\sqrt{7}}{\sqrt{15}}$
$=\dfrac{\sqrt{6}}{\sqrt{5}}\times\dfrac{\sqrt{15}}{\sqrt{7}}$
$=\dfrac{\sqrt{6}\times\sqrt{3}}{\sqrt{7}}$
$=\dfrac{3\sqrt{2}\times\sqrt{7}}{\sqrt{7}\times\sqrt{7}}$
$=\dfrac{3\sqrt{14}}{7}$

**3** ①

$\dfrac{7}{\sqrt{2}}\div\sqrt{6}\times\sqrt{\dfrac{12}{7}}$
$=\dfrac{7}{\sqrt{2}}\times\dfrac{1}{\sqrt{6}}\times\dfrac{\sqrt{12}}{\sqrt{7}}=\dfrac{7}{\sqrt{7}}$
$=\dfrac{7\times\sqrt{7}}{\sqrt{7}\times\sqrt{7}}=\sqrt{7}$
$\therefore a=\sqrt{7}$

$\frac{\sqrt{2}}{3} \div \frac{2}{3\sqrt{3}} \div \frac{\sqrt{21}}{2}$

$= \frac{\sqrt{2}}{3} \times \frac{3\sqrt{3}}{2} \times \frac{2}{\sqrt{21}} = \frac{\sqrt{2}}{\sqrt{7}}$

$= \frac{\sqrt{2}\times\sqrt{7}}{\sqrt{7}\times\sqrt{7}} = \frac{\sqrt{14}}{7}$

$\therefore b = \frac{\sqrt{14}}{7}$

$\therefore ab = \sqrt{7} \times \frac{\sqrt{14}}{7} = \sqrt{2}$

**4** ④

(부피)=(가로의 길이)

×(세로의 길이)×(높이)

이므로

$27\sqrt{5} = \sqrt{15} \times 3\sqrt{3} \times$(높이)

∴ (높이)$=27\sqrt{5} \div \sqrt{15} \div 3\sqrt{3}$

$= 27\sqrt{5} \times \frac{1}{\sqrt{15}} \times \frac{1}{3\sqrt{3}}$

$= 3(\text{cm})$

**5** $\sqrt{6}$

(삼각형의 넓이)$= \frac{1}{2} \times \sqrt{12} \times \sqrt{10}$

$= \frac{1}{2} \times 2\sqrt{3} \times \sqrt{10}$

$= \sqrt{30}$

(직사각형의 넓이)$= \sqrt{5} \times x = \sqrt{5}x$

삼각형의 넓이와 직사각형의 넓이가 서로 같으므로

$\sqrt{30} = \sqrt{5}x$

$\therefore x = \frac{\sqrt{30}}{\sqrt{5}} = \sqrt{6}$

## 07강 제곱근의 덧셈과 뺄셈

### 예제 p. 30

**1** (1) $13\sqrt{3}$ (2) $2\sqrt{5}$ (3) $2\sqrt{2}$ (4) $9\sqrt{3}+5\sqrt{7}$

(1) $8\sqrt{3}+5\sqrt{3}=(8+5)\sqrt{3}=13\sqrt{3}$

(2) $4\sqrt{5}-\sqrt{20}=4\sqrt{5}-2\sqrt{5}$

$=(4-2)\sqrt{5}=2\sqrt{5}$

(3) $3\sqrt{2}+7\sqrt{2}-8\sqrt{2}=(3+7-8)\sqrt{2}$

$=2\sqrt{2}$

(4) $\sqrt{48}-\sqrt{7}+5\sqrt{3}+6\sqrt{7}$

$=4\sqrt{3}+5\sqrt{3}-\sqrt{7}+6\sqrt{7}$

$=(4+5)\sqrt{3}+(-1+6)\sqrt{7}$

$=9\sqrt{3}+5\sqrt{7}$

**2** (1) $\sqrt{6}+\sqrt{10}$ (2) $\sqrt{21}-3\sqrt{2}$ (3) $5-4\sqrt{2}$ (4) $\frac{\sqrt{15}-\sqrt{10}}{5}$

(1) $\sqrt{2}(\sqrt{3}+\sqrt{5})=\sqrt{6}+\sqrt{10}$

(2) $(\sqrt{7}-\sqrt{6})\sqrt{3}=\sqrt{21}-\sqrt{18}$

$=\sqrt{21}-3\sqrt{2}$

(3) $\sqrt{2}+\sqrt{5}(\sqrt{5}-\sqrt{10})$

$=\sqrt{2}+5-5\sqrt{2}$

$=5-4\sqrt{2}$

(4) $\frac{\sqrt{3}-\sqrt{2}}{\sqrt{5}}=\frac{(\sqrt{3}-\sqrt{2})\times\sqrt{5}}{\sqrt{5}\times\sqrt{5}}$

$=\frac{\sqrt{15}-\sqrt{10}}{5}$

**3** (1) 정수 부분: 2, 소수 부분: $\sqrt{5}-2$

(2) 정수 부분: 3, 소수 부분: $\sqrt{11}-3$

(1) $2<\sqrt{5}<3$이므로 $\sqrt{5}$의 정수 부분은 2이고, 소수 부분은 $\sqrt{5}-2$이다.

(2) $3<\sqrt{11}<4$이므로 $\sqrt{11}$의 정수 부분은 3이고, 소수 부분은 $\sqrt{11}-3$이다.

### 핵심 유형 익히기 p. 31

**1** ②

② $\sqrt{2}-\sqrt{8}=\sqrt{2}-2\sqrt{2}=-\sqrt{2}$

③ $\sqrt{20}+\sqrt{5}=2\sqrt{5}+\sqrt{5}=3\sqrt{5}$

④ $\sqrt{27}-\sqrt{3}=3\sqrt{3}-\sqrt{3}=2\sqrt{3}$

⑤ $\sqrt{72}+\sqrt{32}=6\sqrt{2}+4\sqrt{2}=10\sqrt{2}$

따라서 옳지 않은 것은 ②이다.

**2** 2

$4a-2\sqrt{5}+a\sqrt{5}+1$

$=4a+1+(-2+a)\sqrt{5}$

이 식이 유리수가 되려면 $-2+a=0$이어야 하므로 $a=2$

**3** (1) $3\sqrt{3}$ (2) 0 (3) $\frac{21\sqrt{3}}{5}-\frac{18\sqrt{6}}{5}$

(1) $\sqrt{2}(3-\sqrt{6})+\sqrt{3}(5-\sqrt{6})$

$=3\sqrt{2}-\sqrt{12}+5\sqrt{3}-\sqrt{18}$

$=3\sqrt{2}-2\sqrt{3}+5\sqrt{3}-3\sqrt{2}$

$=3\sqrt{3}$

(2) $\frac{\sqrt{18}+\sqrt{2}}{\sqrt{2}}-\frac{\sqrt{27}+\sqrt{3}}{\sqrt{3}}$

$=\frac{\sqrt{18}}{\sqrt{2}}+\frac{\sqrt{2}}{\sqrt{2}}-\left(\frac{\sqrt{27}}{\sqrt{3}}+\frac{\sqrt{3}}{\sqrt{3}}\right)$

$=\sqrt{9}+1-(\sqrt{9}+1)=0$

(3) $2\sqrt{3}(2-\sqrt{8})+\frac{4\sqrt{3}+\sqrt{6}}{5\sqrt{2}}$

$=2\sqrt{3}(2-2\sqrt{2})+\frac{4\sqrt{3}+\sqrt{6}}{5\sqrt{2}}$

$=4\sqrt{3}-4\sqrt{6}+\frac{(4\sqrt{3}+\sqrt{6})\times\sqrt{2}}{5\sqrt{2}\times\sqrt{2}}$

$=4\sqrt{3}-4\sqrt{6}+\frac{4\sqrt{6}+2\sqrt{3}}{10}$

$=4\sqrt{3}-4\sqrt{6}+\frac{2\sqrt{6}}{5}+\frac{\sqrt{3}}{5}$

$=\frac{21\sqrt{3}}{5}-\frac{18\sqrt{6}}{5}$

**4** ①

(넓이)$=\frac{1}{2}\times\{\sqrt{8}+(\sqrt{8}+\sqrt{2})\}\times\sqrt{3}$

$=\frac{1}{2}\times(2\sqrt{2}+2\sqrt{2}+\sqrt{2})\times\sqrt{3}$

$=\frac{1}{2}\times5\sqrt{2}\times\sqrt{3}=\frac{5\sqrt{6}}{2}$

**5** (1) $7-\sqrt{2}$ (2) $-7+2\sqrt{13}$

(1) $1<\sqrt{2}<2$에서 $6<5+\sqrt{2}<7$이므로 $5+\sqrt{2}$의 정수 부분 $a=6$

소수 부분

$b=(5+\sqrt{2})-6=\sqrt{2}-1$

$\therefore a-b=6-(\sqrt{2}-1)=7-\sqrt{2}$

(2) $3<\sqrt{13}<4$에서

$-4<-\sqrt{13}<-3$

$\therefore 1<5-\sqrt{13}<2$

$5-\sqrt{13}$의 정수 부분 $a=1$

소수 부분

$b=(5-\sqrt{13})-1=4-\sqrt{13}$

$\therefore a-2b=1-2(4-\sqrt{13})$

$=-7+2\sqrt{13}$

### 기초 내공 다지기 p. 32~33

**1** (1) 6 (2) $\sqrt{2}$ (3) $4\sqrt{30}$ (4) $-6\sqrt{14}$ (5) $\sqrt{7}$ (6) $\sqrt{3}$ (7) $\frac{1}{4}$ (8) $-\frac{4\sqrt{2}}{3}$

**2** (1) $7\sqrt{2}$ (2) $6\sqrt{6}$ (3) $\frac{\sqrt{5}}{12}$ (4) $\frac{\sqrt{13}}{10}$

**3** (1) $\sqrt{52}$ (2) $\sqrt{63}$ (3) $\sqrt{\frac{3}{8}}$ (4) $\sqrt{6}$

**4** (1) 22.36 (2) 0.2236 (3) 0.02236

**5** (1) 47.96　(2) 15.17
(3) 0.4796　(4) 0.1517

**6** (1) $\sqrt{5}$　(2) $\dfrac{\sqrt{14}}{7}$　(3) $\dfrac{3\sqrt{2}}{2}$
(4) $-\dfrac{2\sqrt{3}}{3}$　(5) $\dfrac{\sqrt{15}}{10}$　(6) $\dfrac{4\sqrt{21}}{9}$

**7** (1) $\dfrac{9}{2}$　(2) $\sqrt{15}$　(3) $\sqrt{6}$
(4) $4\sqrt{6}$　(5) $-5\sqrt{7}$　(6) $\dfrac{5\sqrt{6}}{12}$

**8** (1) $3\sqrt{6}$　(2) $11\sqrt{3}$　(3) $2\sqrt{3}$
(4) $\dfrac{12\sqrt{7}}{7}$　(5) $5\sqrt{6}$　(6) $2-2\sqrt{2}$
(7) $-4\sqrt{2}$　(8) $3\sqrt{5}$　(9) $\dfrac{4\sqrt{6}}{3}$
(10) $2\sqrt{3}+2\sqrt{2}-2$
(11) $-10+4\sqrt{6}$　(12) $-1+\sqrt{10}$
(13) 3　(14) $-1-2\sqrt{6}$

**1** (1) $\sqrt{4}\sqrt{9}=\sqrt{4\times 9}=\sqrt{36}=6$
(3) $2\sqrt{6}\times 2\sqrt{5}=(2\times 2)\times\sqrt{6\times 5}$
$=4\sqrt{30}$
(4) $3\sqrt{2}\times(-2\sqrt{7})$
$=\{3\times(-2)\}\times\sqrt{2\times 7}$
$=-6\sqrt{14}$
(6) $\sqrt{\dfrac{4}{7}}\div\sqrt{\dfrac{4}{21}}=\dfrac{\sqrt{4}}{\sqrt{7}}\div\dfrac{\sqrt{4}}{\sqrt{21}}$
$=\dfrac{\sqrt{4}}{\sqrt{7}}\times\dfrac{\sqrt{21}}{\sqrt{4}}$
$=\sqrt{\dfrac{4}{7}\times\dfrac{21}{4}}$
$=\sqrt{3}$
(7) $2\sqrt{8}\div 4\sqrt{32}=\dfrac{2\sqrt{8}}{4\sqrt{32}}=\dfrac{2}{4}\sqrt{\dfrac{8}{32}}$
$=\dfrac{1}{2}\sqrt{\dfrac{1}{4}}=\dfrac{1}{2}\times\dfrac{1}{2}$
$=\dfrac{1}{4}$
(8) $-4\sqrt{6}\div 3\sqrt{3}=-\dfrac{4\sqrt{6}}{3\sqrt{3}}$
$=-\dfrac{4}{3}\sqrt{\dfrac{6}{3}}$
$=-\dfrac{4\sqrt{2}}{3}$

**2** (1) $\sqrt{98}=\sqrt{2\times 7^2}=7\sqrt{2}$
(2) $\sqrt{216}=\sqrt{6^3}=6\sqrt{6}$
(3) $\sqrt{\dfrac{5}{144}}=\sqrt{\dfrac{5}{12^2}}=\dfrac{\sqrt{5}}{12}$
(4) $\sqrt{0.13}=\sqrt{\dfrac{13}{100}}=\sqrt{\dfrac{13}{10^2}}=\dfrac{\sqrt{13}}{10}$

**3** (1) $2\sqrt{13}=\sqrt{2^2\times 13}=\sqrt{52}$
(2) $3\sqrt{7}=\sqrt{3^2\times 7}=\sqrt{63}$
(3) $\dfrac{\sqrt{6}}{4}=\sqrt{\dfrac{6}{4^2}}=\sqrt{\dfrac{3}{8}}$
(4) $\dfrac{\sqrt{54}}{3}=\sqrt{\dfrac{54}{3^2}}=\sqrt{6}$

**4** (1) $\sqrt{500}=\sqrt{5\times 100}=10\sqrt{5}=22.36$
(2) $\sqrt{0.05}=\sqrt{\dfrac{5}{100}}=\dfrac{\sqrt{5}}{10}=0.2236$
(3) $\sqrt{0.0005}=\sqrt{\dfrac{5}{10000}}=\dfrac{\sqrt{5}}{100}$
$=0.02236$

**5** (1) $\sqrt{2300}=\sqrt{23\times 100}=10\sqrt{23}$
$=47.96$
(2) $\sqrt{230}=\sqrt{2.3\times 100}=10\sqrt{2.3}$
$=15.17$
(3) $\sqrt{0.23}=\sqrt{\dfrac{23}{100}}=\dfrac{\sqrt{23}}{10}=0.4796$
(4) $\sqrt{0.023}=\sqrt{\dfrac{2.3}{100}}=\dfrac{\sqrt{2.3}}{10}$
$=0.1517$

**6** (1) $\dfrac{5}{\sqrt{5}}=\dfrac{5\times\sqrt{5}}{\sqrt{5}\times\sqrt{5}}=\sqrt{5}$
(2) $\dfrac{\sqrt{2}}{\sqrt{7}}=\dfrac{\sqrt{2}\times\sqrt{7}}{\sqrt{7}\times\sqrt{7}}=\dfrac{\sqrt{14}}{7}$
(3) $\dfrac{3\sqrt{5}}{\sqrt{10}}=\dfrac{3}{\sqrt{2}}=\dfrac{3\times\sqrt{2}}{\sqrt{2}\times\sqrt{2}}=\dfrac{3\sqrt{2}}{2}$
(4) $-\dfrac{12}{6\sqrt{3}}=-\dfrac{2}{\sqrt{3}}=-\dfrac{2\times\sqrt{3}}{\sqrt{3}\times\sqrt{3}}$
$=-\dfrac{2\sqrt{3}}{3}$
(5) $\dfrac{\sqrt{3}}{2\sqrt{5}}=\dfrac{\sqrt{3}\times\sqrt{5}}{2\sqrt{5}\times\sqrt{5}}=\dfrac{\sqrt{15}}{10}$
(6) $\dfrac{4\sqrt{7}}{\sqrt{27}}=\dfrac{4\sqrt{7}}{3\sqrt{3}}=\dfrac{4\sqrt{7}\times\sqrt{3}}{3\sqrt{3}\times\sqrt{3}}$
$=\dfrac{4\sqrt{21}}{9}$

**7** (1) $3\sqrt{5}\times 6\sqrt{3}\div 4\sqrt{15}$
$=3\sqrt{5}\times 6\sqrt{3}\times\dfrac{1}{4\sqrt{15}}$
$=\dfrac{9}{2}$
(2) $\sqrt{12}\div\sqrt{16}\times\sqrt{20}$
$=\sqrt{12}\times\dfrac{1}{\sqrt{16}}\times\sqrt{20}$
$=2\sqrt{3}\times\dfrac{1}{4}\times 2\sqrt{5}$
$=\sqrt{15}$
(3) $3\sqrt{2}\div\sqrt{6}\times\sqrt{2}$
$=3\sqrt{2}\times\dfrac{1}{\sqrt{6}}\times\sqrt{2}=\dfrac{3\sqrt{2}}{\sqrt{3}}$
$=\dfrac{3\sqrt{2}\times\sqrt{3}}{\sqrt{3}\times\sqrt{3}}=\sqrt{6}$
(4) $\sqrt{32}\times\sqrt{18}\div\sqrt{6}$
$=4\sqrt{2}\times 3\sqrt{2}\times\dfrac{1}{\sqrt{6}}$
$=\dfrac{24\times\sqrt{6}}{\sqrt{6}\times\sqrt{6}}=\dfrac{24\sqrt{6}}{6}=4\sqrt{6}$
(5) $\dfrac{\sqrt{15}}{2\sqrt{2}}\div\dfrac{\sqrt{3}}{\sqrt{8}}\times(-\sqrt{35})$
$=\dfrac{\sqrt{15}}{2\sqrt{2}}\times\dfrac{\sqrt{8}}{\sqrt{3}}\times(-\sqrt{35})$
$=\sqrt{5}\times(-\sqrt{35})=-5\sqrt{7}$
(6) $\dfrac{\sqrt{8}}{\sqrt{27}}\times\dfrac{\sqrt{75}}{\sqrt{2}}\div\dfrac{\sqrt{32}}{\sqrt{3}}$
$=\dfrac{2\sqrt{2}}{3\sqrt{3}}\times\dfrac{5\sqrt{3}}{\sqrt{2}}\times\dfrac{\sqrt{3}}{4\sqrt{2}}$
$=\dfrac{5\sqrt{3}}{6\sqrt{2}}=\dfrac{5\sqrt{3}\times\sqrt{2}}{6\sqrt{2}\times\sqrt{2}}=\dfrac{5\sqrt{6}}{12}$

**8** (1) $\sqrt{24}+\sqrt{6}=2\sqrt{6}+\sqrt{6}=3\sqrt{6}$
(2) $\sqrt{108}+\sqrt{75}=6\sqrt{3}+5\sqrt{3}=11\sqrt{3}$
(3) $\sqrt{27}-\sqrt{3}=3\sqrt{3}-\sqrt{3}=2\sqrt{3}$
(4) $\sqrt{28}-\dfrac{2}{\sqrt{7}}=2\sqrt{7}-\dfrac{2\sqrt{7}}{7}=\dfrac{12\sqrt{7}}{7}$
(5) $\sqrt{3}(\sqrt{8}+3\sqrt{2})=\sqrt{24}+3\sqrt{6}$
$=2\sqrt{6}+3\sqrt{6}$
$=5\sqrt{6}$
(6) $\dfrac{\sqrt{60}-\sqrt{120}}{\sqrt{15}}=\dfrac{\sqrt{60}}{\sqrt{15}}-\dfrac{\sqrt{120}}{\sqrt{15}}$
$=\sqrt{4}-\sqrt{8}$
$=2-2\sqrt{2}$
(7) $3\sqrt{2}+\sqrt{50}-\dfrac{24}{\sqrt{2}}$
$=3\sqrt{2}+5\sqrt{2}-12\sqrt{2}=-4\sqrt{2}$
(8) $\sqrt{80}-\sqrt{45}+2\sqrt{5}$
$=4\sqrt{5}-3\sqrt{5}+2\sqrt{5}=3\sqrt{5}$
(9) $\sqrt{2}\times\sqrt{12}-4\div\sqrt{6}$
$=\sqrt{2}\times 2\sqrt{3}-\dfrac{4}{\sqrt{6}}$
$=2\sqrt{6}-\dfrac{2\sqrt{6}}{3}=\dfrac{4\sqrt{6}}{3}$
(10) $\sqrt{3}(2-\sqrt{6})+\sqrt{2}(5-\sqrt{2})$
$=2\sqrt{3}-3\sqrt{2}+5\sqrt{2}-2$
$=2\sqrt{3}+2\sqrt{2}-2$
(11) $2\sqrt{3}\left(3\sqrt{2}-\dfrac{1}{\sqrt{3}}\right)-4\sqrt{2}\left(\sqrt{2}+\dfrac{\sqrt{3}}{2}\right)$
$=6\sqrt{6}-2-8-2\sqrt{6}$
$=-10+4\sqrt{6}$

⑿ $\frac{2}{\sqrt{5}}(\sqrt{2}+\sqrt{5})-\frac{1}{\sqrt{7}}\left(\sqrt{63}-\frac{3\sqrt{70}}{5}\right)$

$=\frac{2\sqrt{2}}{\sqrt{5}}+2-\sqrt{9}+\frac{3\sqrt{10}}{5}$

$=\frac{2\sqrt{10}}{5}+2-3+\frac{3\sqrt{10}}{5}$

$=-1+\sqrt{10}$

⒀ $\sqrt{5}(\sqrt{5}-2)+\frac{\sqrt{60}-2\sqrt{3}}{\sqrt{3}}$

$=5-2\sqrt{5}+\frac{\sqrt{60}}{\sqrt{3}}-\frac{2\sqrt{3}}{\sqrt{3}}$

$=5-2\sqrt{5}+\sqrt{20}-2$

$=5-2\sqrt{5}+2\sqrt{5}-2=3$

⒁ $\sqrt{12}(\sqrt{2}-\sqrt{3})-\frac{8\sqrt{3}-\sqrt{50}}{\sqrt{2}}$

$=\sqrt{24}-\sqrt{36}-\frac{8\sqrt{3}-5\sqrt{2}}{\sqrt{2}}$

$=2\sqrt{6}-6-\frac{8\sqrt{6}-10}{2}$

$=2\sqrt{6}-6-4\sqrt{6}+5$

$=-1-2\sqrt{6}$

## 내공 쌓는 족집게 문제 p. 34~37

| | | | |
|---|---|---|---|
| 1 ⑤ | 2 ③ | 3 ⑤ | 4 $\frac{4}{\sqrt{5}}$ |
| 5 24.92 | 6 ⑤ | 7 ③ | 8 $6\sqrt{3}$ |
| 9 ③ | 10 ⑤ | 11 ① | |
| 12 $12-\sqrt{5}$ | | 13 ③ | 14 ⑤ |
| 15 98.99 m/s | | 16 ② | 17 ① |
| 18 ④ | 19 $5\sqrt{3}-3\sqrt{6}$ | | 20 3 |
| 21 $16+24\sqrt{2}$ | | 22 $18\sqrt{5}$ cm | |
| 23 ⑤ | 24 37 | 25 $2\sqrt{6}$ | |
| 26 $18\sqrt{2}+2\sqrt{5}$ | | 27 $4+6\sqrt{2}$ | |
| 28 $\sqrt{33}\text{cm}^2$, 과정은 풀이 참조 | | | |
| 29 $-2\sqrt{2}-2\sqrt{6}$, 과정은 풀이 참조 | | | |

**1** ① $\sqrt{40}\div\frac{\sqrt{5}}{\sqrt{3}}=\sqrt{40}\times\frac{\sqrt{3}}{\sqrt{5}}$

$=\sqrt{24}=2\sqrt{6}$

② $-4\sqrt{2}\times2\sqrt{7}=(-4\times2)\sqrt{2\times7}$

$=-8\sqrt{14}$

③ $\sqrt{\frac{2}{3}}\div\frac{\sqrt{2}}{\sqrt{6}}=\frac{\sqrt{2}}{\sqrt{3}}\times\frac{\sqrt{6}}{\sqrt{2}}=\sqrt{2}$

④ $3\sqrt{15}\times4\sqrt{\frac{2}{5}}=3\sqrt{15}\times\frac{4\sqrt{2}}{\sqrt{5}}$

$=3\sqrt{3}\times4\sqrt{2}$

$=12\sqrt{6}$

⑤ $5\sqrt{2}\times\left(-\frac{\sqrt{2}}{5}\right)$

$=\left\{5\times\left(-\frac{1}{5}\right)\right\}\sqrt{2\times2}=-2$

따라서 옳지 않은 것은 ⑤이다.

**2** $\sqrt{108}=\sqrt{6^2\times3}=6\sqrt{3}$

$\therefore a=6$

$3\sqrt{7}=\sqrt{3^2\times7}=\sqrt{63}$

$\therefore b=63$

$\therefore a+b=6+63=69$

**3** $\sqrt{72}=\sqrt{2^3\times3^2}$

$=(\sqrt{2})^3\times(\sqrt{3})^2=a^3b^2$

**돌다리 두드리기** | 근호를 문자로 나타내는 방법

❶ 근호 안의 수를 소인수분해한다.

❷ 근호를 분리한다.

❸ 해당 문자로 표현한다.

**4** $\frac{4}{5}=\sqrt{\frac{16}{25}}$, $\frac{\sqrt{4}}{5}=\sqrt{\frac{4}{25}}$,

$\frac{4}{\sqrt{5}}=\sqrt{\frac{16}{5}}$이므로

$\sqrt{\frac{4}{25}}<\sqrt{\frac{16}{25}}<\sqrt{\frac{4}{5}}<\sqrt{\frac{16}{5}}$

$\therefore \frac{\sqrt{4}}{5}<\frac{4}{5}<\sqrt{\frac{4}{5}}<\frac{4}{\sqrt{5}}$

따라서 가장 큰 수는 $\frac{4}{\sqrt{5}}$이다.

**5** $\sqrt{621}=\sqrt{6.21\times100}$

$=10\sqrt{6.21}$

$=10\times2.492=24.92$

**6** ① $\sqrt{800}=\sqrt{8\times100}=10\sqrt{8}=28.28$

② $\sqrt{8000}=\sqrt{80\times100}$

$=10\sqrt{80}=89.44$

③ $\sqrt{80000}=\sqrt{8\times10000}$

$=100\sqrt{8}=282.8$

④ $\sqrt{0.08}=\sqrt{\frac{8}{100}}=\frac{\sqrt{8}}{10}=0.2828$

⑤ $\sqrt{0.008}=\sqrt{\frac{80}{10000}}$

$=\frac{\sqrt{80}}{100}=0.08944$

따라서 옳지 않은 것은 ⑤이다.

**7** (원뿔의 부피)

$=\frac{1}{3}\times\pi\times$(밑면의 반지름의 길이)$^2$

$\times$(높이)

이므로

$12\sqrt{2}\pi=\frac{1}{3}\times\pi\times(2\sqrt{3})^2\times$(높이)

$12\sqrt{2}\pi=4\pi\times$(높이)

$\therefore$ (높이)$=\frac{12\sqrt{2}\pi}{4\pi}=3\sqrt{2}$(cm)

**8** (삼각형의 넓이)$=\frac{1}{2}\times x\times\sqrt{20}$

$=\sqrt{5}x(\text{cm}^2)$

(평행사변형의 넓이)$=\sqrt{18}\times\sqrt{30}$

$=3\sqrt{2}\times\sqrt{30}$

$=6\sqrt{15}(\text{cm}^2)$

삼각형의 넓이와 평행사변형의 넓이가 서로 같으므로

$\sqrt{5}x=6\sqrt{15}$

$\therefore x=\frac{6\sqrt{15}}{\sqrt{5}}=6\sqrt{3}$

**9** $\sqrt{72}-a\sqrt{2}+\sqrt{50}$

$=6\sqrt{2}-a\sqrt{2}+5\sqrt{2}$

$=(11-a)\sqrt{2}$

이므로 $11-a=3$ $\therefore a=8$

**10** $\frac{\sqrt{3}-\sqrt{2}}{\sqrt{6}}=\frac{(\sqrt{3}-\sqrt{2})\times\sqrt{6}}{\sqrt{6}\times\sqrt{6}}$

$=\frac{\sqrt{18}-\sqrt{12}}{6}$

$=\frac{3\sqrt{2}-2\sqrt{3}}{6}$

**11** $6\sqrt{2}\times(-2\sqrt{3})\div\frac{2}{3}+10\sqrt{6}$

$=6\sqrt{2}\times(-2\sqrt{3})\times\frac{3}{2}+10\sqrt{6}$

$=-18\sqrt{6}+10\sqrt{6}$

$=-8\sqrt{6}$

**12** $2<\sqrt{5}<3$에서 $5<3+\sqrt{5}<6$이므로

$3+\sqrt{5}$의 정수 부분 $a=5$

소수 부분 $b=(3+\sqrt{5})-5=\sqrt{5}-2$

$\therefore 2a-b=10-(\sqrt{5}-2)$

$=12-\sqrt{5}$

**13** $\sqrt{2}\times\sqrt{3}\times\sqrt{4}\times\sqrt{5}\times\sqrt{6}\times\sqrt{7}$

$=\sqrt{2}\times\sqrt{3}\times2\times\sqrt{5}\times(\sqrt{2}\times\sqrt{3})\times\sqrt{7}$

$=\sqrt{2}\times\sqrt{2}\times\sqrt{3}\times\sqrt{3}\times2\times\sqrt{5}\times\sqrt{7}$

$=2\times3\times2\times\sqrt{5}\times\sqrt{7}$

$=12\sqrt{35}$

$\therefore a=12$

**14** $a\sqrt{\frac{b}{a}}+b\sqrt{\frac{a}{b}}$
$=\sqrt{a^2\times\frac{b}{a}}+\sqrt{b^2\times\frac{a}{b}}$
$=\sqrt{ab}+\sqrt{ab}$
$=6+6=12$

**돌다리 두드리기** | $a>0$, $b>0$일 때, $a\sqrt{b}=\sqrt{a^2b}$임을 이용한다.

**15** $\sqrt{2\times9.8\times500}=\sqrt{9800}=\sqrt{98\times100}$
$=10\sqrt{98}=10\times9.899$
$=98.99$
따라서 지면에 떨어지기 직전의 속력은 98.99 m/s이다.

**16** $\frac{\sqrt{5}}{5\sqrt{2}}=\frac{\sqrt{10}}{10}=\frac{3.162}{10}=0.3162$

**17** $\frac{2\sqrt{2}}{\sqrt{5}}=\frac{2\sqrt{2}\times\sqrt{5}}{\sqrt{5}\times\sqrt{5}}=\frac{2\sqrt{10}}{5}$
$\therefore a=\frac{2}{5}$
$\frac{5}{\sqrt{48}}=\frac{5}{4\sqrt{3}}=\frac{5\times\sqrt{3}}{4\sqrt{3}\times\sqrt{3}}=\frac{5\sqrt{3}}{12}$
$\therefore b=\frac{5}{12}$
$\therefore \sqrt{ab}=\sqrt{\frac{2}{5}\times\frac{5}{12}}=\sqrt{\frac{1}{6}}$
$=\frac{1\times\sqrt{6}}{\sqrt{6}\times\sqrt{6}}=\frac{\sqrt{6}}{6}$

**18** $A=\frac{7\sqrt{2}}{\sqrt{6}}\times3=\frac{21\sqrt{2}}{\sqrt{6}}=\frac{21}{\sqrt{3}}$
$=\frac{21\times\sqrt{3}}{\sqrt{3}\times\sqrt{3}}=\frac{21\sqrt{3}}{3}=7\sqrt{3}$
$B=\frac{5\sqrt{5}}{3}\times\frac{\sqrt{10}}{\sqrt{15}}\times\frac{6\sqrt{3}}{\sqrt{10}}=10$
$\therefore \frac{A}{B}=\frac{7\sqrt{3}}{10}$

**19** $\sqrt{2}A-\sqrt{3}B$
$=\sqrt{2}(2\sqrt{3}+\sqrt{6})-\sqrt{3}(5\sqrt{2}-3)$
$=2\sqrt{6}+2\sqrt{3}-5\sqrt{6}+3\sqrt{3}$
$=5\sqrt{3}-3\sqrt{6}$

**20** $2\sqrt{2}(a-\sqrt{2})-\sqrt{3}(2\sqrt{6}-a\sqrt{3})$
$=2a\sqrt{2}-4-6\sqrt{2}+3a$
$=(-4+3a)+(2a-6)\sqrt{2}$
이 식이 유리수가 되려면 $2a-6=0$이어야 하므로 $a=3$

**21** 한 변의 길이가 8인 정사각형의 각 변의 중점을 연결하여 만든 정사각형의 넓이는 $\frac{1}{2}\times8^2=32$이므로 한 변의 길이는 $\sqrt{32}=4\sqrt{2}$이다.
같은 방법으로 만든 2개의 정사각형의 넓이는 차례로 16, 8이므로 한 변의 길이는 차례로 $\sqrt{16}=4$, $\sqrt{8}=2\sqrt{2}$이다.
따라서 색칠한 부분의 둘레의 길이의 합은
$4(4\sqrt{2}+4+2\sqrt{2})=4(4+6\sqrt{2})$
$=16+24\sqrt{2}$

**22** 세 정사각형의 넓이가 각각 $5\,\text{cm}^2$, $20\,\text{cm}^2$, $45\,\text{cm}^2$이므로 한 변의 길이는 각각 $\sqrt{5}$ cm, $\sqrt{20}=2\sqrt{5}$(cm), $\sqrt{45}=3\sqrt{5}$(cm)
∴ (둘레의 길이)
$=2(\sqrt{5}+2\sqrt{5}+3\sqrt{5})+2\times3\sqrt{5}$
$=12\sqrt{5}+6\sqrt{5}$
$=18\sqrt{5}$(cm)

**23** 두 점 P, Q에 대응하는 수는 각각 $-\sqrt{2}$, $1+\sqrt{2}$이므로
$\overline{PQ}=1+\sqrt{2}-(-\sqrt{2})=1+2\sqrt{2}$

**24** $\sqrt{1368}=\sqrt{3.42\times400}$
$=20\sqrt{3.42}$
$=20\times1.85=37$

**25** 주어진 도형의 넓이는
$(\sqrt{3}+\sqrt{21})\sqrt{21}-3\times\sqrt{7}+\sqrt{3}\times\sqrt{3}$
$=3\sqrt{7}+21-3\sqrt{7}+3=24$
이므로 넓이가 24인 정사각형의 한 변의 길이는 $\sqrt{24}=2\sqrt{6}$이다.

**26** 네 정사각형의 한 변의 길이는 왼쪽부터 차례로
$\sqrt{2}$, $\sqrt{5}$, $\sqrt{8}=2\sqrt{2}$, $\sqrt{18}=3\sqrt{2}$
겹치는 세 정사각형의 한 변의 길이는 왼쪽부터 차례로
$\frac{\sqrt{2}}{2}$, $\frac{\sqrt{5}}{2}$, $\frac{2\sqrt{2}}{2}=\sqrt{2}$
따라서 주어진 도형의 둘레의 길이는
$4(\sqrt{2}+\sqrt{5}+2\sqrt{2}+3\sqrt{2})$
$-4\left(\frac{\sqrt{2}}{2}+\frac{\sqrt{5}}{2}+\sqrt{2}\right)$
$=4(6\sqrt{2}+\sqrt{5})-4\left(\frac{3\sqrt{2}}{2}+\frac{\sqrt{5}}{2}\right)$
$=24\sqrt{2}+4\sqrt{5}-6\sqrt{2}-2\sqrt{5}$
$=18\sqrt{2}+2\sqrt{5}$

**27** $P=\frac{1}{2}\overline{OA}^2=4$에서 $\overline{OA}^2=8$
$\therefore \overline{OA}=2\sqrt{2}$ ($\because \overline{OA}>0$)
$Q=2P=8$이므로
$\frac{1}{2}\overline{AB}^2=8$에서 $\overline{AB}^2=16$
$\therefore \overline{AB}=4$ ($\because \overline{AB}>0$)
$R=2Q=16$이므로
$\frac{1}{2}\overline{BC}^2=16$에서 $\overline{BC}^2=32$
$\therefore \overline{BC}=4\sqrt{2}$ ($\because \overline{BC}>0$)
따라서 점 C에 대응하는 수는
$\overline{OA}+\overline{AB}+\overline{BC}=2\sqrt{2}+4+4\sqrt{2}$
$=4+6\sqrt{2}$

**28** □ADGH$=11\,\text{cm}^2$이므로
$\overline{AD}=\sqrt{11}$(cm) …(i)
□CEFD$=3\,\text{cm}^2$이므로
$\overline{CD}=\sqrt{3}$(cm) …(ii)
따라서 □ABCD의 넓이는
$\overline{AD}\times\overline{CD}=\sqrt{11}\times\sqrt{3}$
$=\sqrt{33}(\text{cm}^2)$ …(iii)

| 채점 기준 | 비율 |
|---|---|
| (i) $\overline{AD}$의 길이 구하기 | 40 % |
| (ii) $\overline{CD}$의 길이 구하기 | 40 % |
| (iii) □ABCD의 넓이 구하기 | 20 % |

**29** $A=\sqrt{8}-\sqrt{3}(3\sqrt{6}-\sqrt{24})$
$=2\sqrt{2}-\sqrt{3}(3\sqrt{6}-2\sqrt{6})$
$=2\sqrt{2}-\sqrt{3}\times\sqrt{6}$
$=2\sqrt{2}-3\sqrt{2}$
$=-\sqrt{2}$ …(i)
$B=\frac{\sqrt{24}-3\sqrt{2}}{\sqrt{3}}+\frac{2}{\sqrt{2}}(3\sqrt{3}-1)$
$=\sqrt{8}-\frac{3\sqrt{2}}{\sqrt{3}}+\frac{6\sqrt{3}-2}{\sqrt{2}}$
$=2\sqrt{2}-\frac{3\sqrt{2}\times\sqrt{3}}{\sqrt{3}\times\sqrt{3}}$
$+\frac{(6\sqrt{3}-2)\times\sqrt{2}}{\sqrt{2}\times\sqrt{2}}$
$=2\sqrt{2}-\sqrt{6}+\frac{6\sqrt{6}-2\sqrt{2}}{2}$
$=2\sqrt{2}-\sqrt{6}+3\sqrt{6}-\sqrt{2}$
$=\sqrt{2}+2\sqrt{6}$ …(ii)
$\therefore A-B=-\sqrt{2}-(\sqrt{2}+2\sqrt{6})$
$=-2\sqrt{2}-2\sqrt{6}$ …(iii)

| 채점 기준 | 비율 |
|---|---|
| (i) $A$의 값 구하기 | 40 % |
| (ii) $B$의 값 구하기 | 40 % |
| (iii) $A-B$의 값 구하기 | 20 % |

## 08강 곱셈 공식

예제 p. 38

**1** (1) $3xy-3xz$
(2) $ax+ay-2a-bx-by+2b$
(2) 분배법칙을 이용하여 전개하면
$(a-b)(x+y-2)$
$=a(x+y-2)-b(x+y-2)$
$=ax+ay-2a-bx-by+2b$

**2** (1) $x^2+4x+4$
(2) $x^2-25$
(3) $x^2-3x-18$
(4) $6x^2+5xy-6y^2$
(1) $(x+2)^2=x^2+2\times x\times 2+2^2$
$=x^2+4x+4$
(2) $(x+5)(x-5)=x^2-5^2$
$=x^2-25$
(3) $(x+3)(x-6)$
$=x^2+\{3+(-6)\}x+3\times(-6)$
$=x^2-3x-18$
(4) $(2x+3y)(3x-2y)$
$=2x\times 3x+\{2\times(-2)+3\times 3\}xy$
$+3y\times(-2y)$
$=6x^2+5xy-6y^2$

**3** ②
색칠한 부분은 가로, 세로의 길이가 각각 $a-1$, $b-2$인 직사각형이므로
(색칠한 부분의 넓이)
$=(a-1)(b-2)$
$=ab-2a-b+2$

핵심 유형 익히기 p. 39

**1** $-3$
주어진 식에서 $xy$가 나오는 항만 전개하면 $-2xy-xy=-3xy$
따라서 $xy$의 계수는 $-3$이다.

**2** ②
① $(x+3y)^2=x^2+6xy+9y^2$
③ $(x+3)(x-4)=x^2-x-12$
④ $(a+3b)(-a+3b)=-a^2+9b^2$
⑤ $(2x+3y)(2x-3y)=4x^2-9y^2$
따라서 옳은 것은 ②이다.

**3** (1) $a=3$, $b=4$ (2) $a=-4$, $b=9$
(1) $3\times a=9$이므로 $a=3$
$2\times(-2)=-b$이므로 $b=4$
(2) $2\times(-a)\times(-3)=-24$이므로
$a=-4$
$(-3)^2=b$이므로 $b=9$

**4** ②
(직사각형의 넓이)$=(a+b)(a-b)$
$=a^2-b^2$
이므로 처음 정사각형의 넓이 $a^2$에서 $b^2$만큼 줄어든다.

**5** ④
길을 제외한 꽃밭의 넓이는 가로의 길이가 $4x+1$이고 세로의 길이가 $5x-1$인 직사각형의 넓이와 같으므로
$(4x+1)(5x-1)=20x^2+x-1$
따라서 $a=20$, $b=1$, $c=-1$이므로
$a+b+c=20+1+(-1)=20$

## 09강 곱셈 공식을 이용한 계산

예제 p. 40

**1** (1) 9604 (2) 2475 (3) 15.96
(1) $98^2=(100-2)^2$
$=100^2-2\times 100\times 2+2^2$
$=9604$
(2) $55\times 45=(50+5)(50-5)$
$=50^2-5^2=2475$
(3) $4.2\times 3.8$
$=(4+0.2)\times(4-0.2)$
$=4^2-0.2^2=15.96$

**2** (1) $11+6\sqrt{2}$ (2) $8-2\sqrt{15}$
(3) 10 (4) $23+9\sqrt{3}$
(1) $(3+\sqrt{2})^2$
$=3^2+2\times 3\times\sqrt{2}+(\sqrt{2})^2$
$=9+6\sqrt{2}+2=11+6\sqrt{2}$
(2) $(\sqrt{5}-\sqrt{3})^2$
$=(\sqrt{5})^2-2\times\sqrt{5}\times\sqrt{3}+(\sqrt{3})^2$
$=5-2\sqrt{15}+3=8-2\sqrt{15}$
(3) $(2\sqrt{3}+\sqrt{2})(2\sqrt{3}-\sqrt{2})$
$=(2\sqrt{3})^2-(\sqrt{2})^2$
$=12-2=10$
(4) $(\sqrt{3}+5)(\sqrt{3}+4)$
$=(\sqrt{3})^2+(5+4)\sqrt{3}+20$
$=3+9\sqrt{3}+20=23+9\sqrt{3}$

**3** (1) $\frac{2-\sqrt{2}}{2}$ (2) $-\sqrt{2}-\sqrt{3}$
(1) $\frac{1}{2+\sqrt{2}}=\frac{2-\sqrt{2}}{(2+\sqrt{2})(2-\sqrt{2})}$
$=\frac{2-\sqrt{2}}{4-2}=\frac{2-\sqrt{2}}{2}$
(2) $\frac{1}{\sqrt{2}-\sqrt{3}}=\frac{\sqrt{2}+\sqrt{3}}{(\sqrt{2}-\sqrt{3})(\sqrt{2}+\sqrt{3})}$
$=\frac{\sqrt{2}+\sqrt{3}}{2-3}=-\sqrt{2}-\sqrt{3}$

핵심 유형 익히기 p. 41

**1** ㄱ, 10816
$104^2=(100+4)^2$
$=100^2+2\times 100\times 4+4^2$
$=10000+800+16=10816$
⇨ $(a+b)^2=a^2+2ab+b^2$

**2** 2, 2, 2500, 2496
$52\times 48=(50+\boxed{2})(50-\boxed{2})$
$=50^2-2^2$
$=\boxed{2500}-4=\boxed{2496}$

**3** 500
$\frac{497\times 503+9}{500}$
$=\frac{(500-3)(500+3)+9}{500}$
$=\frac{500^2-3^2+9}{500}=\frac{500^2}{500}=500$

**4** 2
$(\sqrt{3}+2\sqrt{2})(\sqrt{2}-\sqrt{3})$
$=\sqrt{6}-3+2\times 2-2\sqrt{6}$
$=1-\sqrt{6}$
따라서 $a=1$, $b=-1$이므로
$a-b=1-(-1)=2$

**5** (1) $6+2\sqrt{3}$ (2) $-5+3\sqrt{3}$
(3) $4+\sqrt{15}$ (4) 5
(1) $\frac{12}{3-\sqrt{3}}=\frac{12(3+\sqrt{3})}{(3-\sqrt{3})(3+\sqrt{3})}$
$=\frac{12(3+\sqrt{3})}{9-3}$
$=\frac{12(3+\sqrt{3})}{6}$
$=2(3+\sqrt{3})=6+2\sqrt{3}$
(2) $\frac{\sqrt{3}-1}{2+\sqrt{3}}=\frac{(\sqrt{3}-1)(2-\sqrt{3})}{(2+\sqrt{3})(2-\sqrt{3})}$
$=\frac{2\sqrt{3}-3-2+\sqrt{3}}{4-3}$
$=-5+3\sqrt{3}$

(3) $\dfrac{\sqrt{5}+\sqrt{3}}{\sqrt{5}-\sqrt{3}}$

$=\dfrac{(\sqrt{5}+\sqrt{3})^2}{(\sqrt{5}-\sqrt{3})(\sqrt{5}+\sqrt{3})}$

$=\dfrac{5+2\sqrt{15}+3}{5-3}$

$=\dfrac{8+2\sqrt{15}}{2}$

$=4+\sqrt{15}$

(4) $\dfrac{\sqrt{7}-\sqrt{3}}{\sqrt{7}+\sqrt{3}}+\dfrac{\sqrt{7}+\sqrt{3}}{\sqrt{7}-\sqrt{3}}$

$=\dfrac{(\sqrt{7}-\sqrt{3})^2}{(\sqrt{7}+\sqrt{3})(\sqrt{7}-\sqrt{3})}$

$+\dfrac{(\sqrt{7}+\sqrt{3})^2}{(\sqrt{7}-\sqrt{3})(\sqrt{7}+\sqrt{3})}$

$=\dfrac{7-2\sqrt{21}+3}{7-3}+\dfrac{7+2\sqrt{21}+3}{7-3}$

$=\dfrac{10-2\sqrt{21}}{4}+\dfrac{10+2\sqrt{21}}{4}$

$=5$

6 **$-2$**

$x-\dfrac{4}{x}$

$=\sqrt{5}-1-\dfrac{4}{\sqrt{5}-1}$

$=\sqrt{5}-1-\dfrac{4(\sqrt{5}+1)}{(\sqrt{5}-1)(\sqrt{5}+1)}$

$=\sqrt{5}-1-\dfrac{4\sqrt{5}+4}{5-1}$

$=\sqrt{5}-1-\sqrt{5}-1$

$=-2$

## 10강 곱셈 공식의 활용

### 예제 p. 42

1 **(1) 13** **(2) 25**

(1) $x^2+y^2=(x+y)^2-2xy$

$=1^2-2\times(-6)=13$

(2) $(x-y)^2=(x+y)^2-4xy$

$=1^2-4\times(-6)=25$

2 **(1) 14** **(2) 12**

(1) $x^2+\dfrac{1}{x^2}=\left(x+\dfrac{1}{x}\right)^2-2$

$=4^2-2=14$

(2) $\left(x-\dfrac{1}{x}\right)^2=\left(x+\dfrac{1}{x}\right)^2-4$

$=4^2-4=12$

3 **(1) 1** **(2) $-3$**

(1) $x=-1+\sqrt{2}$에서

$x+1=\sqrt{2}$

이 식의 양변을 제곱하면

$x^2+2x+1=2$

$\therefore x^2+2x=1$

(2) $x=3-\sqrt{5}$에서

$x-3=-\sqrt{5}$

이 식의 양변을 제곱하면

$x^2-6x+9=5$

따라서 $x^2-6x=-4$이므로

$x^2-6x+1=-4+1=-3$

4 **$a^2-2ab+b^2+2a-2b-3$**

$a-b=A$로 놓으면

$(a-b+3)(a-b-1)$

$=(A+3)(A-1)$

$=A^2+2A-3$

$=(a-b)^2+2(a-b)-3$

$=a^2-2ab+b^2+2a-2b-3$

### 핵심 유형 익히기 p. 43

1 ④

$a^2+ab+b^2=a^2+b^2+ab$

$=(a+b)^2-2ab+ab$

$=(a+b)^2-ab$

$=(-7)^2-4=45$

2 **34**

$x^2-6x+1=0$의 양변을 $x(x\neq0)$로 나누면

$x-6+\dfrac{1}{x}=0$, $x+\dfrac{1}{x}=6$

$\therefore x^2+\dfrac{1}{x^2}=\left(x+\dfrac{1}{x}\right)^2-2$

$=6^2-2=34$

3 **3**

$x=\dfrac{1}{\sqrt{10}-3}=\dfrac{\sqrt{10}+3}{(\sqrt{10}-3)(\sqrt{10}+3)}$

$=\dfrac{\sqrt{10}+3}{10-9}=\sqrt{10}+3$

이므로 $x-3=\sqrt{10}$

이 식의 양변을 제곱하면

$x^2-6x+9=10$

따라서 $x^2-6x=1$이므로

$x^2-6x+2=1+2=3$

4 **7**

$2<\sqrt{6}<3$이므로 $x=\sqrt{6}-2$에서

$x+2=\sqrt{6}$

이 식의 양변을 제곱하면

$x^2+4x+4=6$

따라서 $x^2+4x=2$이므로

$x^2+4x+5=2+5=7$

5 ⑤

$x+2y=A$로 놓으면

$(x+2y-3)(x+2y+3)$

$=(A-3)(A+3)$

$=A^2-9$

$=(x+2y)^2-9$

$=x^2+4xy+4y^2-9$

### 기초 내공 다지기 p. 44~45

**1** (1) $9x^2+6xy+y^2$
(2) $4a^2-4a+1$
(3) $x^2+\dfrac{2}{3}x+\dfrac{1}{9}$
(4) $49-a^2$
(5) $x^2-16y^2$
(6) $\dfrac{1}{4}x^2-\dfrac{1}{16}y^2$
(7) $a^4-1$
(8) $x^2-7xy+12y^2$
(9) $5x^2+7xy-6y^2$
(10) $-2x-28$
(11) $2x^2+3x-22$
(12) $8x^2+4x-47$

**2** (1) 10201 (2) 998001
(3) 62.41 (4) 4896
(5) 2808 (6) 1599.99
(7) 43 (8) 129
(9) 80 (10) 255

**3** (1) $9+4\sqrt{5}$ (2) $10-2\sqrt{21}$
(3) 7 (4) 13
(5) $-7+\sqrt{5}$ (6) $10-10\sqrt{6}$
(7) $26-11\sqrt{6}$ (8) $\dfrac{2\sqrt{10}}{3}$
(9) 10 (10) $\dfrac{\sqrt{14}-\sqrt{3}}{2}$

**4** (1) 19 (2) 3
(3) 7 (4) 29

**5** (1) $-3$ (2) 2
(3) 11 (4) 13

**1** (3) $\left(x+\frac{1}{3}\right)^2$
$=x^2+2\times x\times\frac{1}{3}+\left(\frac{1}{3}\right)^2$
$=x^2+\frac{2}{3}x+\frac{1}{9}$

(7) $(a+1)(a-1)(a^2+1)$
$=(a^2-1)(a^2+1)$
$=(a^2)^2-1^2$
$=a^4-1$

(10) $(x+6)(x-4)-(x+2)^2$
$=x^2+(6-4)x-24$
$\quad-(x^2+2\times x\times 2+4)$
$=x^2+2x-24-x^2-4x-4$
$=-2x-28$

(11) $(x-3)(x+6)+(x+2)(x-2)$
$=x^2+(-3+6)x-18$
$\quad+(x^2-2^2)$
$=x^2+3x-18+x^2-4$
$=2x^2+3x-22$

(12) $(3x+7)(4x-8)$
$-(2x+3)(2x-3)$
$=12x^2+(-24+28)x-56$
$\quad-\{(2x)^2-3^2\}$
$=12x^2+4x-56-4x^2+9$
$=8x^2+4x-47$

**2** (1) $101^2=(100+1)^2$
$=100^2+2\times 100\times 1+1^2$
$=10000+200+1$
$=10201$

(2) $999^2=(1000-1)^2$
$=1000^2-2\times 1000\times 1+1^2$
$=1000000-2000+1$
$=998001$

(3) $7.9^2=(8-0.1)^2$
$=8^2-2\times 8\times 0.1+0.1^2$
$=64-1.6+0.01$
$=62.41$

(4) $72\times 68=(70+2)(70-2)$
$=70^2-2^2$
$=4900-4$
$=4896$

(5) $54\times 52=(50+4)(50+2)$
$=50^2+6\times 50+8$
$=2500+300+8$
$=2808$

(6) $40.1\times 39.9$
$=(40+0.1)(40-0.1)$
$=40^2-0.1^2$
$=1600-0.01$
$=1599.99$

(7) $\frac{43}{97^2-96\times 98}$
$=\frac{43}{(100-3)^2-(100-4)(100-2)}$
$=\frac{43}{100^2-600+9-(100^2-600+8)}$
$=\frac{43}{1}=43$

(8) $\frac{130\times 128+1}{129}$
$=\frac{(129+1)(129-1)+1}{129}$
$=\frac{129^2-1+1}{129}$
$=\frac{129^2}{129}=129$

(9) $(3-1)(3+1)(3^2+1)$
$=(3^2-1)(3^2+1)$
$=3^4-1$
$=81-1=80$

(10) $(2-1)(2+1)(2^2+1)(2^4+1)$
$=(2^2-1)(2^2+1)(2^4+1)$
$=(2^4-1)(2^4+1)$
$=2^8-1$
$=256-1=255$

**3** (1) $(2+\sqrt{5})^2$
$=2^2+2\times 2\times\sqrt{5}+(\sqrt{5})^2$
$=4+4\sqrt{5}+5$
$=9+4\sqrt{5}$

(2) $(\sqrt{7}-\sqrt{3})^2$
$=(\sqrt{7})^2-2\times\sqrt{7}\times\sqrt{3}+(\sqrt{3})^2$
$=7-2\sqrt{21}+3$
$=10-2\sqrt{21}$

(3) $(\sqrt{11}+2)(\sqrt{11}-2)$
$=(\sqrt{11})^2-2^2$
$=11-4=7$

(4) $(3\sqrt{2}+\sqrt{5})(3\sqrt{2}-\sqrt{5})$
$=(3\sqrt{2})^2-(\sqrt{5})^2$
$=18-5=13$

(5) $(\sqrt{5}+4)(\sqrt{5}-3)$
$=(\sqrt{5})^2+(4-3)\sqrt{5}-12$
$=5+\sqrt{5}-12$
$=-7+\sqrt{5}$

(6) $(3\sqrt{6}+2)(\sqrt{6}-4)$
$=3(\sqrt{6})^2-12\sqrt{6}+2\sqrt{6}-8$
$=18-10\sqrt{6}-8$
$=10-10\sqrt{6}$

(7) $(2\sqrt{3}-\sqrt{2})(3\sqrt{3}-4\sqrt{2})$
$=6(\sqrt{3})^2-8\sqrt{6}-3\sqrt{6}+4(\sqrt{2})^2$
$=18-11\sqrt{6}+8$
$=26-11\sqrt{6}$

(8) $\frac{1}{\sqrt{10}-\sqrt{7}}+\frac{1}{\sqrt{10}+\sqrt{7}}$
$=\frac{\sqrt{10}+\sqrt{7}}{(\sqrt{10}-\sqrt{7})(\sqrt{10}+\sqrt{7})}$
$\quad+\frac{\sqrt{10}-\sqrt{7}}{(\sqrt{10}+\sqrt{7})(\sqrt{10}-\sqrt{7})}$
$=\frac{\sqrt{10}+\sqrt{7}}{10-7}+\frac{\sqrt{10}-\sqrt{7}}{10-7}=\frac{2\sqrt{10}}{3}$

(9) $\frac{\sqrt{3}+\sqrt{2}}{\sqrt{3}-\sqrt{2}}+\frac{\sqrt{3}-\sqrt{2}}{\sqrt{3}+\sqrt{2}}$
$=\frac{(\sqrt{3}+\sqrt{2})^2}{(\sqrt{3}-\sqrt{2})(\sqrt{3}+\sqrt{2})}$
$\quad+\frac{(\sqrt{3}-\sqrt{2})^2}{(\sqrt{3}+\sqrt{2})(\sqrt{3}-\sqrt{2})}$
$=\frac{3+2\sqrt{6}+2}{3-2}+\frac{3-2\sqrt{6}+2}{3-2}$
$=10$

(10) $\frac{\sqrt{2}-1}{\sqrt{7}-\sqrt{3}}+\frac{\sqrt{2}+1}{\sqrt{7}+\sqrt{3}}$
$=\frac{(\sqrt{2}-1)(\sqrt{7}+\sqrt{3})}{(\sqrt{7}-\sqrt{3})(\sqrt{7}+\sqrt{3})}$
$\quad+\frac{(\sqrt{2}+1)(\sqrt{7}-\sqrt{3})}{(\sqrt{7}+\sqrt{3})(\sqrt{7}-\sqrt{3})}$
$=\frac{\sqrt{14}+\sqrt{6}-\sqrt{7}-\sqrt{3}}{7-3}$
$\quad+\frac{\sqrt{14}-\sqrt{6}+\sqrt{7}-\sqrt{3}}{7-3}$
$=\frac{\sqrt{14}-\sqrt{3}}{2}$

**4** (1) $x^2+y^2=(x+y)^2-2xy$
$=5^2-2\times 3=19$

(2) $\frac{b}{a}+\frac{a}{b}=\frac{a^2+b^2}{ab}$
$=\frac{(a-b)^2+2ab}{ab}$
$=\frac{2^2+2\times 4}{4}=3$

(3) $x^2+\frac{1}{x^2}=\left(x+\frac{1}{x}\right)^2-2$
$=3^2-2=7$

(4) $\left(x+\frac{1}{x}\right)^2=x^2+\frac{1}{x^2}+2$
$=\left(x-\frac{1}{x}\right)^2+2+2$
$=5^2+4=29$

**5** (1) $x=4-\sqrt{3}$에서
$x-4=-\sqrt{3}$이므로
이 식의 양변을 제곱하면
$x^2-8x+16=3$
따라서 $x^2-8x=-13$이므로
$x^2-8x+10=-13+10=-3$

(2) $x=-5+\sqrt{7}$에서
$x+5=\sqrt{7}$이므로
이 식의 양변을 제곱하면
$x^2+10x+25=7$
따라서 $x^2+10x=-18$이므로
$x^2+10x+20=-18+20=2$

(3) $x=\frac{1}{3+2\sqrt{2}}$
$=\frac{3-2\sqrt{2}}{(3+2\sqrt{2})(3-2\sqrt{2})}$
$=\frac{3-2\sqrt{2}}{9-8}$
$=3-2\sqrt{2}$
이므로 $x-3=-2\sqrt{2}$
이 식의 양변을 제곱하면
$x^2-6x+9=8$
따라서 $x^2-6x=-1$이므로
$x^2-6x+12=-1+12=11$

(4) $x=\frac{4}{\sqrt{3}-1}$
$=\frac{4(\sqrt{3}+1)}{(\sqrt{3}-1)(\sqrt{3}+1)}$
$=\frac{4\sqrt{3}+4}{3-1}$
$=2\sqrt{3}+2$
이므로 $x-2=2\sqrt{3}$
이 식의 양변을 제곱하면
$x^2-4x+4=12$
따라서 $x^2-4x=8$이므로
$x^2-4x+5=8+5=13$

**내공 쌓는 족집게 문제** p. 46~49

| | | | |
|---|---|---|---|
| 1 ① | 2 ② | 3 ② | 4 ⑤ |
| 5 17 | 6 ② | 7 ② | 8 ③ |
| 9 ④ | 10 16 | 11 ③ | 12 ③ |
| 13 ② | 14 ② | 15 ① | 16 ③ |
| 17 ④ | 18 ④ | 19 ⑤ | 20 ⑤ |
| 21 ⑤ | 22 ② | 23 ③ | |

24 $2x^2+8xy+\frac{15}{2}y^2$ 25 ⑤
26 $-1+5\sqrt{2}$ 27 ①
28 $-a^2+3ab-2b^2$, 과정은 풀이 참조
29 $11-6\sqrt{2}$, 과정은 풀이 참조

**1** 주어진 식에서 $xy$가 나오는 항만을 전개하면
$ax\times(-5y)+(-y)\times 2x$
$=-(5a+2)xy$
$5a+2=-13$ $\therefore a=-3$

**2** ② $(2x+3)(3x-4)=6x^2+x-12$

**3** ② $(y-x)^2=\{-(x-y)\}^2$
$=(x-y)^2$

**4** $(x+a)^2=x^2+2ax+a^2$
$=x^2+bx+9$
에서 $2a=b$, $a^2=9$
이때 $a>0$이므로 $a=3$, $b=6$
$\therefore a+b=3+6=9$

**5** $\left(\frac{3}{2}a+\frac{1}{3}b\right)\left(\frac{3}{2}a-\frac{1}{3}b\right)$
$=\left(\frac{3}{2}a\right)^2-\left(\frac{1}{3}b\right)^2$
$=\frac{9}{4}a^2-\frac{1}{9}b^2$
$=\frac{9}{4}\times 8-\frac{1}{9}\times 9$
$=18-1=17$

**6** $(Ax+2)(2x+B)$
$=2Ax^2+(AB+4)x+2B$
$=6x^2+Cx-6$
따라서 $2A=6$, $AB+4=C$,
$2B=-6$이므로
$A=3$, $B=-3$,
$C=3\times(-3)+4=-5$

**7** 색칠한 부분은 가로의 길이가 $a-b$이고 세로의 길이가 $a+b$인 직사각형이므로
(색칠한 부분의 넓이)
$=(a-b)(a+b)$
$=a^2-b^2$

**8** $102\times 98=(100+2)(100-2)$
$=100^2-2^2=9996$
따라서 곱셈 공식 ③을 이용하는 것이 가장 편리하다.

**9** $(2\sqrt{2}-1)^2-(3-\sqrt{6})(3+\sqrt{6})$
$=(2\sqrt{2})^2-2\times 2\sqrt{2}\times 1+1^2$
$-\{3^2-(\sqrt{6})^2\}$
$=8-4\sqrt{2}+1-(9-6)$
$=6-4\sqrt{2}$

**10** $\frac{4}{7+3\sqrt{5}}-\frac{2+\sqrt{5}}{2-\sqrt{5}}$
$=\frac{4(7-3\sqrt{5})}{(7+3\sqrt{5})(7-3\sqrt{5})}$
$-\frac{(2+\sqrt{5})^2}{(2-\sqrt{5})(2+\sqrt{5})}$
$=\frac{4(7-3\sqrt{5})}{49-45}-\frac{4+4\sqrt{5}+5}{4-5}$
$=7-3\sqrt{5}+9+4\sqrt{5}=16+\sqrt{5}$
따라서 $a=16$, $b=1$이므로
$ab=16$

**11** $x^2+y^2=(x-y)^2+2xy$
$=4^2+2\times 2=20$

**12** $x^2+\frac{1}{x^2}=\left(x+\frac{1}{x}\right)^2-2$
$=5^2-2=23$

**돌다리 두드리기** | 두 수의 곱이 1인 경우 다음과 같은 곱셈 공식의 변형을 이용한다.
$x^2+\frac{1}{x^2}=\left(x+\frac{1}{x}\right)^2-2$
$=\left(x-\frac{1}{x}\right)^2+2$

**13** 상수항과 $xy$가 나오는 항만을 각각 전개한다.
상수항이 12이므로 $-3b=12$
$\therefore b=-4$
$xy$의 계수가 5이므로
$-xy+2axy=5xy$에서
$-1+2a=5$, $2a=6$ $\therefore a=3$
$\therefore a+b=3+(-4)=-1$

**14** ① $(x+3)(x-7)=x^2-4x-\boxed{21}$
② $(-3x+4y)^2$
$=9x^2-\boxed{24}xy+16y^2$
③ $(-2x-3)^2=4x^2+12x+\boxed{9}$
④ $\left(\frac{3}{5}a+2b\right)\left(\frac{3}{5}a-2b\right)$
$=\boxed{\frac{9}{25}}a^2-4b^2$
⑤ $(x+5y)(2x-7y)$
$=2x^2+\boxed{3}xy-35y^2$
따라서 □ 안에 알맞은 수가 가장 큰 것은 ②이다.

**15** $(x+4)(x-2)-(x-a)^2$
$=x^2+2x-8-(x^2-2ax+a^2)$
$=x^2+2x-8-x^2+2ax-a^2$
$=(2a+2)x-a^2-8$
$x$의 계수가 4이므로
$2a+2=4$, $2a=2$ $\therefore a=1$

**16** 구하는 넓이는 가로의 길이가
$3a+4-2=3a+2(\text{m})$이고
세로의 길이가 $2a+2-1=2a+1(\text{m})$
인 직사각형의 넓이와 같으므로
$(3a+2)(2a+1)$
$=6a^2+7a+2(\text{m}^2)$

**17** $\dfrac{1328^2-1329\times1326}{5}$
$=\dfrac{(1330-2)^2-(1330-1)(1330-4)}{5}$
$=\dfrac{1330^2-2\times1330\times2+2^2-(1330^2-5\times1330+4)}{5}$
$=\dfrac{1330^2-4\times1330+4-1330^2+5\times1330-4}{5}$
$=\dfrac{1330}{5}=266$

**돌다리 두드리기** | 수의 계산
(1) 수의 제곱의 계산
$(a\pm b)^2=a^2\pm2ab+b^2$을 이용한다.
(2) 두 수의 곱의 계산
$(a+b)(a-b)=a^2-b^2$ 또는
$(x+a)(x+b)$
$=x^2+(a+b)x+ab$를 이용한다.

**18** $(2-\sqrt{3})(a+2\sqrt{3})$
$=2a-6+(4-a)\sqrt{3}$
이 식이 유리수가 되려면 $4-a=0$이어야 하므로 $a=4$

**19** $x=\dfrac{2}{3+\sqrt{7}}$
$=\dfrac{2(3-\sqrt{7})}{(3+\sqrt{7})(3-\sqrt{7})}$
$=\dfrac{2(3-\sqrt{7})}{9-7}=3-\sqrt{7}$
$y=\dfrac{2}{3-\sqrt{7}}$
$=\dfrac{2(3+\sqrt{7})}{(3-\sqrt{7})(3+\sqrt{7})}$
$=\dfrac{2(3+\sqrt{7})}{9-7}=3+\sqrt{7}$
이므로
$x+y=(3-\sqrt{7})+(3+\sqrt{7})=6$
$xy=(3-\sqrt{7})(3+\sqrt{7})=9-7=2$
$\therefore x^2+y^2=(x+y)^2-2xy$
$=6^2-2\times2=32$

**20** $x^2-7x-1=0$의 양변을 $x(x\neq0)$로 나누면 $x-7-\dfrac{1}{x}=0$, $x-\dfrac{1}{x}=7$
$\therefore x^2+\dfrac{1}{x^2}=\left(x-\dfrac{1}{x}\right)^2+2$
$=7^2+2=51$

**21** $(a+b)^2=a^2+b^2+2ab$에서
$4^2=10+2ab$, $2ab=6$
$\therefore ab=3$
$\therefore \dfrac{a}{b}+\dfrac{b}{a}=\dfrac{a^2+b^2}{ab}=\dfrac{10}{3}$

**22** $x=\dfrac{3}{\sqrt{2}+1}$
$=\dfrac{3(\sqrt{2}-1)}{(\sqrt{2}+1)(\sqrt{2}-1)}$
$=3\sqrt{2}-3$
이므로 $x+3=3\sqrt{2}$
이 식의 양변을 제곱하면
$x^2+6x+9=18$
따라서 $x^2+6x=9$이므로
$x^2+6x-5=9-5=4$

**23** $(a+b-3)(a-b+3)$
$=\{a+(b-3)\}\{a-(b-3)\}$
에서 $b-3=A$로 놓으면
$(a+A)(a-A)=a^2-A^2$
$=a^2-(b-3)^2$
$=a^2-b^2+6b-9$
따라서 상수항을 포함한 모든 항의 계수의 합은
$1+(-1)+6+(-9)=-3$

**24** (직사각형 전체의 넓이)
$=(4x+6y)(2x+5y)$
$=8x^2+32xy+30y^2$
이므로 타일 1개의 넓이는
$\dfrac{1}{12}(8x^2+32xy+30y^2)$이다.
따라서 타일을 붙이지 않은 부분의 넓이는 타일 3개의 넓이와 같으므로
$3\times$(타일 1개의 넓이)
$=3\times\dfrac{1}{12}(8x^2+32xy+30y^2)$
$=\dfrac{1}{4}(8x^2+32xy+30y^2)$
$=2x^2+8xy+\dfrac{15}{2}y^2$

**25** $2-1=1$이므로
$(2+1)(2^2+1)(2^4+1)(2^8+1)$
$=(2-1)(2+1)(2^2+1)(2^4+1)\times(2^8+1)$
$=(2^2-1)(2^2+1)(2^4+1)(2^8+1)$
$=(2^4-1)(2^4+1)(2^8+1)$
$=(2^8-1)(2^8+1)$
$=2^{16}-1=2^a-1$
$\therefore a=16$

**26** $\dfrac{1}{1+\sqrt{2}}+\dfrac{1}{\sqrt{2}+\sqrt{3}}+\dfrac{1}{\sqrt{3}+\sqrt{4}}+\cdots+\dfrac{1}{\sqrt{49}+\sqrt{50}}$
$=\dfrac{1-\sqrt{2}}{(1+\sqrt{2})(1-\sqrt{2})}+\dfrac{\sqrt{2}-\sqrt{3}}{(\sqrt{2}+\sqrt{3})(\sqrt{2}-\sqrt{3})}+\dfrac{\sqrt{3}-\sqrt{4}}{(\sqrt{3}+\sqrt{4})(\sqrt{3}-\sqrt{4})}+\cdots+\dfrac{\sqrt{49}-\sqrt{50}}{(\sqrt{49}+\sqrt{50})(\sqrt{49}-\sqrt{50})}$
$=\dfrac{1-\sqrt{2}}{1-2}+\dfrac{\sqrt{2}-\sqrt{3}}{2-3}+\dfrac{\sqrt{3}-\sqrt{4}}{3-4}+\cdots+\dfrac{\sqrt{49}-\sqrt{50}}{49-50}$
$=-(1-\sqrt{2})-(\sqrt{2}-\sqrt{3})-(\sqrt{3}-\sqrt{4})-\cdots-(\sqrt{49}-\sqrt{50})$
$=-1+\sqrt{2}-\sqrt{2}+\sqrt{3}-\sqrt{3}+\sqrt{4}-\cdots-\sqrt{49}+\sqrt{50}$
$=-1+\sqrt{50}=-1+5\sqrt{2}$

**27** $x^2+y^2=(x+y)^2-2xy$
$=3^2-2\times1=7$
$\therefore x^4+y^4=(x^2+y^2)^2-2x^2y^2$
$=(x^2+y^2)^2-2(xy)^2$
$=7^2-2\times1^2=47$

**28** 사각형 ABFE는 정사각형이므로
$\overline{BF}=\overline{AB}=b$이고,
$\overline{FC}=\overline{BC}-\overline{BF}=a-b$ $\cdots$(i)
사각형 EGHD는 정사각형이므로
$\overline{DH}=\overline{GH}=\overline{FC}=a-b$에서
$\overline{HC}=\overline{DC}-\overline{DH}$
$=b-(a-b)$
$=b-a+b=-a+2b$ $\cdots$(ii)
따라서 직사각형 GFCH의 넓이는
$\overline{FC}\times\overline{HC}=(a-b)(-a+2b)$
$=-a^2+2ab+ab-2b^2$
$=-a^2+3ab-2b^2$ $\cdots$(iii)

| 채점 기준 | 비율 |
|---|---|
| (i) $\overline{FC}$의 길이 구하기 | 40 % |
| (ii) $\overline{HC}$의 길이 구하기 | 40 % |
| (iii) 직사각형 GFCH의 넓이를 $a$, $b$에 대한 식으로 나타내기 | 20 % |

**29** $\dfrac{1}{\sqrt{2}-1}=\dfrac{\sqrt{2}+1}{(\sqrt{2}-1)(\sqrt{2}+1)}$
$=\sqrt{2}+1$ $\cdots$(i)

$1<\sqrt{2}<2$에서 $2<\sqrt{2}+1<3$이므로
정수 부분 $a=2$
소수 부분 $b=(\sqrt{2}+1)-2$
$=\sqrt{2}-1$ $\cdots$(ii)
$\therefore (a-b)^2=\{2-(\sqrt{2}-1)\}^2$
$=(3-\sqrt{2})^2$
$=9-6\sqrt{2}+2$
$=11-6\sqrt{2}$ $\cdots$(iii)

| 채점 기준 | 비율 |
|---|---|
| (i) 분모를 유리화하기 | 40% |
| (ii) $a$, $b$의 값 각각 구하기 | 40% |
| (iii) $(a-b)^2$의 값 구하기 | 20% |

## 11강 인수분해의 뜻과 공식

### 예제 p. 50

**1** (1) $\boldsymbol{y^2+2y+1}$ (2) $\boldsymbol{a^2-8a+16}$
(3) $\boldsymbol{x^2-4}$ (4) $\boldsymbol{x^2-2x-3}$

**2** (1) $\boldsymbol{4a(3a-2)}$ (2) $\boldsymbol{x(x+a-b)}$
(3) $\boldsymbol{(2y-z)(x+y)}$
(4) $\boldsymbol{(x-1)^2(x+1)}$
(3) $x(2y-z)-y(z-2y)$
$=x(2y-z)+y(2y-z)$
$=(2y-z)(x+y)$
(4) $x^2(x-1)+(1-x)$
$=x^2(x-1)-(x-1)$
$=(x-1)(x^2-1)$
$=(x-1)(x+1)(x-1)$
$=(x-1)^2(x+1)$

**3** (1) $\boldsymbol{(x-2)^2}$
(2) $\boldsymbol{\left(\frac{1}{2}a+1\right)\left(\frac{1}{2}a-1\right)}$
(3) $\boldsymbol{(x+5)(x-2)}$
(4) $\boldsymbol{(3a-2b)(2a+b)}$
(2) $\frac{1}{4}a^2-1=\left(\frac{1}{2}a\right)^2-1^2$
$=\left(\frac{1}{2}a+1\right)\left(\frac{1}{2}a-1\right)$
(3) $x^2+3x-10=(x+5)(x-2)$
$x$ ╳ $5 \longrightarrow 5x$
$x$ ╳ $-2 \longrightarrow +)\ -2x$
$3x$
(4) $6a^2-ab-2b^2=(3a-2b)(2a+b)$
$3a$ ╳ $-2b \longrightarrow -4ab$
$2a$ ╳ $b \longrightarrow +)\ 3ab$
$-ab$

**4** (1) **16** (2) $\boldsymbol{\pm 12}$
(1) $x^2+8x+\square=x^2+2\times x\times 4+\square$
$\therefore \square=4^2=16$
(2) $a^2+\square ab+36b^2$
$=a^2+\square ab+(\pm 6b)^2$
$\therefore \square=2\times(\pm 6)=\pm 12$

### 핵심 유형 익히기 p. 51

**1** ③, ⑤

**2** ④
① $x+2x^2=x(1+2x)$
② $xy+xz+x=x(y+z+1)$
③ $ax-bxy=x(a-by)$
④ $xy+y-yz=y(x+1-z)$
⑤ $3x-xz=x(3-z)$
따라서 ①, ②, ③, ⑤의 공통인 인수는 $x$이므로 나머지 넷과 일차 이상의 공통인 인수를 갖지 않는 것은 ④이다.

**3** 2
$2x(2y-1)+(1-2y)$
$=2x(2y-1)-(2y-1)$
$=(2x-1)(2y-1)$
$\therefore a=2,\ b=-1,\ c=2,\ d=-1$
$\therefore a+b+c+d$
$=2+(-1)+2+(-1)$
$=2$

**4** (1)－㉣, (2)－㉡, (3)－㉠, (4)－㉢

**5** ④
$x^2+14x+a$가 완전제곱식이 되기 위해서는
$a=\left(\frac{14}{2}\right)^2=49$

**6** ③
$2x^2+ax+9=(2x+3)(x+\square)$에서
$3\times\square=9$이므로 $\square=3$
$(2x+3)(x+3)=2x^2+9x+9$
이므로 $a=9$

### 기초 내공 다지기 p. 52~53

**1** (1) $8y(x-1)$
(2) $2ab(a+2)$
(3) $2(x-2y+1)$
(4) $2a(3ax^2+y-2x)$
(5) $(2a-b)(x+2y)$
(6) $(x-3)(y-2)$

**2** (1) $(x+5)^2$ (2) $(y-3)^2$
(3) $(a+9b)^2$ (4) $(3x-2)^2$
(5) $\left(x+\frac{1}{2}\right)^2$ (6) $-4(x-2)^2$

**3** (1) $\frac{9}{4}$ (2) $\frac{25}{4}$ (3) 9
(4) 10 (5) $\frac{2}{5}$ (6) $\frac{4}{3}$

**4** (1) $(x+8y)(x-8y)$
(2) $(3x+y)(3x-y)$
(3) $\left(x+\frac{1}{2}y\right)\left(x-\frac{1}{2}y\right)$
(4) $\left(x+\frac{1}{x}\right)\left(x-\frac{1}{x}\right)$
(5) $2(x+4)(x-4)$
(6) $(x^2+1)(x+1)(x-1)$

**5** (1) $(x+3)(x+1)$
(2) $(x-3)(x-2)$
(3) $(x+5)(x-1)$
(4) $(x+6)(x-2)$
(5) $(x-5)(x+4)$
(6) $(x-5)(x+3)$
(7) $(x-9y)(x+6y)$
(8) $(x-4y)(x+2y)$
(9) $a(x+8)(x-2)$
(10) $2a(x-7)(x-4)$
(11) $m(x-10y)(x-6y)$

**6** (1) $(3x-1)(2x-3)$
(2) $(2x+1)(x+3)$
(3) $(3x-y)(x+2y)$
(4) $(7x-y)(x-y)$
(5) $(3y+2)(2y+3)$
(6) $(2a+b)(a-3b)$
(7) $2(3x+y)(2x-y)$
(8) $2(5x+1)(2x-1)$
(9) $a(2x-1)(x-4)$
(10) $a(3x-2)(2x+1)$
(11) $m(3x-5y)(2x+y)$

**1** (1) $8xy-8y=8y(x-1)$

(2) $2a^2b+4ab=2ab(a+2)$

(3) $2x-4y+2=2(x-2y+1)$

(4) $6a^2x^2+2ay-4ax$
$=2a(3ax^2+y-2x)$

(5) $x(2a-b)+2y(2a-b)$
$=(2a-b)(x+2y)$

(6) $x(y-2)+3(2-y)$
$=x(y-2)-3(y-2)$
$=(x-3)(y-2)$

**2** (1) $x^2+10x+25$
$=x^2+2\times x\times 5+5^2$
$=(x+5)^2$

(2) $y^2-6y+9$
$=y^2-2\times y\times 3+3^2$
$=(y-3)^2$

(3) $a^2+18ab+81b^2$
$=a^2+2\times a\times 9b+(9b)^2$
$=(a+9b)^2$

(4) $9x^2-12x+4$
$=(3x)^2-2\times 3x\times 2+2^2$
$=(3x-2)^2$

(5) $x^2+x+\frac{1}{4}$
$=x^2+2\times x\times\frac{1}{2}+\left(\frac{1}{2}\right)^2$
$=\left(x+\frac{1}{2}\right)^2$

(6) $-4x^2+16x-16$
$=-4(x^2-4x+4)$
$=-4(x-2)^2$

**3** (1) $x^2+3x+\square$
$=x^2-2\times x\times\frac{3}{2}+\square$
이므로 $\square=\left(\frac{3}{2}\right)^2=\frac{9}{4}$

(2) $y^2-5y+\square$
$=y^2-2\times y\times\frac{5}{2}+\square$
이므로 $\square=\left(\frac{5}{2}\right)^2=\frac{25}{4}$

(3) $16a^2+24a+\square$
$=(4a)^2+2\times 4a\times 3+\square$
이므로 $\square=3^2=9$

(4) $a^2\pm\square a+25$
$=a^2\pm\square a+(\pm 5)^2$
이므로 $\square=2\times 5=10$

(5) $x^2\pm\square x+\frac{1}{25}$
$=x^2\pm\square x+\left(\pm\frac{1}{5}\right)^2$
이므로 $\square=2\times 1\times\frac{1}{5}=\frac{2}{5}$

(6) $4x^2\pm\square xy+\frac{1}{9}y^2$
$=(2x)^2\pm\square xy+\left(\pm\frac{1}{3}y\right)^2$
이므로 $\square=2\times 2\times\frac{1}{3}=\frac{4}{3}$

**4** (1) $x^2-64y^2=x^2-(8y)^2$
$=(x+8y)(x-8y)$

(2) $9x^2-y^2=(3x)^2-y^2$
$=(3x+y)(3x-y)$

(3) $x^2-\frac{1}{4}y^2=x^2-\left(\frac{1}{2}y\right)^2$
$=\left(x+\frac{1}{2}y\right)\left(x-\frac{1}{2}y\right)$

(4) $x^2-\frac{1}{x^2}=x^2-\left(\frac{1}{x}\right)^2$
$=\left(x+\frac{1}{x}\right)\left(x-\frac{1}{x}\right)$

(5) $2x^2-32=2(x^2-16)$
$=2(x^2-4^2)$
$=2(x+4)(x-4)$

(6) $x^4-1=(x^2)^2-1^2$
$=(x^2+1)(x^2-1)$
$=(x^2+1)(x+1)(x-1)$

**5** (1) $x^2+4x+3=(x+3)(x+1)$
$x \quad 3 \longrightarrow 3x$
$x \quad 1 \longrightarrow +)\ x$
$4x$

(2) $x^2-5x+6=(x-3)(x-2)$
$x \quad -3 \longrightarrow -3x$
$x \quad -2 \longrightarrow +)\ -2x$
$-5x$

(3) $x^2+4x-5=(x+5)(x-1)$
$x \quad 5 \longrightarrow 5x$
$x \quad -1 \longrightarrow +)\ -x$
$4x$

(4) $x^2+4x-12=(x+6)(x-2)$
$x \quad 6 \longrightarrow 6x$
$x \quad -2 \longrightarrow +)\ -2x$
$4x$

(5) $x^2-x-20=(x-5)(x+4)$
$x \quad -5 \longrightarrow -5x$
$x \quad 4 \longrightarrow +)\ 4x$
$-x$

(6) $x^2-2x-15=(x-5)(x+3)$
$x \quad -5 \longrightarrow -5x$
$x \quad 3 \longrightarrow +)\ 3x$
$-2x$

(7) $x^2-3xy-54y^2=(x-9y)(x+6y)$
$x \quad -9y \longrightarrow -9xy$
$x \quad 6y \longrightarrow +)\ 6xy$
$-3xy$

(8) $x^2-2xy-8y^2=(x-4y)(x+2y)$
$x \quad -4y \longrightarrow -4xy$
$x \quad 2y \longrightarrow +)\ 2xy$
$-2xy$

(9) $ax^2+6ax-16a$
$=a(x^2+6x-16)$
$=a(x+8)(x-2)$

(10) $2ax^2-22ax+56a$
$=2a(x^2-11x+28)$
$=2a(x-7)(x-4)$

(11) $mx^2-16mxy+60my^2$
$=m(x^2-16xy+60y^2)$
$=m(x-10y)(x-6y)$

**6** (1) $6x^2-11x+3=(3x-1)(2x-3)$
$3x \quad -1 \longrightarrow -2x$
$2x \quad -3 \longrightarrow +)\ -9x$
$-11x$

(2) $2x^2+7x+3=(2x+1)(x+3)$
$2x \quad 1 \longrightarrow x$
$x \quad 3 \longrightarrow +)\ 6x$
$7x$

(3) $3x^2+5xy-2y^2=(3x-y)(x+2y)$
$3x \quad -y \longrightarrow -xy$
$x \quad 2y \longrightarrow +)\ 6xy$
$5xy$

(4) $7x^2-8xy+y^2=(7x-y)(x-y)$
$7x \quad -y \longrightarrow -xy$
$x \quad -y \longrightarrow +)\ -7xy$
$-8xy$

(5) $6y^2+13y+6=(3y+2)(2y+3)$
$3y \quad 2 \longrightarrow 4y$
$2y \quad 3 \longrightarrow +)\ 9y$
$13y$

(6) $2a^2-5ab-3b^2=(2a+b)(a-3b)$
$2a \quad b \longrightarrow ab$
$a \quad -3b \longrightarrow +)\ -6ab$
$-5ab$

(7) $12x^2-2xy-2y^2$
$=2(6x^2-xy-y^2)$
$=2(3x+y)(2x-y)$

(8) $20x^2-6x-2$
$=2(10x^2-3x-1)$
$=2(5x+1)(2x-1)$

(9) $2ax^2-9ax+4a$
$=a(2x^2-9x+4)$
$=a(2x-1)(x-4)$

(10) $6ax^2-ax-2a$
$=a(6x^2-x-2)$
$=a(3x-2)(2x+1)$

(11) $6mx^2-7mxy-5my^2$
$=m(6x^2-7xy-5y^2)$
$=m(3x-5y)(2x+y)$

**내공 쌓는 족집게 문제** p. 54~57

| | | | |
|---|---|---|---|
| 1 ⑤ | 2 ⑤ | 3 ④ | 4 ④ |
| 5 ⑤ | 6 ③ | 7 ⑤ | 8 ⑤ |
| 9 ⑤ | 10 ④ | 11 ① | 12 $x+2$ |
| 13 ④ | 14 ④ | 15 ② | 16 4 |
| 17 $-2x$ | 18 $a=2$, $b=3$ | 19 ③ | |
| 20 $(x+8)(x-5)$ | | 21 ⑤ | |
| 22 $8a+20$ | | 23 ⑤ | 24 ② |
| 25 ⑤ | 26 ④ | 27 ③ | 28 ⑤ |
| 29 $2x-1$, 과정은 풀이 참조 | | | |
| 30 $x-9$, 과정은 풀이 참조 | | | |

**1** 인수란 인수분해하였을 때 곱해진 각각의 식이므로 인수가 아닌 것은 ⑤이다.

**2** ① $ab+2b^2=b(a+2b)$
② $4x^2y-8x=4x(xy-2)$
③ 인수분해되지 않는다.
④ $2ab+a=a(2b+1)$
⑤ $(a-2b)x+(2b-a)$
$=(a-2b)x-(a-2b)$
$=(a-2b)(x-1)$
따라서 옳은 것은 ⑤이다.

**3** $x^2+5x-14=(x+7)(x-2)$
이므로 $x^2+5x-14$의 인수인 것은 ㄱ, ㄹ, ㅁ이다.

**4** $x^2-10x+a=x^2-2\times x\times 5+a$
$=(x+b)^2$
에서 $a=5^2=25$, $b=-5$
$\therefore a+b=25+(-5)=20$

**5** ① $2x^2-4x+2=2(x^2-2x+1)$
$=2(x-1)^2$
② $a^2+8ab+16b^2=(a+4b)^2$
③ $9x^2+6x+1=(3x+1)^2$
④ $x^2-\frac{1}{2}x+\frac{1}{16}=\left(x-\frac{1}{4}\right)^2$
⑤ $a^2-10ab+16b^2$
$=(a-8b)(a-2b)$
따라서 완전제곱식으로 인수분해할 수 없는 것은 ⑤이다.

**6** $x^2+ax+49=x^2+ax+(\pm 7)^2$
이때 $a>0$이므로 $a=2\times 7=14$

**7** ⑤ $4xy^2-4xy+x$
$=x(4y^2-4y+1)=x(2y-1)^2$

**8** $a^8-1$
$=(a^4+1)(a^4-1)$
$=(a^4+1)(a^2+1)(a^2-1)$
$=(a^4+1)(a^2+1)(a+1)(a-1)$
따라서 인수가 아닌 것은 ⑤이다.

**9** $(2x-3)(3x-B)$
$=6x^2-(2B+9)x+3B$
$=6x^2-23x+A$
따라서 $2B+9=23$, $3B=A$이므로
$B=7$, $A=21$
$\therefore A+B=21+7=28$

**10** $x^2-3x-4=(x-4)(x+1)$,
$x^2-x-12=(x-4)(x+3)$
이므로 공통인 인수는 $x-4$이다.

**11** $3x^2+ax-8=(x-4)(3x+p)$에서
$-8=-4p$ $\quad\therefore p=2$
$(x-4)(3x+2)=3x^2-10x-8$
이므로 $a=-10$

**12** 주어진 색종이의 넓이의 합은
$x^2+3x+2$이므로 이 식을 인수분해하면 $x^2+3x+2=(x+1)(x+2)$
따라서 구하는 직사각형의 세로의 길이는 $x+2$이다.

**13** ④ ㉡의 과정에서 분배법칙이 이용된다.

**14** ㄱ. $x^2-9x+18=(x-6)(x-3)$
ㄴ. $3x^2-21x+30$
$=3(x^2-7x+10)$
$=3(x-5)(x-2)$
ㄷ. $x^2-9=(x+3)(x-3)$
ㄹ. $2x^2+x-15=(2x-5)(x+3)$
따라서 $x+3$을 인수로 갖는 다항식은 ㄷ, ㄹ이다.

**15** ① 1 ② 4 ③ $\pm\frac{1}{2}$ ④ 1 ⑤ $\pm 2$
따라서 □ 안의 수가 가장 큰 것은 ②이다.

**16** $(x-1)(x+3)+m$
$=x^2+2x-3+m$
이 식이 완전제곱식이 되려면
$-3+m=\left(\frac{2}{2}\right)^2=1$ $\quad\therefore m=4$

**17** $0<x<3$에서
$x-3<0$, $x+3>0$이므로
$\sqrt{x^2-6x+9}-\sqrt{x^2+6x+9}$
$=\sqrt{(x-3)^2}-\sqrt{(x+3)^2}$
$=-(x-3)-(x+3)$
$=-x+3-x-3$
$=-2x$

**18** $(2x+b)(3x-4)$
$=6x^2+(3b-8)x-4b$
$=6x^2+(4a-7)x-12$
$-4b=-12$에서 $b=3$
$3b-8=4a-7$에서
$1=4a-7$, $4a=8$ $\quad\therefore a=2$

**19** $x^2+Ax-12=(x+2)(x+p)$에서
$-12=2p$ $\quad\therefore p=-6$
$(x+2)(x-6)=x^2-4x-12$이므로
$A=-4$
$2x^2+x+B=(x+2)(2x+q)$에서
$1=q+4$ $\quad\therefore q=-3$
$(x+2)(2x-3)=2x^2+x-6$이므로
$B=-6$
$\therefore A+B=-4+(-6)=-10$

**20** $(x+5)(x-2)=x^2+3x-10$이므로 처음 이차식의 $x$의 계수는 3이다.
$(x+10)(x-4)=x^2+6x-40$이므로 처음 이차식의 상수항은 $-40$이다.
따라서 처음 이차식은 $x^2+3x-40$이므로 $x^2+3x-40=(x+8)(x-5)$

**돌다리 두드리기** | 계수 또는 상수항을 잘못 보고 푼 경우: 잘못 본 수를 제외한 나머지 값은 바르게 본 것임을 이용한다.
(i) 상수항을 잘못 본 식
$x^2+ax+b$
바르게 본 수($a$) / 잘못 본 수($b$)
(ii) 일차항의 계수를 잘못 본 식
$x^2+cx+d$
잘못 본 수($c$) / 바르게 본 수($d$)
⇨ (i), (ii)에서 처음 이차식은
$x^2+ax+d$

**21** 새로 만든 직사각형의 넓이는 주어진 모든 직사각형의 넓이의 합과 같으므로
$3x^2+7x+4$
$3x^2+7x+4=(3x+4)(x+1)$이므로
(새로 만든 직사각형의 둘레의 길이)
$=2\{(3x+4)+(x+1)\}$
$=2(4x+5)=8x+10$

**22** $4a^2+20a+25=(2a+5)^2$
따라서 밭의 한 변의 길이는 $2a+5$이므로 둘레의 길이는
$4(2a+5)=8a+20$

**23** 큰 원의 반지름의 길이를 $R$, 작은 원의 반지름의 길이를 $r$이라 하면
$R+r=9$, $R-r=4$
∴ (색칠한 부분의 넓이)
$=\pi R^2-\pi r^2$
$=\pi(R^2-r^2)$
$=\pi(R+r)(R-r)$
$=\pi\times9\times4=36\pi$

**24** 두 정사각형의 둘레의 길이의 합이 80이므로
$4(x+y)=80$ ∴ $x+y=20$
두 정사각형의 넓이의 차가 200이므로
$x^2-y^2=200$, $(x+y)(x-y)=200$
$20(x-y)=200$ ∴ $x-y=10$
따라서 두 정사각형의 한 변의 길이의 차는 10이다.

**25** $(x^2-5ax+b)+(ax+b)$
$=x^2-4ax+2b$이므로
$x^2-4ax+2b$가 완전제곱식이 되려면
$2b=\left(\frac{-4a}{2}\right)^2$, $2b=4a^2$
∴ $b=2a^2$
50 이하의 자연수 $a$, $b$에 대하여 $b=2a^2$을 만족시키는 순서쌍 $(a, b)$를 구하면 $(1, 2)$, $(2, 8)$, $(3, 18)$, $(4, 32)$, $(5, 50)$의 5개이다.

**26** $\sqrt{x}=a-1$의 양변을 제곱하면
$x=(a-1)^2$이므로
$\sqrt{x-4a+8}+\sqrt{x+6a+3}$
$=\sqrt{(a-1)^2-4a+8}$
$+\sqrt{(a-1)^2+6a+3}$
$=\sqrt{a^2-6a+9}+\sqrt{a^2+4a+4}$
$=\sqrt{(a-3)^2}+\sqrt{(a+2)^2}$
이때 $a-3<0$, $a+2>0$이므로
$\sqrt{(a-3)^2}+\sqrt{(a+2)^2}$
$=-(a-3)+(a+2)$
$=-a+3+a+2=5$

**27** $x^2+kx-20=(x+a)(x+b)$
$=x^2+(a+b)x+ab$
이므로 곱해서 $-20$이 되는 두 정수 $a$, $b$를 순서쌍 $(a, b)$로 나타내면
$(1, -20)$, $(2, -10)$, $(4, -5)$, $(5, -4)$, $(10, -2)$, $(20, -1)$
이때 $k$는 두 정수 $a$, $b$의 합이므로 $k$의 값이 될 수 있는 수는
$-19$, $-8$, $-1$, $1$, $8$, $19$이다.
따라서 $k$의 값이 될 수 없는 것은 ③이다.

**28** $x^2$의 계수는 $3=1\times3$이고,
상수항은 $-2=(-1)\times2=1\times(-2)$
이므로 다음의 네 가지 경우를 생각할 수 있다.
(i) $3x^2+ax-2=(x-1)(3x+2)$ 일 때, $a=-1$
(ii) $3x^2+ax-2=(x+1)(3x-2)$ 일 때, $a=1$
(iii) $3x^2+ax-2=(x+2)(3x-1)$ 일 때, $a=5$
(iv) $3x^2+ax-2=(x-2)(3x+1)$ 일 때, $a=-5$
따라서 $a$의 값으로 적당하지 않은 것은 ⑤이다.

**29** 두 다항식을 각각 인수분해하면
$12x^2+4x-5$
$=(6x+5)(2x-1)$ …(i)
$x(2x-1)+y(1-2x)$
$=x(2x-1)-y(2x-1)$
$=(2x-1)(x-y)$ …(ii)
따라서 두 다항식의 일차 이상의 공통인 인수는 $2x-1$이다. …(iii)

| 채점 기준 | 비율 |
|---|---|
| (i) $12x^2+4x-5$를 인수분해하기 | 40 % |
| (ii) $x(2x-1)+y(1-2x)$를 인수분해하기 | 40 % |
| (iii) 공통인 인수 구하기 | 20 % |

**30** 도형 A의 넓이는
$(x-6)^2-3^2=x^2-12x+27$ …(i)
$x^2-12x+27$을 인수분해하면
$x^2-12x+27=(x-9)(x-3)$ …(ii)
이때 도형 B는 가로의 길이가 $x-3$인 직사각형이므로 세로의 길이는 $x-9$이다. …(iii)

| 채점 기준 | 비율 |
|---|---|
| (i) 도형 A의 넓이 구하기 | 40 % |
| (ii) 인수분해하기 | 40 % |
| (iii) 도형 B의 세로의 길이 구하기 | 20 % |

## 12강 여러 가지 인수분해

**예제** p. 58

**1** **(1) 36** **(2) 1000** **(3) 10000**
(1) $12\times75-12\times72$
$=12\times(75-72)$
$=12\times3=36$
(2) $55^2-45^2=(55+45)(55-45)$
$=100\times10=1000$
(3) $99^2+2\times99+1=(99+1)^2$
$=100^2=10000$

**2** **(1) $(a+3)(a-1)$**
**(2) $(x+1)(x-1)$**
**(3) $(x+2y+2)(x+2y-6)$**
(1) $a+1=A$로 놓으면
$(a+1)^2-4$
$=A^2-2^2$
$=(A+2)(A-2)$
$=(a+1+2)(a+1-2)$
$=(a+3)(a-1)$
(2) $x+2=A$로 놓으면
$(x+2)^2-4(x+2)+3$
$=A^2-4A+3$
$=(A-1)(A-3)$
$=(x+2-1)(x+2-3)$
$=(x+1)(x-1)$
(3) $x+2y=A$로 놓으면
$(x+2y)(x+2y-4)-12$
$=A(A-4)-12$
$=A^2-4A-12$
$=(A+2)(A-6)$
$=(x+2y+2)(x+2y-6)$

**3** **(1) $(a-b)(a+1)(a-1)$**
**(2) $(x+y+z)(x+y-z)$**
**(3) $(x-1)(x+5y+3)$**
(1) $a^3-a^2b-a+b$
$=a^2(a-b)-(a-b)$
$=(a-b)(a^2-1)$
$=(a-b)(a+1)(a-1)$
(2) $x^2+2xy+y^2-z^2$
$=(x^2+2xy+y^2)-z^2$
$=(x+y)^2-z^2$
$=(x+y+z)(x+y-z)$
(3) $x^2+2x+5xy-5y-3$
$=(5x-5)y+(x^2+2x-3)$
$=5y(x-1)+(x+3)(x-1)$
$=(x-1)(x+5y+3)$

핵심 유형 익히기 p. 59

1 ②

$51^2-2\times51+1=(51-1)^2$
$=50^2$
$=2500$

2 ⑤

$\sqrt{2\times52^2-2\times48^2}$
$=\sqrt{2(52+48)(52-48)}$
$=\sqrt{2\times100\times4}$
$=\sqrt{2\times400}$
$=20\sqrt{2}$

3 ⑤

$3a-1=A$로 놓으면
$(3a-1)^2+3(1-3a)+2$
$=(3a-1)^2-3(3a-1)+2$
$=A^2-3A+2$
$=(A-1)(A-2)$
$=(3a-1-1)(3a-1-2)$
$=(3a-2)(3a-3)$
$=3(3a-2)(a-1)$
따라서 인수인 것은 ⑤이다.

4 ③

$ab-a-b+1$
$=a(b-1)-(b-1)$
$=(a-1)(b-1)$
$a^2-ab-a+b$
$=a(a-b)-(a-b)$
$=(a-1)(a-b)$
따라서 두 다항식의 공통인 인수는 $a-1$이다.

5 ①

$x^2-y^2-2y-1$
$=x^2-(y^2+2y+1)$
$=x^2-(y+1)^2$
$=(x+y+1)(x-y-1)$
따라서 인수인 두 일차식의 합은
$(x+y+1)+(x-y-1)=2x$

6 $\mathbf{(a-1)(a+b+2)}$

$a^2+ab+a-b-2$
$=(a-1)b+(a^2+a-2)$
$=(a-1)b+(a+2)(a-1)$
$=(a-1)(a+b+2)$

## 13강 인수분해 공식의 활용

예제 p. 60

1 (1) **5** (2) $\mathbf{4\sqrt{2}}$

(1) $x^2-8x+16=(x-4)^2$
$=(4-\sqrt{5}-4)^2$
$=(-\sqrt{5})^2$
$=5$

(2) $a+b=2\sqrt{2}$, $a-b=2$이므로
$a^2-b^2=(a+b)(a-b)$
$=2\sqrt{2}\times2$
$=4\sqrt{2}$

2 **−20**

$x^2-y^2-2x-2y$
$=(x+y)(x-y)-2(x+y)$
$=(x+y)(x-y-2)$
$=5\times(-2-2)$
$=-20$

3 ②

$16a^2-9b^2=(4a+3b)(4a-3b)$
$=24$
이고 $4a+3b=6$이므로
$4a-3b=4$

4 $\mathbf{2x-1}$

(도형 A의 넓이)
$=(3x+1)^2-(x+2)^2$
$=(3x+1+x+2)(3x+1-x-2)$
$=(4x+3)(2x-1)$
따라서 도형 B의 세로의 길이는 $2x-1$이다.

핵심 유형 익히기 p. 61

1 ⑤

$2x^2-8x+8=2(x^2-4x+4)$
$=2(x-2)^2$
$=2\times(2-\sqrt{3}-2)^2$
$=2\times(-\sqrt{3})^2$
$=2\times3=6$

2 ⑤

$x=\frac{1}{2+\sqrt{3}}=\frac{2-\sqrt{3}}{(2+\sqrt{3})(2-\sqrt{3})}$
$=2-\sqrt{3}$
$y=\frac{1}{2-\sqrt{3}}=\frac{2+\sqrt{3}}{(2-\sqrt{3})(2+\sqrt{3})}$
$=2+\sqrt{3}$
$\therefore x^2+2xy+y^2$
$=(x+y)^2$
$=(2-\sqrt{3}+2+\sqrt{3})^2$
$=4^2=16$

3 ③

$x^2+2xy+y^2+3x+3y-4$
$=(x+y)^2+3(x+y)-4$
$=(x+y+4)(x+y-1)$
$=(3+4)(3-1)$
$=7\times2=14$

4 ③

$a+b=2$, $ab=-8$이므로
$(a-b)^2=(a+b)^2-4ab$
$=2^2-4\times(-8)=36$
이때 $a-b>0$이므로 $a-b=6$
$\therefore a^2-5a-b^2+5b$
$=a^2-b^2-5a+5b$
$=(a+b)(a-b)-5(a-b)$
$=(a-b)(a+b-5)$
$=6\times(2-5)$
$=-18$

5 **5**

$x^2-y^2+4x-4y$
$=(x+y)(x-y)+4(x-y)$
$=(x-y)(x+y+4)$
$=(x-y)(3+4)=7(x-y)$
따라서 $7(x-y)=35$이므로
$x-y=5$

6 **5**

연못을 제외한 광장의 넓이가 $75\pi\ \mathrm{m}^2$이므로
$\pi a^2-\pi b^2=75\pi$, $\pi(a^2-b^2)=75\pi$
$\therefore (a+b)(a-b)=75$ ⋯ ㉠
광장과 연못의 둘레의 길이의 합이 $30\pi$ m이므로
$2\pi a+2\pi b=30\pi$, $2\pi(a+b)=30\pi$
$\therefore a+b=15$
따라서 ㉠에서 $15(a-b)=75$이므로
$a-b=5$

내공 쌓는 족집게 문제 p. 62~65

1 ㄱ, ㄷ 2 11 3 ② 4 ③
5 ④ 6 $(3x-2)(2x+7)$
7 ④ 8 ②, ③ 9 ① 10 ④
11 ① 12 ④ 13 ② 14 ④
15 ① 16 ④ 17 ② 18 ③
19 ② 20 $(a-b+1)(a-b+2)$
21 ⑤ 22 ⑤ 23 ② 24 ②
25 ② 26 67, 73 27 64
28 ① 29 $150\pi\text{ cm}^2$
30 $\frac{11}{20}$, 과정은 풀이 참조
31 $8\sqrt{6}+7$, 과정은 풀이 참조

**1** $2\times72.5^2-2\times5\times72.5+2\times2.5^2$
$=2(72.5^2-2\times72.5\times2.5+2.5^2)$
$=2(72.5-2.5)^2$
$=2\times70^2=9800$
따라서 이용되는 인수분해 공식은 차례로 ㄱ, ㄷ이다.

**2** $\sqrt{61^2-60^2}=\sqrt{(61+60)(61-60)}$
$=\sqrt{121}=11$

**3** $1^2-3^2+5^2-7^2+9^2-11^2$
$=(1+3)(1-3)+(5+7)(5-7)+(9+11)(9-11)$
$=-2\times(1+3+5+7+9+11)$
$=-2\times36=-72$
돌다리 두드리기 | 두 항씩 묶어 인수분해 공식 $a^2-b^2=(a+b)(a-b)$를 이용한다.

**4** $2x+1=X$로 놓으면
$2(2x+1)^2-3(2x+1)-5$
$=2X^2-3X-5$
$=(X+1)(2X-5)$
$=(2x+1+1)(4x+2-5)$
$=2(x+1)(4x-3)$
따라서 $A=2$, $B=1$, $C=3$이므로
$A+B+C=2+1+3=6$

**5** $x+1=A$로 놓으면
$(x+1)^4-1$
$=A^4-1=(A^2+1)(A^2-1)$
$=(A^2+1)(A+1)(A-1)$
$=\{(x+1)^2+1\}(x+1+1)(x+1-1)$
$=x(x+2)(x^2+2x+2)$
따라서 인수가 아닌 것은 ④이다.

**6** $x+1=A$, $x-4=B$로 놓으면
$6(x+1)^2+(x+1)(x-4)-(x-4)^2$
$=6A^2+AB-B^2$
$=(2A+B)(3A-B)$
$=\{2(x+1)+(x-4)\}\times\{3(x+1)-(x-4)\}$
$=(2x+2+x-4)(3x+3-x+4)$
$=(3x-2)(2x+7)$

**7** $x^3+3x^2-4x-12$
$=x^2(x+3)-4(x+3)$
$=(x+3)(x^2-4)$
$=(x+3)(x+2)(x-2)$
$\therefore (x+3)+(x+2)+(x-2)$
$=3x+3$

**8** $a^2-b^2-c^2+2bc$
$=a^2-(b^2-2bc+c^2)$
$=a^2-(b-c)^2$
$=(a+b-c)(a-b+c)$
따라서 인수인 것은 ②, ③이다.

**9** $a^2-ac-bc-b^2$
$=-ac-bc+a^2-b^2$
$=-c(a+b)+(a+b)(a-b)$
$=(a+b)(a-b-c)$

**10** $9x^2-4y^2+6x+12y-8$
$=9x^2+6x-(4y^2-12y+8)$
$=9x^2+6x-(2y-2)(2y-4)$
$=\{3x+(2y-2)\}\{3x-(2y-4)\}$
$=(3x+2y-2)(3x-2y+4)$
따라서 인수인 것은 ④이다.

**11** $x+3=A$로 놓으면
$(x+3)^2-4(x+3)+4$
$=A^2-4A+4=(A-2)^2$
$=(x+3-2)^2=(x+1)^2$
$=(\sqrt{2}-1+1)^2=(\sqrt{2})^2=2$

**12** $x=\frac{1}{\sqrt{2}+1}=\frac{\sqrt{2}-1}{(\sqrt{2}+1)(\sqrt{2}-1)}$
$=\sqrt{2}-1$
$y=\frac{1}{\sqrt{2}-1}=\frac{\sqrt{2}+1}{(\sqrt{2}-1)(\sqrt{2}+1)}$
$=\sqrt{2}+1$
에서 $xy=(\sqrt{2}-1)(\sqrt{2}+1)=1$,
$x-y=\sqrt{2}-1-(\sqrt{2}+1)=-2$
$\therefore x^2y-xy^2=xy(x-y)$
$=1\times(-2)=-2$

**13** $x^2+2xy+y^2-x-y-6$
$=(x+y)^2-(x+y)-6$
$=(x+y-3)(x+y+2)$
$=(5-3)(5+2)$
$=2\times7=14$

**14** $\frac{2020\times2021+2020}{2021^2-1}$
$=\frac{2020\times(2021+1)}{(2021+1)(2021-1)}$
$=\frac{2020}{2020}=1$

**15** $2016\times2020+4$
$=(2020-4)\times2020+4$
$=2020^2-4\times2020+4$
$=2020^2-2\times2\times2020+2^2$
$=(2020-2)^2=2018^2$
$\therefore m=2018$

**16** $a+b=A$로 놓으면
$(a+b)(a+b-3)+2$
$=A(A-3)+2$
$=A^2-3A+2$
$=(A-1)(A-2)$
$=(a+b-1)(a+b-2)$

**17** $3mn-2m-3n+2$
$=3n(m-1)-2(m-1)$
$=(m-1)(3n-2)=4$
이므로 $m-1=1$, $3n-2=4$
또는 $m-1=2$, $3n-2=2$
또는 $m-1=4$, $3n-2=1$
즉, $m=2$, $n=2$ 또는 $m=3$, $n=\frac{4}{3}$
또는 $m=5$, $n=1$이다.
따라서 자연수 $m$, $n$에 대하여 $3mn-2m-3n+2=4$를 만족시키는 순서쌍 $(m, n)$은 $(2, 2)$, $(5, 1)$의 2개이다.

**18** $4x^2-4xy+y^2-16$
$=(2x-y)^2-4^2$
$=(2x-y+4)(2x-y-4)$
따라서 $a=-1$, $b=4$, $c=-1$, $d=-4$ 또는 $a=-1$, $b=-4$, $c=-1$, $d=4$이므로
$a+b+c+d=-2$

**19** $3x-1=P$, $x+5=Q$로 놓으면

$A=(3x-1)^2-(x+5)^2$
$=P^2-Q^2$
$=(P+Q)(P-Q)$
$=(4x+4)(2x-6)$
$=8(x+1)(x-3)$

$B=2x^3+x^2-2x-1$
$=x^2(2x+1)-(2x+1)$
$=(2x+1)(x^2-1)$
$=(2x+1)(x+1)(x-1)$

$A$와 $B$의 공통인 인수는 $x+1$이므로 $x+1$은 $C$의 인수이다.

$C=2x^2-x+a$
$=(x+1)(2x+\square)$

에서 $\square+2=-1$이므로 $\square=-3$

$\therefore a=1\times(-3)=-3$

**20** $a^2-2ab+3a-3b+b^2+2$
$=a^2-(2b-3)a+b^2-3b+2$
$=a^2-(2b-3)a+(b-1)(b-2)$
$=\{a-(b-1)\}\{a-(b-2)\}$
$=(a-b+1)(a-b+2)$

| 다른 풀이 |

$a^2-2ab+3a-3b+b^2+2$
$=(a^2-2ab+b^2)+3a-3b+2$
$=(a-b)^2+3(a-b)+2$

이 식에서 $a-b=A$로 놓으면

$A^2+3A+2=(A+1)(A+2)$
$=(a-b+1)(a-b+2)$

**21** $4x^2-5xy+y^2+13x-10y+9$
$=4x^2+(-5y+13)x+y^2-10y+9$
$=4x^2+(-5y+13)x+(y-9)(y-1)$
$=\{x-(y-1)\}\{4x-(y-9)\}$
$=(x-y+1)(4x-y+9)$

따라서 $a=1$, $b=4$, $c=-1$, $d=9$이므로

$a+b+c+d=1+4+(-1)+9$
$=13$

**22** $\sqrt{3}$의 소수 부분 $x=\sqrt{3}-1$이므로

$3x^2+7x+4$
$=(x+1)(3x+4)$
$=(\sqrt{3}-1+1)\{3(\sqrt{3}-1)+4\}$
$=\sqrt{3}(3\sqrt{3}+1)$
$=9+\sqrt{3}$

**23** $\dfrac{a+b+1}{a^2+3ab+2b^2+a+2b}$
$=\dfrac{a+b+1}{a^2+(3b+1)a+2b(b+1)}$
$=\dfrac{a+b+1}{(a+2b)(a+b+1)}$
$=\dfrac{1}{a+2b}=\dfrac{1}{4-2\sqrt{7}+2(\sqrt{7}-3)}$
$=\dfrac{1}{4-2\sqrt{7}+2\sqrt{7}-6}=-\dfrac{1}{2}$

**24** $ax+bx+ay+by$
$=(a+b)x+(a+b)y$
$=(a+b)(x+y)=2(x+y)=8$

이므로 $x+y=4$

$\therefore x^2+2xy+y^2=(x+y)^2$
$=4^2=16$

**25** $\dfrac{a^3+ab^2-a^2b-b^3}{a-b}$
$=\dfrac{a^3-a^2b+ab^2-b^3}{a-b}$
$=\dfrac{a^2(a-b)+b^2(a-b)}{a-b}$
$=a^2+b^2=(a+b)^2-2ab$
$=17^2-2\times72=289-144=145$

**26** $4891=4900-9=70^2-3^2$
$=(70+3)(70-3)=73\times67$

이므로 비밀키를 찾기 위해 필요한 두 소수는 67과 73이다.

**27** $2^{20}-1=(2^{10})^2-1^2$
$=(2^{10}+1)(2^{10}-1)$
$=(2^{10}+1)\{(2^5)^2-1^2\}$
$=(2^{10}+1)(2^5+1)(2^5-1)$

이 식에서 $2^5+1=33$, $2^5-1=31$이므로 $2^{20}-1$은 31과 33에 의하여 나누어떨어진다. 따라서 두 자연수의 합은 $31+33=64$

**돌다리 두드리기** | 인수분해 공식 $a^2-b^2=(a+b)(a-b)$를 이용한다.

**28** $x(x+1)(x+2)(x+3)-24$
$=x(x+3)(x+1)(x+2)-24$
$=(x^2+3x)(x^2+3x+2)-24$

이 식에서 $x^2+3x=A$로 놓으면

$A(A+2)-24$
$=A^2+2A-24$
$=(A+6)(A-4)$
$=(x^2+3x+6)(x^2+3x-4)$
$=(x^2+3x+6)(x+4)(x-1)$

따라서 인수가 아닌 것은 ①이다.

**29** 부채꼴의 중심각의 크기가 $x°$일 때,

(부채꼴의 넓이)
$=\pi\times$(반지름의 길이)$^2\times\dfrac{x}{360}$

이므로 큰 부채꼴의 넓이는

$\pi\times22.5^2\times\dfrac{120}{360}$
$=\dfrac{1}{3}\pi\times22.5^2(\text{cm}^2)$

또 작은 부채꼴의 넓이는

$\pi\times7.5^2\times\dfrac{120}{360}$
$=\dfrac{1}{3}\pi\times7.5^2(\text{cm}^2)$

따라서 색칠한 부분의 넓이는

(큰 부채꼴의 넓이)
$-$(작은 부채꼴의 넓이)
$=\dfrac{1}{3}\pi\times22.5^2-\dfrac{1}{3}\pi\times7.5^2$
$=\dfrac{1}{3}\pi(22.5^2-7.5^2)$
$=\dfrac{1}{3}\pi(22.5+7.5)(22.5-7.5)$
$=\dfrac{1}{3}\pi\times30\times15$
$=150\pi(\text{cm}^2)$

**30** $\left(1-\dfrac{1}{2^2}\right)\left(1-\dfrac{1}{3^2}\right)\left(1-\dfrac{1}{4^2}\right)\times\cdots\times\left(1-\dfrac{1}{10^2}\right)$
$=\left(1+\dfrac{1}{2}\right)\left(1-\dfrac{1}{2}\right)\left(1+\dfrac{1}{3}\right)\left(1-\dfrac{1}{3}\right)\left(1+\dfrac{1}{4}\right)\left(1-\dfrac{1}{4}\right)\times\cdots\times\left(1+\dfrac{1}{10}\right)\left(1-\dfrac{1}{10}\right)$ ⋯ (i)
$=\left(\dfrac{3}{2}\times\dfrac{1}{2}\right)\times\left(\dfrac{4}{3}\times\dfrac{2}{3}\right)\times\left(\dfrac{5}{4}\times\dfrac{3}{4}\right)\times\cdots\times\left(\dfrac{11}{10}\times\dfrac{9}{10}\right)$
$=\dfrac{1}{2}\times\left(\dfrac{3}{2}\times\dfrac{2}{3}\right)\times\left(\dfrac{4}{3}\times\dfrac{3}{4}\right)\times\cdots\times\left(\dfrac{10}{9}\times\dfrac{9}{10}\right)\times\dfrac{11}{10}$ ⋯ (ii)
$=\dfrac{1}{2}\times\dfrac{11}{10}$
$=\dfrac{11}{20}$ ⋯ (iii)

| 채점 기준 | 비율 |
|---|---|
| (i) 인수분해하기 | 40 % |
| (ii) 약분이 되도록 두 항씩 묶기 | 40 % |
| (iii) 답 구하기 | 20 % |

**31** $a^2-b^2+2b-1$
$=a^2-(b^2-2b+1)$
$=a^2-(b-1)^2$
$=(a+b-1)(a-b+1)$
이므로 ⋯(i)
$(a+b-1)(a-b+1)=40$에서
$(\sqrt{6}-1)(a-b+1)=40$
$a-b+1=\dfrac{40}{\sqrt{6}-1}$
$=\dfrac{40(\sqrt{6}+1)}{(\sqrt{6}-1)(\sqrt{6}+1)}$
$=\dfrac{40\sqrt{6}+40}{6-1}$
$=8\sqrt{6}+8$ ⋯(ii)
$\therefore a-b=8\sqrt{6}+8-1$
$=8\sqrt{6}+7$ ⋯(iii)

| 채점 기준 | 비율 |
|---|---|
| (i) $a^2-b^2+2b-1$을 인수분해하기 | 40 % |
| (ii) $a-b+1$의 값 구하기 | 40 % |
| (iii) $a-b$의 값 구하기 | 20 % |

## 14강 이차방정식의 뜻과 해

**예제** p. 66

**1** ㄱ, ㄹ
모든 항을 좌변으로 이항하여 정리하였을 때, $ax^2+bx+c=0$($a$, $b$, $c$는 상수, $a\neq0$) 꼴로 나타나는 것은 ㄱ, ㄹ이다.
ㄴ. 이차식
ㄷ. $2x=0$(일차방정식)

**2** $a=-2$, $b=2$
$2x(x+3)=(4x-1)(x+2)$
$2x^2+6x=4x^2+7x-2$
$-2x^2-x+2=0$
$\therefore a=-2$, $b=2$

**3** $x=0$ 또는 $x=4$
$x=0$일 때, $0^2-4\times0=0$
$x=1$일 때, $1^2-4\times1=-3\neq0$
$x=2$일 때, $2^2-4\times2=-4\neq0$
$x=3$일 때, $3^2-4\times3=-3\neq0$
$x=4$일 때, $4^2-4\times4=0$
따라서 해가 되는 것은 $x=0$ 또는 $x=4$이다.

**4** ②, ⑤
주어진 이차방정식에 $x=1$을 대입하면
① $(1+1)\times(1+2)=6\neq0$
② $1^2-3\times1+2=0$
③ $1^2+2\times1=3\neq0$
④ $1^2+2\times1+3=6\neq0$
⑤ $(1-1)\times(1+2)=0$
따라서 $x=1$을 해로 갖는 것은 ②, ⑤이다.

**핵심 유형 익히기** p. 67

**1** ⑤
⑤ $x(3x-1)=3x^2-1$에서
$-x+1=0$(일차방정식)

**2** $-11$
$3x^2-6x=5+2x^2$에서
$x^2-6x-5=0$이므로
$a=-6$, $b=-5$
$\therefore a+b=-6+(-5)=-11$

**3** $a\neq2$
$(2-a)x^2-3x+2=0$에서
$2-a\neq0$이어야 하므로 $a\neq2$

**4** ⑤
주어진 이차방정식에 [ ] 안의 수를 각각 대입하면
① $(-7)^2-6\times(-7)-7=84\neq0$
② $(-1)^2-3\times(-1)=4\neq2$
③ $(-1)\times(-1+3)-(-1+3)$
$=-4\neq0$
④ $2\times1^2-6\times1-8=-12\neq0$
⑤ $(-3)^2+4\times(-3)+3=0$
따라서 해인 것은 ⑤이다.

**5** 2
$x^2+3x+a=0$에 $x=-2$를 대입하면
$(-2)^2+3\times(-2)+a=0$
$4-6+a=0$ $\therefore a=2$

**6** $-6$
$x^2-5x+6=0$에 $x=a$를 대입하면
$a^2-5a+6=0$
$\therefore a^2-5a=-6$

## 15강 이차방정식의 풀이 (1)

**예제** p. 68

**1** (1) $x=0$ 또는 $x=3$
(2) $x=-4$ 또는 $x=4$
(3) $x=1$ 또는 $x=4$
(4) $x=-6$ 또는 $x=5$
(1) $x(x-3)=0$
$x=0$ 또는 $x-3=0$
$\therefore x=0$ 또는 $x=3$
(2) $(x+4)(x-4)=0$
$x+4=0$ 또는 $x-4=0$
$\therefore x=-4$ 또는 $x=4$
(3) $(x-1)(x-4)=0$
$x-1=0$ 또는 $x-4=0$
$\therefore x=1$ 또는 $x=4$
(4) $x^2+x-30=0$
$(x+6)(x-5)=0$
$x+6=0$ 또는 $x-5=0$
$\therefore x=-6$ 또는 $x=5$

**2** (1) $x=-1$ (2) $x=3$
(3) $x=-\dfrac{1}{2}$ (4) $x=\dfrac{5}{2}$
(1) $(x+1)^2=0$ $\therefore x=-1$
(2) $(x-3)^2=0$ $\therefore x=3$
(3) $(2x+1)^2=0$ $\therefore x=-\dfrac{1}{2}$
(4) $4x^2-20x+25=0$, $(2x-5)^2=0$
$\therefore x=\dfrac{5}{2}$

**3** (1) $x=\pm2\sqrt{2}$ (2) $x=\pm\sqrt{2}$
(3) $x=-3\pm\sqrt{5}$ (4) $x=\dfrac{1\pm\sqrt{7}}{3}$
(1) $x^2=8$ $\therefore x=\pm2\sqrt{2}$
(2) $x^2=2$ $\therefore x=\pm\sqrt{2}$
(3) $x+3=\pm\sqrt{5}$ $\therefore x=-3\pm\sqrt{5}$
(4) $(3x-1)^2=7$, $3x-1=\pm\sqrt{7}$
$3x=1\pm\sqrt{7}$ $\therefore x=\dfrac{1\pm\sqrt{7}}{3}$

**4** (1) $x=-2\pm2\sqrt{2}$ (2) $x=\dfrac{3\pm\sqrt{3}}{2}$
(1) $x^2+4x=4$
$x^2+4x+4=4+4$
$(x+2)^2=8$
$x+2=\pm2\sqrt{2}$
$\therefore x=-2\pm2\sqrt{2}$

(2) $x^2-3x+\frac{3}{2}=0$

$x^2-3x+\frac{9}{4}=-\frac{3}{2}+\frac{9}{4}$

$\left(x-\frac{3}{2}\right)^2=\frac{3}{4}$

$x-\frac{3}{2}=\pm\frac{\sqrt{3}}{2}$

$\therefore x=\frac{3\pm\sqrt{3}}{2}$

## 핵심 유형 익히기 p. 69

**1** $\mathbf{\frac{5}{2}}$

$2x+1=0$ 또는 $x-3=0$

$\therefore x=-\frac{1}{2}$ 또는 $x=3$

$\therefore a+b=-\frac{1}{2}+3=\frac{5}{2}$

**2** $\mathbf{x=1}$

$x^2+3x-4=0$에서

$(x+4)(x-1)=0$

$\therefore x=-4$ 또는 $x=1$

$(x+5)(x-1)=0$에서

$x=-5$ 또는 $x=1$

따라서 공통인 근은 $x=1$이다.

**3** ②

① $(x-5)^2=0$ $\quad\therefore x=5$

③ $(3x+2)^2=0$ $\quad\therefore x=-\frac{2}{3}$

④ $(x-6)^2=0$ $\quad\therefore x=6$

⑤ $2(x-2)^2=0$ $\quad\therefore x=2$

따라서 중근을 갖지 않는 것은 ②이다.

확인 중근을 갖는다.

⇨ $a(x-p)^2=0(a\neq0)$ 꼴

**4** (1) $\mathbf{a=8,\ x=-4}$

(2) $\mathbf{a=47,\ x=7}$

(1) $x^2+ax+16=0$이 중근을 가지려면

$16=\left(\frac{a}{2}\right)^2$, $16=\frac{a^2}{4}$

$a^2=64$ $\quad\therefore a=\pm8$

이때 $a>0$이므로 $a=8$

따라서 $(x+4)^2=0$이므로

$x=-4$

(2) $x^2-14x+a+2=0$이 중근을 가지려면

$a+2=\left(\frac{-14}{2}\right)^2=49$

$\therefore a=47$

따라서 $(x-7)^2=0$이므로

$x=7$

**5** ②

제곱근을 이용하면

$x-2=\pm\sqrt{5}$ $\quad\therefore x=2\pm\sqrt{5}$

이때 $a>b$이므로

$a=2+\sqrt{5},\ b=2-\sqrt{5}$

$\therefore ab=(2+\sqrt{5})(2-\sqrt{5})$

$=4-5=-1$

**6** (가) **2** (나) **4** (다) **2** (라) **7**

## 기초 내공 다지기 p. 70~71

**1** (1) $x=0$ 또는 $x=5$

(2) $x=-2$ 또는 $x=-1$

(3) $x=2$ 또는 $x=4$

(4) $x=-4$ 또는 $x=3$

(5) $x=3$

(6) $x=-1$ 또는 $x=-\frac{3}{4}$

(7) $x=-\frac{3}{2}$ 또는 $x=\frac{2}{3}$

(8) $x=-\frac{1}{2}$ 또는 $x=\frac{2}{3}$

(9) $x=-3$ 또는 $x=6$

(10) $x=1$ 또는 $x=2$

**2** (1) 16 (2) $\frac{1}{4}$ (3) $-16,\ 16$

(4) $-6$ (5) $-4$ (6) $-6,\ 10$

(7) $-6,\ 2$ (8) 18 (9) $-2,\ 6$

(10) $\frac{1}{2}$

**3** (1) $x=\pm\sqrt{7}$ (2) $x=\pm3$

(3) $x=\pm\frac{\sqrt{6}}{3}$ (4) $x=\pm2$

(5) $x=5\pm\sqrt{2}$

(6) $x=-7$ 또는 $x=-1$

(7) $x=3\pm2\sqrt{2}$

(8) $x=-3$ 또는 $x=1$

(9) $x=\frac{1}{2}\pm\sqrt{5}$

(10) $x=\frac{-1\pm\sqrt{10}}{2}$

**4** (1) 9, 9, 3, 8, $3\pm2\sqrt{2}$

(2) $\frac{1}{3}$, $\frac{1}{3}$, 1, $\frac{1}{3}$, 1, $\frac{4}{3}$,

$-1\pm\frac{2\sqrt{3}}{3}$

**5** (1) $x=2\pm2\sqrt{2}$

(2) $x=-3\pm2\sqrt{2}$

(3) $x=1\pm\sqrt{6}$

(4) $x=\frac{3\pm\sqrt{41}}{4}$

(5) $x=1\pm\frac{\sqrt{33}}{3}$

**1** (1) $x(x-5)=0$

$\therefore x=0$ 또는 $x=5$

(2) $(x+2)(x+1)=0$

$\therefore x=-2$ 또는 $x=-1$

(3) $(x-2)(x-4)=0$

$\therefore x=2$ 또는 $x=4$

(4) $(x+4)(x-3)=0$

$\therefore x=-4$ 또는 $x=3$

(5) $(x-3)^2=0$ $\quad\therefore x=3$

(6) $(x+1)(4x+3)=0$

$\therefore x=-1$ 또는 $x=-\frac{3}{4}$

(7) $6x^2+5x-6=0$

$(2x+3)(3x-2)=0$

$\therefore x=-\frac{3}{2}$ 또는 $x=\frac{2}{3}$

(8) $6x^2-x-2=0$

$(2x+1)(3x-2)=0$

$\therefore x=-\frac{1}{2}$ 또는 $x=\frac{2}{3}$

(9) $x^2-3x-4=14$

$x^2-3x-18=0$

$(x+3)(x-6)=0$

$\therefore x=-3$ 또는 $x=6$

(10) $x^2+2x-3=5x-5$

$x^2-3x+2=0$

$(x-1)(x-2)=0$

$\therefore x=1$ 또는 $x=2$

**2** (1) $x^2-8x+a=0$이 중근을 가지려면

$a=\left(\frac{-8}{2}\right)^2=16$

(2) $x^2+x+a=0$이 중근을 가지려면

$a=\left(\frac{1}{2}\right)^2=\frac{1}{4}$

(3) $x^2+ax+64=0$이 중근을 가지려면

$64=\left(\frac{a}{2}\right)^2$

$64=\frac{a^2}{4}$, $a^2=256$

$\therefore a=\pm16$

(4) $x^2+8x+10-a=0$이 중근을 가지려면

$10-a=\left(\frac{8}{2}\right)^2=16$

$\therefore a=-6$

(5) $x^2+6x+a=4x-5$에서

$x^2+2x+a+5=0$이 중근을 가지려면

$a+5=\left(\frac{2}{2}\right)^2=1$

$\therefore a=-4$

(6) $x^2+ax+16=2x$에서

$x^2+(a-2)x+16=0$이 중근을 가지려면

$16=\left(\frac{a-2}{2}\right)^2$, $16=\frac{(a-2)^2}{4}$

$(a-2)^2=64$, $a^2-4a+4=64$

$a^2-4a-60=0$

$(a+6)(a-10)=0$

$\therefore a=-6$ 또는 $a=10$

(7) $4x^2-(a+2)x+1=0$에서

$x^2-\frac{a+2}{4}x+\frac{1}{4}=0$이 중근을 가지려면

$\frac{1}{4}=\left(-\frac{a+2}{8}\right)^2$, $\frac{1}{4}=\frac{(a+2)^2}{64}$

$(a+2)^2=16$, $a^2+4a+4=16$

$a^2+4a-12=0$

$(a+6)(a-2)=0$

$\therefore a=-6$ 또는 $a=2$

(8) $2x^2+5x=17x-a$에서

$2x^2-12x+a=0$

$x^2-6x+\frac{a}{2}=0$이 중근을 가지려면

$\frac{a}{2}=\left(\frac{-6}{2}\right)^2=9$ $\quad\therefore a=18$

(9) $x^2+ax+a+3=0$이 중근을 가지려면

$a+3=\left(\frac{a}{2}\right)^2$, $a^2-4a-12=0$

$(a+2)(a-6)=0$

$\therefore a=-2$ 또는 $a=6$

(10) $x^2-4ax+4a-1=0$이 중근을 가지려면

$4a-1=\left(\frac{-4a}{2}\right)^2$

$4a^2-4a+1=0$

$(2a-1)^2=0$ $\quad\therefore a=\frac{1}{2}$

**3** (2) $x^2=9$ $\quad\therefore x=\pm3$

(3) $x^2=\frac{6}{9}$ $\quad\therefore x=\pm\frac{\sqrt{6}}{3}$

(4) $2x^2=8$, $x^2=4$ $\quad\therefore x=\pm2$

(5) $x-5=\pm\sqrt{2}$ $\quad\therefore x=5\pm\sqrt{2}$

(6) $x+4=\pm3$

$x=-4\pm3$

$\therefore x=-7$ 또는 $x=-1$

(7) $(x-3)^2=8$

$x-3=\pm2\sqrt{2}$

$\therefore x=3\pm2\sqrt{2}$

(8) $-2(x+1)^2=-8$

$(x+1)^2=4$

$x+1=\pm2$, $x=-1\pm2$

$\therefore x=-3$ 또는 $x=1$

(9) $5\left(x-\frac{1}{2}\right)^2=25$

$\left(x-\frac{1}{2}\right)^2=5$

$x-\frac{1}{2}=\pm\sqrt{5}$

$\therefore x=\frac{1}{2}\pm\sqrt{5}$

(10) $2x+1=\pm\sqrt{10}$

$2x=-1\pm\sqrt{10}$

$\therefore x=\frac{-1\pm\sqrt{10}}{2}$

**5** (1) $x^2-4x=4$

$x^2-4x+4=4+4$

$(x-2)^2=8$

$\therefore x=2\pm2\sqrt{2}$

(2) $x^2+6x=-1$

$x^2+6x+9=-1+9$

$(x+3)^2=8$

$\therefore x=-3\pm2\sqrt{2}$

(3) $x^2-2x-5=0$

$x^2-2x=5$

$x^2-2x+1=5+1$

$(x-1)^2=6$

$\therefore x=1\pm\sqrt{6}$

(4) $x^2-\frac{3}{2}x-2=0$

$x^2-\frac{3}{2}x=2$

$x^2-\frac{3}{2}x+\frac{9}{16}=2+\frac{9}{16}$

$\left(x-\frac{3}{4}\right)^2=\frac{41}{16}$

$\therefore x=\frac{3\pm\sqrt{41}}{4}$

(5) $x^2-2x-\frac{8}{3}=0$

$x^2-2x=\frac{8}{3}$

$x^2-2x+1=\frac{8}{3}+1$

$(x-1)^2=\frac{11}{3}$

$\therefore x=1\pm\frac{\sqrt{33}}{3}$

## 족집게 문제 p. 72~75

| | | | |
|---|---|---|---|
| 1 ⑤ | 2 ⑤ | 3 ② | 4 ④ |
| 5 3 | 6 ② | 7 ① | 8 ③ |
| 9 ② | 10 ③ | 11 4 | 12 ① |
| 13 ④ | 14 ③ | 15 13 | 16 8 |
| 17 3 | 18 ⑤ | 19 4 | 20 ⑤ |
| 21 $\frac{5}{2}$ | 22 ① | 23 ② | 24 ⑤ |
| 25 ⑤ | 26 $x=\frac{8}{3}$ | | 27 ② |

28 $\frac{1}{18}$ 29 $-3$, 과정은 풀이 참조

30 (1) $(x-1)^2=\frac{5}{3}$ (2) $x=1\pm\frac{\sqrt{15}}{3}$, 과정은 풀이 참조

**1** ① $(x-2)(x+1)=0$에서

$x^2-x-2=0$(이차방정식)

② $2x^2+x=x^2-2x+1$에서

$x^2+3x-1=0$(이차방정식)

③ $x^3+2x^2-x=x(x^2-2)$에서

$x^3+2x^2-x=x^3-2x$

$\therefore 2x^2+x=0$(이차방정식)

④ $3x^2-5=(x-1)^2$에서

$3x^2-5=x^2-2x+1$

$\therefore 2x^2+2x-6=0$(이차방정식)

⑤ $x^2-x=(x+1)^2$에서

$x^2-x=x^2+2x+1$

$\therefore -3x-1=0$(일차방정식)

따라서 이차방정식이 아닌 것은 ⑤이다.

**2** $ax^2+2x-5=3(x^2-4x+4)-1$

$ax^2+2x-5=3x^2-12x+11$

$(a-3)x^2+14x-16=0$에서

$a-3\neq0$이어야 하므로 $a\neq3$

**3** 주어진 이차방정식에 [ ] 안의 수를 각각 대입하면

① $(-2)\times(-2-2)=8\neq0$

② $3^2-9=0$

③ $2^2+4\times2-5=7\neq0$

④ $2\times1^2+7\times1-15=-6\neq0$

⑤ $0^2-4\times0+4=4\neq0$

따라서 해인 것은 ②이다.

**4** $x^2+ax-6=0$에 $x=2$를 대입하면

$4+2a-6=0$

$2a=2$ $\quad\therefore a=1$

**5** $2x^2+3x-4=0$에 $x=a$를 대입하면

$2a^2+3a-4=0$, $2a^2+3a=4$

$\therefore 2a^2+3a-1=4-1=3$

**6** ① $x=0$ 또는 $x=2$
③ $x=-1$ 또는 $x=2$
④ $x=0$ 또는 $x=1$
⑤ $x=-2$ 또는 $x=0$
따라서 해가 $x=-2$ 또는 $x=1$인 것은 ②이다.

**7** $2x^2+3x-2=0$에서
$(x+2)(2x-1)=0$
$\therefore x=-2$ 또는 $x=\frac{1}{2}$

**8** $x^2+6x+8=0$에서
$(x+4)(x+2)=0$
$\therefore x=-4$ 또는 $x=-2$
이때 $a>b$이므로 $a=-2$, $b=-4$
$x^2+ax+(b+1)=0$에
$a=-2$, $b=-4$를 대입하면
$x^2-2x-3=0$
$(x+1)(x-3)=0$
$\therefore x=-1$ 또는 $x=3$

**9** $x^2-3x=0$에서 $x(x-3)=0$
$\therefore x=0$ 또는 $x=3$
$x^2-7x+12=0$에서
$(x-3)(x-4)=0$
$\therefore x=3$ 또는 $x=4$
따라서 공통인 근은 $x=3$이다.

**10** ㄱ. $(x-1)^2=0$ $\quad\therefore x=1$
ㄴ. $(2x+3)^2=0$ $\quad\therefore x=-\frac{3}{2}$
ㄷ. $x^2=4$ $\quad\therefore x=-2$ 또는 $x=2$
ㄹ. $x^2-10x+25=0$, $(x-5)^2=0$
$\therefore x=5$
ㅁ. $(x+2)(x+1)=0$
$\therefore x=-2$ 또는 $x=-1$
따라서 중근을 갖는 것은 ㄱ, ㄴ, ㄹ의 3개이다.

**11** $x^2-8x+3k+4=0$이 중근을 가지려면
$3k+4=\left(\frac{-8}{2}\right)^2$, $3k+4=16$
$3k=12$ $\quad\therefore k=4$

**돌다리 두드리기** | 이차방정식이 중근을 가질 조건은
⇨ 이차항의 계수가 1일 때
(상수항)$=\left(\frac{\text{일차항의 계수}}{2}\right)^2$

**12** $3(x+2)^2-18=0$에서
$(x+2)^2=6$ $\quad\therefore x=-2\pm\sqrt{6}$
따라서 $A=-2$, $B=6$이므로
$A+B=-2+6=4$

**13** $x^2-8x+2=0$에서 $x^2-8x=-2$
$x^2-8x+\left(\frac{-8}{2}\right)^2=-2+\left(\frac{-8}{2}\right)^2$
$(x-4)^2=14$, $x-4=\pm\sqrt{14}$
$\therefore x=4\pm\sqrt{14}$
따라서 $A=16$, $B=4$, $C=14$이므로
$A+B+C=16+4+14=34$

**14** $(a^2-3a)x^2+ax-1=4x^2-3x$
$(a^2-3a-4)x^2+(a+3)x-1=0$
$(a+1)(a-4)x^2+(a+3)x-1=0$
에서 $(a+1)(a-4)\neq 0$이어야 하므로 $a\neq -1$이고 $a\neq 4$

**15** $3x^2+mx-2=0$에 $x=-2$를 대입하면 $12-2m-2=0$
$-2m=-10$ $\quad\therefore m=5$
$x^2-2x+n=0$에 $x=-2$를 대입하면
$4+4+n=0$ $\quad\therefore n=-8$
$\therefore m-n=5-(-8)=13$

**16** $x^2-4x-3=0$에 $x=a$를 대입하면
$a^2-4a-3=0$ $\quad\therefore a^2-4a=3$
$3x^2-5x+2=0$에 $x=b$를 대입하면
$3b^2-5b+2=0$
$\therefore 3b^2-5b=-2$
$\therefore 2a^2-8a-3b^2+5b$
$=2(a^2-4a)-(3b^2-5b)$
$=2\times 3-(-2)=8$

**17** $x^2+x-1=0$에 $x=a$를 대입하면
$a^2+a-1=0$
$a\neq 0$이므로 양변을 $a$로 나누면
$a+1-\frac{1}{a}=0$ $\quad\therefore a-\frac{1}{a}=-1$
$\therefore a^2+\frac{1}{a^2}=\left(a-\frac{1}{a}\right)^2+2$
$=(-1)^2+2=3$

**돌다리 두드리기** | 두 수의 곱이 1인 경우 다음과 같은 곱셈 공식의 변형을 이용한다.
(1) $x^2+\frac{1}{x^2}=\left(x+\frac{1}{x}\right)^2-2$
$=\left(x-\frac{1}{x}\right)^2+2$
(2) $\left(x+\frac{1}{x}\right)^2=\left(x-\frac{1}{x}\right)^2+4$
$\left(x-\frac{1}{x}\right)^2=\left(x+\frac{1}{x}\right)^2-4$

**18** $6x^2+17x+5=0$에서
$(2x+5)(3x+1)=0$
$\therefore x=-\frac{5}{2}$ 또는 $x=-\frac{1}{3}$
두 근 중 큰 근이 $x=-\frac{1}{3}$이므로
$\left(-\frac{1}{3}\right)^2+3\times\left(-\frac{1}{3}\right)+a=0$
$\frac{1}{9}-1+a=0$ $\quad\therefore a=\frac{8}{9}$

**19** $x^2-4ax+3a^2=0$에 $x=3$을 대입하면
$9-12a+3a^2=0$, $a^2-4a+3=0$
$(a-1)(a-3)=0$
$\therefore a=1$ 또는 $a=3$
따라서 구하는 값은 $1+3=4$

**20** $x^2+ax+6=0$에 $x=-2$를 대입하면
$4-2a+6=0$
$-2a=-10$ $\quad\therefore a=5$
$x^2+5x+6=0$에서
$(x+3)(x+2)=0$
$\therefore x=-3$ 또는 $x=-2$
이때 다른 한 근은 $x=-3$이므로
$b=-3$이다.
$ax^2-2x+b=0$에 $a=5$, $b=-3$을 대입하면 $5x^2-2x-3=0$
$(5x+3)(x-1)=0$
$\therefore x=-\frac{3}{5}$ 또는 $x-1$

**21** $x^2+3x+2=0$에서
$(x+2)(x+1)=0$
$\therefore x=-2$ 또는 $x=-1$
$x^2-6x-16=0$에서
$(x+2)(x-8)=0$
$\therefore x=-2$ 또는 $x=8$
따라서 공통인 근은 $x=-2$이므로
$3x^2+2mx-2=0$에 대입하면
$12-4m-2=0$
$-4m=-10$ $\quad\therefore m=\frac{5}{2}$

**22** $x^2+kx+(k-1)=0$이 중근을 가지려면
$k-1=\left(\frac{k}{2}\right)^2$, $k-1=\frac{k^2}{4}$
$k^2-4k+4=0$
$(k-2)^2=0$ $\quad\therefore k=2$
$x^2+kx+(k-1)=0$에 $k=2$를 대입하면 $x^2+2x+1=0$
$(x+1)^2=0$ $\quad\therefore x=-1$
$\therefore a=-1$
$\therefore a+k=-1+2=1$

**23** $(x+5)^2=2k+1$에서
$x+5=\pm\sqrt{2k+1}$
$\therefore x=-5\pm\sqrt{2k+1}$
$x=-5\pm\sqrt{2k+1}$가 정수가 되려면 $2k+1$은 0 또는 (자연수)$^2$ 꼴이어야 한다. 즉, $2k+1=0, 1, 4, 9, \cdots$이므로
$k=-\frac{1}{2}, 0, \frac{3}{2}, 4, \cdots$
따라서 가장 작은 자연수 $k$의 값은 4이다.

**돌다리 두드리기** | 이차방정식의 해
$x=(\text{정수})\pm\sqrt{a}$가 정수가 되려면 $\sqrt{a}$가 정수가 되어야 한다.
즉, $a=(\text{자연수})^2$ 꼴이어야 한다.

**24** $x^2-8x=-5$
$x^2-8x+16=-5+16$
$(x-4)^2=11$
따라서 $p=4$, $q=11$이므로
$p+q=4+11=15$

**25** $x^2-kx-4=0$에 $x=a$를 대입하면
$a^2-ka-4=0$
$a\neq0$이므로 양변을 $a$로 나누면
$a-k-\frac{4}{a}=0 \quad \therefore k=a-\frac{4}{a}$
$a+\frac{4}{a}-k=-8$에서
$a+\frac{4}{a}-a+\frac{4}{a}=-8$
$\frac{8}{a}=-8 \quad \therefore a=-1$
$k=a-\frac{4}{a}$에 $a=-1$을 대입하면
$k=-1-\frac{4}{-1}=3$

**26** $(a+1)x^2-(a^2+1)x-2(a+2)=0$ $\cdots$ ㉠
㉠에 $x=-1$을 대입하면
$a+1+a^2+1-2(a+2)=0$
$a^2-a-2=0$, $(a+1)(a-2)=0$
$\therefore a=-1$ 또는 $a=2$
이때 ㉠이 $x$에 대한 이차방정식이려면 $a+1\neq0$이어야 하므로 $a=2$
㉠에 $a=2$를 대입하면
$3x^2-5x-8=0$
$(x+1)(3x-8)=0$
$\therefore x=-1$ 또는 $x=\frac{8}{3}$
따라서 다른 한 근은 $x=\frac{8}{3}$이다.

**27** $y=ax+1$의 그래프가 점 $(a-2, -a^2+5a+5)$를 지나므로
$-a^2+5a+5=a(a-2)+1$
$-a^2+5a+5=a^2-2a+1$
$2a^2-7a-4=0$, $(2a+1)(a-4)=0$
$\therefore a=-\frac{1}{2}$ 또는 $a=4$
$y=ax+1$의 그래프가 제3사분면을 지나지 않으려면 $a<0$이어야 하므로
$a=-\frac{1}{2}$

**28** $x^2+ax+b=0$이 중근을 가지려면
$b=\left(\frac{a}{2}\right)^2=\frac{a^2}{4} \quad \therefore a^2=4b$
이때 $a$와 $b$는 주사위를 던질 때 나오는 눈의 수이므로 $a$, $b$가 될 수 있는 수는 1, 2, 3, 4, 5, 6이다.
$b=1$이면 $a^2=4$이므로 $a=2$이다.
$b=2$이면 $a^2=8$이므로 만족시키는 $a$의 값이 없다.
$b=3$이면 $a^2=12$이므로 만족시키는 $a$의 값이 없다.
$b=4$이면 $a^2=16$이므로 $a=4$이다.
$b=5$이면 $a^2=20$이므로 만족시키는 $a$의 값이 없다.
$b=6$이면 $a^2=24$이므로 만족시키는 $a$의 값이 없다.
따라서 일어날 수 있는 모든 경우의 수는 $6\times6=36$이고, $x^2+ax+b=0$이 중근을 갖게 하는 순서쌍 $(a, b)$는 $(2, 1)$, $(4, 4)$의 2가지이므로 구하는 확률은 $\frac{2}{36}=\frac{1}{18}$

**29** $x^2+ax-6=0$에 $x=3$을 대입하면
$9+3a-6=0$
$3a=-3 \quad \therefore a=-1$ $\cdots$ (i)
$x^2+ax-6=0$에 $a=-1$을 대입하면
$x^2-x-6=0$, $(x+2)(x-3)=0$
$\therefore x=-2$ 또는 $x=3$ $\cdots$ (ii)
따라서 다른 한 근은 $x=-2$이므로
$b=-2$ $\cdots$ (iii)
$\therefore a+b=-1+(-2)=-3$ $\cdots$ (iv)

| 채점 기준 | 비율 |
|---|---|
| (i) $a$의 값 구하기 | 30 % |
| (ii) 인수분해하여 해 구하기 | 30 % |
| (iii) $b$의 값 구하기 | 20 % |
| (iv) $a+b$의 값 구하기 | 20 % |

**확인** 이차방정식에서 한 근 $a$가 주어질 때, 다른 한 근을 구하는 방법
❶ 주어진 한 근 $a$를 이차방정식에 대입하여 미지수의 값을 구한다.
❷ 미지수의 값을 주어진 이차방정식에 대입하여 다른 한 근을 구한다.

**30** (1) $3x^2-6x-2=0$에서
$x^2-2x-\frac{2}{3}=0$
$x^2-2x=\frac{2}{3}$ $\cdots$ (i)
$x^2-2x+1=\frac{2}{3}+1$
$\therefore (x-1)^2=\frac{5}{3}$ $\cdots$ (ii)
(2) $x-1=\pm\sqrt{\frac{5}{3}}$
$x-1=\pm\frac{\sqrt{15}}{3}$
$\therefore x=1\pm\frac{\sqrt{15}}{3}$ $\cdots$ (iii)

| 채점 기준 | 비율 |
|---|---|
| (i) $x^2$의 계수를 1로 만들고 상수항을 우변으로 이항하기 | 30 % |
| (ii) $(x+a)^2=b$ 꼴로 만들기 | 20 % |
| (iii) 제곱근의 성질을 이용하여 해 구하기 | 50 % |

## 16강 이차방정식의 풀이 (2)

**예제** p. 76

**1** $\frac{c}{a}$, $\left(\frac{b}{2a}\right)^2$, $\left(\frac{b}{2a}\right)^2$, $\frac{b^2-4ac}{4a^2}$, $\frac{\sqrt{b^2-4ac}}{2a}$, $\frac{-b\pm\sqrt{b^2-4ac}}{2a}$
$ax^2+bx+c=0$
$x^2+\frac{b}{a}x+\frac{c}{a}=0$
$x^2+\frac{b}{a}x+\left(\frac{b}{2a}\right)^2=-\frac{c}{a}+\left(\frac{b}{2a}\right)^2$
$\left(x+\frac{b}{2a}\right)^2=\frac{b^2-4ac}{4a^2}$
$x+\frac{b}{2a}=\pm\frac{\sqrt{b^2-4ac}}{2a}$
$\therefore x=\frac{-b\pm\sqrt{b^2-4ac}}{2a}$

**2** (1) $x=6\pm2\sqrt{7}$
(2) $x=\frac{1}{2}$ 또는 $x=2$
(3) $x=\frac{3\pm\sqrt{17}}{4}$

(4) $x=\dfrac{2\pm\sqrt{6}}{2}$

(5) $x=-1\pm\sqrt{3}$

(6) $x=-\dfrac{3}{2}$ 또는 $x=4$

(1) 양변에 10을 곱하면
$x^2-12x+8=0$
$\therefore x=\dfrac{-(-6)\pm\sqrt{(-6)^2-1\times 8}}{1}$
$=6\pm2\sqrt{7}$

(2) 양변에 10을 곱하여 정리하면
$2x^2-5x+2=0$
$(2x-1)(x-2)=0$
$\therefore x=\dfrac{1}{2}$ 또는 $x=2$

(3) 양변에 6을 곱하면
$2x^2-3x-1=0$
$\therefore x=\dfrac{-(-3)\pm\sqrt{(-3)^2-4\times2\times(-1)}}{2\times2}$
$=\dfrac{3\pm\sqrt{17}}{4}$

(4) 양변에 4를 곱하여 정리하면
$2x^2-4x-1=0$
$\therefore x=\dfrac{-(-2)\pm\sqrt{(-2)^2-2\times(-1)}}{2}$
$=\dfrac{2\pm\sqrt{6}}{2}$

(5) $x^2+4x+4=2x+6$
$x^2+2x-2=0$
$\therefore x=\dfrac{-1\pm\sqrt{1^2-1\times(-2)}}{1}$
$=-1\pm\sqrt{3}$

(6) $2x^2-5x-3-9=0$
$2x^2-5x-12=0$
$(2x+3)(x-4)=0$
$\therefore x=-\dfrac{3}{2}$ 또는 $x=4$

**3** (1) $x=-1$ 또는 $x=10$
(2) $x=-8$ 또는 $x=6$

(1) $x-3=A$로 놓으면
$A^2-3A-28=0$
$(A+4)(A-7)=0$
$\therefore A=-4$ 또는 $A=7$
$x-3=-4$ 또는 $x-3=7$이므로
$x=-1$ 또는 $x=10$

(2) $x-1=A$로 놓으면
$A^2+4A-45=0$
$(A+9)(A-5)=0$
$\therefore A=-9$ 또는 $A=5$
$x-1=-9$ 또는 $x-1=5$이므로
$x=-8$ 또는 $x=6$

## 핵심 유형 익히기 p. 77

**1** (1) $x=\dfrac{1\pm\sqrt{13}}{2}$
(2) $x=-2\pm2\sqrt{2}$
(3) $x=\dfrac{-1\pm\sqrt{21}}{10}$
(4) $x=\dfrac{-3\pm\sqrt{7}}{2}$

(1) $a=1$, $b=-1$, $c=-3$이므로 근의 공식에 의해
$x=\dfrac{-(-1)\pm\sqrt{(-1)^2-4\times1\times(-3)}}{2\times1}$
$=\dfrac{1\pm\sqrt{13}}{2}$

(2) $a=1$, $b'=2$, $c=-4$이므로 $x$의 계수가 짝수일 때의 근의 공식에 의해
$x=\dfrac{-2\pm\sqrt{2^2-1\times(-4)}}{1}$
$=-2\pm\sqrt{8}$
$=-2\pm2\sqrt{2}$

(3) $a=5$, $b=1$, $c=-1$이므로 근의 공식에 의해
$x=\dfrac{-1\pm\sqrt{1^2-4\times5\times(-1)}}{2\times5}$
$=\dfrac{-1\pm\sqrt{21}}{10}$

(4) $a=2$, $b'=3$, $c=1$이므로 $x$의 계수가 짝수일 때의 근의 공식에 의해
$x=\dfrac{-3\pm\sqrt{3^2-2\times1}}{2}$
$=\dfrac{-3\pm\sqrt{7}}{2}$

**2** ④
양변에 10을 곱하면 $5x^2+8x-1=0$
$\therefore x=\dfrac{-4\pm\sqrt{4^2-5\times(-1)}}{5}$
$=\dfrac{-4\pm\sqrt{21}}{5}$
따라서 $k=\dfrac{-4+\sqrt{21}}{5}$이므로
$5k+4=5\times\dfrac{-4+\sqrt{21}}{5}+4=\sqrt{21}$

**3** ①
양변에 4를 곱하면 $4x^2-10x+3=0$
$\therefore x=\dfrac{-(-5)\pm\sqrt{(-5)^2-4\times3}}{4}$
$=\dfrac{5\pm\sqrt{13}}{4}$
따라서 $a=5$, $b=13$이므로
$a-b=5-13=-8$

**4** $x=-\dfrac{3}{2}$ 또는 $x=5$
양변에 15를 곱하면
$3x(x-1)=5(x-3)(x+1)$
$3x^2-3x=5(x^2-2x-3)$
$2x^2-7x-15=0$
$(2x+3)(x-5)=0$
$\therefore x=-\dfrac{3}{2}$ 또는 $x=5$

**5** ②
$x+y=A$로 놓으면
$A(A+3)+2=0$, $A^2+3A+2=0$
$(A+2)(A+1)=0$
$\therefore A=-2$ 또는 $A=-1$
$\therefore x+y=-2$ 또는 $x+y=-1$

## 기초 내공 다지기 p. 78~79

**1** (1) $x=\dfrac{-1\pm\sqrt{5}}{2}$
(2) $x=\dfrac{-5\pm\sqrt{13}}{2}$
(3) $x=-1\pm\sqrt{2}$
(4) $x=2\pm\sqrt{7}$
(5) $x=\dfrac{-3\pm\sqrt{17}}{4}$
(6) $x=\dfrac{-2\pm\sqrt{19}}{3}$
(7) $x=\dfrac{-5\pm\sqrt{57}}{8}$
(8) $x=\dfrac{-3\pm2\sqrt{3}}{3}$
(9) $x=\dfrac{1\pm\sqrt{11}}{2}$
(10) $x=\dfrac{-4\pm\sqrt{13}}{3}$

**2** (1) $x=-1$ 또는 $x=3$
(2) $x=2$ 또는 $x=5$
(3) $x=-\dfrac{5}{2}$ 또는 $x=1$
(4) $x=-1$ 또는 $x=6$
(5) $x=\dfrac{4\pm\sqrt{6}}{10}$
(6) $x=-2$ 또는 $x=\dfrac{2}{3}$
(7) $x=-2$ 또는 $x=\dfrac{1}{2}$
(8) $x=-1$ 또는 $x=\dfrac{1}{3}$
(9) $x=2$ 또는 $x=3$

(10) $x=\frac{-1\pm\sqrt{26}}{10}$

**3** (1) $x=0$ 또는 $x=3$

(2) $x=-5$ 또는 $x=-1$

(3) $x=1$ 또는 $x=2$

(4) $x=\frac{-1\pm\sqrt{269}}{2}$

(5) $x=\frac{5\pm\sqrt{97}}{6}$

(6) $x=\frac{1}{2}$ 또는 $x=\frac{5}{6}$

(7) $x=\frac{-3\pm\sqrt{17}}{2}$

(8) $x=\frac{2\pm\sqrt{5}}{2}$

(9) $x=-3\pm2\sqrt{7}$

(10) $x=\frac{2\pm\sqrt{34}}{2}$

**4** (1) $x=-3$ 또는 $x=3$

(2) $x=2$

(3) $x=-5$ 또는 $x=6$

(4) $x=-\frac{1}{3}$ 또는 $x=2$

(5) $x=-\frac{10}{3}$ 또는 $x=1$

**5** (1) $-3$ 또는 1

(2) 3 (3) 4

**1** (1) $a=1$, $b=1$, $c=-1$이므로 근의 공식에 의해

$x=\frac{-1\pm\sqrt{1^2-4\times1\times(-1)}}{2\times1}$

$=\frac{-1\pm\sqrt{5}}{2}$

(2) $a=1$, $b=5$, $c=3$이므로 근의 공식에 의해

$x=\frac{-5\pm\sqrt{5^2-4\times1\times3}}{2\times1}$

$=\frac{-5\pm\sqrt{13}}{2}$

(3) $a=1$, $b'=1$, $c=-1$이므로 $x$의 계수가 짝수일 때의 근의 공식에 의해

$x=\frac{-1\pm\sqrt{1^2-1\times(-1)}}{1}$

$=-1\pm\sqrt{2}$

(4) $a=1$, $b'=-2$, $c=-3$이므로 $x$의 계수가 짝수일 때의 근의 공식에 의해

$x=\frac{-(-2)\pm\sqrt{(-2)^2-1\times(-3)}}{1}$

$=2\pm\sqrt{7}$

(5) $a=2$, $b=3$, $c=-1$이므로 근의 공식에 의해

$x=\frac{-3\pm\sqrt{3^2-4\times2\times(-1)}}{2\times2}$

$=\frac{-3\pm\sqrt{17}}{4}$

(6) $a=3$, $b'=2$, $c=-5$이므로 $x$의 계수가 짝수일 때의 근의 공식에 의해

$x=\frac{-2\pm\sqrt{2^2-3\times(-5)}}{3}$

$=\frac{-2\pm\sqrt{19}}{3}$

(7) $a=4$, $b=5$, $c=-2$이므로 근의 공식에 의해

$x=\frac{-5\pm\sqrt{5^2-4\times4\times(-2)}}{2\times4}$

$=\frac{-5\pm\sqrt{57}}{8}$

(8) $a=3$, $b'=3$, $c=-1$이므로 $x$의 계수가 짝수일 때의 근의 공식에 의해

$x=\frac{-3\pm\sqrt{3^2-3\times(-1)}}{3}$

$=\frac{-3\pm\sqrt{12}}{3}=\frac{-3\pm2\sqrt{3}}{3}$

(9) $a=2$, $b'=-1$, $c=-5$이므로 $x$의 계수가 짝수일 때의 근의 공식에 의해

$x=\frac{-(-1)\pm\sqrt{(-1)^2-2\times(-5)}}{2}$

$=\frac{1\pm\sqrt{11}}{2}$

(10) $a=3$, $b'=4$, $c=1$이므로 $x$의 계수가 짝수일 때의 근의 공식에 의해

$x=\frac{-4\pm\sqrt{4^2-3\times1}}{3}$

$=\frac{-4\pm\sqrt{13}}{3}$

**2** (1) 양변에 10을 곱하면

$x^2-2x-3=0$

$(x+1)(x-3)=0$

$\therefore x=-1$ 또는 $x=3$

(2) 양변에 10을 곱하면

$x^2-7x+10=0$

$(x-2)(x-5)=0$

$\therefore x=2$ 또는 $x=5$

(3) 양변에 10을 곱하면

$2x^2+3x-5=0$

$(2x+5)(x-1)=0$

$\therefore x=-\frac{5}{2}$ 또는 $x=1$

(4) 양변에 100을 곱하면

$x^2-5x-6=0$

$(x+1)(x-6)=0$

$\therefore x=-1$ 또는 $x=6$

(5) 양변에 10을 곱하여 정리하면

$10x^2-8x+1=0$

$\therefore x=\frac{-(-4)\pm\sqrt{(-4)^2-10\times1}}{10}$

$=\frac{4\pm\sqrt{6}}{10}$

(6) 양변에 12를 곱하면

$3x^2+4x-4=0$

$(x+2)(3x-2)=0$

$\therefore x=-2$ 또는 $x=\frac{2}{3}$

(7) 양변에 10을 곱하면

$2x^2+3x-2=0$

$(x+2)(2x-1)=0$

$\therefore x=-2$ 또는 $x=\frac{1}{2}$

(8) 양변에 12를 곱하면

$3x^2+2x-1=0$

$(x+1)(3x-1)=0$

$\therefore x=-1$ 또는 $x=\frac{1}{3}$

(9) 양변에 6을 곱하면

$x^2-5x+6=0$

$(x-2)(x-3)=0$

$\therefore x=2$ 또는 $x=3$

(10) 양변에 20을 곱하여 정리하면

$20x^2+4x-5=0$

$\therefore x=\frac{-2\pm\sqrt{2^2-20\times(-5)}}{20}$

$=\frac{-2\pm\sqrt{104}}{20}$

$=\frac{-1\pm\sqrt{26}}{10}$

**3** (1) $(x-1)(x-2)=2$에서

$x^2-3x+2=2$, $x^2-3x=0$

$x(x-3)=0$

$\therefore x=0$ 또는 $x=3$

(2) $3(x+2)^2=x^2+2$에서

$3(x^2+4x+4)=x^2+2$

$3x^2+12x+12=x^2+2$

$2x^2+12x+10=0$

$x^2+6x+5=0$

$(x+5)(x+1)=0$

$\therefore x=-5$ 또는 $x=-1$

(3) $(x+1)^2=5x-1$에서

$x^2+2x+1=5x-1$

$x^2-3x+2=0$

$(x-1)(x-2)=0$

$\therefore x=1$ 또는 $x=2$

(4) $(x-2)(x+3)=61$에서
$x^2+x-6=61$
$x^2+x-67=0$
$\therefore x=\frac{-1\pm\sqrt{1^2-4\times1\times(-67)}}{2\times1}$
$=\frac{-1\pm\sqrt{269}}{2}$

(5) $4x^2=(x+2)(x+3)$에서
$4x^2=x^2+5x+6$
$3x^2-5x-6=0$
$\therefore x=\frac{-(-5)\pm\sqrt{(-5)^2-4\times3\times(-6)}}{2\times3}$
$=\frac{5\pm\sqrt{97}}{6}$

(6) 양변에 10을 곱하면
$12x^2-16x+5=0$
$(2x-1)(6x-5)=0$
$\therefore x=\frac{1}{2}$ 또는 $x=\frac{5}{6}$

(7) 양변에 30을 곱하여 정리하면
$5x^2+15x-10=0$
$\therefore x=\frac{-15\pm\sqrt{15^2-4\times5\times(-10)}}{2\times5}$
$=\frac{-15\pm\sqrt{425}}{10}$
$=\frac{-3\pm\sqrt{17}}{2}$

(8) 양변에 10을 곱하면
$5x(x-2)=(x-1)^2$
$5x^2-10x=x^2-2x+1$
$4x^2-8x-1=0$
$\therefore x=\frac{-(-4)\pm\sqrt{(-4)^2-4\times(-1)}}{4}$
$=\frac{4\pm\sqrt{20}}{4}=\frac{2\pm\sqrt{5}}{2}$

(9) 양변에 12를 곱하면
$3(x-1)^2=4(x+2)(x-2)$
$3(x^2-2x+1)=4(x^2-4)$
$3x^2-6x+3=4x^2-16$
$x^2+6x-19=0$
$\therefore x=\frac{-3\pm\sqrt{3^2-1\times(-19)}}{1}$
$=-3\pm\sqrt{28}=-3\pm2\sqrt{7}$

(10) 양변에 15를 곱하면
$3x(x-2)=5(x+1)(x-3)$
$3x^2-6x=5(x^2-2x-3)$
$3x^2-6x=5x^2-10x-15$
$2x^2-4x-15=0$
$\therefore x=\frac{-(-2)\pm\sqrt{(-2)^2-2\times(-15)}}{2}$
$=\frac{2\pm\sqrt{34}}{2}$

**4** (1) $x+2=A$로 놓으면
$A^2-4A-5=0$
$(A+1)(A-5)=0$
$\therefore A=-1$ 또는 $A=5$
즉, $x+2=-1$ 또는 $x+2=5$이므로 $x=-3$ 또는 $x=3$

(2) $x-1=A$로 놓으면
$A^2-2A+1=0$
$(A-1)^2=0$ $\therefore A=1$
즉, $x-1=1$이므로 $x=2$

(3) $x+1=A$로 놓으면
$A^2-3A=28$, $A^2-3A-28=0$
$(A+4)(A-7)=0$
$\therefore A=-4$ 또는 $A=7$
즉, $x+1=-4$ 또는 $x+1=7$이므로 $x=-5$ 또는 $x=6$

(4) $2x+1=A$로 놓으면
$3A^2-16A+5=0$
$(3A-1)(A-5)=0$
$\therefore A=\frac{1}{3}$ 또는 $A=5$
즉, $2x+1=\frac{1}{3}$ 또는 $2x+1=5$이므로 $x=-\frac{1}{3}$ 또는 $x=2$

(5) $x+\frac{1}{3}=A$로 놓으면
$3A^2+5A=12$
$3A^2+5A-12=0$
$(A+3)(3A-4)=0$
$\therefore A=-3$ 또는 $A=\frac{4}{3}$
즉, $x+\frac{1}{3}=-3$ 또는 $x+\frac{1}{3}=\frac{4}{3}$이므로 $x=-\frac{10}{3}$ 또는 $x=1$

**5** (1) $x-y=A$로 놓으면
$A(A+2)-3=0$
$A^2+2A-3=0$
$(A+3)(A-1)=0$
$\therefore A=-3$ 또는 $A=1$
$\therefore x-y=-3$ 또는 $x-y=1$

(2) $x+2y=A$로 놓으면
$A(A-6)+9=0$
$A^2-6A+9=0$
$(A-3)^2=0$ $\therefore A=3$
$\therefore x+2y=3$

(3) $x-3y=A$로 놓으면
$(A-2)(A-6)+4=0$
$A^2-8A+16=0$
$(A-4)^2=0$ $\therefore A=4$
$\therefore x-3y=4$

## 내공 쌓는 족집게 문제 p. 80~83

| | | | |
|---|---|---|---|
| 1 ① | 2 ② | 3 ② | 4 ① |
| 5 ⑤ | 6 $x=\frac{-7\pm\sqrt{41}}{4}$ | 7 ③ | |
| 8 ③ | 9 ③ | 10 ① | 11 ⑤ |
| 12 ③ | 13 $x=-\frac{11}{4}$ 또는 $x=0$ | | |
| 14 ② | 15 ④ | 16 ② | 17 ③ |
| 18 $x=0$ 또는 $x=\frac{2}{3}$ | | 19 ② | |
| 20 ⑤ | 21 $1+\sqrt{6}$ | 22 ⑤ | |
| 23 3개 | 24 ③ | 25 ① | |

26 (1, 5), (2, 3), (3, 1)

27 (1) $x=\frac{-b\pm\sqrt{b^2-4ac}}{2a}$
(2) $x=\frac{-7\pm\sqrt{57}}{4}$, 과정은 풀이 참조

28 3, 과정은 풀이 참조

**1** $x=\frac{-\boxed{(-5)}\pm\sqrt{\boxed{(-5)^2}-4\times1\times\boxed{2}}}{2\times\boxed{1}}$
$=\boxed{\frac{5\pm\sqrt{17}}{2}}$
따라서 □ 안에 들어갈 수로 옳지 않은 것은 ①이다.

**2** $3x^2-5x+1=0$에서 $a=3$, $b=-5$, $c=1$이므로 근의 공식에 의해
$x=\frac{-(-5)\pm\sqrt{(-5)^2-4\times3\times1}}{2\times3}$
$=\frac{5\pm\sqrt{13}}{6}$

**3** $a=3$, $b'=-1$, $c=-2$이므로 $x$의 계수가 짝수일 때의 근의 공식에 의해
$x=\frac{-(-1)\pm\sqrt{(-1)^2-3\times(-2)}}{3}$
$=\frac{1\pm\sqrt{7}}{3}$
따라서 $m=1$, $n=7$이므로
$m+n=1+7=8$

**4** $a=2$, $b=5$, $c=1$이므로 근의 공식에 의해
$x=\frac{-5\pm\sqrt{5^2-4\times2\times1}}{2\times2}$
$=\frac{-5\pm\sqrt{17}}{4}$
따라서 $k=\frac{-5-\sqrt{17}}{4}$이므로
$4k+5=4\times\frac{-5-\sqrt{17}}{4}+5$
$=-\sqrt{17}$

**5** ① $(x+2)(x-4)=0$

$\therefore x=-2$ 또는 $x=4$

② $(x+4)(x-4)=0$

$\therefore x=-4$ 또는 $x=4$

③ $x=3$ 또는 $x=-4$

④ $(x+1)(2x+1)=0$

$\therefore x=-1$ 또는 $x=-\frac{1}{2}$

⑤ $a=2$, $b'=-2$, $c=1$이므로 $x$의 계수가 짝수일 때의 근의 공식에 의해

$x=\frac{-(-2)\pm\sqrt{(-2)^2-2\times1}}{2}$

$=\frac{2\pm\sqrt{2}}{2}$

따라서 근이 유리수가 아닌 것은 ⑤이다.

**6** 양변에 10을 곱하면 $2x^2+7x+1=0$

$\therefore x=\frac{-7\pm\sqrt{7^2-4\times2\times1}}{2\times2}$

$=\frac{-7\pm\sqrt{41}}{4}$

**7** 양변에 10을 곱하여 정리하면

$x^2-4x-10=0$

$\therefore x=\frac{-(-2)\pm\sqrt{(-2)^2-1\times(-10)}}{1}$

$=2\pm\sqrt{14}$

따라서 양수인 해는 $x=2+\sqrt{14}$이다.

**8** 양변에 12를 곱하면 $3x^2-12x+1=0$

$\therefore x=\frac{-(-6)\pm\sqrt{(-6)^2-3\times1}}{3}$

$=\frac{6\pm\sqrt{33}}{3}$

$\therefore A=3$, $B=33$

**9** 양변에 10을 곱하면 $5x^2-10x+4=0$

$\therefore x=\frac{-(-5)\pm\sqrt{(-5)^2-5\times4}}{5}$

$=\frac{5\pm\sqrt{5}}{5}$

**돌다리 두드리기** | 소수와 분수의 계수가 섞여 있는 복잡한 이차방정식은 소수와 분수를 모두 정수로 만들 수 있는 수를 양변에 곱한 후 푼다.

**10** $3(x^2+4x+4)=x^2+10$

$3x^2+12x+12=x^2+10$

$2x^2+12x+2=0$

$x^2+6x+1=0$

$\therefore x=\frac{-3\pm\sqrt{3^2-1\times1}}{1}$

$=-3\pm2\sqrt{2}$

**11** $x^2-5x+4=x+20$

$x^2-6x-16=0$

$(x+2)(x-8)=0$

$\therefore x=-2$ 또는 $x=8$

따라서 두 근의 차는

$8-(-2)=10$

**12** 양변에 12를 곱하면

$4x(x-7)-3(2x+1)(x-3)=24$

$4x^2-28x-3(2x^2-5x-3)=24$

$4x^2-28x-6x^2+15x+9=24$

$2x^2+13x+15=0$

$(x+5)(2x+3)=0$

$\therefore x=-5$ 또는 $x=-\frac{3}{2}$

$\therefore a+b=-\frac{13}{2}$

**13** $x+2=A$로 놓으면

$4A^2-5A-6=0$

$(4A+3)(A-2)=0$

$\therefore A=-\frac{3}{4}$ 또는 $A=2$

즉, $x+2=-\frac{3}{4}$ 또는 $x+2=2$이므로

$x=-\frac{11}{4}$ 또는 $x=0$

**14** $(x-y)^2-2x+2y-7=0$에서

$(x-y)^2-2(x-y)-7=0$

$x-y=A$로 놓으면

$A^2-2A-7=0$

$\therefore A=\frac{-(-1)\pm\sqrt{(-1)^2-1\times(-7)}}{1}$

$=1\pm\sqrt{8}=1\pm2\sqrt{2}$

이때 $x<y$이므로 $x-y<0$

$\therefore x-y=1-2\sqrt{2}$

**15** 근의 공식에 의해

$x=\frac{-a\pm\sqrt{a^2-12}}{2}=\frac{5\pm\sqrt{b}}{2}$이므로

$a=-5$, $b=(-5)^2-12=13$

$\therefore a+b=-5+13=8$

**16** $x^2-9x+20=0$에서

$(x-4)(x-5)=0$

$\therefore x=4$ 또는 $x=5$

이때 $a<b$이므로 $a=4$, $b=5$

$2x^2-2ax+b=0$에 $a=4$, $b=5$를 대입하면

$2x^2-8x+5=0$

$x$의 계수가 짝수일 때의 근의 공식에 의해

$x=\frac{-(-4)\pm\sqrt{(-4)^2-2\times5}}{2}$

$=\frac{4\pm\sqrt{6}}{2}$

따라서 두 근의 차는

$\frac{4+\sqrt{6}}{2}-\frac{4-\sqrt{6}}{2}=\sqrt{6}$

**17** $x$의 계수가 짝수일 때의 근의 공식에 의해

$x=\frac{-(-2)\pm\sqrt{(-2)^2-1\times2}}{1}$

$=2\pm\sqrt{2}$

이때 $a>b$이므로

$a=2+\sqrt{2}$, $b=2-\sqrt{2}$

$1<\sqrt{2}<2$이므로 $3<2+\sqrt{2}<4$이고

$-2<-\sqrt{2}<-1$이므로

$0<2-\sqrt{2}<1$

따라서 $2-\sqrt{2}<n<2+\sqrt{2}$를 만족시키는 정수 $n$은 1, 2, 3의 3개이다.

**18** 양변에 10을 곱하면

$2(x^2+x)-5(3x^2+2)=10(-x^2-1)$

$2x^2+2x-15x^2-10=-10x^2-10$

$3x^2-2x=0$, $x(3x-2)=0$

$\therefore x=0$ 또는 $x=\frac{2}{3}$

**19** $\frac{1}{6}x^2-2x+\frac{10}{3}=0$의 양변에 6을 곱하면 $x^2-12x+20=0$

$(x-2)(x-10)=0$

$\therefore x=2$ 또는 $x=10$

$0.1x^2+0.8x-2=0$의 양변에 10을 곱하면

$x^2+8x-20=0$

$(x+10)(x-2)=0$

$\therefore x=-10$ 또는 $x=2$

따라서 공통인 근은 $x=2$이다.

**20** $x^2+3x+2=-2x-4$

$x^2+5x+6=0$

$(x+3)(x+2)=0$

$\therefore x=-3$ 또는 $x=-2$

이때 $a>b$이므로

$a=-2$, $b=-3$

따라서 $x^2-2x-3=0$을 풀면

$(x+1)(x-3)=0$

$\therefore x=-1$ 또는 $x=3$

**21** 주어진 식을 정리하면

$(a-b)^2-2(a-b)-5=0$

$a-b=A$로 놓으면 $A^2-2A-5=0$

$\therefore A=\frac{-(-1)\pm\sqrt{(-1)^2-1\times(-5)}}{1}$

$=1\pm\sqrt{6}$

이때 $a>b$이므로 $a-b>0$

$\therefore a-b=1+\sqrt{6}$

**22** $y^2\neq0$이므로 $x^2-5xy-4y^2=0$의 양변을 $y^2$으로 나누면

$\left(\frac{x}{y}\right)^2-5\times\frac{x}{y}-4=0$이므로

$\frac{x}{y}=A$로 놓으면 $A^2-5A-4=0$

$\therefore A=\frac{-(-5)\pm\sqrt{(-5)^2-4\times1\times(-4)}}{2\times1}$

$=\frac{5\pm\sqrt{41}}{2}$

이때 $xy<0$이므로 $\frac{x}{y}<0$

$\therefore \frac{x}{y}=\frac{5-\sqrt{41}}{2}$

돌다리 두드리기 | 주어진 이차방정식의 양변을 $y^2$으로 나누어 $\frac{x}{y}$에 대한 식으로 나타낸 후 $\frac{x}{y}$를 $A$로 놓고 푼다.

**23** 근의 공식에 의해

$x=\frac{-(-5)\pm\sqrt{(-5)^2-4\times2\times(a-1)}}{2\times2}$

$=\frac{5\pm\sqrt{33-8a}}{4}$

해가 유리수가 되려면 $33-8a$의 값은 0 또는 33보다 작은 (자연수)$^2$ 꼴이어야 한다.

즉, $33-8a=0, 1, 4, 9, 16, 25$이므로 $a=\frac{33}{8}, 4, \frac{29}{8}, 3, \frac{17}{8}, 1$

이때 $a$는 자연수이므로 $a=1, 3, 4$

따라서 해가 모두 유리수가 되도록 하는 자연수 $a$는 1, 3, 4의 3개이다.

**24** $x^2+kx+k+1=0$의 일차항의 계수와 상수항을 서로 바꾸면

$x^2+(k+1)x+k=0$

이 식에 $x=2$를 대입하면

$2^2+2(k+1)+k=0$

$4+2k+2+k=0$, $3k=-6$

$\therefore k=-2$

$x^2+kx+k+1=0$에 $k=-2$를 대입하면 $x^2-2x-1=0$

$\therefore x=\frac{-(-1)\pm\sqrt{(-1)^2-1\times(-1)}}{1}$

$=1\pm\sqrt{2}$

따라서 처음 이차방정식의 두 근의 곱은

$(1+\sqrt{2})(1-\sqrt{2})=1-2=-1$

**25** $y=ax+b$의 그래프는 두 점 $(-4, 0)$, $(0, 2)$를 지나므로

$a=\frac{2-0}{0-(-4)}=\frac{1}{2}$, $b=2$

$ax^2+3ax-b=0$에 $a=\frac{1}{2}$, $b=2$를 대입하면

$\frac{1}{2}x^2+\frac{3}{2}x-2=0$

양변에 2를 곱하면

$x^2+3x-4=0$

$(x+4)(x-1)=0$

$\therefore x=-4$ 또는 $x=1$

**26** 주어진 식을 정리하면

$2(2x+y)^2-15(2x+y)+7=0$

$2x+y=A$로 놓으면

$2A^2-15A+7=0$

$(2A-1)(A-7)=0$

$\therefore A=\frac{1}{2}$ 또는 $A=7$

이때 $x$, $y$가 자연수이므로 $A=7$

$2x+y=7$을 만족시키는 자연수 $x$, $y$의 순서쌍 $(x, y)$를 구하면 $(1, 5)$, $(2, 3)$, $(3, 1)$이다.

**27** (1) $x=\frac{-b\pm\sqrt{b^2-4ac}}{2a}$ ⋯(i)

(2) 근의 공식에 의해

$x=\frac{-7\pm\sqrt{7^2-4\times2\times(-1)}}{2\times2}$

$=\frac{-7\pm\sqrt{57}}{4}$ ⋯(ii)

| 채점 기준 | 비율 |
|---|---|
| (i) 근의 공식 구하기 | 50 % |
| (ii) 근의 공식을 이용하여 해 구하기 | 50 % |

**28** 양변에 분모의 최소공배수 6을 곱하면

$2(x^2-2)-3(x-1)=-1$

$2x^2-3x=0$ ⋯(i)

$x(2x-3)=0$

$\therefore x=0$ 또는 $x=\frac{3}{2}$ ⋯(ii)

이때 $m>n$이므로

$m=\frac{3}{2}$, $n=0$ ⋯(iii)

$\therefore 2m-n=2\times\frac{3}{2}-0=3$ ⋯(iv)

| 채점 기준 | 비율 |
|---|---|
| (i) 계수를 정수로 고치고 정리하기 | 30 % |
| (ii) 이차방정식의 해 구하기 | 30 % |
| (iii) $m$, $n$의 값 각각 구하기 | 20 % |
| (iv) $2m-n$의 값 구하기 | 20 % |

## 17강 이차방정식의 활용

예제 p. 84

**1** (1) **2개** (2) **2개**
(3) **1개** (4) **0개**

(1) $b^2-4ac=(-1)^2-4\times3\times(-1)$
$=13>0$
이므로 근의 개수는 2개이다.

(2) $b^2-4ac=7^2-4\times1\times1$
$=45>0$
이므로 근의 개수는 2개이다.

(3) $b^2-4ac=(-4)^2-4\times4\times1=0$
이므로 근의 개수는 1개이다.

(4) $b^2-4ac=(-2)^2-4\times1\times6$
$=-20<0$
이므로 근의 개수는 0개이다.

**2** (1) $\mathbf{2x^2-4x-16=0}$
(2) $\mathbf{4x^2+16x+16=0}$

(1) 두 근이 $-2$, 4이고 $x^2$의 계수가 2인 이차방정식은
$2(x+2)(x-4)=0$
$2(x^2-2x-8)=0$
$\therefore 2x^2-4x-16=0$

(2) $x=-2$를 중근으로 갖고 $x^2$의 계수가 4인 이차방정식은
$4(x+2)^2=0$
$4(x^2+4x+4)=0$
$\therefore 4x^2+16x+16=0$

**3** (1) $\mathbf{x^2-16=0}$
(2) **7, 9**

(1) 연속하는 두 홀수 중 작은 수를 $2x-1$이라 하면 큰 수는 $2x+1$이므로 $(2x-1)(2x+1)=63$
$4x^2-1=63$, $4x^2-64=0$
$\therefore x^2-16=0$

(2) $(x+4)(x-4)=0$
$\therefore x=-4$ 또는 $x=4$
이때 $x$는 자연수이므로 $x=4$
따라서 연속하는 두 홀수는 7, 9이다.

확인 $7\times9=63$이므로 문제의 뜻에 맞는다.

**4** **11 cm**

직사각형의 세로의 길이를 $x$ cm라 하면 가로의 길이는 $(x+2)$ cm이므로

$x(x+2)=143$

$x^2+2x=143$

$x^2+2x-143=0$
$(x+13)(x-11)=0$
$\therefore x=-13$ 또는 $x=11$
이때 $x>0$이므로 $x=11$
따라서 직사각형의 세로의 길이는 11 cm이다.

확인 $13=11+2$이고 $13\times11=143$이므로 문제의 뜻에 맞는다.

## 핵심 유형 익히기 p. 85

1 ①, ②
$7x^2-3x-1=k+1$
$7x^2-3x-k-2=0$
이 이차방정식이 근을 가지려면 $b^2-4ac\geq0$이어야 하므로
$(-3)^2-4\times7\times(-k-2)\geq0$
$28k+65\geq0$ $\therefore k\geq-\frac{65}{28}$
따라서 $k$의 값으로 적당하지 않은 것은 ①, ②이다.

2 $\frac{17}{4}$
$x^2-3x+k-2=0$이 중근을 가지려면 $b^2-4ac=0$이어야 하므로
$(-3)^2-4\times1\times(k-2)=0$
$17-4k=0$ $\therefore k=\frac{17}{4}$

3 6
두 근이 $-2$, 3이고 $x^2$의 계수가 1인 이차방정식은
$(x+2)(x-3)=0$, $x^2-x-6=0$
따라서 $a=-1$, $b=-6$이므로
$ab=(-1)\times(-6)=6$

4 $x=-6$ 또는 $x=4$
혜리는 $x=-3$ 또는 $x=8$을 해로 얻었으므로 혜리가 푼 이차방정식은
$(x+3)(x-8)=0$
$\therefore x^2-5x-24=0$
혜리는 상수항을 바르게 보았으므로 원래의 이차방정식의 상수항은 $-24$이다.
또 미혜는 $x=-5$ 또는 $x=3$을 해로 얻었으므로 미혜가 푼 이차방정식은
$(x+5)(x-3)=0$
$\therefore x^2+2x-15=0$
미혜는 $x$의 계수를 바르게 보았으므로 원래의 이차방정식의 $x$의 계수는 2이다.
따라서 원래의 이차방정식은
$x^2+2x-24=0$이므로
$(x+6)(x-4)=0$
$\therefore x=-6$ 또는 $x=4$

5 ②
연속하는 두 자연수를 $x$, $x+1$이라 하면 $x(x+1)=x^2+(x+1)^2-7$
$x^2+x=x^2+x^2+2x+1-7$
$x^2+x-6=0$
$(x+3)(x-2)=0$
$\therefore x=-3$ 또는 $x=2$
이때 $x$는 자연수이므로 $x=2$
따라서 연속하는 두 자연수는 2, 3이다.

6 (1) 45 m (2) 4초
(1) 주어진 식에 $t=2$를 대입하면
$-5\times2^2+20\times2+25=45$
따라서 2초 후의 높이는 45 m이다.
(2) 옥상의 높이가 25 m이므로
$-5t^2+20t+25=25$
$-5t^2+20t=0$
$-5t(t-4)=0$
$\therefore t=0$ 또는 $t=4$
이때 $t>0$이므로 $t=4$
따라서 걸리는 시간은 4초이다.

## 내공 쌓는 족집게 문제 p. 86~89

| | | | |
|---|---|---|---|
| 1 ② | 2 ②, ⑤ | 3 ③ | 4 ③ |
| 5 ④ | 6 ④ | 7 8, 9, 10 | |
| 8 15명 | 9 ① | 10 2 | 11 ② |
| 12 $k\geq\frac{23}{8}$ | | 13 ③ | 14 ② |
| 15 ③ | 16 6 | 17 $x=\frac{-5\pm\sqrt{73}}{2}$ | |
| 18 72 | 19 ⑤ | 20 8 cm | 21 ① |
| 22 ④ | 23 ⑤ | 24 (6, 4) | |
| 25 4초 후 | | | |
| 26 $-3$, 과정은 풀이 참조 | | | |
| 27 3, 과정은 풀이 참조 | | | |

1 $2x^2-4x+k=0$이 서로 다른 두 근을 가지려면 $b^2-4ac>0$이어야 하므로
$(-4)^2-4\times2\times k>0$
$16-8k>0$ $\therefore k<2$

2 각 이차방정식에서 $b^2-4ac$를 구하면
① $b^2-4ac=(-5)^2-4\times1\times(-7)=53>0$
② $b^2-4ac=8^2-4\times1\times16=0$
③ $b^2-4ac=3^2-4\times2\times5=-31<0$
④ $b^2-4ac=2^2-4\times3\times(-4)=52>0$
⑤ $b^2-4ac=(-12)^2-4\times4\times9=0$
따라서 중근을 갖는 이차방정식은 ②, ⑤이다.

3 각 이차방정식에서 $b^2-4ac$를 구하면
① $b^2-4ac=1^2-4\times1\times(-4)=17>0$
⇨ 2개
② $b^2-4ac=(-3)^2-4\times1\times(-1)=13>0$
⇨ 2개
③ $b^2-4ac=4^2-4\times1\times5=-4<0$
⇨ 0개
④ $b^2-4ac=(-5)^2-4\times2\times3=1>0$
⇨ 2개
⑤ $b^2-4ac=(-9)^2-4\times3\times5=21>0$
⇨ 2개
따라서 근의 개수가 다른 하나는 ③이다.

4 두 근이 $-1$, $\frac{3}{4}$이고, $x^2$의 계수가 4인 이차방정식은
$4(x+1)\left(x-\frac{3}{4}\right)=0$
$(x+1)(4x-3)=0$
$\therefore 4x^2+x-3=0$

5 $\frac{n(n-3)}{2}=44$에서
$n^2-3n-88=0$
$(n+8)(n-11)=0$
$\therefore n=-8$ 또는 $n=11$
이때 $n>3$이므로 $n=11$
따라서 십일각형이다.

6 어떤 자연수를 $x$라 하면
$x^2-15=2x$
$x^2-2x-15=0$
$(x+3)(x-5)=0$
$\therefore x=-3$ 또는 $x=5$
이때 $x$는 자연수이므로 $x=5$
따라서 어떤 자연수는 5이다.

**7** 연속하는 세 자연수를 $x$, $x+1$, $x+2$라 하면
$x^2+(x+1)^2+(x+2)^2=245$
$3x^2+6x-240=0$
$x^2+2x-80=0$
$(x+10)(x-8)=0$
$\therefore x=-10$ 또는 $x=8$
이때 $x$는 자연수이므로 $x=8$
따라서 연속하는 세 자연수는 8, 9, 10이다.

**8** 학생의 수를 $x$명이라 하면 한 학생에게 나누어 주는 사과의 개수는 $(x-2)$개이므로
$x(x-2)=195$
$x^2-2x-195=0$
$(x+13)(x-15)=0$
$\therefore x=-13$ 또는 $x=15$
이때 $x>2$이므로 $x=15$
따라서 학생의 수는 15명이다.

**9** 큰 정사각형의 한 변의 길이를 $x$ cm라 하면 작은 정사각형의 한 변의 길이는 $(8-x)$ cm이다.
따라서 두 정사각형의 넓이의 합이 34 $\text{cm}^2$이므로
$x^2+(8-x)^2=34$

**10** 처음 원의 넓이는 $9\pi\ \text{m}^2$, 폭을 늘인 원의 넓이는 $(3+x)^2\pi\ \text{m}^2$이므로
$(3+x)^2\pi-9\pi=16\pi$
$x^2+6x-16=0$
$(x+8)(x-2)=0$
$\therefore x=-8$ 또는 $x=2$
이때 $x>0$이므로 $x=2$

**11** 땅에 떨어지는 순간의 높이는 0 m이므로
$30x-5x^2=0$
$-5x(x-6)=0$
$\therefore x=0$ 또는 $x=6$
이때 $x>0$이므로 $x=6$
따라서 이 물체가 땅에 떨어지는 순간은 쏘아 올린 지 6초 후이다.

**돌다리 두드리기** | $x$초 후의 물체의 높이가 $x$에 대한 이차식으로 주어질 때, 지면에 떨어질 때까지 걸리는 시간
⇨ ($x$에 대한 이차식)$=0$으로 놓고 이차방정식을 푼다.

**12** $2x^2-x+3-k=0$이 근을 가지려면 $b^2-4ac\geq0$이어야 하므로
$(-1)^2-4\times2\times(3-k)\geq0$
$-23+8k\geq0 \quad \therefore k\geq\frac{23}{8}$

**13** $4x^2-2x+\frac{k}{8}=0$이 중근을 가지려면
$b^2-4ac=0$이어야 하므로
$(-2)^2-4\times4\times\frac{k}{8}=0$
$4-2k=0 \quad \therefore k=2$
$(k-1)x^2-kx-1=0$에 $k=2$를 대입하면 $x^2-2x-1=0$
$x$의 계수가 짝수일 때의 근의 공식에 의해
$$x=\frac{-(-1)\pm\sqrt{(-1)^2-1\times(-1)}}{1}$$
$$=1\pm\sqrt{2}$$

**14** $4x^2-3x-k=0$이 근이 존재하지 않으려면 $b^2-4ac<0$이어야 하므로
$(-3)^2-4\times4\times(-k)<0$
$9+16k<0 \quad \therefore k<-\frac{9}{16}$
따라서 $k$의 값 중 가장 큰 정수는 $-1$이다.

**15** 두 근이 $-3$, 1이고, $x^2$의 계수가 1인 이차방정식은
$(x+3)(x-1)=0$, $x^2+2x-3=0$
$\therefore a=2$, $b=-3$
따라서 $2x^2-3x-9=0$을 풀면
$(2x+3)(x-3)=0$
$\therefore x=-\frac{3}{2}$ 또는 $x=3$

**16** 한 근을 $\alpha$라 하면 다른 한 근은 $2\alpha$이고, $x^2$의 계수가 3이므로
$3(x-\alpha)(x-2\alpha)=0$
$3x^2-9\alpha x+6\alpha^2=0$
이때 $9\alpha=9$에서 $\alpha=1$
$6\alpha^2=k$에서 $k=6$

**돌다리 두드리기** | 한 근이 다른 한 근의 2배일 때, 두 근을 $\alpha$, $2\alpha$로 놓고 이차방정식을 세운다.

**17** 근이 $-2$, 6이고 $x^2$의 계수가 1인 이차방정식은 $(x+2)(x-6)=0$
$\therefore x^2-4x-12=0$
이 이차방정식에서 상수항을 바르게 보았으므로 원래의 이차방정식의 상수항은 $-12$이다.
또 근이 $-4$, $-1$이고 $x^2$의 계수가 1인 이차방정식은
$(x+4)(x+1)=0$
$\therefore x^2+5x+4=0$
이 이차방정식에서 $x$의 계수를 바르게 보았으므로 원래의 이차방정식의 $x$의 계수는 5이다.
따라서 원래의 이차방정식은
$x^2+5x-12=0$이므로
$$x=\frac{-5\pm\sqrt{5^2-4\times1\times(-12)}}{2\times1}$$
$$=\frac{-5\pm\sqrt{73}}{2}$$

**18** 십의 자리의 숫자를 $x$라 하면 일의 자리의 숫자는 $2x$이므로
$x\times2x=10x+2x-16$
$x^2-6x+8=0$
$(x-2)(x-4)=0$
$\therefore x=2$ 또는 $x=4$
따라서 두 자리의 자연수는 24 또는 48이므로 두 수의 합은 72이다.

**19** 직사각형의 가로의 길이를 $x$ cm라 하면 세로의 길이는
$\frac{28-2x}{2}=14-x$(cm)
직사각형의 넓이가 24 $\text{cm}^2$이므로
$x(14-x)=24$
$x^2-14x+24=0$
$(x-2)(x-12)=0$
$\therefore x=2$ 또는 $x=12$
따라서 가로의 길이가 2 cm이면 세로의 길이는 12 cm, 가로의 길이가 12 cm이면 세로의 길이는 2 cm이므로 가로와 세로의 길이의 차는
$12-2=10$(cm)이다.

**20** 처음 직사각형의 세로의 길이를 $x$ cm라 하면 가로의 길이는 $(x+3)$ cm이고, 직육면체 모양의 상자의 부피가 56 $\text{cm}^3$이므로
$2\{(x+3)-4\}(x-4)=56$
$(x-1)(x-4)=28$
$x^2-5x-24=0$
$(x+3)(x-8)=0$
$\therefore x=-3$ 또는 $x=8$
이때 $x>4$이므로 $x=8$
따라서 처음 직사각형의 세로의 길이는 8 cm이다.

**21** $(20-x)(35-x)=450$
$x^2-55x+250=0$
$(x-5)(x-50)=0$
$\therefore x=5$ 또는 $x=50$
이때 $0<x<20$이므로 $x=5$

**22** 작은 정사각형의 한 변의 길이를 $x$라 하면 큰 정사각형의 한 변의 길이는 $x+6$이므로
$x^2+(x+6)^2=468$
$2x^2+12x-432=0$
$x^2+6x-216=0$
$(x+18)(x-12)=0$
$\therefore x=-18$ 또는 $x=12$
이때 $x>0$이므로 $x=12$
따라서 두 정사각형의 한 변의 길이는 각각 12, 18이다.

**23** $\overline{BC}=x$라 하면 $\overline{CF}=x-1$
두 직사각형 ABCD와 DEFC는 서로 닮은 도형이므로
$\overline{AB}:\overline{BC}=\overline{CF}:\overline{CD}$
$1:x=(x-1):1$
$x(x-1)=1,\ x^2-x=1$
$x^2-x-1=0$
$\therefore x=\dfrac{-(-1)\pm\sqrt{(-1)^2-4\times1\times(-1)}}{2\times1}$
$=\dfrac{1\pm\sqrt{5}}{2}$
이때 $x>0$이므로 $x=\dfrac{1+\sqrt{5}}{2}$
따라서 $\overline{BC}$의 길이는 $\dfrac{1+\sqrt{5}}{2}$이다.

**24** 점 A는 $y=-x+10$의 그래프 위의 점이므로 점 A의 좌표를 $(a,\ -a+10)$이라 하면
$P(a,\ 0),\ Q(0,\ -a+10)$
□OPAQ는 직사각형이므로
$a(-a+10)=24$
$a^2-10a+24=0$
$(a-4)(a-6)=0$
$\therefore a=4$ 또는 $a=6$
이때 $\overline{OP}>\overline{OQ}$이므로 $a=6$
따라서 점 A의 좌표는 $(6,\ 4)$이다.

**25** $t$초 후에 $\overline{AP}=t$ cm,
$\overline{PB}=(8-t)$ cm이고
$\overline{BQ}=2t$ cm이므로
$\triangle PBQ=\dfrac{1}{2}\times(8-t)\times2t=16$
$-t^2+8t=16,\ t^2-8t+16=0$
$(t-4)^2=0 \quad \therefore t=4$
따라서 4초 후이다.

**26** 두 근이 $-\dfrac{1}{3}$, 2이고 $x^2$의 계수가 3인 이차방정식은
$3\left(x+\dfrac{1}{3}\right)(x-2)=0$
$(3x+1)(x-2)=0$
$3x^2-5x-2=0$ ⋯(i)
따라서 $a=-5,\ b=-2$이므로 ⋯(ii)
$a-b=-5-(-2)=-3$ ⋯(iii)

| 채점 기준 | 비율 |
|---|---|
| (i) 이차방정식 구하기 | 50 % |
| (ii) $a$, $b$의 값 각각 구하기 | 30 % |
| (iii) $a-b$의 값 구하기 | 20 % |

**27** $(3+x)(2+x)=3\times2+24$ ⋯(i)
$x^2+5x-24=0$
$(x+8)(x-3)=0$
$\therefore x=-8$ 또는 $x=3$
이때 $x>0$이므로 $x=3$ ⋯(ii)

| 채점 기준 | 비율 |
|---|---|
| (i) 이차방정식 세우기 | 50 % |
| (ii) $x$의 값 구하기 | 50 % |

## 18강 이차함수 $y=ax^2$의 그래프

### 예제 p. 90

**1** ⑤
①, ④ 이차함수가 아니다.
② 일차함수
③ 이차방정식
따라서 이차함수인 것은 ⑤이다.

**2** ㄴ, ㄹ
ㄴ. 아래로 볼록하다.
ㄹ. $y=-x^2$의 그래프와 $x$축에 서로 대칭이다.

**3** ①
이차함수 $y=ax^2$의 그래프는 $a$의 절댓값이 클수록 그래프의 폭이 좁아지므로 $y=-3x^2$의 그래프의 폭이 가장 좁다.

### 핵심 유형 익히기 p. 91

**1** ㄱ, ㄷ
ㄱ. $y=x^2$
ㄴ. $y=x+(x+1)=2x+1$
ㄷ. 가로의 길이가 $x$ cm이면 세로의 길이는
$\dfrac{20-2x}{2}=10-x$(cm)
$\therefore y=x(10-x)=-x^2+10x$
ㄹ. (시간)$=\dfrac{(\text{거리})}{(\text{속력})}$이므로 $y=\dfrac{100}{x}$
따라서 이차함수인 것은 ㄱ, ㄷ이다.

**2** 14
$f(0)=-0^2-3\times0+4=4$
$f(-1)=-(-1)^2-3\times(-1)+4$
$=-1+3+4=6$
$\therefore 2f(0)+f(-1)=2\times4+6=14$

**3** ②
② 위로 볼록하다.

**4** (1) ㄷ, ㄹ, ㅁ (2) ㄱ, ㄴ
(3) ㄷ, ㄹ (4) ㄴ과 ㅁ
이차함수 $y=ax^2$의 그래프는
(1) $a>0$일 때 아래로 볼록하므로 ㄷ, ㄹ, ㅁ이다.
(2) $a<0$일 때 위로 볼록하므로 ㄱ, ㄴ이다.
(3) $a$의 절댓값이 클수록 폭이 좁아지므로 폭이 가장 좁은 그래프는 ㄷ, 폭이 가장 넓은 그래프는 ㄹ이다.
(4) $a$의 절댓값이 같고, 부호가 서로 반대인 그래프가 $x$축에 서로 대칭이므로 ㄴ과 ㅁ이다.

**확인** 이차함수 $y=ax^2$에서 $a$의 값에 의해 결정되는 것
(1) 그래프의 모양
① $a>0$ ⇨ 아래로 볼록
② $a<0$ ⇨ 위로 볼록
(2) 그래프의 폭
$a$의 절댓값이 클수록 폭이 좁다.
(3) $x$축에 서로 대칭인 그래프
$a$의 절댓값은 같고, 부호가 다르면 $x$축에 서로 대칭이다.

**5** ②
$y=ax^2$에 $x=3,\ y=-6$을 대입하면
$-6=9a \quad \therefore a=-\dfrac{2}{3}$

## 족집게 문제 p. 92~93

1 ② 2 ②, ③ 3 ④ 4 ③
5 ③ 6 750만 원 7 ①, ②
8 ① 9 ④ 10 16 11 $\frac{1}{4}$
12 $-10$, 과정은 풀이 참조
13 $\frac{3}{25}<a<\frac{7}{4}$, 과정은 풀이 참조

**1** ② $x^2$이 분모에 있으므로 이차함수가 아니다.
③ $y=-\frac{1}{3}x^2-\frac{2}{3}x$ (이차함수)
⑤ $y=-x^2+x$ (이차함수)
따라서 이차함수가 아닌 것은 ②이다.

**2** ① (정사각형의 둘레의 길이)
$=4\times$(한 변의 길이)
$\therefore y=4x$
② (삼각형의 넓이)
$=\frac{1}{2}\times$(밑변의 길이)$\times$(높이)
$\therefore y=\frac{1}{2}x(x+2)$
$=\frac{1}{2}x^2+x$
③ (원의 넓이)$=\pi\times$(반지름의 길이)$^2$
$\therefore y=\pi x^2$
④ (직사각형의 넓이)
$=$(가로의 길이)$\times$(세로의 길이)
$\therefore y=10x$
⑤ (사다리꼴의 넓이)
$=\frac{1}{2}\times\{$(윗변의 길이)
$+$(아랫변의 길이)$\}\times$(높이)
$\therefore y=\frac{1}{2}\times(2x+x)\times 2$
$=3x$
따라서 이차함수인 것은 ②, ③이다.

**3** $f(2)=11$이므로
$2\times 2^2+a\times 2+5=11$
$2a=-2$ $\therefore a=-1$
$f(x)=2x^2-x+5$이므로
$f(-1)=2\times(-1)^2-(-1)+5$
$=2+1+5=8$

**4** 그래프의 모양이 위로 볼록하므로
$y=ax^2$에서 $a<0$이고,
$y=-x^2$의 그래프보다 폭이 넓으므로
$a$의 절댓값이 1보다 작은 것을 찾으면
③ $y=-\frac{3}{4}x^2$이다.

**5** $y=2x^2-x(ax+1)$
$=2x^2-ax^2-x$
$=(2-a)x^2-x$
이차함수가 되기 위해서는 $x^2$의 계수가 0이 아니어야 한다.
즉, $2-a\neq 0$이어야 하므로
$a\neq 2$

**6** $y=-2x^2+100x-500$에
$x=25$를 대입하면
$y=-2\times 25^2+100\times 25-500$
$=-1250+2500-500$
$=750$
따라서 이익금은 750만 원이다.

**7** ① 위로 볼록한 그래프는 ㄴ, ㄹ, ㅁ, ㅂ의 4개이다.
② 그래프의 폭이 가장 좁은 것은 ㅂ이다.

**8** $y=5x^2$의 그래프와 $x$축에 서로 대칭인 그래프는 $y=-5x^2$이고, 이 그래프가 점 $(-1, k)$를 지나므로
$k=-5\times(-1)^2=-5$

**9** $y=ax^2$의 그래프가 점 $(3, 4)$를 지나므로
$4=9a$ $\therefore a=\frac{4}{9}$
$y=\frac{4}{9}x^2$의 그래프가 점 $(m, 16)$을 지나므로
$16=\frac{4}{9}m^2$, $m^2=36$
이때 $m>0$이므로 $m=6$
**돌다리 두드리기** | 이차함수 $y=ax^2$의 그래프는 점 $(m, n)$을 지난다.
⇨ $y=ax^2$에 $x=m$, $y=n$을 대입한다.

**10** 점 A의 좌표를 $(a, a^2)(a>0)$이라 하면
$\overline{AB}=8-a^2$, $\overline{AD}=2a$
이때 □ABCD는 정사각형이므로
$8-a^2=2a$
$a^2+2a-8=0$
$(a+4)(a-2)=0$
$\therefore a=-4$ 또는 $a=2$
이때 $a>0$이므로 $a=2$
따라서 정사각형 ABCD의 넓이는
$(2a)^2=4^2=16$이다.

**11** $y=x^2$의 그래프가 직선 $y=9$와 두 점 B, C에서 만나므로
$x^2=9$에서 $x=\pm 3$
즉, $B(-3, 9)$, $C(3, 9)$이므로
$\overline{BC}=6$
$y=x^2$과 $y=ax^2$의 그래프는 모두 $y$축에 대칭이므로 $\overline{AB}=\overline{CD}$
이때 $\overline{AB}+\overline{CD}=2\overline{AB}=\overline{BC}$이므로
$\overline{AB}=\overline{CD}$
$=\frac{1}{2}\overline{BC}=\frac{1}{2}\times 6=3$
즉, $A(-6, 9)$, $D(6, 9)$이므로
$y=ax^2$에 $x=6$, $y=9$를 대입하면
$9=36a$ $\therefore a=\frac{1}{4}$

**12** $y=ax^2$에 $x=1$, $y=-2$를 대입하면
$-2=a\times 1^2$
$\therefore a=-2$ $\cdots$(i)
$y=-2x^2$에 $x=2$, $y=b$를 대입하면
$b=-2\times 2^2=-8$ $\cdots$(ii)
$\therefore a+b=-2+(-8)$
$=-10$ $\cdots$(iii)

| 채점 기준 | 비율 |
|---|---|
| (i) $a$의 값 구하기 | 40 % |
| (ii) $b$의 값 구하기 | 40 % |
| (iii) $a+b$의 값 구하기 | 20 % |

**13** $y=ax^2$의 그래프가 직사각형 ABCD의 둘레 위의 서로 다른 두 점에서 만나려면 점 A와 점 C 사이를 지나야 한다. $\cdots$(i)
점 $A(2, 7)$을 지날 때,
$7=4a$ $\therefore a=\frac{7}{4}$
점 $C(5, 3)$을 지날 때,
$3=25a$ $\therefore a=\frac{3}{25}$ $\cdots$(ii)
$y=ax^2$의 그래프의 폭이 $y=\frac{7}{4}x^2$의 그래프보다 넓고 $y=\frac{3}{25}x^2$의 그래프보다 좁으므로
$\frac{3}{25}<a<\frac{7}{4}$ $\cdots$(iii)

| 채점 기준 | 비율 |
|---|---|
| (i) 서로 다른 두 점에서 만나기 위한 조건 알기 | 40 % |
| (ii) 두 점 A, C를 지날 때, $a$의 값 구하기 | 40 % |
| (iii) $a$의 값의 범위 구하기 | 20 % |

## 19강 이차함수의 그래프

**예제** p. 94

1 (1) $y=3x^2+3$

꼭짓점의 좌표: $(0, 3)$

축의 방정식: $x=0$

(2) $y=-\frac{1}{2}x^2-4$

꼭짓점의 좌표: $(0, -4)$

축의 방정식: $x=0$

확인 이차함수 $y=ax^2$의 그래프를 $y$축의 방향으로 $q$만큼 평행이동한 그래프의 식은 $y=ax^2+q$이다. 이때 꼭짓점의 좌표는 $(0, q)$, 축의 방정식은 $x=0$($y$축)이다.

2 (1) $y=2(x+3)^2$

꼭짓점의 좌표: $(-3, 0)$

축의 방정식: $x=-3$

(2) $y=-\frac{2}{3}(x-4)^2$

꼭짓점의 좌표: $(4, 0)$

축의 방정식: $x=4$

확인 이차함수 $y=ax^2$의 그래프를 $x$축의 방향으로 $p$만큼 평행이동한 그래프의 식은 $y=a(x-p)^2$이다. 이때 꼭짓점의 좌표는 $(p, 0)$, 축의 방정식은 $x=p$이다.

3 (1) $y=2(x-5)^2-2$

꼭짓점의 좌표: $(5, -2)$

축의 방정식: $x=5$

(2) $y=-\frac{1}{2}(x+4)^2+7$

꼭짓점의 좌표: $(-4, 7)$

축의 방정식: $x=-4$

확인 이차함수 $y=ax^2$의 그래프를 $x$축의 방향으로 $p$만큼, $y$축의 방향으로 $q$만큼 평행이동한 그래프의 식은 $y=a(x-p)^2+q$이다. 이때 꼭짓점의 좌표는 $(p, q)$, 축의 방정식은 $x=p$이다.

**핵심 유형 익히기** p. 95

1 ①

$y=\frac{1}{3}x^2+a$에 $x=3$, $y=2$를 대입하면

$2=\frac{1}{3}\times3^2+a \quad \therefore a=-1$

2 ④, ⑤

① 꼭짓점의 좌표는 $(5, 0)$이다.

② 그래프의 모양은 위로 볼록한 포물선이다.

③ 축의 방정식은 $x=5$이다.

따라서 옳은 것은 ④, ⑤이다.

3 ③

각 이차함수의 그래프의 축의 방정식을 구하면

① $x=1$ ② $x=-3$

③ $x=2$ ④ $x=-7$

⑤ $x=\frac{3}{2}$

따라서 축의 위치가 가장 오른쪽에 있는 것은 ③이다.

4 7

$y=-6(x-5)^2-3$의 그래프의 꼭짓점의 좌표는 $(5, -3)$이고, 축의 방정식은 $x=5$이다.

따라서 $a=5$, $b=-3$, $c=5$이므로

$a+b+c=5+(-3)+5=7$

5 ④

$y=-2(x-1)^2+6$의 그래프는 오른쪽 그림과 같이 위로 볼록하고 축의 방정식이 $x=1$이다.

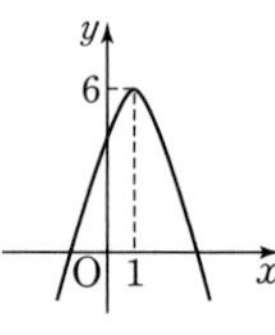


따라서 $x$의 값이 증가할 때, $y$의 값은 감소하는 $x$의 값의 범위는 $x>1$이다.

## 20강 이차함수 $y=a(x-p)^2+q$의 그래프

**예제** p. 96

1 $a>0$, $p>0$, $q<0$

그래프가 아래로 볼록하므로 $a>0$

꼭짓점 $(p, q)$가 제4사분면 위에 있으므로 $p>0$, $q<0$

2 ④

그래프가 위로 볼록하므로 $a<0$

꼭짓점 $(0, q)$가 $x$축보다 위쪽에 있으므로 $q>0$

3 ③

$y=-5(x-3)^2-2$의 그래프를 $x$축의 방향으로 5만큼, $y$축의 방향으로 $-1$만큼 평행이동한 그래프의 식은

$y=-5(x-5-3)^2-2-1$

$=-5(x-8)^2-3$

4 (1) $(-2, 5)$ (2) $x=-2$

$y=\frac{1}{2}(x-1)^2+3$의 그래프를 $x$축의 방향으로 $-3$만큼, $y$축의 방향으로 2만큼 평행이동한 그래프의 식은

$y=\frac{1}{2}(x+3-1)^2+3+2$

$=\frac{1}{2}(x+2)^2+5$

(1) 꼭짓점의 좌표는 $(-2, 5)$이다.

(2) 축의 방정식은 $x=-2$이다.

**핵심 유형 익히기** p. 97

1 ④

그래프가 위로 볼록하므로 $a<0$

꼭짓점 $(-p, -q)$가 $x$축 위의 점이고 $y$축의 오른쪽에 있으므로

$-p>0$, $q=0$

$\therefore p<0$, $q=0$

2 ㄱ, ㄷ, ㄹ

ㄱ. 그래프가 위로 볼록하므로 $a<0$

ㄴ. 꼭짓점 $(p, q)$가 제1사분면 위에 있으므로 $p>0$, $q>0$

ㄷ. $a<0$, $q>0$이므로 $aq<0$

ㄹ. $p>0$, $q>0$이므로 $p+q>0$

따라서 옳은 것은 ㄱ, ㄷ, ㄹ이다.

3 ⑤

$y=-3(x-1)^2+2$의 그래프를 $x$축의 방향으로 1만큼, $y$축의 방향으로 4만큼 평행이동한 그래프의 식은

$y=-3(x-1-1)^2+2+4$

$=-3(x-2)^2+6$

이므로 $a=-3$, $p=2$, $q=6$

$\therefore a+p+q=-3+2+6=5$

4 ③

$y=2(x+1)^2+4$의 그래프를 $x$축의 방향으로 $p$만큼, $y$축의 방향으로 $q$만큼 평행이동한 그래프의 식은

$y=2(x-p+1)^2+4+q$

이고 이 그래프가 $y=2x^2$의 그래프와 일치하므로

$-p+1=0$, $4+q=0$
$\therefore p=1$, $q=-4$
$\therefore p+q=1+(-4)=-3$

**5** **$-76$**
$y=-3(x-2)^2+5$의 그래프를 $x$축의 방향으로 4만큼, $y$축의 방향으로 $-6$만큼 평행이동한 그래프의 식은
$y=-3(x-4-2)^2+5-6$
$=-3(x-6)^2-1$
이고 이 그래프가 점 $(1, a)$를 지나므로
$a=-3\times(1-6)^2-1=-76$

## 기초 내공 다지기 p. 98~99

**1** (1) $y=2x^2+3$
꼭짓점의 좌표: $(0, 3)$
축의 방정식: $x=0$
(2) $y=\frac{2}{3}x^2-1$
꼭짓점의 좌표: $(0, -1)$
축의 방정식: $x=0$
(3) $y=4x^2-7$
꼭짓점의 좌표: $(0, -7)$
축의 방정식: $x=0$
(4) $y=-\frac{3}{5}x^2+2$
꼭짓점의 좌표: $(0, 2)$
축의 방정식: $x=0$
(5) $y=-5x^2+\frac{1}{2}$
꼭짓점의 좌표: $\left(0, \frac{1}{2}\right)$
축의 방정식: $x=0$

**2** (1) $-1$ (2) $\frac{17}{5}$ (3) $-4$
(4) 2 (5) 4

**3** (1) $y=-3(x-2)^2$
꼭짓점의 좌표: $(2, 0)$
축의 방정식: $x=2$
(2) $y=\frac{1}{7}(x+3)^2$
꼭짓점의 좌표: $(-3, 0)$
축의 방정식: $x=-3$
(3) $y=-6(x+9)^2$
꼭짓점의 좌표: $(-9, 0)$
축의 방정식: $x=-9$
(4) $y=-\frac{3}{4}(x-1)^2$
꼭짓점의 좌표: $(1, 0)$
축의 방정식: $x=1$
(5) $y=-\frac{2}{5}\left(x+\frac{2}{3}\right)^2$
꼭짓점의 좌표: $\left(-\frac{2}{3}, 0\right)$
축의 방정식: $x=-\frac{2}{3}$

**4** (1) 3 (2) $\frac{1}{2}$ (3) $-150$
(4) 1 (5) 2

**5** (1) $y=9(x-3)^2-2$
꼭짓점의 좌표: $(3, -2)$
축의 방정식: $x=3$
(2) $y=-3(x+5)^2+7$
꼭짓점의 좌표: $(-5, 7)$
축의 방정식: $x=-5$
(3) $y=-\frac{2}{5}(x-4)^2+3$
꼭짓점의 좌표: $(4, 3)$
축의 방정식: $x=4$
(4) $y=-8(x+2)^2-1$
꼭짓점의 좌표: $(-2, -1)$
축의 방정식: $x=-2$
(5) $y=\frac{1}{2}\left(x-\frac{1}{2}\right)^2-\frac{1}{2}$
꼭짓점의 좌표: $\left(\frac{1}{2}, -\frac{1}{2}\right)$
축의 방정식: $x=\frac{1}{2}$

**6** (1) 3 (2) $-\frac{3}{2}$ (3) 8
(4) $-1$ (5) $-2$

**7** (1) $a>0$, $p>0$, $q>0$
(2) $a<0$, $p<0$, $q>0$
(3) $a>0$, $p<0$, $q<0$

**8** (1) $y=-\frac{1}{3}x^2-2$
꼭짓점의 좌표: $(0, -2)$
축의 방정식: $x=0$
(2) $y=7(x-8)^2+9$
꼭짓점의 좌표: $(8, 9)$
축의 방정식: $x=8$
(3) $y=2(x-2)^2-3$
꼭짓점의 좌표: $(2, -3)$
축의 방정식: $x=2$
(4) $y=5(x-2)^2+7$
꼭짓점의 좌표: $(2, 7)$
축의 방정식: $x=2$
(5) $y=-(x+10)^2-1$
꼭짓점의 좌표: $(-10, -1)$
축의 방정식: $x=-10$

**2** (1) $y=2x^2$의 그래프를 $y$축의 방향으로 $-3$만큼 평행이동한 그래프의 식은
$y=2x^2-3$
이고 이 그래프가 점 $(1, a)$를 지나므로
$a=2\times1^2-3=-1$

(2) $y=\frac{1}{4}x^2$의 그래프를 $y$축의 방향으로 $-\frac{3}{5}$만큼 평행이동한 그래프의 식은
$y=\frac{1}{4}x^2-\frac{3}{5}$
이고 이 그래프가 점 $(4, a)$를 지나므로
$a=\frac{1}{4}\times4^2-\frac{3}{5}=\frac{17}{5}$

(3) $y=-x^2$의 그래프를 $y$축의 방향으로 5만큼 평행이동한 그래프의 식은
$y=-x^2+5$
이고 이 그래프가 점 $(3, a)$를 지나므로
$a=-3^2+5=-4$

(4) $y=3x^2$의 그래프를 $y$축의 방향으로 $a$만큼 평행이동한 그래프의 식은
$y=3x^2+a$
이고 이 그래프가 점 $(-1, 5)$를 지나므로
$5=3\times(-1)^2+a$
$\therefore a=2$

(5) $y=-\frac{1}{2}x^2$의 그래프를 $y$축의 방향으로 $a$만큼 평행이동한 그래프의 식은
$y=-\frac{1}{2}x^2+a$
이고 이 그래프가 점 $(-2, 2)$를 지나므로
$2=-\frac{1}{2}\times(-2)^2+a$
$\therefore a=4$

**4** (1) $y=3x^2$의 그래프를 $x$축의 방향으로 $-2$만큼 평행이동한 그래프의 식은 $y=3(x+2)^2$
이고 이 그래프가 점 $(-1, a)$를 지나므로
$a=3\times(-1+2)^2=3$

(2) $y=\frac{1}{2}x^2$의 그래프를 $x$축의 방향으로 3만큼 평행이동한 그래프의 식은
$y=\frac{1}{2}(x-3)^2$
이고 이 그래프가 점 $(2, a)$를 지나므로
$a=\frac{1}{2}\times(2-3)^2=\frac{1}{2}$

(3) $y=-6x^2$의 그래프를 $x$축의 방향으로 $-5$만큼 평행이동한 그래프의 식은 $y=-6(x+5)^2$
이고 이 그래프가 점 $(0, a)$를 지나므로
$a=-6\times(0+5)^2=-150$

(4) $y=\frac{4}{9}x^2$의 그래프를 $x$축의 방향으로 $\frac{3}{2}$만큼 평행이동한 그래프의 식은
$y=\frac{4}{9}\left(x-\frac{3}{2}\right)^2$
이고 이 그래프가 점 $(0, a)$를 지나므로
$a=\frac{4}{9}\times\left(0-\frac{3}{2}\right)^2=1$

(5) $y=2x^2$의 그래프를 $x$축의 방향으로 $-3$만큼 평행이동한 그래프의 식은 $y=2(x+3)^2$
이고 이 그래프가 점 $(-2, a)$를 지나므로
$a=2\times(-2+3)^2=2$

**6** (1) $y=2x^2$의 그래프를 $x$축의 방향으로 $-3$만큼, $y$축의 방향으로 1만큼 평행이동한 그래프의 식은
$y=2(x+3)^2+1$
이고 이 그래프가 점 $(-2, a)$를 지나므로
$a=2\times(-2+3)^2+1=3$

(2) $y=-\frac{1}{2}x^2$의 그래프를 $x$축의 방향으로 2만큼, $y$축의 방향으로 $-1$만큼 평행이동한 그래프의 식은
$y=-\frac{1}{2}(x-2)^2-1$
이고 이 그래프가 점 $(1, a)$를 지나므로
$a=-\frac{1}{2}\times(1-2)^2-1=-\frac{3}{2}$

(3) $y=5x^2$의 그래프를 $x$축의 방향으로 3만큼, $y$축의 방향으로 3만큼 평행이동한 그래프의 식은
$y=5(x-3)^2+3$
이고 이 그래프가 점 $(4, a)$를 지나므로
$a=5\times(4-3)^2+3=8$

(4) $y=-x^2$의 그래프를 $x$축의 방향으로 $-5$만큼, $y$축의 방향으로 $a$만큼 평행이동한 그래프의 식은
$y=-(x+5)^2+a$
이고 이 그래프가 점 $(-4, -2)$를 지나므로
$-2=-(-4+5)^2+a$
$\therefore a=-1$

(5) $y=-\frac{1}{8}x^2$의 그래프를 $x$축의 방향으로 $-1$만큼, $y$축의 방향으로 $a$만큼 평행이동한 그래프의 식은
$y=-\frac{1}{8}(x+1)^2+a$
이고 이 그래프가 점 $\left(-3, -\frac{5}{2}\right)$를 지나므로
$-\frac{5}{2}=-\frac{1}{8}\times(-3+1)^2+a$
$\therefore a=-2$

**7** (1) 그래프가 아래로 볼록하므로 $a>0$
꼭짓점 $(p, q)$가 제1사분면 위에 있으므로 $p>0$, $q>0$

(2) 그래프가 위로 볼록하므로 $a<0$
꼭짓점 $(p, q)$가 제2사분면 위에 있으므로 $p<0$, $q>0$

(3) 그래프가 아래로 볼록하므로 $a>0$
꼭짓점 $(p, q)$가 제3사분면 위에 있으므로 $p<0$, $q<0$

**8** (1) $y=-\frac{1}{3}(x+2)^2-1$의 그래프를 $x$축의 방향으로 2만큼, $y$축의 방향으로 $-1$만큼 평행이동한 그래프의 식은
$y=-\frac{1}{3}(x-2+2)^2-1-1$
$=-\frac{1}{3}x^2-2$
이므로 꼭짓점의 좌표는 $(0, -2)$, 축의 방정식은 $x=0$이다.

(2) $y=7(x-4)^2+3$의 그래프를 $x$축의 방향으로 4만큼, $y$축의 방향으로 6만큼 평행이동한 그래프의 식은
$y=7(x-4-4)^2+3+6$
$=7(x-8)^2+9$
이므로 꼭짓점의 좌표는 $(8, 9)$, 축의 방정식은 $x=8$이다.

(3) $y=2(x+1)^2-5$의 그래프를 $x$축의 방향으로 3만큼, $y$축의 방향으로 2만큼 평행이동한 그래프의 식은
$y=2(x-3+1)^2-5+2$
$=2(x-2)^2-3$
이므로 꼭짓점의 좌표는 $(2, -3)$, 축의 방정식은 $x=2$이다.

(4) $y=5(x-3)^2+3$의 그래프를 $x$축의 방향으로 $-1$만큼, $y$축의 방향으로 4만큼 평행이동한 그래프의 식은
$y=5(x+1-3)^2+3+4$
$=5(x-2)^2+7$
이므로 꼭짓점의 좌표는 $(2, 7)$, 축의 방정식은 $x=2$이다.

(5) $y=-(x+5)^2+1$의 그래프를 $x$축의 방향으로 $-5$만큼, $y$축의 방향으로 $-2$만큼 평행이동한 그래프의 식은
$y=-(x+5+5)^2+1-2$
$=-(x+10)^2-1$
이므로 꼭짓점의 좌표는 $(-10, -1)$, 축의 방정식은 $x=-10$이다.

**내공 쌓는 족집게 문제** p. 100~103

| | | | |
|---|---|---|---|
| 1 ① | 2 ⑤ | 3 ⑤ | 4 ⑤ |
| 5 ③ | 6 24 | 7 ② | 8 ③ |
| 9 $x<4$ | 10 ⑤ | 11 ④ | 12 ③ |
| 13 ③ | 14 $-4$ | 15 ㄴ | 16 $-2$ |
| 17 ⑤ | 18 ⑤ | 19 ④ | 20 ③ |
| 21 ② | 22 2 | 23 20 | 24 11 |

25 1, 과정은 풀이 참조
26 $-1$, 과정은 풀이 참조

**1** $y=-3x^2$의 그래프를 $y$축의 방향으로 $-2$만큼 평행이동한 그래프의 식은
$y=-3x^2-2$

**2** ⑤ $y=5x^2+1$에 $x=1$을 대입하면
$y=5\times1^2+1=6$
이므로 점 $(1, 6)$을 지난다.

**3** $y=-\frac{1}{2}x^2+b$가 점 $(-2, 2)$를 지나므로
$2=-\frac{1}{2}\times(-2)^2+b$
$2=-2+b$
$\therefore b=4$
따라서 $y=-\frac{1}{2}x^2+4$이므로 꼭짓점의 좌표는 $(0, 4)$이다.

**4** $y=\frac{1}{4}(x+5)^2$의 그래프는 아래로 볼록하고 꼭짓점의 좌표가 $(-5, 0)$이므로 그래프가 될 수 있는 것은 ⑤이다.

**5** $y=-\frac{1}{4}x^2$의 그래프를 $x$축의 방향으로 7만큼 평행이동한 그래프의 식은
$y=-\frac{1}{4}(x-7)^2$
따라서 꼭짓점의 좌표는 $(7, 0)$이고 축의 방정식은 $x=7$이다.

**6** $y=ax^2$의 그래프를 $x$축의 방향으로 3만큼 평행이동한 그래프의 식은
$y=a(x-3)^2$
이 그래프가 점 $(0, 6)$을 지나므로
$6=a(0-3)^2$
$6=9a \quad \therefore a=\frac{2}{3}$
따라서 $y=\frac{2}{3}(x-3)^2$이고 이 그래프가 점 $(9, k)$를 지나므로
$k=\frac{2}{3}\times(9-3)^2$
$=\frac{2}{3}\times36$
$=24$

**돌다리 두드리기** | 주어진 그래프는 $x$축에 접하고, 꼭짓점의 좌표가 $(3, 0)$이므로 이차함수 $y=ax^2$의 그래프를 $x$축의 방향으로 3만큼 평행이동한 그래프이다.

**7** $y=2-x^2$의 그래프를 $x$축의 방향으로 $-2$만큼, $y$축의 방향으로 $-1$만큼 평행이동하면 $y=-(x+2)^2+1$의 그래프와 완전히 포개어진다.
따라서 평행이동하면 완전히 포개어지는 이차함수는 ㄴ, ㅂ이다.

**9** $y=-(x-4)^2-5$의 그래프는 오른쪽 그림과 같이 위로 볼록하고 축의 방정식이 $x=4$이다.
따라서 $x$의 값이 증가할 때, $y$의 값도 증가하는 $x$의 값의 범위는 $x<4$이다.

**10** $y=2(x-1)^2+1$의 그래프는 오른쪽 그림과 같이 꼭짓점의 좌표가 $(1, 1)$이고 아래로 볼록한 포물선이다.
따라서 제3, 4사분면을 지나지 않는다.

**11** 그래프가 아래로 볼록하므로 $a>0$
꼭짓점 $(p, q)$가 제2사분면 위에 있으므로 $p<0$, $q>0$

**12** $y=2x^2-1$의 그래프를 $x$축의 방향으로 7만큼, $y$축의 방향으로 $-4$만큼 평행이동한 그래프의 식은
$y=2(x-7)^2-1-4$
$=2(x-7)^2-5$

**13** $y=a(x+2)^2+3$의 그래프를 $x$축의 방향으로 $-1$만큼, $y$축의 방향으로 $-5$만큼 평행이동한 그래프의 식은
$y=a(x+1+2)^2+3-5$
$=a(x+3)^2-2$
이고 이 그래프가 $y=-4(x+b)^2+c$의 그래프와 일치하므로
$a=-4$, $b=3$, $c=-2$
$\therefore abc=(-4)\times3\times(-2)$
$=24$

**14** $y=-4x^2$의 그래프를 $y$축의 방향으로 $p$만큼 평행이동한 그래프의 식은
$y=-4x^2+p$
이 그래프가 점 $(0, -5)$를 지나므로
$-5=p$
따라서 $y=-4x^2-5$이고 이 그래프가 점 $(-1, k)$를 지나므로
$k=-4\times(-1)^2-5=-9$
$\therefore k-p=-9-(-5)=-4$

**15** ㄱ. $y=-\frac{1}{2}(x-3)^2$의 그래프의 꼭짓점의 좌표는 $(3, 0)$이고,
$y=-\frac{1}{2}x^2+3$의 그래프의 꼭짓점의 좌표는 $(0, 3)$이다.
ㄴ. $y=-\frac{1}{2}x^2$의 그래프를 $x$축의 방향으로 3만큼 평행이동한 그래프의 식은 $y=-\frac{1}{2}(x-3)^2$이고,
$y=-\frac{1}{2}x^2$의 그래프를 $y$축의 방향으로 3만큼 평행이동한 그래프의 식은 $y=-\frac{1}{2}x^2+3$이다.
따라서 두 그래프는 $y=-\frac{1}{2}x^2$의 그래프를 평행이동한 것이다.
ㄷ. $y=-\frac{1}{2}(x-3)^2$에 $x=0$을 대입하면
$y=-\frac{1}{2}\times(0-3)^2=-\frac{9}{2}$
이므로 점 $\left(0, -\frac{9}{2}\right)$를 지난다.
$y=-\frac{1}{2}x^2+3$에 $x=0$을 대입하면
$y=-\frac{1}{2}\times0^2+3=3$이므로
점 $(0, 3)$을 지난다.
ㄹ. $y=-\frac{1}{2}(x-3)^2$의 그래프는 $x$축과 한 점에서 만나고,
$y=-\frac{1}{2}x^2+3$의 그래프는 $x$축과 두 점에서 만난다.
따라서 옳은 것은 ㄴ이다.

**16** $y=\frac{1}{4}x^2$의 그래프를 $x$축의 방향으로 $-1$만큼, $y$축의 방향으로 $-3$만큼 평행이동한 그래프의 식은
$y=\frac{1}{4}(x+1)^2-3$
이 그래프가 점 $(a, 1)$을 지나므로
$1=\frac{1}{4}(a+1)^2-3$
$a^2+2a-15=0$
$(a+5)(a-3)=0$
$\therefore a=-5$ 또는 $a=3$
따라서 모든 $a$의 값의 합은
$-5+3=-2$

**17** ⑤ $x<-2$일 때, $x$의 값이 증가하면 $y$의 값도 증가한다.

**18** 그래프가 위로 볼록하므로
$-a<0$ $\quad\therefore a>0$
꼭짓점 $(-p,\ q)$가 제1사분면 위에 있으므로 $-p>0,\ q>0$
$\therefore p<0,\ q>0$
① $a+q>0$ ② $pq<0$
③ $p-q<0$ ④ $apq<0$
따라서 옳은 것은 ⑤이다.

**19** $y=ax+b$의 그래프는 기울기가 음수이므로 $a<0$, $y$절편이 양수이므로 $b>0$이다.
$y=a(x-b)^2-ab$의 그래프는 $a<0$이므로 위로 볼록하고, $b>0,\ -ab>0$이므로 꼭짓점 $(b,\ -ab)$는 제1사분면 위에 있다.
따라서 $y=a(x-b)^2-ab$의 그래프가 될 수 있는 것은 ④이다.

**20** $y=2(x+2)^2+3$의 그래프를 $x$축의 방향으로 $p$만큼, $y$축의 방향으로 $q$만큼 평행이동한 그래프의 식은
$y=2(x-p+2)^2+3+q$
이 그래프와 $y=2x^2+1$의 그래프가 일치하므로
$-p+2=0,\ 3+q=1$
$\therefore p=2,\ q=-2$
$\therefore p+q=2+(-2)=0$

**21** $y=-2x^2+b$, $y=a(x-2)^2$의 그래프의 꼭짓점의 좌표는 각각 $(0,\ b)$, $(2,\ 0)$이다.
$y=-2x^2+b$의 그래프가 점 $(2,\ 0)$을 지나므로
$0=-2\times2^2+b$ $\quad\therefore b=8$
$y=a(x-2)^2$의 그래프가 점 $(0,\ 8)$을 지나므로
$8=a(0-2)^2$
$8=4a$ $\quad\therefore a=2$
$\therefore b-a=8-2=6$

**22** $y=9(x+a)^2-\frac{5}{2}a$의 그래프의 꼭짓점의 좌표가 $\left(-a,\ -\frac{5}{2}a\right)$이므로
$y=\frac{1}{2}x-4$에 $x=-a,\ y=-\frac{5}{2}a$를 대입하면
$-\frac{5}{2}a=-\frac{1}{2}a-4,\ -2a=-4$
$\therefore a=2$

**23** $y=-(x-5)^2+5$의 그래프는 $y=-(x-1)^2+5$의 그래프를 $x$축의 방향으로 4만큼 평행이동한 것과 같다.
따라서 다음 그림에서 빗금 친 부분의 넓이가 서로 같으므로 색칠한 부분의 넓이는 가로의 길이가 4이고, 세로의 길이가 5인 직사각형의 넓이와 같다.

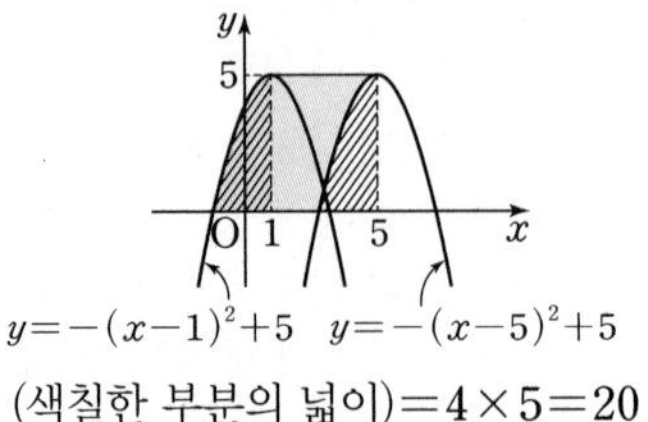


$\therefore$ (색칠한 부분의 넓이)$=4\times5=20$

**24** 주어진 이차함수의 그래프는 직선 $x=p$에 대하여 대칭이므로
$p=\frac{0+6}{2}=3$
점 B의 좌표가 $(p,\ q)$이므로
$\triangle BOA=\frac{1}{2}\times6\times q=27$
$3q=27$ $\quad\therefore q=9$
따라서 $y=a(x-3)^2+9$이고 이 그래프가 원점 $(0,\ 0)$을 지나므로
$0=a(0-3)^2+9$ $\quad\therefore a=-1$
$\therefore a+p+q=-1+3+9=11$

**25** 꼭짓점의 좌표가 $(-1,\ 0)$이므로
$p=-1$ $\quad\cdots$(i)
$y=a(x+1)^2$의 그래프가 점 $(0,\ 2)$를 지나므로
$2=a(0+1)^2$ $\quad\therefore a=2$ $\quad\cdots$(ii)
$\therefore a+p=2+(-1)=1$ $\quad\cdots$(iii)

| 채점 기준 | 비율 |
|---|---|
| (i) $p$의 값 구하기 | 40 % |
| (ii) $a$의 값 구하기 | 40 % |
| (iii) $a+p$의 값 구하기 | 20 % |

**26** $y=\frac{3}{7}(x-3)^2+1$의 그래프를 $x$축의 방향으로 3만큼, $y$축의 방향으로 $m$만큼 평행이동한 그래프의 식은
$y=\frac{3}{7}(x-6)^2+1+m$ $\quad\cdots$(i)
이 그래프가 점 $(-1,\ 21)$을 지나므로
$21=\frac{3}{7}\times(-1-6)^2+1+m$
$21=21+1+m$
$\therefore m=-1$ $\quad\cdots$(ii)

| 채점 기준 | 비율 |
|---|---|
| (i) 평행이동한 그래프의 식 구하기 | 50 % |
| (ii) $m$의 값 구하기 | 50 % |

## 21강 이차함수 $y=ax^2+bx+c$의 그래프 (1)

**예제** p. 104

**1** (1) **꼭짓점의 좌표: $(-1,\ -5)$**
**축의 방정식: $x=-1$**
(2) **꼭짓점의 좌표: $\left(1,\ \frac{5}{2}\right)$**
**축의 방정식: $x=1$**
(1) $y=4x^2+8x-1$
$=4(x^2+2x+1-1)-1$
$=4(x+1)^2-5$
따라서 꼭짓점의 좌표는 $(-1,\ -5)$, 축의 방정식은 $x=-1$이다.
(2) $y=-\frac{1}{2}x^2+x+2$
$=-\frac{1}{2}(x^2-2x+1-1)+2$
$=-\frac{1}{2}(x-1)^2+\frac{5}{2}$
따라서 꼭짓점의 좌표는 $\left(1,\ \frac{5}{2}\right)$, 축의 방정식은 $x=1$이다.

**2** ⑤
$y=3x^2-6x+1$
$=3(x^2-2x+1-1)+1$
$=3(x-1)^2-2$
따라서 꼭짓점의 좌표는 $(1,\ -2)$이고, 아래로 볼록하며, $y$축과 만나는 점의 좌표가 $(0,\ 1)$이므로 그래프는 ⑤이다.

**3** (1) **$x$축: $(1,\ 0)$, $(4,\ 0)$, $y$축: $(0,\ -4)$**
(2) **$x$축: $(3,\ 0)$, $(6,\ 0)$, $y$축: $(0,\ -6)$**

(1) $y=-x^2+5x-4$에
$y=0$을 대입하면
$0=-x^2+5x-4$
$x^2-5x+4=0$
$(x-1)(x-4)=0$
$\therefore x=1$ 또는 $x=4$
$x=0$을 대입하면 $y=-4$
따라서 $x$축과 만나는 점의 좌표는 $(1, 0)$, $(4, 0)$이고, $y$축과 만나는 점의 좌표는 $(0, -4)$이다.

(2) $y=-\frac{1}{3}x^2+3x-6$에
$y=0$을 대입하면
$0=-\frac{1}{3}x^2+3x-6$
$x^2-9x+18=0$
$(x-3)(x-6)=0$
$\therefore x=3$ 또는 $x=6$
$x=0$을 대입하면 $y=-6$
따라서 $x$축과 만나는 점의 좌표는 $(3, 0)$, $(6, 0)$이고, $y$축과 만나는 점의 좌표는 $(0, -6)$이다.

## 핵심 유형 익히기 p. 105

**1** ④

$y=\frac{1}{4}x^2-x+5$
$=\frac{1}{4}(x^2-\boxed{4}x)+5$
$=\frac{1}{4}(x^2-\boxed{4}x+\boxed{4}-\boxed{4})+5$
$=\frac{1}{4}(x-\boxed{2})^2-\boxed{1}+5$
$=\frac{1}{4}(x-\boxed{2})^2+\boxed{4}$
$\therefore$ ① 4 ② 4 ③ 2 ④ 1 ⑤ 4
따라서 옳지 않은 것은 ④이다.

**2** ⑤

① $y=(x-1)^2$의 축의 방정식은
$x=1$
② $y=2x^2+3$의 축의 방정식은
$x=0$
③ $y=\frac{1}{2}x^2+x+4$
$=\frac{1}{2}(x+1)^2+\frac{7}{2}$
이므로 축의 방정식은
$x=-1$
④ $y=x^2-4x+5$
$=(x-2)^2+1$
이므로 축의 방정식은
$x=2$
⑤ $y=-x^2+5x+1$
$=-\left(x-\frac{5}{2}\right)^2+\frac{29}{4}$
이므로 축의 방정식은
$x=\frac{5}{2}$
따라서 그래프의 축이 가장 오른쪽에 있는 것은 ⑤이다.

**3** $(2, -5)$

$y=x^2+ax-1$의 그래프가
점 $(1, -4)$를 지나므로
$-4=1+a-1$ $\therefore a=-4$
$y=x^2-4x-1$
$=(x^2-4x+4-4)-1$
$=(x-2)^2-5$
따라서 꼭짓점의 좌표는 $(2, -5)$이다.

**4** ②

$y=-x^2+4x-1$에서 $x^2$의 계수가 $-1<0$이므로 그래프가 위로 볼록하고 $x=0$을 대입하면 $y=-1$이므로 $y$축과 만나는 점의 $y$좌표가 $-1$이다.
$y=-x^2+4x-1$
$=-(x^2-4x+4-4)-1$
$=-(x-2)^2+3$
이므로 꼭짓점의 좌표는 $(2, 3)$이다.
따라서 그래프는 오른쪽 그림과 같으므로 제2사분면을 지나지 않는다.

**5** 5

$y=-x^2+2x+3$에 $y=0$을 대입하면
$0=-x^2+2x+3$, $x^2-2x-3=0$
$(x+1)(x-3)=0$
$\therefore x=-1$ 또는 $x=3$
$x=0$을 대입하면 $y=3$
따라서 $p=-1$, $q=3$, $r=3$
또는 $p=3$, $q=-1$, $r=3$이므로
$p+q+r=5$

**6** 8

$y=x^2+2x-15$에 $y=0$을 대입하면
$x^2+2x-15=0$
$(x+5)(x-3)=0$
$\therefore x=-5$ 또는 $x=3$
따라서 그래프와 $x$축과 만나는 점의 좌표가 $\mathrm{A}(-5, 0)$, $\mathrm{B}(3, 0)$이므로
$\overline{\mathrm{AB}}=3-(-5)=8$

# 22강 이차함수 $y=ax^2+bx+c$의 그래프 (2)

## 예제 p. 106

**1** 5

$y=-x^2+4x+2=-(x-2)^2+6$
이므로 $x$축의 방향으로 $m$만큼, $y$축의 방향으로 $n$만큼 평행이동한 그래프의 식은 $y=-(x-m-2)^2+6+n$
이때
$y=-x^2+8x-7=-(x-4)^2+9$
이고 두 그래프가 일치하므로
$-m-2=-4$, $6+n=9$
$\therefore m=2$, $n=3$
$\therefore m+n=2+3=5$

**2** $x>2$

$y=-2x^2+8x-6$
$=-2(x-2)^2+2$
의 그래프는 오른쪽 그림과 같으므로 $x$의 값이 증가할 때, $y$의 값은 감소하는 $x$의 값의 범위는 $x>2$이다.

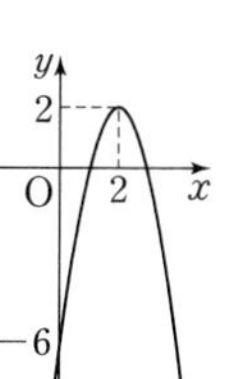

**3** $a<0$, $b>0$, $c>0$

그래프가 위로 볼록하므로 $a<0$
축이 $y$축의 오른쪽에 있으므로 $ab<0$이고, $a<0$이므로 $b>0$
$y$축과 만나는 점이 $x$축보다 위쪽에 있으므로 $c>0$

핵심 유형 익히기 p. 107

**1** 7

$y=5x^2-10x+9=5(x-1)^2+4$이므로 $x$축의 방향으로 1만큼, $y$축의 방향으로 $-2$만큼 평행이동한 그래프의 식은

$y=5(x-1-1)^2+4-2$
$=5(x-2)^2+2$

이 그래프가 점 $(3, k)$를 지나므로
$k=5\times(3-2)^2+2=7$

**2** ⑤

$y=2x^2-6x+8=2\left(x-\frac{3}{2}\right)^2+\frac{7}{2}$

이므로 그래프는 오른쪽 그림과 같다.

① 꼭짓점의 좌표는 $\left(\frac{3}{2}, \frac{7}{2}\right)$이다.
② 축의 방정식은 $x=\frac{3}{2}$이다.
③ $y$축과 만나는 점의 좌표는 $(0, 8)$이다.
④ 제3사분면과 제4사분면을 지나지 않는다.

따라서 옳은 것은 ⑤이다.

**3** ②

그래프가 아래로 볼록하므로 $a>0$
축이 $y$축의 오른쪽에 있으므로
$ab<0$이고, $a>0$이므로 $b<0$
$y$축과 만나는 점이 $x$축보다 위쪽에 있으므로 $c>0$

**4** ㄴ, ㄷ, ㅁ

ㄱ. 그래프가 위로 볼록하므로 $a<0$
ㄴ. 축이 $y$축의 왼쪽에 있으므로 $ab>0$이고, $a<0$이므로 $b<0$
ㄷ. $y$축과 만나는 점이 $x$축보다 위쪽에 있으므로 $c>0$
ㄹ. $x=-1$일 때 $y>0$이므로 $a-b+c>0$
ㅁ. $x=1$일 때 $y<0$이므로 $a+b+c<0$

따라서 옳은 것은 ㄴ, ㄷ, ㅁ이다.

**5** (1) $y=-x^2+26x$
(2) $169\,\text{cm}^2$

(1) 가로의 길이는 $x$ cm, 세로의 길이는 $(26-x)$ cm이므로
$y=x(26-x)=-x^2+26x$

(2) $y=-x^2+26x$에 $x=13$을 대입하면
$y=-13^2+26\times13$
$=169$
따라서 가로의 길이가 13 cm일 때, 직사각형의 넓이는 $169\,\text{cm}^2$이다.

## 23강 이차함수의 식 구하기

예제 p. 108

**1** (1) $y=2x^2-8x+8$
(2) $y=-2x^2+4x+1$

(1) 꼭짓점의 좌표가 $(2, 0)$이므로
$y=a(x-2)^2$
이 그래프가 점 $(1, 2)$를 지나므로
$a=2$
$\therefore y=2(x-2)^2$
$=2x^2-8x+8$

(2) 꼭짓점의 좌표가 $(1, 3)$이므로
$y=a(x-1)^2+3$
이 그래프가 점 $(-1, -5)$를 지나므로
$-5=4a+3$
$4a=-8 \quad \therefore a=-2$
$\therefore y=-2(x-1)^2+3$
$=-2x^2+4x+1$

**2** (1) $y=x^2-2x+4$
(2) $y=-x^2-6x-13$

(1) 축의 방정식이 $x=1$이므로
$y=a(x-1)^2+q$
이 그래프가 두 점 $(0, 4)$, $(-1, 7)$을 지나므로
$4=a+q$, $7=4a+q$
$\therefore a=1, q=3$
$\therefore y=(x-1)^2+3$
$=x^2-2x+4$

(2) 축의 방정식이 $x=-3$이므로
$y=a(x+3)^2+q$
이 그래프가 두 점 $(-1, -8)$, $(-2, -5)$를 지나므로
$-8=4a+q$, $-5=a+q$
$\therefore a=-1, q=-4$
$\therefore y=-(x+3)^2-4$
$=-x^2-6x-13$

**3** (1) $y=2x^2-x+1$
(2) $y=-x^2+3x-5$

(1) $y=ax^2+bx+c$의 그래프가 점 $(0, 1)$을 지나므로 $1=c$
즉, $y=ax^2+bx+1$의 그래프가 두 점 $(1, 2)$, $(-1, 4)$를 지나므로
$2=a+b+1 \quad \cdots$ ㉠
$4=a-b+1 \quad \cdots$ ㉡
㉠, ㉡을 연립하여 풀면
$a=2, b=-1$
$\therefore y=2x^2-x+1$

(2) $y=ax^2+bx+c$의 그래프가 점 $(0, -5)$를 지나므로 $-5=c$
즉, $y=ax^2+bx-5$의 그래프가 두 점 $(-1, -9)$, $(2, -3)$을 지나므로
$-9=a-b-5 \quad \cdots$ ㉠
$-3=4a+2b-5 \quad \cdots$ ㉡
㉠, ㉡을 연립하여 풀면
$a=-1, b=3$
$\therefore y=-x^2+3x-5$

**4** (1) $y=2x^2+2x-4$
(2) $y=-3x^2+9x+12$

(1) $x$축과 두 점 $(-2, 0)$, $(1, 0)$에서 만나므로 $y=a(x+2)(x-1)$로 놓자.
이 그래프가 점 $(2, 8)$을 지나므로
$8=a\times4\times1$, $4a=8 \quad \therefore a=2$
$\therefore y=2(x+2)(x-1)$
$=2(x^2+x-2)$
$=2x^2+2x-4$

(2) $x$축과 두 점 $(-1, 0)$, $(4, 0)$에서 만나므로 $y=a(x+1)(x-4)$로 놓자.
이 그래프가 점 $(0, 12)$를 지나므로
$12=a\times1\times(-4)$
$-4a=12 \quad \therefore a=-3$
$\therefore y=-3(x+1)(x-4)$
$=-3(x^2-3x-4)$
$=-3x^2+9x+12$

## 핵심 유형 익히기 p. 109

**1** 2

꼭짓점의 좌표가 $(-2, -4)$이므로

$y=a(x+2)^2-4$

이 그래프가 점 $(2, 20)$을 지나므로

$20=16a-4$

$16a=24 \qquad \therefore a=\frac{3}{2}$

$\therefore y=\frac{3}{2}(x+2)^2-4$

$=\frac{3}{2}x^2+6x+2$

따라서 $y$축과 만나는 점의 $y$좌표는 2이다.

**2** $y=-\frac{1}{2}x^2-2x+3$

꼭짓점의 좌표가 $(-2, 5)$이므로

$y=a(x+2)^2+5$

이 그래프가 점 $(0, 3)$을 지나므로

$3=4a+5$

$4a=-2 \qquad \therefore a=-\frac{1}{2}$

$\therefore y=-\frac{1}{2}(x+2)^2+5$

$=-\frac{1}{2}x^2-2x+3$

**3** $-19$

축의 방정식이 $x=-1$이므로

$y=a(x+1)^2+q$

이 그래프가 두 점 $(-1, 5)$, $(0, -1)$을 지나므로

$5=q$, $-1=a+q$

$\therefore a=-6, q=5$

$\therefore y=-6(x+1)^2+5$

$=-6x^2-12x-1$

따라서 $a=-6$, $b=-12$, $c=-1$이므로

$a+b+c=-6+(-12)+(-1)$

$=-19$

**4** ③

$y=ax^2+bx+c$가

점 $(0, 4)$를 지나므로 $4=c$

즉, $y=ax^2+bx+4$의 그래프가 두 점 $(1, 0)$, $(-2, 6)$을 지나므로

$0=a+b+4 \quad \cdots ㉠$

$6=4a-2b+4 \quad \cdots ㉡$

㉠, ㉡을 연립하여 풀면

$a=-1$, $b=-3$

$\therefore y=-x^2-3x+4$

**5** 34

$x^2$의 계수가 2이고 $x$축과 두 점 $(-5, 0)$, $(3, 0)$에서 만나므로

$y=2(x+5)(x-3)$

$=2(x^2+2x-15)$

$=2x^2+4x-30$

따라서 $a=4$, $b=-30$이므로

$a-b=4-(-30)=34$

## 기초 내공 다지기 p. 110~111

**1**
(1) $y=-(x+3)^2+10$
(2) $y=2(x-1)^2-1$
(3) $y=-3(x-1)^2+5$
(4) $y=-\frac{1}{2}(x-3)^2+\frac{11}{2}$
(5) $y=\frac{3}{2}(x+2)^2+1$

**2**
(1) $(5, 1)$, $x=5$
(2) $(1, -5)$, $x=1$
(3) $(2, -1)$, $x=2$
(4) $(-3, -18)$, $x=-3$
(5) $(-2, 5)$, $x=-2$

**3**
(1) $x$축: $(-1, 0)$, $(3, 0)$
$y$축: $(0, -3)$
(2) $x$축: $(-3, 0)$, $(2, 0)$
$y$축: $(0, 6)$
(3) $x$축: $(-1, 0)$, $y$축: $(0, 3)$
(4) $x$축: $(-2, 0)$, $(4, 0)$
$y$축: $(0, 4)$

**4**
(1) $a>0$, $b>0$, $c<0$
(2) $a>0$, $b<0$, $c<0$
(3) $a<0$, $b>0$, $c>0$
(4) $a<0$, $b<0$, $c<0$

**5**
(1) $y=\frac{1}{2}x^2+2x-1$
(2) $y=-\frac{3}{4}x^2+3x-3$
(3) $y=-x^2-4x+5$
(4) $y=-2x^2+4x-8$
(5) $y=x^2-6x+13$

**6**
(1) $y=-2x^2-4x+3$
(2) $y=2x^2+8x+5$
(3) $y=-x^2+2x+3$
(4) $y=-\frac{1}{5}x^2+\frac{4}{5}x+\frac{27}{5}$
(5) $y=-\frac{3}{5}x^2+\frac{18}{5}x-1$

**7**
(1) $y=2x^2-8x+5$
(2) $y=-x^2+6x+1$
(3) $y=-2x^2+2x+4$
(4) $y=3x^2-6x-2$
(5) $y=-\frac{4}{9}x^2+\frac{11}{3}x-5$

**8**
(1) $y=-x^2+4x+5$
(2) $y=2x^2+4x-6$
(3) $y=x^2+6x+8$
(4) $y=-x^2+6x-5$
(5) $y=-\frac{8}{3}x^2+\frac{16}{3}x+8$

**1**
(1) $y=-x^2-6x+1$
$=-(x^2+6x+9-9)+1$
$=-(x+3)^2+10$
(2) $y=2x^2-4x+1$
$=2(x^2-2x+1-1)+1$
$=2(x-1)^2-1$
(3) $y=-3x^2+6x+2$
$=-3(x^2-2x+1-1)+2$
$=-3(x-1)^2+5$
(4) $y=-\frac{1}{2}x^2+3x+1$
$=-\frac{1}{2}(x^2-6x+9-9)+1$
$=-\frac{1}{2}(x-3)^2+\frac{11}{2}$
(5) $y=\frac{3}{2}x^2+6x+7$
$=\frac{3}{2}(x^2+4x+4-4)+7$
$=\frac{3}{2}(x+2)^2+1$

**2**
(1) $y=-x^2+10x-24$
$=-(x^2-10x+25-25)-24$
$=-(x-5)^2+1$
이므로 꼭짓점의 좌표는 $(5, 1)$, 축의 방정식은 $x=5$이다.
(2) $y=-3x^2+6x-8$
$=-3(x^2-2x+1-1)-8$
$=-3(x-1)^2-5$
이므로 꼭짓점의 좌표는 $(1, -5)$, 축의 방정식은 $x=1$이다.

(3) $y=4x^2-16x+15$
$=4(x^2-4x+4-4)+15$
$=4(x-2)^2-1$
이므로 꼭짓점의 좌표는 $(2,\ -1)$, 축의 방정식은 $x=2$이다.

(4) $y=\frac{1}{3}x^2+2x-15$
$=\frac{1}{3}(x^2+6x+9-9)-15$
$=\frac{1}{3}(x+3)^2-18$
이므로 꼭짓점의 좌표는 $(-3,\ -18)$, 축의 방정식은 $x=-3$이다.

(5) $y=-\frac{3}{4}x^2-3x+2$
$=-\frac{3}{4}(x^2+4x+4-4)+2$
$=-\frac{3}{4}(x+2)^2+5$
이므로 꼭짓점의 좌표는 $(-2,\ 5)$, 축의 방정식은 $x=-2$이다.

**3** (1) $y=x^2-2x-3$에
$y=0$을 대입하면
$x^2-2x-3=0$
$(x+1)(x-3)=0$
$\therefore x=-1$ 또는 $x=3$
$x=0$을 대입하면 $y=-3$
따라서 $x$축과 만나는 점의 좌표는 $(-1,\ 0)$, $(3,\ 0)$이고, $y$축과 만나는 점의 좌표는 $(0,\ -3)$이다.

(2) $y=-x^2-x+6$에
$y=0$을 대입하면
$0=-x^2-x+6$
$x^2+x-6=0$
$(x+3)(x-2)=0$
$\therefore x=-3$ 또는 $x=2$
$x=0$을 대입하면 $y=6$
따라서 $x$축과 만나는 점의 좌표는 $(-3,\ 0)$, $(2,\ 0)$이고, $y$축과 만나는 점의 좌표는 $(0,\ 6)$이다.

(3) $y=3x^2+6x+3$에
$y=0$을 대입하면
$0=3x^2+6x+3$
$x^2+2x+1=0$
$(x+1)^2=0 \quad \therefore x=-1$
$x=0$을 대입하면 $y=3$
따라서 $x$축과 만나는 점의 좌표는 $(-1,\ 0)$이고, $y$축과 만나는 점의 좌표는 $(0,\ 3)$이다.

(4) $y=-\frac{1}{2}x^2+x+4$에
$y=0$을 대입하면
$0=-\frac{1}{2}x^2+x+4$
$x^2-2x-8=0$
$(x+2)(x-4)=0$
$\therefore x=-2$ 또는 $x=4$
$x=0$을 대입하면 $y=4$
따라서 $x$축과 만나는 점의 좌표는 $(-2,\ 0)$, $(4,\ 0)$이고, $y$축과 만나는 점의 좌표는 $(0,\ 4)$이다.

**4** (1) 그래프가 아래로 볼록하므로 $a>0$
축이 $y$축의 왼쪽에 있으므로
$ab>0$이고, $a>0$이므로 $b>0$
$y$축과 만나는 점이 $x$축보다 아래쪽에 있으므로 $c<0$

(2) 그래프가 아래로 볼록하므로 $a>0$
축이 $y$축의 오른쪽에 있으므로
$ab<0$이고, $a>0$이므로 $b<0$
$y$축과 만나는 점이 $x$축보다 아래쪽에 있으므로 $c<0$

(3) 그래프가 위로 볼록하므로 $a<0$
축이 $y$축의 오른쪽에 있으므로
$ab<0$이고, $a<0$이므로 $b>0$
$y$축과 만나는 점이 $x$축보다 위쪽에 있으므로 $c>0$

(4) 그래프가 위로 볼록하므로 $a<0$
축이 $y$축의 왼쪽에 있으므로
$ab>0$이고, $a<0$이므로 $b<0$
$y$축과 만나는 점이 $x$축보다 아래쪽에 있으므로 $c<0$

**5** (1) 꼭짓점의 좌표가 $(-2,\ -3)$이므로
$y=a(x+2)^2-3$
이 그래프가 점 $(0,\ -1)$을 지나므로
$-1=4a-3$
$4a=2 \quad \therefore a=\frac{1}{2}$
$\therefore y=\frac{1}{2}(x+2)^2-3$
$=\frac{1}{2}x^2+2x-1$

(2) 꼭짓점의 좌표가 $(2,\ 0)$이므로
$y=a(x-2)^2$
이 그래프가 점 $(4,\ -3)$을 지나므로
$-3=4a \quad \therefore a=-\frac{3}{4}$
$\therefore y=-\frac{3}{4}(x-2)^2$
$=-\frac{3}{4}x^2+3x-3$

(3) 꼭짓점의 좌표가 $(-2,\ 9)$이므로
$y=a(x+2)^2+9$
이 그래프가 점 $(0,\ 5)$를 지나므로
$5=4a+9$
$4a=-4 \quad \therefore a=-1$
$\therefore y=-(x+2)^2+9$
$=-x^2-4x+5$

(4) 꼭짓점의 좌표가 $(1,\ -6)$이므로
$y=a(x-1)^2-6$
이 그래프가 점 $(-1,\ -14)$를 지나므로 $-14=4a-6$
$4a=-8 \quad \therefore a=-2$
$\therefore y=-2(x-1)^2-6$
$=-2x^2+4x-8$

(5) 꼭짓점의 좌표가 $(3,\ 4)$이므로
$y=a(x-3)^2+4$
이 그래프가 점 $(1,\ 8)$을 지나므로
$8=4a+4$
$4a=4 \quad \therefore a=1$
$\therefore y=(x-3)^2+4$
$=x^2-6x+13$

**6** (1) 축의 방정식이 $x=-1$이므로
$y=a(x+1)^2+q$
이 그래프가 두 점 $(0,\ 3)$, $(-3,\ -3)$을 지나므로
$3=a+q$, $-3=4a+q$
$\therefore a=-2,\ q=5$
$\therefore y=-2(x+1)^2+5$
$=-2x^2-4x+3$

(2) 축의 방정식이 $x=-2$이므로
$y=a(x+2)^2+q$
이 그래프가 두 점 $(-1,\ -1)$, $(-4,\ 5)$를 지나므로
$-1=a+q$, $5=4a+q$
$\therefore a=2,\ q=-3$
$\therefore y=2(x+2)^2-3$
$=2x^2+8x+5$

(3) 축의 방정식이 $x=1$이므로
$y=a(x-1)^2+q$
이 그래프가 두 점 $(0,\ 3)$, $(3,\ 0)$을 지나므로
$3=a+q$, $0=4a+q$
$\therefore a=-1,\ q=4$
$\therefore y=-(x-1)^2+4$
$=-x^2+2x+3$

(4) 축의 방정식이 $x=2$이므로
$y=a(x-2)^2+q$
이 그래프가 두 점 $(1,\ 6)$, $(-2,\ 3)$을 지나므로
$6=a+q$, $3=16a+q$

$\therefore a=-\frac{1}{5},\ q=\frac{31}{5}$

$\therefore y=-\frac{1}{5}(x-2)^2+\frac{31}{5}$

$=-\frac{1}{5}x^2+\frac{4}{5}x+\frac{27}{5}$

(5) 축의 방정식이 $x=3$이므로

$y=a(x-3)^2+q$

이 그래프가 두 점 $(1, 2)$, $(0, -1)$을 지나므로

$2=4a+q$, $-1=9a+q$

$\therefore a=-\frac{3}{5},\ q=\frac{22}{5}$

$\therefore y=-\frac{3}{5}(x-3)^2+\frac{22}{5}$

$=-\frac{3}{5}x^2+\frac{18}{5}x-1$

**7** (1) $y=ax^2+bx+c$의 그래프가 점 $(0, 5)$를 지나므로 $5=c$

즉, $y=ax^2+bx+5$의 그래프가 두 점 $(-1, 15)$, $(1, -1)$을 지나므로

$15=a-b+5$ … ㉠

$-1=a+b+5$ … ㉡

㉠, ㉡을 연립하여 풀면

$a=2$, $b=-8$

$\therefore y=2x^2-8x+5$

(2) $y=ax^2+bx+c$의 그래프가 점 $(0, 1)$을 지나므로 $1=c$

즉, $y=ax^2+bx+1$의 그래프가 두 점 $(-1, -6)$, $(2, 9)$를 지나므로

$-6=a-b+1$ … ㉠

$9=4a+2b+1$ … ㉡

㉠, ㉡을 연립하여 풀면

$a=-1$, $b=6$

$\therefore y=-x^2+6x+1$

(3) $y=ax^2+bx+c$의 그래프가 점 $(0, 4)$를 지나므로 $4=c$

즉, $y=ax^2+bx+4$의 그래프가 두 점 $(2, 0)$, $(-2, -8)$을 지나므로

$0=4a+2b+4$ … ㉠

$-8=4a-2b+4$ … ㉡

㉠, ㉡을 연립하여 풀면

$a=-2$, $b=2$

$\therefore y=-2x^2+2x+4$

(4) $y=ax^2+bx+c$의 그래프가 점 $(0, -2)$를 지나므로 $-2=c$

즉, $y=ax^2+bx-2$의 그래프가 두 점 $(-1, 7)$, $(1, -5)$를 지나므로

$7=a-b-2$ … ㉠

$-5=a+b-2$ … ㉡

㉠, ㉡을 연립하여 풀면

$a=3$, $b=-6$

$\therefore y=3x^2-6x-2$

(5) $y=ax^2+bx+c$의 그래프가 점 $(0, -5)$를 지나므로 $-5=c$

즉, $y=ax^2+bx-5$의 그래프가 두 점 $(3, 2)$, $(6, 1)$을 지나므로

$2=9a+3b-5$ … ㉠

$1=36a+6b-5$ … ㉡

㉠, ㉡을 연립하여 풀면

$a=-\frac{4}{9}$, $b=\frac{11}{3}$

$\therefore y=-\frac{4}{9}x^2+\frac{11}{3}x-5$

**8** (1) $x$축과 두 점 $(-1, 0)$, $(5, 0)$에서 만나므로 $y=a(x+1)(x-5)$로 놓자.

이 그래프가 점 $(0, 5)$를 지나므로

$5=a\times1\times(-5)$

$-5a=5 \quad \therefore a=-1$

$\therefore y=-(x+1)(x-5)$

$=-(x^2-4x-5)$

$=-x^2+4x+5$

(2) $x$축과 두 점 $(-3, 0)$, $(1, 0)$에서 만나므로 $y=a(x+3)(x-1)$로 놓자.

이 그래프가 점 $(0, -6)$을 지나므로

$-6=a\times3\times(-1)$

$-3a=-6 \quad \therefore a=2$

$\therefore y=2(x+3)(x-1)$

$=2(x^2+2x-3)$

$=2x^2+4x-6$

(3) $x$축과 두 점 $(-4, 0)$, $(-2, 0)$에서 만나므로 $y=a(x+4)(x+2)$로 놓자.

이 그래프가 점 $(-1, 3)$을 지나므로

$3=a\times3\times1$

$3a=3 \quad \therefore a=1$

$\therefore y=(x+4)(x+2)$

$=x^2+6x+8$

(4) $x$축과 두 점 $(1, 0)$, $(5, 0)$에서 만나므로 $y=a(x-1)(x-5)$로 놓자.

이 그래프가 점 $(3, 4)$를 지나므로

$4=a\times2\times(-2)$

$-4a=4 \quad \therefore a=-1$

$\therefore y=-(x-1)(x-5)$

$=-(x^2-6x+5)$

$=-x^2+6x-5$

(5) $x$축과 두 점 $(-1, 0)$, $(3, 0)$에서 만나므로 $y=a(x+1)(x-3)$으로 놓자.

이 그래프가 점 $(0, 8)$을 지나므로

$8=a\times1\times(-3)$

$-3a=8 \quad \therefore a=-\frac{8}{3}$

$\therefore y=-\frac{8}{3}(x+1)(x-3)$

$=-\frac{8}{3}(x^2-2x-3)$

$=-\frac{8}{3}x^2+\frac{16}{3}x+8$

## 내공 쌓는 족집게 문제 p. 112~115

| | | | |
|---|---|---|---|
| 1 ③ | 2 ⑤ | 3 ⑤ | 4 ⑤ |
| 5 ① | 6 ⑤ | 7 ④ | 8 ⑤ |
| 9 ① | 10 ⑤ | 11 16 | 12 ① |
| 13 ③ | 14 ② | 15 $y=x^2-6x$ | |
| 16 $a=3$, $(3, 21)$ | 17 ⑤ | 18 ③ | |
| 19 ③ | 20 ② | 21 $(-2, 1)$ | |
| 22 ② | 23 ② | 24 30 | |

25 (1) $y-\frac{1}{200}x^2$ (2) 78 m

26 $-3$, 과정은 풀이 참조

27 $-1$, 과정은 풀이 참조

**1** $y=7x^2-14x-4$

$=7(x^2-2x+1-1)-4$

$=7(x-1)^2-11$

이므로 $a=7$, $p=1$, $q=-11$

$\therefore a+p+q=7+1+(-11)$

$=-3$

**2** $y=-2x^2+16x-4$

$=-2(x^2-8x+16-16)-4$

$=-2(x-4)^2+28$

따라서 꼭짓점의 좌표는 $(4, 28)$이다.

**3** 이차함수의 그래프의 꼭짓점이 $x$축 위에 있으려면 이차함수의 식이 $y=a(x-p)^2$ 꼴이어야 한다.

$y=x^2-6x+k$

$=(x^2-6x+9-9)+k$

$=(x-3)^2-9+k$

에서 $-9+k=0 \quad \therefore k=9$

**4** $y=x^2-4x+3$에서 $x^2$의 계수가 $1>0$이므로 아래로 볼록하고, $x=0$을 대입하면 $y=3$이므로 $y$축과 만나는 점의 $y$좌표가 3이다.
$y=x^2-4x+3$
$=(x^2-4x+4-4)+3$
$=(x-2)^2-1$
이므로 꼭짓점의 좌표는 $(2,\ -1)$이다.
따라서 구하는 그래프는 ⑤이다.

**5** $y=-2x^2-4x-1$에서 $x^2$의 계수가 $-2<0$이므로 위로 볼록하고 $y$축과 만나는 점의 $y$좌표가 $-1$이다.
$y=-2x^2-4x-1$
$=-2(x^2+2x+1-1)-1$
$=-2(x+1)^2+1$
이므로 꼭짓점의 좌표는 $(-1,\ 1)$이다.
따라서 그래프는 오른쪽 그림과 같으므로 제1사분면을 지나지 않는다.

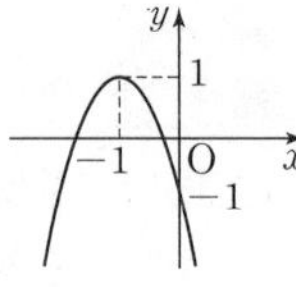


**6** $y=-x^2+4x+5$
$=-(x^2-4x+4-4)+5$
$=-(x-2)^2+9$
따라서 $y=-x^2+4x+5$의 그래프는 $y=-x^2$의 그래프를 $x$축의 방향으로 2만큼, $y$축의 방향으로 9만큼 평행이동한 것이다.
$\therefore p=2,\ q=9$

**7** $y=3x^2-12x+7$
$=3(x^2-4x+4-4)+7$
$=3(x-2)^2-5$
의 그래프는 오른쪽 그림과 같으므로 $x$의 값이 증가할 때, $y$의 값도 증가하는 $x$의 값의 범위는 $x>2$이다.

**8** 그래프가 위로 볼록하므로 $a<0$
축이 $y$축의 왼쪽에 있으므로 $ab>0$이고, $a<0$이므로 $b<0$
$y$축과 만나는 점이 $x$축보다 아래쪽에 있으므로 $c<0$

**9** 꼭짓점의 좌표가 $(-1,\ 2)$이므로
$y=a(x+1)^2+2$
이 그래프가 점 $(-2,\ 0)$을 지나므로
$0=a+2$ $\quad\therefore a=-2$
$\therefore y=-2(x+1)^2+2=-2x^2-4x$
따라서 $a=-2,\ b=-4,\ c=0$이므로
$a+b+c=-2+(-4)+0=-6$

**10** 축의 방정식이 $x=4$이므로
$y=a(x-4)^2+q$
이 그래프가 두 점 $(0,\ -3)$, $(6,\ 3)$을 지나므로
$-3=16a+q$, $3=4a+q$
$\therefore a=-\frac{1}{2},\ q=5$
$y=-\frac{1}{2}(x-4)^2+5$의 그래프가 점 $(2,\ k)$를 지나므로
$k=-\frac{1}{2}\times(2-4)^2+5$
$=-2+5=3$

**11** $x$축과 만나는 점의 좌표가 $(-2,\ 0)$, $(6,\ 0)$이므로
$y=-(x+2)(x-6)$
$=-(x^2-4x-12)$
$=-x^2+4x+12$
따라서 $a=4,\ b=12$이므로
$a+b=4+12=16$
| 다른 풀이 |
$y=-x^2+ax+b$가 두 점 $(-2,\ 0)$, $(6,\ 0)$을 지나므로
$0=-4-2a+b$
$0=-36+6a+b$
따라서 $a=4,\ b=12$이므로
$a+b=4+12=16$

**12** $y=2x^2-8x+11$
$=2(x^2-4x+4-4)+11$
$=2(x-2)^2+3$
에서 꼭짓점의 좌표는 $(2,\ 3)$이고, $y=-3x^2+ax+b$의 그래프와 꼭짓점이 일치하므로
$y=-3x^2+ax+b$
$=-3(x-2)^2+3$
$=-3x^2+12x-9$
따라서 $a=12,\ b=-9$이므로
$a+b=12+(-9)=3$

**13** $y=-\frac{1}{2}x^2+x+a-1$
$=-\frac{1}{2}(x^2-2x+1-1)+a-1$
$=-\frac{1}{2}(x-1)^2+a-\frac{1}{2}$
이 그래프는 위로 볼록하고 꼭짓점의 좌표가 $\left(1,\ a-\frac{1}{2}\right)$이므로 이 그래프가 $x$축과 만나지 않으려면
$a-\frac{1}{2}<0$ $\quad\therefore a<\frac{1}{2}$

**14** $y=-x^2+6x-5$
$=-(x^2-6x+9-9)-5$
$=-(x-3)^2+4$
이므로 $\mathrm{C}(3,\ 4)$
$x$축과 만나는 두 점 A, B의 $x$좌표를 구하면
$0=-x^2+6x-5$
$x^2-6x+5=0$
$(x-1)(x-5)=0$
$\therefore x=1$ 또는 $x=5$
$\therefore \mathrm{A}(1,\ 0),\ \mathrm{B}(5,\ 0)$
$\therefore \triangle\mathrm{ABC}=\frac{1}{2}\times4\times4$
$=8$

**돌다리 두드리기** | $\triangle\mathrm{ABC}$의 넓이 구하기
이차함수 $y=ax^2+bx+c$에서
❶ 꼭짓점의 좌표를 구한다.
⇨ $y=a(x-p)^2+q$ 꼴로 변형
❷ $x$축과 만나는 점을 구한다.
⇨ 이차방정식 $ax^2+bx+c=0$의 해를 구한다.
❸ $\triangle\mathrm{ABC}$의 넓이를 구한다.

**15** $y=x^2+4x-3$
$=(x^2+4x+4-4)-3$
$=(x+2)^2-7$
의 그래프를 $x$축의 방향으로 5만큼, $y$축의 방향으로 $-2$만큼 평행이동한 그래프의 식은
$y=(x-5+2)^2-7-2$
$=(x-3)^2-9$
$=x^2-6x$

**16** $y=-x^2+2ax+4a$
$=-(x^2-2ax+a^2-a^2)+4a$
$=-(x-a)^2+a^2+4a$
이 이차함수의 축의 방정식이 $x=3$이므로
$a=3$
이때 $a^2+4a=3^2+4\times3=21$이므로 꼭짓점의 좌표는 $(3,\ 21)$이다.

**17** $y=-x^2+2x+2$
$=-(x^2-2x+1-1)+2$
$=-(x-1)^2+3$
⑤ $y=-x^2$의 그래프를 $x$축의 방향으로 1만큼, $y$축의 방향으로 3만큼 평행이동한 그래프이다.

**18** $y=ax+b$의 그래프에서 $a<0$, $b>0$
$y=-x^2+ax+b$의 그래프는 $x^2$의 계수가 $-1<0$이므로 위로 볼록하고, $(-1)\times a=-a>0$이므로 축은 $y$축의 왼쪽에 있다.
또 $b>0$이므로 $y$축과 만나는 점이 $x$축보다 위쪽에 있다.
따라서 그래프로 알맞은 것은 ③이다.

**19** 꼭짓점의 좌표가 $(2, 3)$이므로
$y=a(x-2)^2+3$
이 그래프가 점 $(0, -5)$를 지나므로
$-5=4a+3$
$4a=-8 \qquad \therefore a=-2$
$\therefore y=-2(x-2)^2+3$
$=-2x^2+8x-5$

**20** 축의 방정식이 $x=-2$이므로
$y=\frac{1}{3}(x+2)^2+q$
이 그래프가 점 $(1, 0)$을 지나므로
$0=\frac{1}{3}\times(1+2)^2+q \qquad \therefore q=-3$
$\therefore y=\frac{1}{3}(x+2)^2-3$
$=\frac{1}{3}x^2+\frac{4}{3}x-\frac{5}{3}$
따라서 $a=\frac{4}{3}$, $b=-\frac{5}{3}$이므로
$a+b=\frac{4}{3}+\left(-\frac{5}{3}\right)=-\frac{1}{3}$

**21** $y=ax^2+bx+c$의 그래프가
점 $(0, -3)$을 지나므로 $-3=c$
즉, $y=ax^2+bx-3$의 그래프가 두 점 $(-2, 1)$, $(1, -8)$을 지나므로
$1=4a-2b-3 \quad \cdots$ ㉠
$-8=a+b-3 \quad \cdots$ ㉡
㉠, ㉡을 연립하여 풀면
$a=-1$, $b=-4$
$\therefore y=-x^2-4x-3$
$=-(x^2+4x+4-4)-3$
$=-(x+2)^2+1$
따라서 이 이차함수의 그래프의 꼭짓점의 좌표는 $(-2, 1)$이다.

**22** $y=3(x+2)(x-3)$
$=3(x^2-x-6)$
$=3x^2-3x-18$
이므로 $a=3$, $b=-3$, $c=-18$
$\therefore 3a-b+c$
$=3\times3-(-3)+(-18)$
$=-6$

**23** $y=x^2-2ax+15$
$=(x^2-2ax+a^2-a^2)+15$
$=(x-a)^2-a^2+15$
따라서 꼭짓점의 좌표는 $(a, 15-a^2)$이고, 이 점은 직선 $y=2x$ 위에 있으므로
$15-a^2=2a$, $a^2+2a-15=0$
$(a+5)(a-3)=0$
$\therefore a=-5$ 또는 $a=3$
이때 $a<0$이므로 $a=-5$

**24** $y=-x^2-2x+8$
$=-(x^2+2x+1-1)+8$
$=-(x+1)^2+9$
이므로 $\mathrm{A}(-1, 9)$
$y=0$을 대입하면
$0=-x^2-2x+8$
$x^2+2x-8=0$, $(x+4)(x-2)=0$
$\therefore x=-4$ 또는 $x=2$
$\therefore \mathrm{B}(-4, 0)$, $\mathrm{C}(2, 0)$
$x=0$을 대입하면 $y=8$이므로
$\mathrm{D}(0, 8)$
$\therefore \square\mathrm{ABCD}$
$=\triangle\mathrm{ABO}+\triangle\mathrm{AOD}+\triangle\mathrm{DOC}$
$=\frac{1}{2}\times4\times9+\frac{1}{2}\times8\times1$
$+\frac{1}{2}\times2\times8$
$=18+4+8=30$

**25** (1) $y$는 $x$의 제곱에 정비례하므로
$y=ax^2$으로 놓고
$x=80$, $y=32$를 대입하면
$32=a\times80^2$, $a=\frac{1}{200}$
$\therefore y=\frac{1}{200}x^2$
(2) 운전자가 시속 100 km로 운전하다가 위험을 감지하고 브레이크를 밟을 때까지 1초 동안 자동차가 움직인 거리는
$0.28\times100\times1=28(\mathrm{m})$
또 (1)에서 $y=\frac{1}{200}x^2$에 $x=100$을 대입하면
$y=\frac{1}{200}\times100^2=50$이므로 제동거리는 50 m이다.
따라서 운전자가 위험을 감지한 후부터 자동차가 완전히 멈출 때까지 자동차가 움직인 거리는
$28+50=78(\mathrm{m})$

**26** $y=3x^2+12x+8$
$=3(x^2+4x+4-4)+8$
$=3(x+2)^2-4$
의 그래프를 $x$축의 방향으로 $p$만큼, $y$축의 방향으로 $q$만큼 평행이동한 그래프의 식은
$y=3(x-p+2)^2-4+q \quad \cdots$ (i)
이때
$y=3x^2-18x+15$
$=3(x^2-6x+9-9)+15$
$=3(x-3)^2-12$
이고 두 그래프가 일치하므로
$-p+2=-3$에서 $p=5$
$-4+q=-12$에서 $q=-8 \quad \cdots$ (ii)
$\therefore p+q=5+(-8)=-3 \quad \cdots$ (iii)

| 채점 기준 | 비율 |
|---|---|
| (i) 평행이동한 그래프의 식 구하기 | 40 % |
| (ii) $p$, $q$의 값 각각 구하기 | 40 % |
| (iii) $p+q$의 값 구하기 | 20 % |

**27** $y=ax^2+bx+c$의 그래프가
점 $(0, 4)$를 지나므로 $4=c \quad \cdots$ (i)
즉, $y=ax^2+bx+4$의 그래프가 두 점 $(-1, 0)$, $(4, 0)$을 지나므로
$0=a-b+4 \quad \cdots$ ㉠
$0=16a+4b+4 \quad \cdots$ ㉡
㉠, ㉡을 연립하여 풀면
$a=-1$, $b=3 \quad \cdots$ (ii)
$\therefore 2a-b+c=2\times(-1)-3+4$
$=-1 \quad \cdots$ (iii)

| 채점 기준 | 비율 |
|---|---|
| (i) $c$의 값 구하기 | 40 % |
| (ii) $a$, $b$의 값 각각 구하기 | 40 % |
| (iii) $2a-b+c$의 값 구하기 | 20 % |

| 다른 풀이 |
주어진 그래프가 $x$축과 두 점 $(-1, 0)$, $(4, 0)$에서 만나므로 이차함수의 식을 $y=a(x+1)(x-4)$라 하고 $x=0$, $y=4$를 대입하면
$4=-4a \qquad \therefore a=-1 \quad \cdots$ (i)
$\therefore y=-(x+1)(x-4)$
$=-x^2+3x+4$
따라서 $b=3$, $c=4$이므로 $\cdots$ (ii)
$2a-b+c=2\times(-1)-3+4$
$=-1 \quad \cdots$ (iii)

| 채점 기준 | 비율 |
|---|---|
| (i) $a$의 값 구하기 | 40 % |
| (ii) $b$, $c$의 값 각각 구하기 | 40 % |
| (iii) $2a-b+c$의 값 구하기 | 20 % |

## 다시 보는 핵심 문제

**1~2강** p. 118~120

1 ⑤　2 ⑤　3 ③　4 ②
5 ④　6 ②　7 ②　8 ②
9 ②　10 $5a+2b$　11 1
12 ③　13 15, 60, 135, 540
14 ②　15 ⑤　16 ①
17 1, 과정은 풀이 참조
18 (1) 없다.　(2) $-1$　(3) 없다.
과정은 풀이 참조
19 60, 과정은 풀이 참조
20 8, 과정은 풀이 참조

**1** ④ $0.\dot{1}=\frac{1}{9}$의 제곱근은 $\pm\frac{1}{3}=\pm0.\dot{3}$
이다.
⑤ $\sqrt{36}=6$의 제곱근은 $\pm\sqrt{6}$이다.

**2** ①, ②, ③, ④ $\sqrt{10}$　⑤ $\pm\sqrt{10}$
따라서 나머지 넷과 다른 하나는 ⑤이다.

**3** $(-3)^2=9$의 음의 제곱근은 $-3$이므로
$A=-3$
$\sqrt{49}=7$의 양의 제곱근은 $\sqrt{7}$이므로
$B=\sqrt{7}$
$\therefore A+B^2=-3+(\sqrt{7})^2$
$=-3+7=4$

**4** 한 변의 길이가 각각 2 m, 5 m인 정사각형 모양의 화단의 넓이는 각각 $4\,\text{m}^2$, $25\,\text{m}^2$이다. 새로 만든 정사각형 모양의 화단의 넓이는 $4+25=29(\text{m}^2)$
새로 만든 화단의 한 변의 길이를 $x$ m라 하면 $x^2=29$
이때 $x>0$이므로 $x=29$
따라서 새로 만든 화단의 한 변의 길이는 $\sqrt{29}$ m이다.

**5** ① $\sqrt{4}=\sqrt{2^2}=2$
② $\sqrt{25}=\sqrt{5^2}=5$
③ $\sqrt{0.04}=\sqrt{0.2^2}=0.2$
④ $0.9=\frac{9}{10}$는 유리수의 제곱이 아니므로 $\sqrt{0.9}$는 근호를 사용하지 않고 나타낼 수 없다.
⑤ $\sqrt{\frac{36}{121}}=\sqrt{\left(\frac{6}{11}\right)^2}=\frac{6}{11}$
따라서 근호를 사용하지 않고 나타낼 수 없는 것은 ④이다.

**6** ①, ③, ④, ⑤ $-7$　② 7
따라서 나머지 넷과 다른 하나는 ②이다.

**7** ① $\sqrt{9}+\sqrt{16}=3+4=7$
② $\sqrt{12^2}-\sqrt{(-11)^2}=12-11=1$
③ $(\sqrt{2})^2\times(-\sqrt{7})^2=2\times7=14$
④ $\sqrt{169}\div13=13\div13=1$
⑤ $\sqrt{8^2}\div(\sqrt{2})^2=8\div2=4$
따라서 옳은 것은 ②이다.

**8** $\sqrt{225}-2\sqrt{(-6)^2}-\sqrt{(-3)^4}$
$=\sqrt{15^2}-2\times6-\sqrt{9^2}$
$=15-12-9=-6$

**9** ㄱ. $a<0$이므로
$-\sqrt{a^2}=-(-a)=a$
ㄴ. $5a<0$이므로
$\sqrt{25a^2}=\sqrt{(5a)^2}=-5a$
ㄷ. $3a<0$이므로
$\sqrt{9a^2}=\sqrt{(3a)^2}=-3a$
ㄹ. $-2a>0$이므로
$-\sqrt{(-2a)^2}=-(-2a)=2a$
따라서 옳은 것은 ㄱ, ㄹ이다.

**10** $a>0$, $ab<0$이므로 $b<0$
$\sqrt{(-a)^2}-\sqrt{(3b)^2}+\sqrt{(b-4a)^2}$
$=-(-a)-(-3b)-(b-4a)$
$=a+3b-b+4a$
$=5a+2b$

**11** $2<x<3$이므로 $x-3<0$, $x-2>0$
$\therefore \sqrt{(x-3)^2}+\sqrt{(x-2)^2}$
$=-(x-3)+(x-2)$
$=-x+3+x-2=1$

**12** $100-4n$은 $0<100-4n<100$인 (자연수)$^2$ 꼴이 되어야 하므로
$100-4n=1, 4, 9, 16, 25, 36, 49, 64, 81$
이때 $n$은 자연수이므로
$n=9, 16, 21, 24$
따라서 자연수 $n$의 개수는 4개이다.

**13** $\sqrt{\frac{540}{n}}=\sqrt{\frac{2^2\times3^3\times5}{n}}$가 자연수가 되려면 소인수의 지수가 모두 짝수이어야 하므로 구하는 자연수 $n$의 값은
$3\times5=15$, $2^2\times3\times5=60$,
$3^3\times5=135$, $2^2\times3^3\times5=540$이다.

**14** ② $\frac{2}{3}$와 $\frac{3}{4}$의 분모를 통분하여 대소를 비교하면 $\frac{8}{12}<\frac{9}{12}$이므로
$\sqrt{\frac{8}{12}}<\sqrt{\frac{9}{12}}$　$\therefore \sqrt{\frac{2}{3}}<\sqrt{\frac{3}{4}}$

**15** $\sqrt{5}>2$이므로 $\sqrt{5}-2>0$
$\sqrt{5}>3$이므로 $\sqrt{5}-3<0$
$\therefore \sqrt{(\sqrt{5}-2)^2}+\sqrt{(\sqrt{5}-3)^2}$
$=\sqrt{5}-2-(\sqrt{5}-3)$
$=\sqrt{5}-2-\sqrt{5}+3$
$=1$

**16** $5<\sqrt{30}<6$이므로 $f(30)=5$
$4<\sqrt{17}<5$이므로 $f(17)=4$
$\therefore f(30)-f(17)=5-4=1$

**17** $A=\sqrt{6^2}\times(-\sqrt{3})^2\div9$
$=6\times3\div9=2$　…(i)
$B=\left(-\sqrt{\frac{3}{5}}\right)^2\div\sqrt{9}\times\sqrt{(-5)^2}$
$=\frac{3}{5}\div3\times5=1$　…(ii)
$\therefore A-B=2-1=1$　…(iii)

| 채점 기준 | 비율 |
|---|---|
| (i) $A$의 값 구하기 | 40 % |
| (ii) $B$의 값 구하기 | 40 % |
| (iii) $A-B$의 값 구하기 | 20 % |

**18** (1) $x<-3$이므로
$x+3<0$, $x-3<0$
식을 정리하면
$-(x+3)-\{-(x-3)\}=3x+1$
$-6=3x+1$　$\therefore x=-\frac{7}{3}$
이때 $x<-3$이므로 주어진 식을 만족시키는 $x$의 값은 없다.　…(i)
(2) $-3<x<3$이므로
$x+3>0$, $x-3<0$
식을 정리하면
$(x+3)-\{-(x-3)\}=3x+1$
$2x=3x+1$　$\therefore x=-1$ …(ii)
(3) $x>3$이므로 $x+3>0$, $x-3>0$
식을 정리하면
$(x+3)-(x-3)=3x+1$
$6=3x+1$　$\therefore x=\frac{5}{3}$
이때 $x>3$이므로 주어진 식을 만족시키는 $x$의 값은 없다.　…(iii)

| 채점 기준 | 비율 |
|---|---|
| (i) $x<-3$일 때, $x$의 값 구하기 | 35 % |
| (ii) $-3<x<3$일 때, $x$의 값 구하기 | 30 % |
| (iii) $x>3$일 때, $x$의 값 구하기 | 35 % |

**19** $\sqrt{375x}=\sqrt{3\times5^3\times x}$

$=\sqrt{5^2\times3\times5\times x}$ …(i)

따라서 $\sqrt{375x}$가 자연수가 되려면 소인수의 지수가 모두 짝수이어야 하므로 $x$의 값 중에서 가장 작은 짝수는

$x=3\times5\times2^2=60$ …(ii)

| 채점 기준 | 비율 |
|---|---|
| (i) 근호 안의 수를 소인수분해하기 | 50 % |
| (ii) $\sqrt{375x}$가 자연수가 되도록 하는 가장 작은 짝수 구하기 | 50 % |

**20** $-8<-\sqrt{3x}<-6$에서

$6<\sqrt{3x}<8$

$\sqrt{36}<\sqrt{3x}<\sqrt{64}$에서 $36<3x<64$

$\therefore 12<x<\frac{64}{3}$ …(i)

따라서 가장 큰 정수 $a=21$이고

가장 작은 정수 $b=13$이므로 …(ii)

$a-b=21-13=8$ …(iii)

| 채점 기준 | 비율 |
|---|---|
| (i) $x$의 값의 범위 구하기 | 50 % |
| (ii) $a$, $b$의 값 각각 구하기 | 30 % |
| (iii) $a-b$의 값 구하기 | 20 % |

**3~4강** p. 121~123

1 ④ 2 ①, ⑤ 3 ③ 4 ①

5 ①, ② 6 $P(7-\sqrt{13})$ 7 ②

8 ⑤ 9 ③

10 A: ㄴ, B: ㄹ, C: ㄷ, D: ㄱ

11 ④ 12 ④ 13 ⑤ 14 ④

15 ②

16 P: $-3-\sqrt{10}$, Q: $-3+\sqrt{10}$, 과정은 풀이 참조

17 $1+\pi$, 과정은 풀이 참조

18 30개, 과정은 풀이 참조

19 $3-\sqrt{17}$, 과정은 풀이 참조

**2** ② 순환소수(유리수)

④ $-\sqrt{0.04}=-0.2$(유리수)

따라서 무리수는 ①, ⑤이다.

**3** ① 순환소수는 모두 유리수이다.

② $\frac{a}{b}$($a$, $b$는 정수, $b\neq0$) 꼴로 나타낼 수 있는 수는 유리수이다.

④ 정수가 아닌 유리수는 유리수이다.

⑤ $\sqrt{4}=2$에서 $\sqrt{4}$는 근호가 있지만 무리수가 아니다.

따라서 옳은 것은 ③이다.

**4** 각 정사각형의 한 변의 길이를 구하면

ㄱ. $\sqrt{49}=7$ ㄴ. $\sqrt{16}=4$

ㄷ. $\sqrt{12}$ ㄹ. $\sqrt{7}$

따라서 정사각형의 한 변의 길이가 유리수인 것은 ㄱ, ㄴ이다.

**5** $a=\sqrt{2}$를 각각 대입하면

① $a-\sqrt{2}=\sqrt{2}-\sqrt{2}=0$(유리수)

② $2a^2=2\times(\sqrt{2})^2=4$(유리수)

③ $\sqrt{a^2}=\sqrt{2}$(무리수)

④ $\frac{a}{4}=\frac{\sqrt{2}}{4}$(무리수)

⑤ $-2a=-2\sqrt{2}$(무리수)

따라서 유리수는 ①, ②이다.

**6** $\overline{AC}=\sqrt{\overline{AB}^2+\overline{BC}^2}$

$=\sqrt{3^2+2^2}=\sqrt{13}$

$\overline{PC}=\overline{AC}$이므로 $\overline{PC}=\sqrt{13}$

점 B의 좌표가 5이므로 점 C의 좌표는 7이고, 점 P는 점 C로부터 왼쪽에 위치하므로 $P(7-\sqrt{13})$이다.

**7** 오른쪽 그림과 같은 정사각형 PQRS에서

$\overline{PR}=\sqrt{1^2+1^2}=\sqrt{2}$

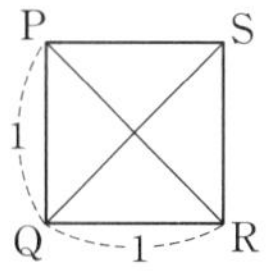

즉, 한 변의 길이가 1인 정사각형의 대각선의 길이는 $\sqrt{2}$이므로

$A(-\sqrt{2})$, $B(-1+\sqrt{2})$, $C(2-\sqrt{2})$, $D(1+\sqrt{2})$, $E(2+\sqrt{2})$

따라서 점의 좌표로 옳은 것은 ②이다.

**8** ⑤ $1=\sqrt{1}<\sqrt{2}<\sqrt{3}<\sqrt{4}=2$이므로 두 무리수 $\sqrt{2}$와 $\sqrt{3}$ 사이에는 정수가 존재하지 않는다.

**9** $1<\sqrt{2}<2$, $4<\sqrt{18}<5$

① $1.1<\sqrt{2}+0.1<2.1$이므로 $\sqrt{2}+0.1$은 $\sqrt{2}$와 $\sqrt{18}$ 사이에 있다.

② $2<7<18$이므로 $\sqrt{2}<\sqrt{7}<\sqrt{18}$

③ $0<\sqrt{18}-4<1$이므로 $\sqrt{18}-4$는 $\sqrt{2}$와 $\sqrt{18}$ 사이에 있지 않다.

④ $\sqrt{2}$와 $\sqrt{18}$의 평균 $\frac{\sqrt{2}+\sqrt{18}}{2}$은 $\sqrt{2}$와 $\sqrt{18}$ 사이에 있다.

⑤ $3<\sqrt{15}<4$이므로

$2.7<\sqrt{15}-0.3<3.7$

즉, $\sqrt{15}-0.3$은 $\sqrt{2}$와 $\sqrt{18}$ 사이에 있다.

따라서 $\sqrt{2}$와 $\sqrt{18}$ 사이에 있는 실수가 아닌 것은 ③이다.

**10** ㄱ. $3<\sqrt{10}<4$이므로 $\sqrt{10}$에 대응하는 점은 점 D이다.

ㄴ. $2<\sqrt{6}<3$에서

$-3<-\sqrt{6}<-2$이므로 $-\sqrt{6}$에 대응하는 점은 점 A이다.

ㄷ. $1<\sqrt{3}<2$에서 $2<\sqrt{3}+1<3$이므로 $\sqrt{3}+1$에 대응하는 점은 점 C이다.

ㄹ. $-3<-\sqrt{6}<-2$에서

$-2<-\sqrt{6}+1<-1$이므로

$-\sqrt{6}+1$에 대응하는 점은 점 B이다.

**11** $2<\sqrt{8}<3$이므로

$-6<\sqrt{8}-8<-5$

$-3<-\sqrt{8}<-2$이므로

$5<8-\sqrt{8}<6$

따라서 $\sqrt{8}-8$과 $8-\sqrt{8}$ 사이에 있는 정수는 $-5$, $-4$, $-3$, $-2$, $-1$, 0, 1, 2, 3, 4, 5의 11개이다.

**12** ① $(\sqrt{7}+\sqrt{3})-(2+\sqrt{3})$

$=\sqrt{7}-2=\sqrt{7}-\sqrt{4}>0$

$\therefore \sqrt{7}+\sqrt{3}>2+\sqrt{3}$

② $(\sqrt{3}-1)-1=\sqrt{3}-2$

$=\sqrt{3}-\sqrt{4}<0$

$\therefore \sqrt{3}-1<1$

③ $(\sqrt{2}-1)-(5+\sqrt{2})=-6<0$

$\therefore \sqrt{2}-1<5+\sqrt{2}$

④ $(3+\sqrt{2})-(\sqrt{2}+\sqrt{8})$

$=3-\sqrt{8}=\sqrt{9}-\sqrt{8}>0$

$\therefore 3+\sqrt{2}>\sqrt{2}+\sqrt{8}$

⑤ $(-\sqrt{2}+1)-(3-\sqrt{2})=-2<0$

$\therefore -\sqrt{2}+1<3-\sqrt{2}$

따라서 옳지 않은 것은 ④이다.

**13** ① $1<\sqrt{3}<2$이므로 $0<\sqrt{3}-1<1$

② $1<\sqrt{2}<2$이므로 $-2<-\sqrt{2}<-1$

⑤ $1<\sqrt{2}<2$이므로 $2<1+\sqrt{2}<3$

따라서 가장 큰 수는 ⑤ $1+\sqrt{2}$이다.

**14** $a-b=(\sqrt{5}+\sqrt{3})-(\sqrt{5}+1)$
$=\sqrt{3}-1>0$
$\therefore a>b$ $\cdots$ ㉠
$c-a=(3+\sqrt{3})-(\sqrt{5}+\sqrt{3})$
$=3-\sqrt{5}=\sqrt{9}-\sqrt{5}>0$
$\therefore c>a$ $\cdots$ ㉡
따라서 ㉠, ㉡에 의해 $c>a>b$

**15** 주어진 제곱근표에서 5.7의 가로줄과 6의 세로줄이 만나는 수는 2.400이므로 $a=2.400$
2.474는 6.1의 가로줄과 2의 세로줄이 만나는 수이므로 $b=6.12$
$\therefore a+b=2.400+6.12=8.52$

**16** $\overline{AC}=\sqrt{\overline{AB}^2+\overline{BC}^2}$
$=\sqrt{3^2+1^2}=\sqrt{10}$
$\overline{CA}=\overline{CP}$이므로 $\overline{CP}=\sqrt{10}$ $\cdots$ (i)
점 P는 점 C로부터 왼쪽에 위치하므로 점 P에 대응하는 수는 $-3-\sqrt{10}$이다. $\cdots$ (ii)
$\overline{CE}=\sqrt{\overline{CD}^2+\overline{DE}^2}$
$=\sqrt{3^2+1^2}=\sqrt{10}$
$\overline{CE}=\overline{CQ}$이므로 $\overline{CQ}=\sqrt{10}$ $\cdots$ (iii)
점 Q는 점 C로부터 오른쪽에 위치하므로 점 Q에 대응하는 수는 $-3+\sqrt{10}$이다. $\cdots$ (iv)

| 채점 기준 | 비율 |
|---|---|
| (i) $\overline{CP}$의 길이 구하기 | 30 % |
| (ii) 점 P에 대응하는 수 구하기 | 20 % |
| (iii) $\overline{CQ}$의 길이 구하기 | 30 % |
| (iv) 점 Q에 대응하는 수 구하기 | 20 % |

**17** 주어진 원을 수직선 위에서 시계 방향으로 반 바퀴 굴렸을 때, 굴러간 길이는 원주의 $\frac{1}{2}$과 같다. $\cdots$ (i)
즉, $\frac{1}{2}\times 2\pi\times 1=\pi$ $\cdots$ (ii)
따라서 점 A가 수직선과 만나는 점에 대응하는 수는 $1+\pi$이다. $\cdots$ (iii)

| 채점 기준 | 비율 |
|---|---|
| (i) 굴러간 길이가 원주의 $\frac{1}{2}$과 같음을 알기 | 30 % |
| (ii) 굴러간 길이 구하기 | 40 % |
| (iii) 점에 대응하는 수 구하기 | 30 % |

**18** ㈎, ㈐에서 $4<\sqrt{x}<7$이므로
$16<x<49$인 자연수는 17, 18, 19, $\cdots$, 48의 32개이다. $\cdots$ (i)
㈏에서 $\sqrt{x}$는 무리수이므로 $x$는 (자연수)$^2$ 꼴이 아니어야 한다.
$16<x<49$를 만족시키는 (자연수)$^2$ 꼴은 25, 36의 2개이므로 $\cdots$ (ii)
구하는 $x$의 개수는
$32-2=30$(개) $\cdots$ (iii)

| 채점 기준 | 비율 |
|---|---|
| (i) ㈎, ㈐를 만족시키는 $x$의 개수 구하기 | 40 % |
| (ii) ㈏의 조건 이해하기 | 40 % |
| (iii) $x$의 개수 구하기 | 20 % |

**19** 수직선 위에 나타낼 때, 가장 왼쪽에 위치하는 점에 대응하는 수가 가장 작은 수이다.
$1<\sqrt{2}<2$이므로 $0<-1+\sqrt{2}<1$
$-2<-\sqrt{2}<-1$이므로
$-1<1-\sqrt{2}<0$
$4<\sqrt{17}<5$에서 $-5<-\sqrt{17}<-4$
이므로 $-2<3-\sqrt{17}<-1$
$1<\sqrt{3}<2$이므로
$2<1+\sqrt{3}<3$ $\cdots$ (i)
주어진 수를 작은 수부터 차례로 나열하면
$3-\sqrt{17}$, $1-\sqrt{2}$, 0, $-1+\sqrt{2}$, $1+\sqrt{3}$ $\cdots$ (ii)
따라서 가장 왼쪽에 위치하는 수는
$3-\sqrt{17}$이다. $\cdots$ (iii)

| 채점 기준 | 비율 |
|---|---|
| (i) 각 수가 속하는 범위 알기 | 50 % |
| (ii) 주어진 수의 대소 관계 알기 | 30 % |
| (iii) 가장 왼쪽에 위치하는 수 구하기 | 20 % |

**5~7강** p. 124~126

| | | | |
|---|---|---|---|
| 1 ③ | 2 ② | 3 ⑤ | 4 1 |
| 5 ③ | 6 ④ | 7 ③ | 8 ⑤ |
| 9 ② | 10 ② | 11 ① | 12 ③ |
| 13 ④ | 14 ⑤ | 15 ③ | 16 ④ |

17 (1) 24.12 (2) 0.7629, 과정은 풀이 참조
18 $26-26\sqrt{3}$, 과정은 풀이 참조
19 $2+5\sqrt{7}$, 과정은 풀이 참조
20 $2\sqrt{5}$, 과정은 풀이 참조

**1** ① $-\sqrt{5}\times\sqrt{20}=-\sqrt{5}\times 2\sqrt{5}=-10$
② $\sqrt{30}\div\sqrt{3}=\sqrt{\frac{30}{3}}=\sqrt{10}$
③ $\sqrt{\frac{7}{3}}\times\sqrt{\frac{6}{7}}=\sqrt{\frac{7}{3}\times\frac{6}{7}}=\sqrt{2}$
④ $\sqrt{\frac{1}{5}}\div\sqrt{\frac{3}{2}}=\frac{1}{\sqrt{5}}\div\frac{\sqrt{3}}{\sqrt{2}}$
$=\frac{1}{\sqrt{5}}\times\frac{\sqrt{2}}{\sqrt{3}}=\sqrt{\frac{2}{15}}$
⑤ $2\sqrt{18}\div(-3\sqrt{6})\times\sqrt{48}$
$=6\sqrt{2}\times\left(-\frac{1}{3\sqrt{6}}\right)\times 4\sqrt{3}=-8$
따라서 옳지 않은 것은 ③이다.

**2** $\sqrt{2}\times\sqrt{3}\times\sqrt{a}\times\sqrt{18}\times\sqrt{3a}=54$에서
$\sqrt{2}\times\sqrt{3}\times\sqrt{a}\times 3\sqrt{2}\times\sqrt{3}\times\sqrt{a}=54$
$18a=54$ $\quad\therefore a=3$

**3** $\sqrt{8}\times\sqrt{45}=2\sqrt{2}\times 3\sqrt{5}=6\sqrt{10}$
$\therefore a=6$
$7\sqrt{6}\div\sqrt{2}=7\sqrt{6}\times\frac{1}{\sqrt{2}}=7\sqrt{3}$
$\therefore b=3$
$\therefore ab=6\times 3=18$

**4** $\sqrt{150}=\sqrt{5^2\times 6}=5\sqrt{6}$
$\therefore a=5$
$\sqrt{0.24}=\sqrt{\frac{24}{100}}=\frac{2\sqrt{6}}{10}=\frac{\sqrt{6}}{5}$
$\therefore b=\frac{1}{5}$
$\therefore ab=5\times\frac{1}{5}=1$

**5** $\sqrt{45}=\sqrt{3^2\times 5}=(\sqrt{3})^2\times\sqrt{5}=a^2b$

**6** $a\sqrt{\frac{4b}{a}}+b\sqrt{\frac{4a}{b}}$
$=\sqrt{a^2\times\frac{4b}{a}}+\sqrt{b^2\times\frac{4a}{b}}$
$=\sqrt{4ab}+\sqrt{4ab}$
$=2\sqrt{ab}+2\sqrt{ab}$
$=4\sqrt{ab}$
$=4\times 5=20$

**7** $\sqrt{280}=\sqrt{2.8\times 100}$
$=10\sqrt{2.8}$
$=10\times 1.673$
$=16.73$

**8** ⑤ $\frac{4}{\sqrt{20}}=\frac{4}{2\sqrt{5}}=\frac{2}{\sqrt{5}}$
$=\frac{2\times\sqrt{5}}{\sqrt{5}\times\sqrt{5}}=\frac{2\sqrt{5}}{5}$

**9** $\frac{2\sqrt{8}}{\sqrt{5}}=\frac{2\sqrt{8}\times\sqrt{5}}{\sqrt{5}\times\sqrt{5}}$
$=\frac{2\sqrt{40}}{5}=\frac{4\sqrt{10}}{5}$
$\therefore a=\frac{4}{5}$
$\frac{3}{\sqrt{72}}=\frac{3}{6\sqrt{2}}=\frac{1}{2\sqrt{2}}$
$=\frac{1\times\sqrt{2}}{2\sqrt{2}\times\sqrt{2}}=\frac{\sqrt{2}}{4}$
$\therefore b=\frac{1}{4}$
$\therefore \sqrt{ab}=\sqrt{\frac{4}{5}\times\frac{1}{4}}=\frac{1}{\sqrt{5}}$
$=\frac{1\times\sqrt{5}}{\sqrt{5}\times\sqrt{5}}=\frac{\sqrt{5}}{5}$

**10** $\frac{\sqrt{3}}{2\sqrt{2}}\div\frac{\sqrt{5}}{\sqrt{8}}\times(-\sqrt{21})$
$=\frac{\sqrt{3}}{2\sqrt{2}}\times\frac{\sqrt{8}}{\sqrt{5}}\times(-\sqrt{21})$
$=\frac{\sqrt{3}}{2\sqrt{2}}\times\frac{2\sqrt{2}}{\sqrt{5}}\times(-\sqrt{21})$
$=-\frac{3\sqrt{7}}{\sqrt{5}}=-\frac{3\sqrt{7}\times\sqrt{5}}{\sqrt{5}\times\sqrt{5}}$
$=-\frac{3\sqrt{35}}{5}$

**11** (원기둥의 부피)$=\pi\times(\sqrt{24})^2\times\sqrt{2x}$
$=24\sqrt{2x}\pi(\text{cm}^3)$
(원뿔의 부피)
$=\frac{1}{3}\times\pi\times(\sqrt{18})^2\times\sqrt{20}$
$=12\sqrt{5}\pi(\text{cm}^3)$
원기둥의 부피와 원뿔의 부피가 서로 같으므로
$24\sqrt{2x}\pi=12\sqrt{5}\pi$
$\therefore x=\frac{12\sqrt{5}}{24\sqrt{2}}=\frac{\sqrt{5}}{2\sqrt{2}}$
$=\frac{\sqrt{5}\times\sqrt{2}}{2\sqrt{2}\times\sqrt{2}}=\frac{\sqrt{10}}{4}$

**12** $\sqrt{72}-\sqrt{27}-\sqrt{50}+\sqrt{48}$
$=6\sqrt{2}-3\sqrt{3}-5\sqrt{2}+4\sqrt{3}$
$=\sqrt{2}+\sqrt{3}$
이므로 $a=1$, $b=1$
$\therefore a-b=1-1=0$

**13** $\sqrt{2}(\sqrt{3}+1)-\sqrt{3}(\sqrt{6}-\sqrt{8})$
$=\sqrt{6}+\sqrt{2}-3\sqrt{2}+2\sqrt{6}$
$=3\sqrt{6}-2\sqrt{2}$

**14** $\sqrt{2}(a+4\sqrt{2})-\sqrt{3}(\sqrt{3}+\sqrt{6})$
$=a\sqrt{2}+8-3-3\sqrt{2}$
$=5+(a-3)\sqrt{2}$
이 식이 유리수가 되려면 $a-3=0$이어야 하므로
$a=3$

**15** $\overline{AB}=\sqrt{20}+\sqrt{45}$
$=2\sqrt{5}+3\sqrt{5}$
$=5\sqrt{5}(\text{cm})$
$\overline{BC}=\sqrt{45}+\sqrt{80}$
$=3\sqrt{5}+4\sqrt{5}$
$=7\sqrt{5}(\text{cm})$
$\therefore \overline{AB}+\overline{BC}=5\sqrt{5}+7\sqrt{5}$
$=12\sqrt{5}(\text{cm})$

**16** $5<\sqrt{32}<6$이므로
$f(32)=\sqrt{32}-5=4\sqrt{2}-5$
$4<\sqrt{18}<5$이므로
$f(18)=\sqrt{18}-4=3\sqrt{2}-4$
$\therefore f(32)-f(18)$
$=(4\sqrt{2}-5)-(3\sqrt{2}-4)$
$=4\sqrt{2}-5-3\sqrt{2}+4$
$=-1+\sqrt{2}$

**17** (1) 주어진 제곱근표에서 5.8의 가로줄과 2의 세로줄이 만나는 수는 2.412이므로
$\sqrt{582}=\sqrt{5.82\times100}$
$=10\sqrt{5.82}$
$=10\times2.412$
$=24.12$ ···(i)
(2) 주어진 제곱근표에서 58의 가로줄과 2의 세로줄이 만나는 수는 7.629이므로
$\sqrt{0.582}=\sqrt{\frac{58.2}{100}}$
$=\frac{\sqrt{58.2}}{10}$
$=\frac{7.629}{10}$
$=0.7629$ ···(ii)

| 채점 기준 | 비율 |
|---|---|
| (i) $\sqrt{582}$의 값 구하기 | 50 % |
| (ii) $\sqrt{0.582}$의 값 구하기 | 50 % |

**18** $A=\sqrt{3}(\sqrt{3}-2)+5(1-2\sqrt{12})$
$=3-2\sqrt{3}+5-20\sqrt{3}$
$=8-22\sqrt{3}$ ···(i)
$B=\left(3\sqrt{3}+\frac{9}{\sqrt{3}}-4\right)\div\sqrt{3}$
$=(3\sqrt{3}+3\sqrt{3}-4)\times\frac{1}{\sqrt{3}}$
$=\frac{6\sqrt{3}-4}{\sqrt{3}}=6-\frac{4}{\sqrt{3}}$
$=6-\frac{4\times\sqrt{3}}{\sqrt{3}\times\sqrt{3}}=6-\frac{4\sqrt{3}}{3}$ ···(ii)
$\therefore A+3B$
$=(8-22\sqrt{3})+3\left(6-\frac{4\sqrt{3}}{3}\right)$
$=8-22\sqrt{3}+18-4\sqrt{3}$
$=26-26\sqrt{3}$ ···(iii)

| 채점 기준 | 비율 |
|---|---|
| (i) $A$의 값 구하기 | 30 % |
| (ii) $B$의 값 구하기 | 40 % |
| (iii) $A+B$의 값 구하기 | 30 % |

**19** $1<\sqrt{2}<2$에서 $4<3+\sqrt{2}<5$이므로
$3+\sqrt{2}$의 정수 부분 $a=4$ ···(i)
$2<\sqrt{7}<3$에서 $4<2+\sqrt{7}<5$이므로
$2+\sqrt{7}$의 정수 부분은 4,
소수 부분 $b=(2+\sqrt{7})-4$
$=-2+\sqrt{7}$ ···(ii)
$\therefore \sqrt{7}a-b+\frac{14}{\sqrt{7}}$
$=4\sqrt{7}-(-2+\sqrt{7})+\frac{14\times\sqrt{7}}{\sqrt{7}\times\sqrt{7}}$
$=4\sqrt{7}+2-\sqrt{7}+2\sqrt{7}$
$=2+5\sqrt{7}$ ···(iii)

| 채점 기준 | 비율 |
|---|---|
| (i) $a$의 값 구하기 | 30 % |
| (ii) $b$의 값 구하기 | 40 % |
| (iii) $\sqrt{7}a-b+\frac{14}{\sqrt{7}}$의 값 구하기 | 30 % |

**20** $\overline{AC}=\sqrt{\overline{AB}^2+\overline{BC}^2}=\sqrt{1^2+2^2}=\sqrt{5}$
$\overline{CA}=\overline{CP}$이므로 $\overline{CP}=\sqrt{5}$
점 P는 점 C로부터 왼쪽에 위치하므로 $\text{P}(2-\sqrt{5})$이다. ···(i)
$\overline{CE}=\sqrt{\overline{CD}^2+\overline{DE}^2}=\sqrt{1^2+2^2}=\sqrt{5}$
$\overline{CE}=\overline{CQ}$이므로 $\overline{CQ}=\sqrt{5}$
점 Q는 점 C로부터 오른쪽에 위치하므로 $\text{Q}(2+\sqrt{5})$이다. ···(ii)
$\therefore \overline{PQ}=(2+\sqrt{5})-(2-\sqrt{5})$
$=2+\sqrt{5}-2+\sqrt{5}$
$=2\sqrt{5}$ ···(iii)

| 채점 기준 | 비율 |
|---|---|
| (i) 점 P에 대응하는 수 구하기 | 40 % |
| (ii) 점 Q에 대응하는 수 구하기 | 40 % |
| (iii) $\overline{PQ}$의 길이 구하기 | 20 % |

**8~10강** p. 127~129

1 ② 2 ③ 3 ② 4 3
5 ③ 6 ⑤ 7 ① 8 ①
9 ③ 10 ② 11 ③ 12 ④
13 ③ 14 ③ 15 ④
16 $x^2+2xy+y^2-x-y-6$
17 $a^2$, 과정은 풀이 참조
18 $\frac{3}{2}$, 과정은 풀이 참조
19 $-5$, 과정은 풀이 참조
20 $-5$, 과정은 풀이 참조

**1** 주어진 식에서 $x^2$이 나오는 항만 전개하면
$2x^2-3x^2=-x^2$
따라서 $x^2$의 계수는 $-1$이다.

**2** ③ $(-2a+b)(-a-b)$
$=2a^2+2ab-ab-b^2$
$=2a^2+ab-b^2$

**3** $\left(x-\frac{a}{3}\right)^2=x^2-\frac{2a}{3}x+\frac{a^2}{9}$
$=x^2-bx+\frac{4}{9}$
에서 $a^2=4$, $\frac{2a}{3}=b$
이때 $a>0$이므로
$a=2$, $b=\frac{4}{3}$
$\therefore a-b=2-\frac{4}{3}=\frac{2}{3}$

**4** $(4x+a)(x-3)$
$=4x^2+(a-12)x-3a$
에서 $a-12=-3a$
$4a=12 \quad \therefore a=3$

**5** $(x+4)(x-3)-(x-a)^2$
$=x^2+x-12-(x^2-2ax+a^2)$
$=(1+2a)x-12-a^2$
에서 $1+2a=1$
$\therefore a=0$

**6** $(x-2)(x+2)(x^2+4)$
$=(x^2-4)(x^2+4)$
$=x^4-16$
이므로 $a=4$, $b=-16$
$\therefore a-b=4-(-16)=20$

**7** 처음 땅의 넓이는 $10\times10=100(\text{m}^2)$
꽃밭의 넓이는
$(10+x)(10-x)=100-x^2(\text{m}^2)$
따라서 구하는 넓이의 차는
$100-(100-x^2)=x^2(\text{m}^2)$

**8** $102^2=(100+2)^2$
$=100^2+2\times100\times2+2^2$
$=10404$
따라서 곱셈 공식 ①을 이용하는 것이 가장 편리하다.

**9** $\frac{1014\times1022+16}{1018}$
$=\frac{(1018-4)(1018+4)+16}{1018}$
$=\frac{1018^2-4^2+16}{1018}$
$=\frac{1018^2}{1018}$
$=1018$

**10** $\frac{3\sqrt{2}}{2+\sqrt{2}}=\frac{3\sqrt{2}(2-\sqrt{2})}{(2+\sqrt{2})(2-\sqrt{2})}$
$=\frac{6\sqrt{2}-6}{4-2}$
$=-3+3\sqrt{2}$
따라서 $a=-3$, $b=2$이므로
$a+b=-3+2=-1$

**11** $x=\frac{2}{\sqrt{7}+\sqrt{5}}$
$=\frac{2(\sqrt{7}-\sqrt{5})}{(\sqrt{7}+\sqrt{5})(\sqrt{7}-\sqrt{5})}$
$=\frac{2(\sqrt{7}-\sqrt{5})}{7-5}$
$=\sqrt{7}-\sqrt{5}$
$y=\frac{2}{\sqrt{7}-\sqrt{5}}$
$=\frac{2(\sqrt{7}+\sqrt{5})}{(\sqrt{7}-\sqrt{5})(\sqrt{7}+\sqrt{5})}$
$=\frac{2(\sqrt{7}+\sqrt{5})}{7-5}$
$=\sqrt{7}+\sqrt{5}$
이므로
$x+y=(\sqrt{7}-\sqrt{5})+(\sqrt{7}+\sqrt{5})$
$=2\sqrt{7}$
$xy=(\sqrt{7}-\sqrt{5})(\sqrt{7}+\sqrt{5})$
$=7-5=2$
$\therefore x^2+y^2=(x+y)^2-2xy$
$=(2\sqrt{7})^2-2\times2$
$=28-4=24$

**12** $2<\sqrt{5}<3$에서 $4<\sqrt{5}+2<5$이므로
$\sqrt{5}+2$의 정수 부분 $a=4$,
소수 부분 $b=(\sqrt{5}+2)-4=\sqrt{5}-2$
$\therefore \frac{a}{b}=\frac{4}{\sqrt{5}-2}$
$=\frac{4(\sqrt{5}+2)}{(\sqrt{5}-2)(\sqrt{5}+2)}$
$=4\sqrt{5}+8$

**13** $x-y=2$, $xy=4$이므로
$x^2+y^2=(x-y)^2+2xy$
$=2^2+2\times4=4+8=12$
$\therefore \frac{y}{x}+\frac{x}{y}=\frac{x^2+y^2}{xy}=\frac{12}{4}=3$

**14** $x^2+5x+1=0$의 양변을 $x(x\neq0)$로 나누면
$x+5+\frac{1}{x}=0$, $x+\frac{1}{x}=-5$
$x^2+\frac{1}{x^2}=\left(x+\frac{1}{x}\right)^2-2$
$=(-5)^2-2=23$
$\therefore x^2+x+\frac{1}{x}+\frac{1}{x^2}$
$=x^2+\frac{1}{x^2}+x+\frac{1}{x}$
$=23+(-5)=18$

**15** $\frac{1}{2-\sqrt{3}}=\frac{2+\sqrt{3}}{(2-\sqrt{3})(2+\sqrt{3})}$
$=2+\sqrt{3}$
$1<\sqrt{3}<2$에서 $3<2+\sqrt{3}<4$이므로
$2+\sqrt{3}$의 정수 부분은 3, 소수 부분
$x=(2+\sqrt{3})-3=-1+\sqrt{3}$
$x+1=\sqrt{3}$의 양변을 제곱하면
$x^2+2x+1=3$
따라서 $x^2+2x=2$이므로
$x^2+2x+5=2+5=7$

**16** $x+y=A$로 놓으면
$(x-3+y)(x+2+y)$
$=(x+y-3)(x+y+2)$
$=(A-3)(A+2)$
$=A^2-A-6$
$=(x+y)^2-(x+y)-6$
$=x^2+2xy+y^2-x-y-6$

**17** $A=(3b+a)^2-4\times3b\times a$
$=9b^2+6ab+a^2-12ab$
$=9b^2-6ab+a^2$ ⋯(i)
$B=3b(3b+2a)-4\times3b\times a$
$=9b^2+6ab-12ab$
$=9b^2-6ab$ ⋯(ii)

$\therefore A-B$
$=(9b^2-6ab+a^2)-(9b^2-6ab)$
$=a^2$ … (iii)

| 채점 기준 | 비율 |
|---|---|
| (i) $A$를 $a$, $b$에 대한 식으로 나타내기 | 40 % |
| (ii) $B$를 $a$, $b$에 대한 식으로 나타내기 | 40 % |
| (iii) $A-B$ 구하기 | 20 % |

**18** (좌변)
$=\left(\frac{1}{3}-1\right)\left(\frac{1}{3}+1\right)\left(\frac{1}{3^2}+1\right)$
$\times\left(\frac{1}{3^4}+1\right)\left(\frac{1}{3^8}+1\right)-\frac{1}{3^{16}}$
$=\left(\frac{1}{3^2}-1\right)\left(\frac{1}{3^2}+1\right)\left(\frac{1}{3^4}+1\right)$
$\times\left(\frac{1}{3^8}+1\right)-\frac{1}{3^{16}}$
$=\left(\frac{1}{3^4}-1\right)\left(\frac{1}{3^4}+1\right)\left(\frac{1}{3^8}+1\right)$
$-\frac{1}{3^{16}}$
$=\left(\frac{1}{3^8}-1\right)\left(\frac{1}{3^8}+1\right)-\frac{1}{3^{16}}$
$=\frac{1}{3^{16}}-1-\frac{1}{3^{16}}$
$=-1$ … (i)
이므로 $-1=-\frac{2}{3}A$
$\therefore A=\frac{3}{2}$ … (ii)

| 채점 기준 | 비율 |
|---|---|
| (i) 좌변을 정리하기 | 60 % |
| (ii) $A$의 값 구하기 | 40 % |

**19** $x=\frac{\sqrt{3}-1}{\sqrt{3}+1}=\frac{(\sqrt{3}-1)^2}{(\sqrt{3}+1)(\sqrt{3}-1)}$
$=\frac{3-2\sqrt{3}+1}{3-1}$
$=2-\sqrt{3}$ … (i)
이므로 $x-2=-\sqrt{3}$
이 식의 양변을 제곱하면
$x^2-4x+4=3$
따라서 $x^2-4x=-1$이므로 … (ii)
$3x^2-12x-2=3(x^2-4x)-2$
$=3\times(-1)-2$
$=-5$ … (iii)

| 채점 기준 | 비율 |
|---|---|
| (i) $x-2$의 값 구하기 | 40 % |
| (ii) $x^2-4x$의 값 구하기 | 40 % |
| (iii) $3x^2-12x-2$의 값 구하기 | 20 % |

**20** $(x+y)^2=x^2+y^2+2xy$에서
$3^2=15+2xy$, $2xy=-6$
$\therefore xy=-3$ … (i)
$\therefore \frac{y}{x}+\frac{x}{y}=\frac{x^2+y^2}{xy}$
$=\frac{15}{-3}=-5$ … (ii)

| 채점 기준 | 비율 |
|---|---|
| (i) $xy$의 값 구하기 | 50 % |
| (ii) $\frac{y}{x}+\frac{x}{y}$의 값 구하기 | 50 % |

**11강** p. 130~131

| | | | |
|---|---|---|---|
| 1 ② | 2 ④ | 3 ③ | 4 ⑤ |
| 5 ⑤ | 6 ④ | 7 ③, ⑤ | 8 ④ |
| 9 3 | 10 ⑤ | 11 ① | 12 ② |

13 $2x-3y$, 과정은 풀이 참조
14 $(x+6)(x-4)$, 과정은 풀이 참조

**1** $2ax-4ay=2a(x-2y)$이므로 인수가 아닌 것은 ②이다.

**2** $xy(a-b)+y(b-a)$
$=xy(a-b)-y(a-b)$
$=(xy-y)(a-b)$
$=y(x-1)(a-b)$

**3** $16x^2-40x+A$
$=(4x)^2-2\times4x\times5+5^2$
$=(4x-5)^2$
에서 $A=5^2=25$, $B=-5$
$\therefore A-B=25-(-5)=30$

**4** $(2x+3)(2x-1)+k$
$=4x^2+4x-3+k$
$=(2x)^2+2\times2x\times1-3+k$
이 식이 완전제곱식이 되려면
$-3+k=1^2$이어야 하므로 $k=4$

**5** $a<b<0$에서
$a-b<0$, $a+b<0$이므로
$\sqrt{a^2-2ab+b^2}-\sqrt{a^2+2ab+b^2}$
$=\sqrt{(a-b)^2}-\sqrt{(a+b)^2}$
$=-(a-b)-\{-(a+b)\}$
$=-a+b+a+b$
$=2b$

**6** ④ $4x^2-12xy+9y^2=(2x-3y)^2$

**7** $x^3-x=x(x^2-1)$
$=x(x+1)(x-1)$
따라서 $x^3-x$의 인수는 ③, ⑤이다.

**8** $x^2+2x-15=(x+5)(x-3)$이므로
$a=5$, $b=-3$ 또는 $a=-3$, $b=5$
$\therefore |a-b|=|5-(-3)|$
$=|-3-5|=8$

**9** $(2x+B)(Cx-1)$
$=2Cx^2+(BC-2)x-B$
에서 $2C=6$, $BC-2=7$, $-B=A$
이므로 $C=3$, $B=3$, $A=-3$
$\therefore A+B+C=-3+3+3=3$

**10** $9x^2-14x+a=(x-1)(9x-a)$
$=9x^2-(a+9)x+a$
에서 $a+9=14$ $\therefore a=5$

**11** 새로 만든 직사각형의 넓이는 주어진 모든 직사각형의 넓이의 합과 같으므로
$x^2+6x+5=(x+1)(x+5)$

**12** 사다리꼴의 넓이가 $10x^2+48x-10$이므로
$\frac{1}{2}\{(x+3)+(x+7)\}\times$(높이)
$=10x^2+48x-10$
$(x+5)\times$(높이)$=(x+5)(10x-2)$
따라서 사다리꼴의 높이는 $10x-2$이다.

**13** $4x^2-9y^2=(2x+3y)(2x-3y)$ … (i)
$8x^2-10xy-3y^2=(2x-3y)(4x+y)$ … (ii)
따라서 두 다항식의 일차 이상의 공통인 인수는 $2x-3y$이다. … (iii)

| 채점 기준 | 비율 |
|---|---|
| (i) $4x^2-9y^2$을 인수분해하기 | 40 % |
| (ii) $8x^2-10xy-3y^2$을 인수분해하기 | 40 % |
| (iii) 일차 이상의 공통인 인수 구하기 | 20 % |

**14** $(x+8)(x-3)=x^2+5x-24$이므로 처음 이차식의 상수항은 $-24$이다. ⋯(i)

$(x+4)(x-2)=x^2+2x-8$이므로 처음 이차식의 $x$의 계수는 2이다. ⋯(ii)

따라서 처음 이차식은 $x^2+2x-24$이므로 이 식을 바르게 인수분해하면

$x^2+2x-24=(x+6)(x-4)$ ⋯(iii)

| 채점 기준 | 비율 |
|---|---|
| (i) 처음 이차식의 상수항 구하기 | 40 % |
| (ii) 처음 이차식의 $x$의 계수 구하기 | 40 % |
| (iii) 처음 이차식을 바르게 인수분해하기 | 20 % |

**12~13강** p. 132~134

| | | | |
|---|---|---|---|
| 1 ③ | 2 ⑤ | 3 ① | 4 ③ |
| 5 ③ | 6 6 | 7 ④ | 8 $a-1$ |
| 9 ② | 10 $2x-y-1$ | 11 ⑤ | |
| 12 ③ | 13 $20\sqrt{2}+5$ | 14 ⑤ | |

15 $2100\pi\text{ cm}^3$ 16 4

17 2000, 과정은 풀이 참조

18 $4x-8$, 과정은 풀이 참조

19 $x+y-2$, 과정은 풀이 참조

20 7, 과정은 풀이 참조

**1** $999^2-1=999^2-1^2$
$=(999+1)(999-1)$
$=1000\times998$
$=998000$

따라서 가장 편리한 공식은 ③이다.

**2** $A=2021^2-2020^2$
$=(2021+2020)(2021-2020)$
$=4041$

$B=2\times52^2+2\times52-12$
$=2(52^2+52-6)$
$=2(52+3)(52-2)$
$=2\times55\times50=5500$

$\therefore A+B=4041+5500=9541$

**3** $1^2-4^2+7^2-10^2+13^2-16^2$
$=(1+4)(1-4)+(7+10)(7-10)+(13+16)(13-16)$
$=-3\times(5+17+29)$
$=-3\times51=-153$

**4** $5^4-1=(5^2)^2-1$
$=(5^2+1)(5^2-1)$
$=(5^2+1)(5+1)(5-1)$
$=26\times6\times4$
$=2\times13\times2\times3\times2^2$
$=2^4\times3\times13$

따라서 $5^4-1$의 약수의 개수는

$(4+1)\times(1+1)\times(1+1)=20$(개)

**5** $x-2=A$로 놓으면

$(x-2)^2-(x-2)-6$
$=A^2-A-6$
$=(A+2)(A-3)$
$=(x-2+2)(x-2-3)$
$=x(x-5)$

**6** $3x+1=A$, $2x=B$로 놓으면

$(3x+1)^2-4x^2$
$=(3x+1)^2-(2x)^2$
$=A^2-B^2$
$=(A+B)(A-B)$
$=(3x+1+2x)(3x+1-2x)$
$=(5x+1)(x+1)$

따라서 $a=5$, $b=1$ 또는 $a=1$, $b=5$이므로

$a+b=6$

**7** $x+2y=A$로 놓으면

$(x+2y+3)(x+2y-1)+3$
$=(A+3)(A-1)+3$
$=A^2+2A$
$=A(A+2)$
$=(x+2y)(x+2y+2)$

$\therefore \square=x+2y+2$

**8** $3ab-2a-3b+2$
$=3ab-3b-2a+2$
$=3b(a-1)-2(a-1)$
$=(a-1)(3b-2)$

$a^2-ab-a+b$
$=a^2-a-ab+b$
$=a(a-1)-b(a-1)$
$=(a-1)(a-b)$

따라서 두 다항식의 일차 이상의 공통인 인수는 $a-1$이다.

**9** $1-x^2+2xy-y^2$
$=1-(x^2-2xy+y^2)$
$=1^2-(x-y)^2$
$=(1+x-y)(1-x+y)$

따라서 $a=1$, $b=-1$, $c=-1$이므로

$a+b+c=1+(-1)+(-1)$
$=-1$

**10** $x^2-xy-x+2y-2$
$=-y(x-2)+(x^2-x-2)$
$=-y(x-2)+(x-2)(x+1)$
$=(x-2)(x-y+1)$

따라서 두 일차식의 합은

$(x-2)+(x-y+1)=2x-y-1$

**11** $x^2-y^2+2x+8y-15$
$=x^2+2x-(y^2-8y+15)$
$=x^2+2x-(y-3)(y-5)$
$=\{x+(y-3)\}\{x-(y-5)\}$
$=(x+y-3)(x-y+5)$

이므로 인수는 ㄷ, ㅁ이다.

**12** $2<\sqrt{5}<3$에서

$\sqrt{5}$의 정수 부분은 2이므로

소수 부분 $a=\sqrt{5}-2$

$a^3+6a^2+8a$
$=a(a^2+6a+8)$
$=a(a+4)(a+2)$
$=(\sqrt{5}-2)(\sqrt{5}+2)\sqrt{5}$
$=\sqrt{5}$

**13** $x=\dfrac{1}{3-2\sqrt{2}}$
$=\dfrac{3+2\sqrt{2}}{(3-2\sqrt{2})(3+2\sqrt{2})}$
$=3+2\sqrt{2}$

$y=\dfrac{1}{3+2\sqrt{2}}$
$=\dfrac{3-2\sqrt{2}}{(3+2\sqrt{2})(3-2\sqrt{2})}$
$=3-2\sqrt{2}$

이므로

$x+y=(3+2\sqrt{2})+(3-2\sqrt{2})=6$

$x-y=(3+2\sqrt{2})-(3-2\sqrt{2})$
$=4\sqrt{2}$

$\therefore x^2-y^2+2y-1$
$=x^2-(y^2-2y+1)$
$=x^2-(y-1)^2$
$=\{x+(y-1)\}\{x-(y-1)\}$
$=(x+y-1)(x-y+1)$
$=(6-1)\times(4\sqrt{2}+1)$
$=20\sqrt{2}+5$

**14** $x^3-x^2y-xy^2+y^3$
$=x^2(x-y)-y^2(x-y)$
$=(x-y)(x^2-y^2)$
$=(x-y)(x+y)(x-y)$
$=(x-y)^2(x+y)$
$=(\sqrt{3})^2\times(2+\sqrt{3})$
$=3(2+\sqrt{3})=6+3\sqrt{3}$

**15** (입체도형의 부피)
=(큰 원기둥의 부피)
−(작은 원기둥의 부피)
$=\pi\times13.5^2\times15-\pi\times6.5^2\times15$
$=15\pi(13.5^2-6.5^2)$
$=15\pi(13.5+6.5)(13.5-6.5)$
$=15\pi\times20\times7$
$=2100\pi(\text{cm}^3)$

**16** 산책로의 한가운데를 지나는 원의 반지름의 길이를 $r$ m라 하면
$2\pi r=12\pi$에서 $r=6$
(산책로의 넓이)
$=\pi\left(6+\frac{a}{2}\right)^2-\pi\left(6-\frac{a}{2}\right)^2$
$=\pi\left\{\left(6+\frac{a}{2}\right)^2-\left(6-\frac{a}{2}\right)^2\right\}$
$=\pi\left(6+\frac{a}{2}+6-\frac{a}{2}\right)$
$\times\left(6+\frac{a}{2}-6+\frac{a}{2}\right)$
$=12a\pi(\text{m}^2)$
따라서 $12a\pi=48\pi$이므로 $a=4$

**17** $\frac{111\times320+260\times320}{371\times0.58^2-371\times0.42^2}$
$=\frac{320(111+260)}{371(0.58^2-0.42^2)}$ ⋯(i)
$=\frac{320\times371}{371(0.58+0.42)(0.58-0.42)}$ ⋯(ii)
$=\frac{320\times371}{371\times1\times0.16}$
$=\frac{320}{0.16}$
$=2000$ ⋯(iii)

| 채점 기준 | 비율 |
|---|---|
| (i) 공통인 인수로 묶기 | 30 % |
| (ii) 분모를 인수분해하기 | 40 % |
| (iii) 값 구하기 | 30 % |

**18** $x+4=A$로 놓으면
$(x+4)^2-12(x+4)+36$
$=A^2-12A+36$
$=(A-6)^2$
$=(x+4-6)^2$
$=(x-2)^2$ ⋯(i)
이므로 정사각형 모양의 화단의 한 변의 길이는 $x-2$이다. ⋯(ii)
따라서 이 화단의 둘레의 길이는
$4(x-2)=4x-8$ ⋯(iii)

| 채점 기준 | 비율 |
|---|---|
| (i) 인수분해하기 | 40 % |
| (ii) 화단의 한 변의 길이 구하기 | 30 % |
| (iii) 화단의 둘레의 길이 구하기 | 30 % |

**19** $x^2-y^2-x+3y-2$
$=x^2-x-(y^2-3y+2)$
$=x^2-x-(y-2)(y-1)$
$=\{x+(y-2)\}\{x-(y-1)\}$
$=(x+y-2)(x-y+1)$ ⋯(i)
따라서 구하는 일차식은 $x+y-2$이다. ⋯(ii)

| 채점 기준 | 비율 |
|---|---|
| (i) 인수분해하기 | 80 % |
| (ii) 일차식 구하기 | 20 % |

**20** $a^2-b^2-2b-1$
$=a^2-(b^2+2b+1)$
$=a^2-(b+1)^2$
$=(a+b+1)(a-b-1)$ ⋯(i)
이므로 $(6+1)(a-b-1)=42$
$7(a-b-1)=42$, $a-b-1=6$
$\therefore a-b=7$ ⋯(ii)

| 채점 기준 | 비율 |
|---|---|
| (i) $a^2-b^2-2b-1$을 인수분해하기 | 50 % |
| (ii) $a-b$의 값 구하기 | 50 % |

## 14~15강 p. 135~137

| | | | |
|---|---|---|---|
| 1 ② | 2 ④ | 3 $x=1$ | 4 ② |
| 5 ③ | 6 ④ | 7 ③ | 8 ⑤ |
| 9 ① | 10 ② | 11 6 | 12 ④ |
| 13 17 | 14 14 | 15 ④ | 16 0 |

17 $a=2$, $x=3$, 과정은 풀이 참조
18 $a=5$, $b=7$, 과정은 풀이 참조
19 $x=-\frac{5}{6}$ 또는 $x=1$, 과정은 풀이 참조
20 78, 과정은 풀이 참조

**1** ㄱ. 이차식
ㄴ. $(x-1)(x+2)=0$을 정리하면
$x^2+x-2=0$(이차방정식)
ㄷ. 일차방정식
ㄹ. $2x(x-1)=5+2x^2$을 정리하면
$2x^2-2x=5+2x^2$
$-2x-5=0$(일차방정식)
ㅁ. $(x^2+1)^2=x$를 정리하면
$x^4+2x^2+1=x$
$x^4+2x^2-x+1=0$
ㅂ. $3x^2=-7x+1$을 정리하면
$3x^2+7x-1=0$(이차방정식)
따라서 이차방정식은 ㄴ, ㅂ이다.

**2** $5x^2-3=a(x^2-x-2)$
$5x^2-3=ax^2-ax-2a$
$(5-a)x^2+ax+2a-3=0$에서
$5-a\neq0$이어야 하므로 $a\neq5$

**3** $4x-5\leq2x+3$에서 $2x\leq8$
$\therefore x\leq4$
$x=1$일 때, $1^2+3\times1-4=0$
$x=2$일 때, $2^2+3\times2-4=6\neq0$
$x=3$일 때, $3^2+3\times3-4=14\neq0$
$x=4$일 때, $4^2+3\times4-4=24\neq0$
따라서 해는 $x=1$이다.

**4** $3x^2+10x+3=0$
$(x+3)(3x+1)=0$
$\therefore x=-3$ 또는 $x=-\frac{1}{3}$

**5** $2x^2+5x-12=0$에서
$(x+4)(2x-3)=0$
$\therefore x=-4$ 또는 $x=\frac{3}{2}$
이때 $a>b$이므로 $a=\frac{3}{2}$, $b=-4$
$\therefore 2a+b=2\times\frac{3}{2}-4=-1$

**6** $x^2-7x+12=0$에서
$(x-3)(x-4)=0$
$\therefore x=3$ 또는 $x=4$
이때 $a>b$이므로 $a=4$, $b=3$
$4x^2-2ax+b=0$에
$a=4$, $b=3$을 대입하면
$4x^2-8x+3=0$
$(2x-1)(2x-3)=0$
$\therefore x=\frac{1}{2}$ 또는 $x=\frac{3}{2}$

**7** $2x^2-7x+3=0$에서
$(2x-1)(x-3)=0$
$\therefore x=\frac{1}{2}$ 또는 $x=3$
$3x^2-4x-15=0$에서
$(3x+5)(x-3)=0$
$\therefore x=-\frac{5}{3}$ 또는 $x=3$
따라서 공통인 근은 $x=3$이다.

**8** $x^2-(a+1)x+a=0$에 $x=-3$을 대입하면
$(-3)^2-(a+1)\times(-3)+a=0$
$9+3(a+1)+a=0$
$4a=-12$ $\quad\therefore a=-3$
$x^2-(a+1)x+a=0$에 $a=-3$을 대입하면
$x^2+2x-3=0$, $(x+3)(x-1)=0$
$\therefore x=-3$ 또는 $x=1$
따라서 다른 한 근은 $x=1$이다.

**9** $x^2+2x-5=0$에 $x=a$를 대입하면
$a^2+2a-5=0$ $\quad\therefore a^2+2a=5$
$2x^2-3x-6=0$에 $x=b$를 대입하면
$2b^2-3b-6=0$ $\quad\therefore 2b^2-3b=6$
$\therefore -2a^2-4a+2b^2-3b$
$=-2(a^2+2a)+2b^2-3b$
$=-2\times5+6=-4$

**10** $x^2-4x-3=0$에 $x=a$를 대입하면
$a^2-4a-3=0$
$a\neq0$이므로 양변을 $a$로 나누면
$a-4-\frac{3}{a}=0$ $\quad\therefore a-\frac{3}{a}=4$
$\therefore a^2+3a-\frac{9}{a}+\frac{9}{a^2}$
$=\left(a^2+\frac{9}{a^2}\right)+\left(3a-\frac{9}{a}\right)$
$=\left(a-\frac{3}{a}\right)^2+6+3\left(a-\frac{3}{a}\right)$
$=4^2+6+3\times4=34$

**11** $(x+1)(2x+a)=0$
$\therefore x=-1$ 또는 $x=-\frac{a}{2}$
$4x^2+bx+2=0$에 $x=-1$을 대입하면
$4\times(-1)^2+b\times(-1)+2=0$
$4-b+2=0$ $\quad\therefore b=6$
$4x^2+bx+2=0$에 $b=6$을 대입하면
$4x^2+6x+2=0$, $2x^2+3x+1=0$
$(x+1)(2x+1)=0$
$\therefore x=-1$ 또는 $x=-\frac{1}{2}$
$-\frac{a}{2}=-\frac{1}{2}$이므로 $a=1$
$\therefore ab=1\times6=6$

**12** ① $x=0$ 또는 $x=1$
② $x=\pm1$
③ $2x^2+2x=0$, $2x(x+1)=0$
$\therefore x=0$ 또는 $x=-1$
④ $x^2-4x+4=0$, $(x-2)^2=0$
$\therefore x=2$
⑤ $x=4\pm4\sqrt{2}$
따라서 중근을 갖는 것은 ④이다.

**13** $x^2-8x+m-5=0$이 중근을 가지려면
$m-5=\left(\frac{-8}{2}\right)^2$, $m-5=16$
$\therefore m=21$
즉, $x^2-8x+16=0$이므로
$(x-4)^2=0$ $\quad\therefore x=4$
$\therefore n=4$
$\therefore m-n=21-4=17$

**14** $(x+3)^2=A$에서 $x+3=\pm\sqrt{A}$
$\therefore x=-3\pm\sqrt{A}$
따라서 $A=17$, $B=-3$이므로
$A+B=17+(-3)=14$

**15** $x^2-6x-5=0$에서 $x^2-6x=5$
$x^2-6x+\boxed{9}=5+\boxed{9}$
$(x-3)^2=\boxed{14}$
$x-3=\boxed{\pm\sqrt{14}}$
$\therefore x=\boxed{3\pm\sqrt{14}}$

**16** $(x-4)(x-6)=4$에서
$x^2-10x+24=4$
$x^2-10x=-20$
$x^2-10x+25=-20+25$
$(x-5)^2=5$
따라서 $a=-5$, $b=5$이므로
$a+b=-5+5=0$

**17** $(a-1)x^2-(a^2+1)x+2(a+1)=0$에 $x=2$를 대입하면
$(a-1)\times2^2-(a^2+1)\times2+2(a+1)=0$
$4a-4-2a^2-2+2a+2=0$
$2a^2-6a+4=0$, $a^2-3a+2=0$
$(a-1)(a-2)=0$
$\therefore a=1$ 또는 $a=2$
주어진 방정식이 $x$에 대한 이차방정식이므로 $a=2$ …(i)
$(a-1)x^2-(a^2+1)x+2(a+1)=0$에 $a=2$를 대입하면
$x^2-5x+6=0$
$(x-2)(x-3)=0$
$\therefore x=2$ 또는 $x=3$ …(ii)
따라서 $a=2$이고, 다른 한 근은 $x=3$이다. …(iii)

| 채점 기준 | 비율 |
|---|---|
| (i) $a$의 값 구하기 | 40 % |
| (ii) 이차방정식의 해 구하기 | 40 % |
| (iii) 답 구하기 | 20 % |

**18** $x^2+7x+2a=0$에 $x=-5$를 대입하면
$(-5)^2+7\times(-5)+2a=0$
$25-35+2a=0$
$2a=10$ $\quad\therefore a=5$ …(i)
$x^2+7x+2a=0$에 $a=5$를 대입하면
$x^2+7x+10=0$
$(x+5)(x+2)=0$
$\therefore x=-5$ 또는 $x=-2$ …(ii)
$5x^2+bx-6=0$에 $x=-2$를 대입하면
$5\times(-2)^2+b\times(-2)-6=0$
$20-2b-6=0$, $-2b=-14$
$\therefore b=7$ …(iii)

| 채점 기준 | 비율 |
|---|---|
| (i) $a$의 값 구하기 | 30 % |
| (ii) $x^2+7x+2a=0$의 해 구하기 | 40 % |
| (iii) $b$의 값 구하기 | 30 % |

**19** $2x^2+5x=17x-2m$에서
$2x^2-12x+2m=0$
$x^2-6x+m=0$
이 이차방정식이 중근을 가지려면
$m=\left(\frac{-6}{2}\right)^2=9$ …(i)
$(m-15)x^2+x+5=0$에 $m=9$를 대입하면
$-6x^2+x+5=0$, $6x^2-x-5=0$
$(6x+5)(x-1)=0$
$\therefore x=-\frac{5}{6}$ 또는 $x=1$ …(ii)

| 채점 기준 | 비율 |
|---|---|
| (i) $m$의 값 구하기 | 50 % |
| (ii) $(m-15)x^2+x+5=0$의 해 구하기 | 50 % |

**20** $6x^2-5x-2=0$에서
$x^2-\frac{5}{6}x-\frac{1}{3}=0$, $x^2-\frac{5}{6}x=\frac{1}{3}$
$x^2-\frac{5}{6}x+\left(\frac{5}{12}\right)^2=\frac{1}{3}+\left(\frac{5}{12}\right)^2$
$\left(x-\frac{5}{12}\right)^2=\frac{73}{144}$
$x-\frac{5}{12}=\pm\frac{\sqrt{73}}{12}$
$\therefore x=\frac{5\pm\sqrt{73}}{12}$ …(i)
따라서 $A=5$, $B=73$이므로
$A+B=5+73=78$ …(ii)

| 채점 기준 | 비율 |
|---|---|
| (i) 제곱근을 이용하여 이차방정식의 해 구하기 | 70 % |
| (ii) $A+B$의 값 구하기 | 30 % |

| 16강 | p. 138~139 |
|---|---|

1 ④ 2 ② 3 ④ 4 ②
5 ② 6 ③ 7 ② 8 ③
9 ④ 10 $x=3$ 11 ⑤ 12 ④
13 $-24$, 과정은 풀이 참조
14 $x=\frac{-1+\sqrt{37}}{6}$ 또는 $x=\frac{1-\sqrt{37}}{6}$, 과정은 풀이 참조

**1** $x$의 계수가 짝수일 때의 근의 공식에 의해
① $x=\frac{-(-2)\pm\sqrt{(-2)^2-2\times(-1)}}{2}$
$=\frac{2\pm\sqrt{6}}{2}$
② $x=\frac{-(-1)\pm\sqrt{(-1)^2-2\times(-3)}}{2}$
$=\frac{1\pm\sqrt{7}}{2}$
③ $x=-(-2)\pm\sqrt{(-2)^2-1\times1}$
$=2\pm\sqrt{3}$
④ $x=-(-3)\pm\sqrt{(-3)^2-1\times(-1)}$
$=3\pm\sqrt{10}$
⑤ $x=-1\pm\sqrt{1^2-1\times(-1)}$
$=-1\pm\sqrt{2}$
따라서 근이 잘못 짝 지어진 것은 ④이다.

**2** $x^2-9x+20=0$에서
$(x-4)(x-5)=0$
$\therefore x=4$ 또는 $x=5$
이때 $a<b$이므로 $a=4$, $b=5$
$2x^2-2ax+b=0$에 $a=4$, $b=5$를 대입하면
$2x^2-8x+5=0$
$x$의 계수가 짝수일 때의 근의 공식에 의해
$x=\frac{-(-4)\pm\sqrt{(-4)^2-2\times5}}{2}$
$=\frac{4\pm\sqrt{6}}{2}$
따라서 두 근의 차는
$\frac{4+\sqrt{6}}{2}-\frac{4-\sqrt{6}}{2}=\sqrt{6}$

**3** 근의 공식에 의해
$x=\frac{-(-7)\pm\sqrt{(-7)^2-4\times2\times a}}{2\times2}$
$=\frac{7\pm\sqrt{49-8a}}{4}$
이므로 $49-8a=33$, $b=7$
$\therefore a=2$, $b=7$
$\therefore a+b=2+7=9$

**4** $x$의 계수가 짝수일 때의 근의 공식에 의해
$x=-3\pm\sqrt{3^2-1\times2}=-3\pm\sqrt{7}$
이때 $a>b$이므로
$a=-3+\sqrt{7}$, $b=-3-\sqrt{7}$
$a+3=(-3+\sqrt{7})+3=\sqrt{7}$,
$b-3=(-3-\sqrt{7})-3=-6-\sqrt{7}$
이고
$2<\sqrt{7}<3$, $-9<-6-\sqrt{7}<-8$이므로 $-6-\sqrt{7}<n<\sqrt{7}$을 만족시키는 정수 $n$은 $-8$, $-7$, $-6$, $-5$, $-4$, $-3$, $-2$, $-1$, 0, 1, 2의 11개이다.

**5** $x$의 계수가 짝수일 때의 근의 공식에 의해
$x=-(-3)\pm\sqrt{(-3)^2-1\times(5-k)}$
$=3\pm\sqrt{4+k}$
이므로 해가 정수가 되려면 근호 안의 수가 0 또는 $(자연수)^2$ 꼴이어야 한다.
이때 $k$는 두 자리의 정수이므로
$4+k=16, 25, 36, 49, 64, 81, 100$
따라서 정수가 되도록 하는 두 자리의 정수 $k$는 12, 21, 32, 45, 60, 77, 96의 7개이다.

**6** 양변에 6을 곱하면
$2x^2+3x-9=0$
$(x+3)(2x-3)=0$
$\therefore x=-3$ 또는 $x=\frac{3}{2}$
따라서 두 근 사이에 있는 정수의 합은
$-2+(-1)+0+1=-2$

**7** 양변에 10을 곱하면 $x^2-10x-3=0$
$x=-(-5)\pm\sqrt{(-5)^2-1\times(-3)}$
$=5\pm\sqrt{28}=5\pm2\sqrt{7}$
따라서 음수인 해는 $x=5-2\sqrt{7}$이다.

**8** 양변에 10을 곱하면
$25x^2-30x=-5$, $5x^2-6x+1=0$
$(5x-1)(x-1)=0$
$\therefore x=\frac{1}{5}$ 또는 $x=1$
이때 $a>b$이므로 $a=1$, $b=\frac{1}{5}$
$\therefore a-5b=1-5\times\frac{1}{5}=1-1=0$

**9** 양변에 4를 곱하면
$x+1=2(x+3)(x-1)$
$x+1=2(x^2+2x-3)$
$x+1=2x^2+4x-6$
$2x^2+3x-7=0$
근의 공식에 의해
$x=\frac{-3\pm\sqrt{3^2-4\times2\times(-7)}}{2\times2}$
$=\frac{-3\pm\sqrt{65}}{4}$

**10** $\frac{1}{2}x^2-\frac{7}{6}x-1=0$의 양변에 6을 곱하면 $3x^2-7x-6=0$
$(3x+2)(x-3)=0$
$\therefore x=-\frac{2}{3}$ 또는 $x=3$
$(x-1)(x-2)=-2(x-4)$에서
$x^2-3x+2=-2x+8$
$x^2-x-6=0$, $(x+2)(x-3)=0$
$\therefore x=-2$ 또는 $x=3$
따라서 공통인 근은 $x=3$이다.

**11** $x-2=A$로 놓으면
$A^2-3A-4=0$
$(A+1)(A-4)=0$
$\therefore A=-1$ 또는 $A=4$
즉, $x-2=-1$ 또는 $x-2=4$
$\therefore x=1$ 또는 $x=6$
따라서 $\alpha=1$, $\beta=6$ 또는 $\alpha=6$, $\beta=1$이므로 $\alpha^2+\beta^2=37$

**12** $x-y=A$로 놓으면
$A(A-2)=8$, $A^2-2A-8=0$
$(A+2)(A-4)=0$
$\therefore A=-2$ 또는 $A=4$
$\therefore x-y=-2$ 또는 $x-y=4$
이때 $x<y$이므로 $x-y=-2$

**13** 근의 공식에 의해
$x=\frac{-3\pm\sqrt{3^2-4\times1\times(-3)}}{2\times1}$
$=\frac{-3\pm\sqrt{21}}{2}$ ⋯(i)
$\frac{-3\pm\sqrt{21}}{2}=\frac{A\pm\sqrt{B}}{2}$이므로
$A=-3$, $B=21$ ⋯(ii)
$\therefore A-B=-3-21=-24$ ⋯(iii)

| 채점 기준 | 비율 |
|---|---|
| (i) 이차방정식의 해 구하기 | 40 % |
| (ii) $A$, $B$의 값 각각 구하기 | 40 % |
| (iii) $A-B$의 값 구하기 | 20 % |

**14** $\sqrt{\frac{x^2}{9}}=\sqrt{\left(\frac{x}{3}\right)^2}$이므로
$x\geq0$일 때, 주어진 이차방정식은
$x^2+\frac{x}{3}=1$

양변에 3을 곱하여 정리하면

$3x^2+x-3=0$

근의 공식에 의해

$x=\frac{-1\pm\sqrt{1^2-4\times3\times(-3)}}{2\times3}$

$=\frac{-1\pm\sqrt{37}}{6}$

이때 $x\ge0$이므로

$x=\frac{-1+\sqrt{37}}{6}$ ···(i)

또 $x<0$일 때, 주어진 이차방정식은

$x^2-\frac{x}{3}=1$

양변에 3을 곱하여 정리하면

$3x^2-x-3=0$

근의 공식에 의해

$x=\frac{-(-1)\pm\sqrt{(-1)^2-4\times3\times(-3)}}{2\times3}$

$=\frac{1\pm\sqrt{37}}{6}$

이때 $x<0$이므로

$x=\frac{1-\sqrt{37}}{6}$ ···(ii)

따라서 주어진 이차방정식의 해는

$x=\frac{-1+\sqrt{37}}{6}$ 또는 $x=\frac{1-\sqrt{37}}{6}$

이다. ···(iii)

| 채점 기준 | 비율 |
|---|---|
| (i) $x\ge0$일 때, 이차방정식의 해 구하기 | 40 % |
| (ii) $x<0$일 때, 이차방정식의 해 구하기 | 40 % |
| (iii) 주어진 이차방정식의 해 구하기 | 20 % |

**17강** p. 140~141

1 ③, ⑤ 2 ⑤ 3 ③ 4 ①
5 ① 6 9번째 7 ③ 8 ③
9 10 m 10 14초 후
11 $(-3+3\sqrt{5})$ cm
12 $\frac{20}{3}$ cm
13 6, 과정은 풀이 참조
14 700원, 과정은 풀이 참조

**1** 각 방정식에서 $b^2-4ac$를 구하면

① $b^2-4ac=0^2-4\times1\times0=0$

② $b^2-4ac=(-1)^2-4\times3\times2$
$=-23<0$

③ $b^2-4ac=(-3)^2-4\times1\times(-1)$
$=13>0$

④ $b^2-4ac=(-4)^2-4\times1\times4=0$

⑤ $b^2-4ac=(-6)^2-4\times2\times(-1)$
$=44>0$

따라서 서로 다른 두 근을 갖는 것은 ③, ⑤이다.

**2** ㄱ. $x^2+10x-25=0$에서
$10^2-4\times1\times(-25)=200>0$이므로 서로 다른 두 근을 갖는다.

ㄴ. $x^2+10x+39=0$에서
$10^2-4\times1\times39=-56<0$이므로 근이 없다.

ㄷ. $x^2+10x+25=0$에서
$10^2-4\times1\times25=0$이므로 중근을 갖는다.

ㄹ. $x^2+10x-30=0$에서
$10^2-4\times1\times(-30)=220>0$ 이므로 서로 다른 두 근을 갖는다.

따라서 옳은 것은 ㄷ, ㄹ이다.

**3** 두 근이 2, $-4$이고 $x^2$의 계수가 3인 이차방정식은

$3(x-2)(x+4)=0$

$3(x^2+2x-8)=0$

$3x^2+6x-24=0$

$\therefore a=6,\ b=-24$

**4** 두 근이 $-\frac{1}{2}$, $\frac{1}{3}$이고 $x^2$의 계수가 6인 이차방정식은

$6\left(x+\frac{1}{2}\right)\left(x-\frac{1}{3}\right)=0$

$6\left(x^2+\frac{1}{6}x-\frac{1}{6}\right)=0$

$6x^2+x-1=0$

따라서 상수항은 $-1$이다.

**5** 한 근을 $a$라 하면 다른 한 근은 $a+5$이고, $x^2$의 계수가 2이므로

$2(x-a)\{x-(a+5)\}=0$

$2x^2-(4a+10)x+2a^2+10a=0$

이때 $4a+10=2$이므로 $a=-2$

$\therefore k=2a^2+10a$
$=2\times(-2)^2+10\times(-2)$
$=-12$

**6** $\frac{n(n+1)}{2}=45$이므로 $n^2+n-90=0$

$(n+10)(n-9)=0$

$\therefore n=-10$ 또는 $n=9$

이때 $n$은 자연수이므로 $n=9$

따라서 구슬의 개수가 45개가 되는 것은 9번째이다.

**7** 연속하는 두 자연수를 $x$, $x+1$이라 하면

$(x+1)^2=9x+1$

$x^2-7x=0,\ x(x-7)=0$

$\therefore x=0$ 또는 $x=7$

이때 $x$는 자연수이므로 $x=7$

따라서 두 자연수는 7, 8이고 이 중 큰 수는 8이다.

**8** 사다리꼴의 높이를 $x$ cm라 하면

$\frac{1}{2}x(4+x)=48$

$x^2+4x-96=0$

$(x+12)(x-8)=0$

$\therefore x=-12$ 또는 $x=8$

이때 $x>0$이므로 $x=8$

따라서 사다리꼴의 높이는 8 cm이다.

**9** 길의 폭을 $x$ m라 하면

$(80-2x)(50-x)=2400$

$4000-180x+2x^2=2400$

$x^2-90x+800=0$

$(x-10)(x-80)=0$

$\therefore x=10$ 또는 $x=80$

이때 $0<x<40$이므로 $x=10$

따라서 길의 폭은 10 m이다.

**10** $x$초 후에 처음 직사각형과 넓이가 같아진다고 하면 $x$초 후의 가로의 길이는 $(24-x)$ cm, 세로의 길이는 $(20+2x)$ cm이므로

$(24-x)(20+2x)=480$

$480+28x-2x^2=480$

$x^2-14x=0,\ x(x-14)=0$

$\therefore x=0$ 또는 $x=14$

이때 $x>0$이므로 $x=14$

따라서 처음 직사각형과 넓이가 같아지는 것은 14초 후이다.

**11** $\overline{AB}=\overline{AE}=x$ cm라 하면

$\overline{ED}=(6-x)$ cm

$\overline{AD}:\overline{AB}=\overline{EF}:\overline{ED}$이므로

$6:x=x:(6-x),\ x^2=36-6x$

$x^2+6x-36=0$

$\therefore x=-3\pm3\sqrt{5}$

이때 $x>0$이므로 $x=-3+3\sqrt{5}$
따라서 $\overline{AB}$의 길이는
$(-3+3\sqrt{5})$ cm이다.

**12** 큰 정사각형의 한 변의 길이를 $x$ cm라 하면 큰 정사각형의 둘레의 길이는 $4x$ cm이므로 작은 정사각형의 둘레의 길이는 $(40-4x)$ cm이고, 작은 정사각형의 한 변의 길이는 $(10-x)$ cm이다. 두 정사각형의 넓이의 비가 $1:4$이므로 $(10-x)^2:x^2=1:4$
$x^2=4(10-x)^2$
$3x^2-80x+400=0$
$(3x-20)(x-20)=0$
$\therefore x=\frac{20}{3}$ 또는 $x=20$
이때 $0<x<10$이므로 $x=\frac{20}{3}$
따라서 큰 정사각형의 한 변의 길이는
$\frac{20}{3}$ cm이다.

**13** 주어진 이차방정식이 중근을 가지려면
$b^2-4ac$
$=\{-2(k+1)\}^2-4(2k^2-4k+6)$
$=0$
이어야 하므로 ···(i)
$4k^2+8k+4-8k^2+16k-24=0$
$-4k^2+24k-20=0$
$k^2-6k+5=0$, $(k-1)(k-5)=0$
$\therefore k=1$ 또는 $k=5$ ···(ii)
따라서 모든 상수 $k$의 값의 합은
$1+5=6$ ···(iii)

| 채점 기준 | 비율 |
|---|---|
| (i) 중근을 갖는 조건 알기 | 40% |
| (ii) 이차방정식 세워 풀기 | 40% |
| (iii) $k$의 값의 합 구하기 | 20% |

**14** $(400+20x)(500-10x)=245000$ ···(i)
$-200x^2+6000x+200000=245000$
$200x^2-6000x+45000=0$
$x^2-30x+225=0$, $(x-15)^2=0$
$\therefore x=15$ ···(ii)
따라서 총 판매 금액이 245000원일 때, 빵 한 개의 가격은
$400+20\times15=700$(원)이다. ···(iii)

| 채점 기준 | 비율 |
|---|---|
| (i) 이차방정식 세우기 | 40% |
| (ii) 이차방정식 풀기 | 40% |
| (iii) 답 구하기 | 20% |

**18강** p. 142~143

1 ③ 2 ⑤ 3 ③ 4 ⑤
5 120 m 6 ⑤ 7 ③ 8 ②
9 ① 10 ④ 11 ④ 12 ①
13 (1) ㄱ, ㄷ, ㅁ (2) ㄱ (3) ㄴ, ㄷ
과정은 풀이 참조
14 1, 과정은 풀이 참조

**1** ㄷ. $y=2x$(일차함수)
ㄹ. 분모에 문자가 있으므로 이차함수가 아니다.
ㅁ. $y=2x^2+4x-2$(이차함수)
따라서 이차함수인 것은 ㄴ, ㅁ이다.

**2** ① (직사각형의 둘레의 길이)
$=2\{$(가로의 길이)+(세로의 길이)$\}$
에서 $30=2(x+y)$
$\therefore y=15-x$
② (거리)=(속력)×(시간)
$\therefore y=900x$
③ (원의 둘레의 길이)
$=2\times\pi\times$(반지름의 길이)
$\therefore y=2\pi x$
④ (정육면체의 부피)
=(한 모서리의 길이)$^3$
$\therefore y=x^3$
⑤ ($n$각형의 대각선의 총개수)
$=\frac{n(n-3)}{2}$
$\therefore y=\frac{x(x-3)}{2}$
$=\frac{1}{2}x^2-\frac{3}{2}x$
따라서 이차함수인 것은 ⑤이다.

**3** $y=(x-2)^2-2ax^2+5x$
$=x^2-4x+4-2ax^2+5x$
$=(1-2a)x^2+x+4$
이차함수가 되기 위해서는 $x^2$의 계수가 0이 아니어야 한다.
즉, $1-2a\neq0$이어야 하므로
$a\neq\frac{1}{2}$

**4** $f(-1)=2\times(-1)^2+5\times(-1)-3$
$=2-5-3=-6$
$f(1)=2\times1^2+5\times1-3$
$=2+5-3=4$
$\therefore f(-1)+f(1)=-6+4$
$=-2$

**5** $x=3$을 대입하면
$y=-5\times3^2+40\times3+45$
$=-45+120+45=120$
따라서 이 물체를 쏘아 올린 지 3초 후의 높이는 120 m이다.

**6** $y=ax^2$의 그래프에서 $a$의 절댓값이 클수록 그래프의 폭이 좁아진다. 따라서 그래프의 폭이 좁은 것부터 차례로 나열하면
$y=5x^2$, $y=-2x^2$, $y=\frac{3}{2}x^2$,
$y=x^2$, $y=-\frac{3}{4}x^2$, $y=-\frac{1}{3}x^2$이다.

**7** 그래프의 모양이 아래로 볼록하므로
$y=ax^2$에서 $a<0$이고, $y=-\frac{3}{2}x^2$의 그래프보다 폭이 더 넓으므로
$-\frac{3}{2}<a<0$
따라서 상수 $a$의 값이 될 수 있는 것은 ③이다.

**8** ② 아래로 볼록한 포물선이다.

**9** $y=2x^2$의 그래프와 $x$축에 서로 대칭인 그래프는 $y=-2x^2$
이 그래프가 점 $(-1, a)$를 지나므로
$a=-2\times(-1)^2=-2$

**10** $y=ax^2$의 그래프가 점 $(2, -4)$를 지나므로
$-4=4a$ $\therefore a=-1$
$y=-x^2$의 그래프가 점 $(k, -9)$를 지나므로 $-9=-k^2$, $k^2=9$
이때 $k<0$이므로 $k=-3$

**11** $y=ax^2$의 그래프가 점 $(-6, 4)$를 지나므로 $4=36a$ $\therefore a=\frac{1}{9}$
$\therefore y=\frac{1}{9}x^2$
$f(x)=\frac{1}{9}x^2$에 $x=3$을 대입하면
$f(3)=\frac{1}{9}\times3^2=1$

**12** 조건 (가)에서 구하는 이차함수의 식을 $y=ax^2$으로 놓을 수 있다.
조건 (나)에서 $a<0$, 조건 (다)에서
$|a|>\frac{2}{3}$이므로 $a<-\frac{2}{3}$
따라서 주어진 조건을 모두 만족시키는 포물선을 그래프로 하는 이차함수의 식은 ①이다.

**13** 이차함수 $y=ax^2$의 그래프에서

(1) 그래프가 아래로 볼록하려면 $a>0$ 이므로 ㄱ, ㄷ, ㅁ이다. …(i)

(2) $|-6|>|-5|=|5|>\left|-\frac{3}{2}\right|>\left|\frac{3}{4}\right|>\left|\frac{2}{3}\right|$ 이므로 그래프의 폭이 가장 넓은 것은 $a$의 절댓값이 가장 작은 ㄱ이다. …(ii)

(3) 그래프가 $x$축에 서로 대칭이려면 $a$의 절댓값이 같고 부호가 달라야 하므로 ㄴ, ㄷ이다. …(iii)

| 채점 기준 | 비율 |
|---|---|
| (i) 아래로 볼록한 그래프 고르기 | 30 % |
| (ii) 폭이 가장 넓은 그래프 고르기 | 40 % |
| (iii) $x$축에 서로 대칭인 그래프 고르기 | 30 % |

**14** 점 A의 좌표를 $(-a,\ 3a^2)(a>0)$이라 하면 $B(-a,\ -a^2)$, $C(a,\ -a^2)$, $D(a,\ 3a^2)$ …(i)

$\overline{AD}=2a$, $\overline{AB}=4a^2$이고, $\overline{AD}=\overline{AB}$이므로 $2a=4a^2$

$2a^2-a=0$, $a(2a-1)=0$

$\therefore a=0$ 또는 $a=\frac{1}{2}$

이때 $a>0$이므로 $a=\frac{1}{2}$ …(ii)

$\therefore \square ABCD=\overline{AD}^2=(2a)^2=\left(2\times\frac{1}{2}\right)^2=1$ …(iii)

| 채점 기준 | 비율 |
|---|---|
| (i) 점 A, B, C, D를 $a$에 대한 식으로 나타내기 | 40 % |
| (ii) $a$의 값 구하기 | 40 % |
| (iii) □ABCD의 넓이 구하기 | 20 % |

**19~20강** p. 144~146

1 ② 2 ⑤ 3 ③ 4 ①
5 ① 6 ⑤ 7 ④ 8 ④
9 ④ 10 ② 11 ④ 12 ①
13 ⑤ 14 $-\frac{11}{3}$ 15 1
16 32, 과정은 풀이 참조
17 6, 과정은 풀이 참조
18 3, 과정은 풀이 참조
19 $-\frac{3}{4}$, 과정은 풀이 참조

**1** $y=-x^2$의 그래프를 $y$축의 방향으로 $-3$만큼 평행이동한 그래프의 식은
$y=-x^2-3$

**2** $y=2x^2+q$의 그래프가 점 $(-1,\ 5)$를 지나므로
$5=2\times(-1)^2+q$
$\therefore q=3$

**3** $y=-4(x-1)^2$의 그래프의 꼭짓점의 좌표는 $(1,\ 0)$, 축의 방정식은 $x=1$이므로 $a=1$, $b=0$, $c=1$
$\therefore a+b+c=1+0+1=2$

**4** $y=-\frac{1}{2}x^2$의 그래프를 $x$축의 방향으로 $p$만큼 평행이동한 그래프의 식은
$y=-\frac{1}{2}(x-p)^2$
이 그래프가 $(-2,\ 0)$을 지나므로
$0=-\frac{1}{2}(-2-p)^2$
$-2-p=0$ $\therefore p=-2$
$y=-\frac{1}{2}(x+2)^2$의 그래프가 $(0,\ q)$를 지나므로
$q=-\frac{1}{2}\times(0+2)^2=-2$
$\therefore p+q=-2+(-2)=-4$

**5** 축의 방정식이 $x=3$인 것은 ①, ③, ⑤이고, 이 중 위로 볼록하고 폭이 $y=-x^2$의 그래프보다 좁은 것은 ①이다.

**6** $y=5x^2$의 그래프를 $x$축의 방향으로 $p$만큼, $y$축의 방향으로 $q$만큼 평행이동한 그래프의 식은
$y=5(x-p)^2+q$이고 이 그래프가 $y=a(x-3)^2+1$의 그래프와 일치하므로 $a=5$, $p=3$, $q=1$
$\therefore a+p+q=5+3+1=9$

**7** $y=2x^2$의 그래프를 $x$축의 방향으로 으로 $-3$만큼 평행이동하면 $y=2(x+3)^2$의 그래프와 완전히 포개어진다.

**8** ④ $y=-(x-1)^2-3$에 $x=2$를 대입하면 $y=-(2-1)^2-3=-4$이므로 점 $(2,\ -4)$를 지난다.

**9** $y=-\frac{2}{3}(x+2)^2-5$의 그래프는 오른쪽 그림과 같이 위로 볼록하고 축의 방정식이 $x=-2$이므로 $x>-2$일 때, $x$의 값이 증가하면 $y$의 값은 감소한다.



**10** $y=-(x-3)^2-1$의 그래프는 꼭짓점의 좌표가 $(3,\ -1)$이고 위로 볼록한 포물선이므로 ②이다.

**11** 그래프가 위로 볼록하므로 $a<0$, 꼭짓점 $(p,\ q)$가 제4사분면 위에 있으므로 $p>0$, $q<0$

**12** $y=a(x+p)^2+q$의 그래프가 오른쪽 그림과 같이 위로 볼록하고 꼭짓점 $(-p,\ q)$가 제1사분면 위에 있어야 하므로
$a<0$, $-p>0$, $q>0$
$\therefore a<0$, $p<0$, $q>0$



**13** $y=-ax+b$의 그래프는 기울기가 양수이므로 $-a>0$, $y$절편이 양수이므로 $b>0$
$\therefore a<0$, $b>0$
$y=ax^2-b$의 그래프는 $a<0$이므로 위로 볼록하고, $-b<0$이므로 꼭짓점 $(0,\ -b)$는 $x$축보다 아래쪽에 있다.
따라서 $y=ax^2-b$의 그래프가 될 수 있는 것은 ⑤이다.

**14** $y=(x-3)^2+2$의 그래프를 $x$축의 방향으로 $m$만큼, $y$축의 방향으로 $n$만큼 평행이동한 그래프의 식은
$y=(x-m-3)^2+2+n$
이 그래프와 $y=(x-1)^2+\frac{1}{3}$의 그래프가 일치하므로
$-m-3=-1$, $2+n=\frac{1}{3}$
$\therefore m=-2$, $n=-\frac{5}{3}$
$\therefore m+n=-2+\left(-\frac{5}{3}\right)=-\frac{11}{3}$

**15** 점 A는 제4사분면 위의 점이므로
$\overline{OH}=m$
$\overline{AH}=-(m-7)=7-m$

이때 $\triangle AHO=3$이므로

$\frac{1}{2}m(7-m)=3$, $m^2-7m+6=0$

$(m-1)(m-6)=0$

$\therefore m=1$ 또는 $m=6$

이때 $\overline{OH}<\overline{AH}$이므로 $m=1$

**16** $y=\frac{1}{4}x^2+4$의 그래프는 $y=\frac{1}{4}x^2-4$의 그래프를 $y$축의 방향으로 8만큼 평행이동한 것과 같다. 따라서 다음 그림에서 빗금 친 부분의 넓이가 서로 같으므로 색칠한 부분의 넓이는 직사각형 AOBC의 넓이와 같다. …(i)

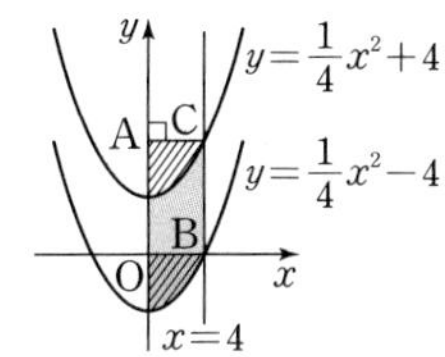


점 B의 좌표는 $(4, 0)$

$y=\frac{1}{4}x^2+4$에 $x=4$를 대입하면

$y=\frac{1}{4}\times4^2+4=8$

즉, 점 C의 좌표는 $(4, 8)$ …(ii)

따라서 구하는 넓이는

$4\times8=32$ …(iii)

| 채점 기준 | 비율 |
|---|---|
| (i) 구하는 넓이가 직사각형의 넓이와 같음을 알기 | 40 % |
| (ii) 점 B, C의 좌표 각각 구하기 | 40 % |
| (iii) 넓이 구하기 | 20 % |

**17** $y=-\frac{1}{4}x^2$의 그래프를 $x$축의 방향으로 $-2$만큼 평행이동한 그래프의 식은

$y=-\frac{1}{4}(x+2)^2$ …(i)

$f(x)=-\frac{1}{4}(x+2)^2$에서

$f(-1)=-\frac{1}{4}\times(-1+2)^2=-\frac{1}{4}$

$f(3)=-\frac{1}{4}\times(3+2)^2$

$=-\frac{25}{4}$ …(ii)

$\therefore f(-1)-f(3)$

$=-\frac{1}{4}-\left(-\frac{25}{4}\right)=6$ …(iii)

| 채점 기준 | 비율 |
|---|---|
| (i) 평행이동한 그래프의 식 구하기 | 40 % |
| (ii) $f(-1)$, $f(3)$의 값 각각 구하기 | 40 % |
| (iii) $f(-1)-f(3)$의 값 구하기 | 20 % |

**18** 꼭짓점의 좌표가 $(p, p^2)$이므로 …(i)

$y=2x+3$에 $x=p$, $y=p^2$을 대입하면

$p^2=2p+3$

$p^2-2p-3=0$, $(p+1)(p-3)=0$

$\therefore p=-1$ 또는 $p=3$ …(ii)

이때 $p$는 양수이므로 $p=3$ …(iii)

| 채점 기준 | 비율 |
|---|---|
| (i) 꼭짓점의 좌표 구하기 | 30 % |
| (ii) 이차방정식 풀기 | 50 % |
| (iii) $p$의 값 구하기 | 20 % |

**19** $y=\frac{1}{4}(x-8)^2+2$의 그래프를 $x$축의 방향으로 $-5$만큼, $y$축의 방향으로 $-3$만큼 평행이동한 그래프의 식은

$y=\frac{1}{4}(x+5-8)^2+2-3$

$\therefore y=\frac{1}{4}(x-3)^2-1$ …(i)

이 그래프가 점 $(4, a)$를 지나므로

$a=\frac{1}{4}\times(4-3)^2-1=-\frac{3}{4}$ …(ii)

| 채점 기준 | 비율 |
|---|---|
| (i) 평행이동한 그래프의 식 구하기 | 50 % |
| (ii) $a$의 값 구하기 | 50 % |

## 21~23강 p. 147~149

1 $(2, -3)$　2 ①　3 ⑤
4 ①　5 ②　6 ⑤　7 ④
8 ⑤　9 12　10 ②　11 ④
12 ④　13 ⑤
14 $y=-x^2+3x+4$　15 ④
16 $y=-4(x-1)^2+5$, $(1, 5)$, $x=1$, 과정은 풀이 참조
17 9, 과정은 풀이 참조
18 3, 과정은 풀이 참조
19 $-2$, 과정은 풀이 참조

**1** $y=x^2+kx+1$의 그래프가 점 $(1, -2)$를 지나므로

$-2=1+k+1$　$\therefore k=-4$

$\therefore y=x^2-4x+1$

$=(x^2-4x+4-4)+1$

$=(x-2)^2-3$

따라서 꼭짓점의 좌표는 $(2, -3)$이다.

**2** $y=-2x^2+4x-1$

$=-2(x^2-2x+1-1)-1$

$=-2(x-1)^2+1$

따라서 꼭짓점의 좌표는 $(1, 1)$이므로

$y=ax+3$에 $x=1$, $y=1$을 대입하면

$1=a+3$　$\therefore a=-2$

**3** $y=x^2+kx-3$

$=\left(x^2+kx+\frac{k^2}{4}-\frac{k^2}{4}\right)-3$

$=\left(x+\frac{k}{2}\right)^2-\frac{k^2}{4}-3$

따라서 축의 방정식은 $x=-\frac{k}{2}$이므로

$-\frac{k}{2}=-3$　$\therefore k=6$

**4** $y=2x^2+4x-1$에서 $x^2$의 계수가 $2>0$이므로 아래로 볼록하고, $y$축과 만나는 점의 $y$좌표가 $-1$이다.

$y=2x^2+4x-1$

$=2(x^2+2x+1-1)-1$

$=2(x+1)^2-3$

이므로 꼭짓점의 좌표는 $(-1, -3)$이다. 따라서 구하는 그래프는 ①이다.

**5** $y=-3x^2+6x+c$의 그래프가 점 $(1, 2)$를 지나므로

$2=-3+6+c$　$\therefore c=-1$

$y=-3x^2+6x-1$

$=-3(x^2-2x+1-1)-1$

$=-3(x-1)^2+2$

따라서 이차함수의 그래프는 오른쪽 그림과 같으므로 제2사분면을 지나지 않는다.

**6** $y=-x^2+2x+8$에 $y=0$을 대입하면

$0=-x^2+2x+8$, $x^2-2x-8=0$

$(x+2)(x-4)=0$

$\therefore x=-2$ 또는 $x=4$

따라서 $A(-2, 0)$, $B(4, 0)$ 또는 $A(4, 0)$, $B(-2, 0)$이므로

$\overline{AB}=4-(-2)=6$

**7** $x^2$의 계수가 다르면 평행이동하여 서로 포갤 수 없다.

따라서 서로 포갤 수 없는 것은 ④이다.

**8** $y=-2x^2-12x-19$

$=-2(x^2+6x+9-9)-19$

$=-2(x+3)^2-1$

의 그래프를 $x$축의 방향으로 $a$만큼, $y$축의 방향으로 $b$만큼 평행이동한 그래프의 식은
$y=-2(x-a+3)^2-1+b$
이때
$y=-2x^2-8x-7$
$=-2(x^2+4x+4-4)-7$
$=-2(x+2)^2+1$
이고 두 그래프가 일치하므로
$-a+3=2$에서 $a=1$
$-1+b=1$에서 $b=2$
$\therefore a+b=1+2=3$

**9** $y=-x^2+2x+3$
$=-(x^2-2x+1-1)+3$
$=-(x-1)^2+4$
이므로 P(1, 4)이고
$y=-x^2+8x-12$
$=-(x^2-8x+16-16)-12$
$=-(x-4)^2+4$
이므로 Q(4, 4)이다.
$y=-(x-4)^2+4$의 그래프는
$y=-(x-1)^2+4$의 그래프를 $x$축의 방향으로 3만큼 평행이동한 것과 같다.
따라서 다음 그림에서 빗금 친 부분의 넓이가 서로 같으므로 색칠한 부분의 넓이는 가로의 길이가 3이고, 세로의 길이가 4인 직사각형의 넓이와 같다.

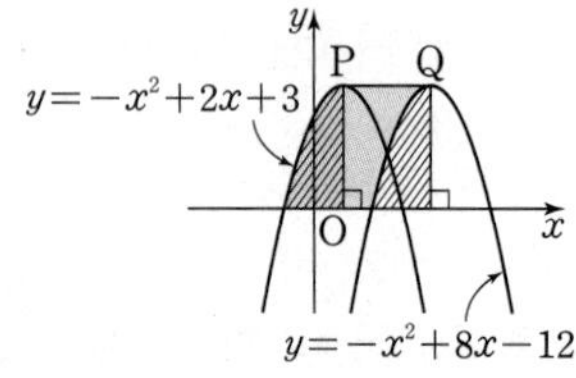


$\therefore$ (색칠한 부분의 넓이)$=3\times4=12$

**10** $y=3x^2-12x+2$
$=3(x^2-4x+4-4)+2$
$=3(x-2)^2-10$
① 아래로 볼록한 포물선이다.
③ $y$축과 점 $(0, 2)$에서 만난다.
④ 축의 방정식은 $x=2$이다.
⑤ 이차함수 $y=3x^2-10$의 그래프를 $x$축의 방향으로 2만큼 평행이동한 것이다.
따라서 옳은 것은 ②이다.

**11** ① $y=ax^2+bx+c$의 그래프가 점 $(1, 0)$을 지나므로
$a+b+c=0$
② $f(x)=ax^2+bx+c$에서
$f(-1)=a-b+c<0$
③ 축이 $y$축의 왼쪽에 있으므로 $ab>0$
④ $y$축과 만나는 점이 $x$축보다 아래에 있으므로 $c<0$ $\quad\therefore abc<0$
⑤ $f(x)=ax^2+bx+c$에서
$f(-2)=4a-2b+c<0$
따라서 옳지 않은 것은 ④이다.

**12** 꼭짓점의 좌표가 $(-2, 1)$이므로
$y=a(x+2)^2+1$
이 그래프가 점 $(-1, 4)$를 지나므로
$4=a(-1+2)^2+1 \quad\therefore a=3$
$y=3(x+2)^2+1=3x^2+12x+13$
이므로 $a=3$, $b=12$, $c=13$
$\therefore 4a-b-c=12-12-13=-13$

**13** 축의 방정식이 $x=1$이므로
$y=-2(x-1)^2+q$
이 그래프가 점 $(-1, 3)$을 지나므로
$3=-2\times(-1-1)^2+q$
$3=-8+q \quad\therefore q=11$
$\therefore y=-2(x-1)^2+11$
$=-2x^2+4x+9$
따라서 이 그래프가 $y$축과 만나는 점의 $y$좌표는 $x=0$을 대입하면 $y=9$

**14** $y=ax^2+bx+c$의 그래프가 점 $(0, 4)$를 지나므로 $4=c$
즉, $y=ax^2+bx+4$의 그래프가 두 점 $(-1, 0)$, $(1, 6)$을 지나므로
$0=a-b+4 \quad\cdots$ ㉠
$6=a+b+4 \quad\cdots$ ㉡
㉠, ㉡을 연립하여 풀면 $a=-1$, $b=3$
$\therefore y=-x^2+3x+4$

**15** $y=-3(x+3)(x-4)$
$=-3(x^2-x-12)$
$=-3x^2+3x+36$
이므로 $a=-3$, $b=3$, $c=36$
$\therefore 9a-b+c=9\times(-3)-3+36$
$=6$

**16** $y=-4x^2+8x+1$
$=-4(x^2-2x+1-1)+1$
$=-4(x-1)^2+5 \quad\cdots$(i)
꼭짓점의 좌표는$(1, 5)$이고 $\quad\cdots$(ii)
축의 방정식은 $x=1$이다. $\quad\cdots$(iii)

| 채점 기준 | 비율 |
|---|---|
| (i) $y=a(x-p)^2+q$ 꼴로 고치기 | 60 % |
| (ii) 꼭짓점의 좌표 구하기 | 20 % |
| (iii) 축의 방정식 구하기 | 20 % |

**17** $y=x^2-2ax+b$의 그래프가 점 $(1, 4)$를 지나므로
$4=1-2a+b$
$\therefore b=2a+3 \quad\cdots$(i)
$y=x^2-2ax+2a+3$
$=(x^2-2ax+a^2-a^2)+2a+3$
$=(x-a)^2-a^2+2a+3$
에서 꼭짓점의 좌표는
$(a, -a^2+2a+3)$이다. $\quad\cdots$(ii)
꼭짓점이 직선 $y=-2x+7$ 위에 있으므로
$-a^2+2a+3=-2a+7$
$a^2-4a+4=0$, $(a-2)^2=0$
$\therefore a=2$
$\therefore b=2a+3=2\times2+3=7 \quad\cdots$(iii)
$\therefore a+b=2+7=9 \quad\cdots$(iv)

| 채점 기준 | 비율 |
|---|---|
| (i) $b$를 $a$에 대한 식으로 나타내기 | 20 % |
| (ii) 꼭짓점의 좌표 구하기 | 40 % |
| (iii) $a$, $b$의 값 각각 구하기 | 30 % |
| (iv) $a+b$의 값 구하기 | 10 % |

**18** $y=x^2+x-2$에 $y=0$을 대입하면
$x^2+x-2=0$
$(x+2)(x-1)=0$
$\therefore x=-2$ 또는 $x=1$
$\therefore$ A$(-2, 0)$, B$(1, 0)$ $\quad\cdots$(i)
$y=x^2+x-2$에 $x=0$을 대입하면
$y=-2 \quad\therefore$ C$(0, -2)$ $\quad\cdots$(ii)
$\overline{AB}=1-(-2)=3$이므로
$\triangle ABC=\frac{1}{2}\times3\times2=3 \quad\cdots$(iii)

| 채점 기준 | 비율 |
|---|---|
| (i) 점 A, B의 좌표 각각 구하기 | 40 % |
| (ii) 점 C의 좌표 구하기 | 40 % |
| (iii) △ABC의 넓이 구하기 | 20 % |

**19** 꼭짓점의 좌표가 $(2, -3)$이므로
$y=a(x-2)^2-3$
이 그래프가 점 $(0, 1)$을 지나므로
$1=a(0-2)^2-3$
$1=4a-3 \quad\therefore a=1 \quad\cdots$(i)
$y=(x-2)^2-3=x^2-4x+1$이므로
$b=-4$, $c=1 \quad\cdots$(ii)
$\therefore a+b+c=1+(-4)+1$
$=-2 \quad\cdots$(iii)

| 채점 기준 | 비율 |
|---|---|
| (i) $a$의 값 구하기 | 40 % |
| (ii) $b$, $c$의 값 각각 구하기 | 40 % |
| (iii) $a+b+c$의 값 구하기 | 20 % |

# 중간/기말 대비 실전 모의고사

## 1학기 중간고사 제1회 p. 1~2

1 ② 2 ⑤ 3 ① 4 ①
5 ①, ③ 6 ③ 7 ② 8 ④
9 ④ 10 ④ 11 ② 12 ④
13 ③ 14 ④ 15 ⑤ 16 ③
17 ⑤ 18 ① 19 $\frac{5\sqrt{3}}{3}-\frac{3\sqrt{6}}{2}$
20 $-3$ 21 $4+2\sqrt{2}$
22 $\sqrt{13}$ cm, 과정은 풀이 참조
23 $4x$, 과정은 풀이 참조

**1** $\pm\sqrt{0}=0$, $\pm\sqrt{(-0.3)^2}=\pm0.3$

**2** ⑤ $(-\sqrt{2})^2=2$

**3** $a-1<0$, $-a<0$, $1-a>0$이므로
$\sqrt{(a-1)^2}+\sqrt{(-a)^2}-\sqrt{(1-a)^2}$
$=-(a-1)-(-a)-(1-a)$
$=-a+1+a-1+a=a$

**4** $\sqrt{48n}=\sqrt{2^4\times3\times n}$
따라서 $\sqrt{48n}$이 자연수가 되려면 소인수의 지수가 모두 짝수이어야 하므로 가장 작은 자연수 $n$의 값은 3이다.

**5** ② $\sqrt{\frac{9}{16}}=\frac{3}{4}$
④ 순환소수는 유리수이다.
따라서 유리수가 아닌 실수는 무리수이므로 ①, ③이다.

**6** ③ $1<\sqrt{3}<2$이고, $3<\sqrt{15}<4$이므로
$0<\sqrt{15}-3<1$
즉, $\sqrt{15}-3$은 $\sqrt{3}$과 $\sqrt{15}$ 사이에 있지 않다.

**7** ㄱ. $3=\sqrt{9}$이므로 $\sqrt{8}<3$
ㄴ. $0.5=\sqrt{0.25}$이므로 $0.5<\sqrt{0.5}$
ㄷ. $2-(\sqrt{8}-1)=3-\sqrt{8}$
$=\sqrt{9}-\sqrt{8}>0$
$\therefore 2>\sqrt{8}-1$
ㄹ. $(2+\sqrt{3})-4=-2+\sqrt{3}$
$=-\sqrt{4}+\sqrt{3}<0$
$\therefore 2+\sqrt{3}<4$
따라서 옳은 것은 ㄱ, ㄹ이다.

**8** ① $4\sqrt{5}+\sqrt{20}=4\sqrt{5}+2\sqrt{5}=6\sqrt{5}$
② $5\sqrt{2}-\frac{9}{\sqrt{2}}=5\sqrt{2}-\frac{9\sqrt{2}}{2}=\frac{\sqrt{2}}{2}$
③ $\sqrt{6}(3\sqrt{3}-\sqrt{6})=3\sqrt{18}-6$
$=9\sqrt{2}-6$
④ $4\sqrt{27}\div6\sqrt{3}\times3\sqrt{2}$
$=12\sqrt{3}\times\frac{1}{6\sqrt{3}}\times3\sqrt{2}=6\sqrt{2}$
⑤ $\sqrt{\frac{14}{24}}\times\frac{2\sqrt{2}}{\sqrt{7}}\div\sqrt{\frac{2}{9}}$
$=\frac{\sqrt{14}}{2\sqrt{6}}\times\frac{2\sqrt{2}}{\sqrt{7}}\times\frac{3}{\sqrt{2}}$
$=\frac{3}{\sqrt{3}}=\sqrt{3}$
따라서 옳지 않은 것은 ④이다.

**9** $\overline{AC}=\sqrt{2}$이므로 점 P에 대응하는 수는 $3-\sqrt{2}$, 점 Q에 대응하는 수는 $3+\sqrt{2}$이다.
$\therefore (3-\sqrt{2})+(3+\sqrt{2})=6$

**10** $5(\sqrt{2}+\sqrt{3})-2(3\sqrt{2}-\sqrt{3})$
$=5\sqrt{2}+5\sqrt{3}-6\sqrt{2}+2\sqrt{3}$
$=-\sqrt{2}+7\sqrt{3}$
따라서 $a=-1$, $b=7$이므로
$2a+b=2\times(-1)+7=5$

**11** $1<\sqrt{3}<2$에서 $3<2+\sqrt{3}<4$이므로
정수 부분 $a=3$
소수 부분 $b=(2+\sqrt{3})-3$
$=-1+\sqrt{3}$
$\therefore 3a+b^2=3\times3+(-1+\sqrt{3})^2$
$=9+1-2\sqrt{3}+3$
$=13-2\sqrt{3}$

**12** ④ $(3x-2y)^2$
$=(3x)^2-2\times3x\times2y+(2y)^2$
$=9x^2-12xy+4y^2$

**13** $1004\times996$
$=(1000+4)\times(1000-4)$
$=1000^2-4^2$
$=1000000-16$
$=999984$
따라서 곱셈 공식 ③을 이용하는 것이 가장 편리하다.

**14** $x=\frac{1}{\sqrt{5}-\sqrt{3}}$
$=\frac{\sqrt{5}+\sqrt{3}}{(\sqrt{5}-\sqrt{3})(\sqrt{5}+\sqrt{3})}$
$=\frac{\sqrt{5}+\sqrt{3}}{2}$
$y=\frac{1}{\sqrt{5}+\sqrt{3}}$
$=\frac{\sqrt{5}-\sqrt{3}}{(\sqrt{5}+\sqrt{3})(\sqrt{5}-\sqrt{3})}$
$=\frac{\sqrt{5}-\sqrt{3}}{2}$
$\therefore x+y=\frac{\sqrt{5}+\sqrt{3}}{2}+\frac{\sqrt{5}-\sqrt{3}}{2}$
$=\sqrt{5}$

**15** ① $x^2+6x+9=(x+3)^2$
② $4x^2+12xy+9y^2=(2x+3y)^2$
③ $x^2-2x+1=(x-1)^2$
④ $x^2+x+\frac{1}{4}=\left(x+\frac{1}{2}\right)^2$
따라서 완전제곱식이 아닌 것은 ⑤이다.

**16** $20x^3-5x=5x(4x^2-1)$
$=5x(2x+1)(2x-1)$
이므로 인수가 아닌 것은 ③이다.

**17** $x^2+13x+k=(x+a)(x+b)$
$=x^2+(a+b)x+ab$
이므로 합이 13이 되는 두 자연수 $a$, $b$를 순서쌍 $(a, b)$로 나타내면
$(1, 12)$, $(2, 11)$, $(3, 10)$, $(4, 9)$, $(5, 8)$, $(6, 7)$
$\therefore k=ab=12$, 22, 30, 36, 40, 42
따라서 $k$의 값이 될 수 없는 것은 ⑤이다.

**18** $2x+1=A$, $x-2=B$로 놓으면
$(2x+1)^2-(x-2)^2$
$=A^2-B^2$
$=(A+B)(A-B)$
$=(2x+1+x-2)(2x+1-x+2)$
$=(3x-1)(x+3)$
이므로 $a=-1$, $b=3$
$\therefore 2a+b=2\times(-1)+3=1$

| 다른 풀이 |

$(2x+1)^2-(x-2)^2$
$=4x^2+4x+1-x^2+4x-4$
$=3x^2+8x-3$
$=(3x-1)(x+3)$
이므로 $a=-1$, $b=3$
$\therefore 2a+b=2\times(-1)+3=1$

**19** $\frac{2}{\sqrt{3}}+\frac{3}{\sqrt{6}}-\sqrt{3}(\sqrt{8}-1)$
$=\frac{2\sqrt{3}}{3}+\frac{\sqrt{6}}{2}-2\sqrt{6}+\sqrt{3}$
$=\frac{5\sqrt{3}}{3}-\frac{3\sqrt{6}}{2}$

**20** $(x+3)(x+A)$
$=x^2+(A+3)x+3A$
이므로 $A+3=2$
$\therefore A=-1$
따라서 상수항은
$3A=3\times(-1)=-3$

**21** $x^3-x^2-x+1$
$=x^2(x-1)-(x-1)$
$=(x-1)(x^2-1)$
$=(x-1)(x+1)(x-1)$
$=(x-1)^2(x+1)$
이 식에 $x=\sqrt{2}+1$을 대입하면
$(\sqrt{2})^2\times(\sqrt{2}+2)=2(\sqrt{2}+2)$
$=4+2\sqrt{2}$

**22** 반지름의 길이가 2 cm, 3 cm인 두 원의 넓이는 각각 $4\pi\text{ cm}^2$, $9\pi\text{ cm}^2$이다. ⋯ (i)
이때 두 원의 넓이의 합은
$4\pi+9\pi=13\pi(\text{cm}^2)$ ⋯ (ii)
넓이가 $13\pi\text{ cm}^2$인 원의 반지름의 길이를 $r$ cm라 하면
$\pi r^2=13\pi$
$r^2=13$ $\therefore r=\pm\sqrt{13}$
이때 $r>0$이므로 $r=\sqrt{13}$
따라서 구하는 원의 반지름의 길이는 $\sqrt{13}$ cm이다. ⋯ (iii)

| 채점 기준 | 배점 |
|---|---|
| (i) 반지름의 길이가 2cm, 3cm인 원의 넓이 각각 구하기 | 2점 |
| (ii) 두 원의 넓이의 합 구하기 | 2점 |
| (iii) 원의 반지름의 길이 구하기 | 3점 |

**23** $x^2=A$로 놓으면 ⋯ (i)
$x^4-13x^2+36$
$=A^2-13A+36$
$=(A-4)(A-9)$ ⋯ (ii)
$=(x^2-4)(x^2-9)$
$=(x+2)(x-2)(x+3)(x-3)$ ⋯ (iii)
따라서 네 일차식의 합은
$(x+2)+(x-2)+(x+3)+(x-3)$
$=4x$ ⋯ (iv)

| 채점 기준 | 배점 |
|---|---|
| (i) $x^2=A$로 놓기 | 1점 |
| (ii) $A$로 놓은 식 인수분해하기 | 2점 |
| (iii) $A=x^2$을 대입하여 인수분해하기 | 2점 |
| (iv) 네 일차식의 합 구하기 | 1점 |

## 1학기 중간고사 제2회 p. 3~4

| | | | |
|---|---|---|---|
| 1 ②, ⑤ | 2 ② | 3 ④ | 4 ③ |
| 5 ④ | 6 ②, ⑤ | 7 ① | 8 ② |
| 9 ① | 10 ④ | 11 ② | 12 ③ |
| 13 ② | 14 ④ | 15 ⑤ | 16 ③ |
| 17 ③ | 18 ⑤ | 19 2 | 20 14개 |

21 250000
22 6, 과정은 풀이 참조
23 $(2a+3)$ cm, 과정은 풀이 참조

**1** ① $\sqrt{36}=6$의 제곱근은 $\pm\sqrt{6}$이다.
③ 0의 제곱근은 0이다.
④ 음수의 제곱근은 없고, 0의 제곱근은 0의 1개이다.
따라서 옳은 것은 ②, ⑤이다.

**2** 순환하지 않는 무한소수는 무리수이므로 ② $\sqrt{20}$이다.

**3** $\overline{AC}=\sqrt{\overline{AB}^2+\overline{BC}^2}=\sqrt{1^2+1^2}=\sqrt{2}$
이므로
$\overline{CP}=\overline{CA}=\sqrt{2}$
점 P는 점 C로부터 왼쪽에 위치하므로 점 P에 대응하는 수는 $-2-\sqrt{2}$이다.

**4** ① $(\sqrt{2}+1)-3=\sqrt{2}-2$
$=\sqrt{2}-\sqrt{4}<0$
$\therefore \sqrt{2}+1<3$
② $4-(\sqrt{3}+2)=2-\sqrt{3}$
$=\sqrt{4}-\sqrt{3}>0$
$\therefore 4>\sqrt{3}+2$
③ $(\sqrt{5}-1)-(\sqrt{3}-1)$
$=\sqrt{5}-\sqrt{3}>0$
$\therefore \sqrt{5}-1>\sqrt{3}-1$
④ $(5-\sqrt{10})-(5-2\sqrt{2})$
$=-\sqrt{10}+\sqrt{8}<0$
$\therefore 5-\sqrt{10}<5-2\sqrt{2}$
⑤ $(3+\sqrt{5})-(\sqrt{5}+\sqrt{8})$
$=3-\sqrt{8}=\sqrt{9}-\sqrt{8}>0$
$\therefore 3+\sqrt{5}>\sqrt{5}+\sqrt{8}$
따라서 옳은 것은 ③이다.

**5** $\sqrt{150}=\sqrt{2\times3\times5^2}=5\sqrt{2}\sqrt{3}=5ab$

**6** ② $\sqrt{531}=\sqrt{5.31\times100}$
$=10\sqrt{5.31}=23.04$
⑤ $\sqrt{0.0531}=\sqrt{\frac{5.31}{100}}$
$=\frac{\sqrt{5.31}}{10}=0.2304$

**7** $3\sqrt{2}\times(-2\sqrt{24})\div\frac{\sqrt{3}}{2}$
$=3\sqrt{2}\times(-4\sqrt{6})\times\frac{2}{\sqrt{3}}=-48$

**8** $a\sqrt{\frac{8bc}{a}}+b\sqrt{\frac{2ac}{b}}-c\sqrt{\frac{32ab}{c}}$
$=\sqrt{a^2\times\frac{8bc}{a}}+\sqrt{b^2\times\frac{2ac}{b}}$
$-\sqrt{c^2\times\frac{32ab}{c}}$
$=2\sqrt{2abc}+\sqrt{2abc}-4\sqrt{2abc}$
$=-\sqrt{2abc}=-\sqrt{50}=-5\sqrt{2}$

**9** $\sqrt{2}A-\sqrt{6}B$
$=\sqrt{2}(\sqrt{6}+\sqrt{2})-\sqrt{6}(\sqrt{6}-\sqrt{2})$
$=2\sqrt{3}+2-6+2\sqrt{3}=-4+4\sqrt{3}$

**10** 색칠한 부분은 가로의 길이가 $a+2b$이고 세로의 길이가 $a-b$인 직사각형이므로
(색칠한 부분의 넓이)
$=(a+2b)(a-b)$
$=a^2-ab+2ab-2b^2$
$=a^2+ab-2b^2$

**11** $(2-3\sqrt{5})(a-6\sqrt{5})$
$=2a+90-(12+3a)\sqrt{5}$
이 식이 유리수가 되려면 $12+3a=0$
이어야 하므로
$a=-4$

**12** $x+\frac{1}{x}=\frac{\sqrt{2}-1}{\sqrt{2}+1}+\frac{\sqrt{2}+1}{\sqrt{2}-1}$
$=\frac{(\sqrt{2}-1)^2+(\sqrt{2}+1)^2}{(\sqrt{2}+1)(\sqrt{2}-1)}$
$=(3-2\sqrt{2})+(3+2\sqrt{2})=6$

| 다른 풀이 |

$x=\frac{\sqrt{2}-1}{\sqrt{2}+1}$
$=\frac{(\sqrt{2}-1)^2}{(\sqrt{2}+1)(\sqrt{2}-1)}$
$=3-2\sqrt{2}$
$\frac{1}{x}=\frac{\sqrt{2}+1}{\sqrt{2}-1}$
$=\frac{(\sqrt{2}+1)^2}{(\sqrt{2}-1)(\sqrt{2}+1)}$
$=3+2\sqrt{2}$
$\therefore x+\frac{1}{x}=(3-2\sqrt{2})+(3+2\sqrt{2})$
$=6$

**13** $\frac{y}{x}+\frac{x}{y}=\frac{x^2+y^2}{xy}$
$=\frac{(x+y)^2-2xy}{xy}$
$=\frac{5^2-2\times6}{6}=\frac{13}{6}$

**14** $(x-1)(x-5)+k$
$=x^2-6x+5+k$
가 완전제곱식이 되려면
$5+k=\left(\frac{-6}{2}\right)^2$, $5+k=9$
$\therefore k=4$

**15** ① $a^2+6a^2b=a^2(1+6b)$
② $49x-x^3=x(7+x)(7-x)$
③ $9x^2-12xy+4y^2=(3x-2y)^2$
④ $4x^2-4x-3=(2x+1)(2x-3)$
따라서 옳은 것은 ⑤이다.

**16** $ab+a-b-1=a(b+1)-(b+1)$
$=(a-1)(b+1)$

**17** $x^2+Ax+18=(x+a)(x+b)$
$=x^2+(a+b)x+ab$
이므로 곱이 18이 되는 두 정수 $a$, $b$를 순서쌍 $(a, b)$로 나타내면
$(1, 18)$, $(2, 9)$, $(3, 6)$, $(6, 3)$, $(9, 2)$, $(18, 1)$, $(-1, -18)$, $(-2, -9)$, $(-3, -6)$, $(-6, -3)$, $(-9, -2)$, $(-18, -1)$
$\therefore A=a+b$
$=-19, -11, -9, 9, 11, 19$
따라서 $A$의 값이 될 수 없는 것은 ③이다.

**18** $a^2-b^2=(a+b)(a-b)$
$=(\sqrt{2}+\sqrt{3}+\sqrt{2}-\sqrt{3})$
$\times(\sqrt{2}+\sqrt{3}-\sqrt{2}+\sqrt{3})$
$=2\sqrt{2}\times2\sqrt{3}=4\sqrt{6}$

**19** $\sqrt{81}=9$의 음의 제곱근 $a=-3$
$(-\sqrt{25})^2=25$의 양의 제곱근 $b=5$
$\therefore a+b=-3+5=2$

**20** $3<2\sqrt{x}\le8$에서 $\sqrt{9}<\sqrt{4x}\le\sqrt{64}$
$9<4x\le64$
$\therefore \frac{9}{4}<x\le16$
따라서 부등식을 만족시키는 자연수 $x$는 3, 4, 5, ⋯, 16의 14개이다.

**21** $396^2+396\times208+104^2$
$=396^2+2\times396\times104+104^2$
$=(396+104)^2$
$=500^2=250000$

**22** $a=\frac{\sqrt{48}}{\sqrt{3}}=\sqrt{16}=4$ ⋯(i)
$b=\frac{12}{\sqrt{18}}\times\frac{1}{\sqrt{2}}=\frac{12}{6}=2$ ⋯(ii)
$\therefore a+b=4+2=6$ ⋯(iii)

| 채점 기준 | 배점 |
|---|---|
| (i) $a$의 값 구하기 | 2점 |
| (ii) $b$의 값 구하기 | 2점 |
| (iii) $a+b$의 값 구하기 | 2점 |

**23** 두 직사각형의 넓이의 합은
$(5a^2+6a+1)+(a^2+5a+2)$
$=6a^2+11a+3$ ⋯(i)
$=(3a+1)(2a+3)(\text{cm}^2)$ ⋯(ii)
따라서 직사각형의 한 변의 길이가 $(3a+1)$ cm이므로 나머지 한 변의 길이는 $(2a+3)$ cm이다. ⋯(iii)

| 채점 기준 | 배점 |
|---|---|
| (i) 두 직사각형의 넓이의 합 구하기 | 2점 |
| (ii) (i)의 식을 인수분해하기 | 3점 |
| (iii) 나머지 한 변의 길이 구하기 | 2점 |

## 1학기 기말고사 제1회 p. 5~6

| | | | |
|---|---|---|---|
| 1 ①, ③ | 2 ④ | 3 ③ | 4 ① |
| 5 ④ | 6 ④ | 7 ③ | 8 ④ |
| 9 ⑤ | 10 ① | 11 ⑤ | 12 ⑤ |
| 13 ① | 14 ④ | 15 ⑤ | 16 ⑤ |
| 17 ③ | 18 ② | 19 $-4$ | 20 16 |

21 $\frac{1}{3}$
22 $x=4+2\sqrt{7}$, 과정은 풀이 참조
23 $y=(x-1)^2+2$, 과정은 풀이 참조

**1** ① $3x^2=15$에서
$3x^2-15=0$(이차방정식)
② $5x^2+4x-1=5x^2+3$에서
$4x-4=0$(일차방정식)
③ $x^2-5=3x+1$에서
$x^2-3x-6=0$(이차방정식)
④ $x^3-2=2x+7$에서
$x^3-2x-9=0$
⑤ $(x-3)(x+2)=x^2$에서
$x^2-x-6=x^2$
$\therefore -x-6=0$(일차방정식)
따라서 이차방정식인 것은 ①, ③이다.

**2** 주어진 이차방정식에 $x=1$을 각각 대입하면
ㄱ. $1^2+1=2\neq0$
ㄴ. $(1-1)\times(1+2)=0$
ㄷ. $(1+1)^2=4\neq0$
ㄹ. $2\times1^2+1-3=0$
따라서 근인 것은 ㄴ, ㄹ이다.

**3** $3x^2+ax-2a+2=0$에 $x=1$을 대입하면
$3+a-2a+2=0$
$-a+5=0$ $\therefore a=5$
$3x^2+5x-8=0$에서
$(3x+8)(x-1)=0$
$\therefore x=-\frac{8}{3}$ 또는 $x=1$
따라서 다른 한 근은 $x=-\frac{8}{3}$이다.

**4** $(x-2)^2=5$에서
$x-2=\pm\sqrt{5}$
$\therefore x=2\pm\sqrt{5}$
따라서 $a=2$, $b=5$이므로
$a-b=2-5=-3$

**5** 근의 공식에 의해

$$x=\frac{-(-3)\pm\sqrt{(-3)^2-4\times2\times A}}{2\times2}$$

$$=\frac{3\pm\sqrt{9-8A}}{4}$$

따라서 $B=3$, $9-8A=17$이므로

$A=-1$, $B=3$

$\therefore A+B=-1+3=2$

**6** $x-1=A$로 놓으면

$6A^2+4A-2=0$

$3A^2+2A-1=0$

$(A+1)(3A-1)=0$

$\therefore A=-1$ 또는 $A=\frac{1}{3}$

즉, $x-1=-1$ 또는 $x-1=\frac{1}{3}$

$\therefore x=0$ 또는 $x=\frac{4}{3}$

따라서 $\alpha=0$, $\beta=\frac{4}{3}$ 또는

$\alpha=\frac{4}{3}$, $\beta=0$이므로

$\alpha^2+\beta^2=\frac{16}{9}$

| 다른 풀이 |

$6(x-1)^2+4(x-1)-2=0$을 정리하면 $6x^2-8x=0$

$2x(3x-4)=0$

$\therefore x=0$ 또는 $x=\frac{4}{3}$

따라서 $\alpha=0$, $\beta=\frac{4}{3}$ 또는

$\alpha=\frac{4}{3}$, $\beta=0$이므로

$\alpha^2+\beta^2=\frac{16}{9}$

**7** $x^2-4x+k-2=0$이 서로 다른 두 근을 가지려면 $b^2-4ac\geq0$이어야 하므로

$(-4)^2-4\times1\times(k-2)\geq0$

$24-4k>0$ $\quad\therefore k<6$

**8** 처음 정사각형의 한 변의 길이를 $x$ cm라 하면

$(x+3)(x+2)=2x^2$

$x^2+5x+6=2x^2$

$x^2-5x-6=0$

$(x+1)(x-6)=0$

$\therefore x=-1$ 또는 $x=6$

이때 $x>0$이므로 $x=6$

따라서 처음 정사각형의 한 변의 길이가 6 cm이므로 넓이는 36 $\text{cm}^2$이다.

**9** ⑤ $y=\frac{1}{2}x^2$에 $x=-4$, $y=4$를 대입하면

$4\neq\frac{1}{2}\times(-4)^2=8$

**10** 그래프가 위로 볼록한 것은 ①, ②, ③이고, 이 중 폭이 가장 좁은 것은 $x^2$의 계수의 절댓값이 가장 큰 ①이다.

**11** $x^2$의 계수가 같은 것을 찾으면 ⑤이다.

**12** $y=ax^2$의 그래프를 $y$축의 방향으로 $p$만큼 평행이동한 그래프의 식은

$y=ax^2+p$

이 그래프의 꼭짓점의 좌표가 $(0,\ 2)$이므로 $p=2$

즉, $y=ax^2+2$의 그래프가 점 $(3,\ 6)$을 지나므로

$6=a\times3^2+2$, $9a=4$

$\therefore a=\frac{4}{9}$

따라서 $a=\frac{4}{9}$, $p=2$이므로

$9a+p=9\times\frac{4}{9}+2=6$

**13** $y=-(x+3)^2+5$의 그래프는 오른쪽 그림과 같이 꼭짓점의 좌표가 $(-3,\ 5)$이고, 위로 볼록한 포물선이다. 또 $y$축과 만나는 점의 $y$좌표가 $-4$이므로 그래프는 제1사분면을 지나지 않는다.

**14** 주어진 이차함수의 그래프는 위로 볼록하므로 $a<0$

꼭짓점 $(-p,\ q)$가 제1사분면 위에 있으므로 $-p>0$, $q>0$

$\therefore p<0$, $q>0$

따라서 옳은 것은 ④이다.

**15** $y=x^2+6x+8=(x+3)^2-1$

이므로 꼭짓점의 좌표는 $(-3,\ -1)$이다.

**16** $y=x^2-ax+7$의 그래프가 점 $(2,\ -1)$을 지나므로

$-1=2^2-2a+7$

$2a=12$ $\quad\therefore a=6$

$y=x^2-6x+7=(x-3)^2-2$이므로 축의 방정식은 $x=3$이다.

**17** $y=-x^2+4$의 그래프의 꼭짓점의 좌표는 $\text{A}(0,\ 4)$

$y=0$을 대입하면 $0=-x^2+4$

$x^2-4=0$, $(x+2)(x-2)=0$

$\therefore x=-2$ 또는 $x=2$

$\therefore \text{B}(-2,\ 0)$, $\text{C}(2,\ 0)$

$\therefore \triangle\text{ABC}=\frac{1}{2}\times4\times4=8$

**18** $y=-x^2+6$의 그래프를 $x$축의 방향으로 $m$만큼, $y$축의 방향으로 $n$만큼 평행이동한 그래프의 식은

$y=-(x-m)^2+6+n$

이 그래프와

$y=-x^2+6x-8=-(x-3)^2+1$

의 그래프가 일치하므로

$m=3$, $6+n=1$

따라서 $m=3$, $n=-5$이므로

$m+n=3+(-5)=-2$

**19** $a$, $b$가 주어진 이차방정식의 근이므로

$2a^2-4a-1=0$에서 $2a^2-4a=1$

$2b^2-4b-1=0$에서 $2b^2-4b=1$

$\therefore b^2-2b=\frac{1}{2}$

$$\therefore \frac{2a^2-4a+1}{b^2-2b-1}=\frac{1+1}{\frac{1}{2}-1}$$

$$=2\div\left(-\frac{1}{2}\right)$$

$$=2\times(-2)$$

$$=-4$$

**20** $x^2-6x+(m-7)=0$이 중근을 가지려면 $b^2-4ac=0$이어야 하므로

$(-6)^2-4(m-7)=0$

$-4m=-64$ $\quad\therefore m=16$

**21** $y=-\frac{1}{3}x^2+4kx+1$

$=-\frac{1}{3}(x-6k)^2+12k^2+1$

축의 방정식이 $x=2$이므로

$6k=2$ $\quad\therefore k=\frac{1}{3}$

**22** $\frac{2x+5}{3}<\frac{3x-10}{2}$의 양변에 6을 곱하면 $4x+10<9x-30$

$-5x<-40$ $\quad\therefore x>8$ $\quad\cdots$(i)

또 $x^2-8x+16=28$에서

$x^2-8x-12=0$

$x$의 계수가 짝수일 때의 근의 공식에 의해

$x=-(-4)\pm\sqrt{(-4)^2-(-12)}$
$=4\pm2\sqrt{7}$ ⋯(ii)
이때 $x>8$이므로
$x=4+2\sqrt{7}$ ⋯(iii)

| 채점 기준 | 배점 |
|---|---|
| (i) 일차부등식 풀기 | 2점 |
| (ii) 이차방정식의 해 구하기 | 3점 |
| (iii) 조건에 맞는 해 구하기 | 2점 |

**23** 꼭짓점의 좌표가 (1, 2)이므로
$y=a(x-1)^2+2$ ⋯(i)
이 그래프가 점 (2, 3)을 지나므로
$3=a(2-1)^2+2 \quad \therefore a=1$ ⋯(ii)
따라서 구하는 이차함수의 식은
$y=(x-1)^2+2$ ⋯(iii)

| 채점 기준 | 배점 |
|---|---|
| (i) $y=a(x-p)^2+q$ 꼴로 놓기 | 2점 |
| (ii) $a$의 값 구하기 | 2점 |
| (iii) 이차함수의 식 구하기 | 2점 |

## 1학기 기말고사 제2회 p. 7~8

| | | | |
|---|---|---|---|
| 1 ② | 2 ④ | 3 ④ | 4 ③ |
| 5 ③ | 6 ① | 7 ② | 8 ① |
| 9 ④ | 10 ⑤ | 11 ② | 12 ④ |
| 13 ③ | 14 ⑤ | 15 ③ | 16 ② |
| 17 ① | 18 ① | 19 $-4$ | 20 31 |

21 $a<0$, $b>0$, $c<0$
22 3, 과정은 풀이 참조
23 54, 과정은 풀이 참조

**1** $2(x^2-7x+6)=ax^2+3x^2+6x$
$(a+1)x^2+20x-12=0$
$a+1\neq0$이어야 하므로 $a\neq-1$

**2** 주어진 이차방정식에 [ ] 안의 수를 각각 대입하면
① $3\times2^2-2\times2-1=7\neq0$
② $2\times\left(\frac{1}{3}\right)^2+\frac{1}{3}-1=-\frac{4}{9}\neq0$
③ $2\times2^2+7\times2-10=12\neq0$
④ $1^2-3\times1+2=0$
⑤ $\frac{1}{2}\times(-4)^2+3\times(-4)-3$
$=-7\neq0$
따라서 해인 것은 ④이다.

**3** $x^2+x-12=0$에서
$(x+4)(x-3)=0$
$\therefore x=-4$ 또는 $x=3$
$x^2+3x-18=0$에서
$(x+6)(x-3)=0$
$\therefore x=-6$ 또는 $x=3$
따라서 두 이차방정식을 동시에 만족시키는 $x$의 값은 3이다.

**4** $x^2-4x+\frac{1}{2}=0$
$x^2-4x=\boxed{-\frac{1}{2}}$
$x^2-4x+4=-\frac{1}{2}+4$
$(x-\boxed{2})^2=\boxed{\frac{7}{2}}$
$x-2=\pm\frac{\sqrt{14}}{2}$
$\therefore x=2\pm\frac{\sqrt{14}}{2}=\frac{4\pm\sqrt{14}}{2}$
따라서 □ 안에 알맞은 수들의 합은
$-\frac{1}{2}+2+\frac{7}{2}=5$

**5** 근의 공식에 의해
$x=\frac{-9\pm\sqrt{9^2-4\times3\times1}}{2\times3}$
$=\frac{-9\pm\sqrt{69}}{6}$

**6** ① $(2x-3)^2=0 \quad \therefore x=\frac{3}{2}$
② $x^2=16 \quad \therefore x=\pm4$
③ $(x+1)(x-9)=0$
$\therefore x=-1$ 또는 $x=9$
④ $x-2=\pm4$
$\therefore x=-2$ 또는 $x=6$
⑤ $x^2-2x-6=0$
$\therefore x=-(-1)\pm\sqrt{(-1)^2-(-6)}$
$=1\pm\sqrt{7}$
따라서 중근을 갖는 것은 ①이다.

**7** 양변에 10을 곱하면
$4x^2-5x-10=0$
$\therefore x=\frac{-(-5)\pm\sqrt{(-5)^2-4\times4\times(-10)}}{2\times4}$
$=\frac{5\pm\sqrt{185}}{8}$
따라서 $a=5$, $b=8$이므로
$a-b=5-8=-3$

**8** 두 짝수를 $x$, $x+2$라 하면
$x(x+2)=288$
$x^2+2x-288=0$
$(x+18)(x-16)=0$
$\therefore x=-18$ 또는 $x=16$
이때 $x>0$이므로 $x=16$
따라서 두 짝수는 16, 18이므로 두 짝수의 합은
$16+18=34$

**9** ①, ②, ③의 그래프의 모양이 아래로 볼록하므로 $a>0$
④, ⑤의 그래프의 모양이 위로 볼록하므로 $a<0$
이때 $a$의 절댓값이 클수록 그래프의 폭이 좁아지므로 $a$의 값이 가장 작은 것은 ④이다.

**10** ⑤ 꼭짓점의 좌표는 (0, 0)이다.

**11** $y=-\frac{1}{3}x^2+k$의 그래프가
점 $(-3, 1)$을 지나므로
$1=-\frac{1}{3}\times(-3)^2+k$
$1=-3+k \quad \therefore k=4$
따라서 꼭짓점의 좌표는 (0, 4)이다.

**12** $y=(x-2)^2+3$의 그래프는 $y=x^2$의 그래프를 $x$축의 방향으로 2만큼, $y$축의 방향으로 3만큼 평행이동한 것이다.

**13** $y=a(x-2)^2+4$의 그래프를 $x$축의 방향으로 3만큼, $y$축의 방향으로 $-2$만큼 평행이동한 그래프의 식은
$y=a(x-3-2)^2+4-2$
$=a(x-5)^2+2$
이 그래프가 점 $(1, -2)$를 지나므로
$-2=a(1-5)^2+2$
$16a=-4 \quad \therefore a=-\frac{1}{4}$

**14** ① $y=x^2+2x-3$
$=(x+1)^2-4$
이므로 축의 방정식은 $x=-1$
② $y=(x+1)^2+2$
이므로 축의 방정식은 $x=-1$
③ $y=3x^2+6x-5$
$=3(x+1)^2-8$
이므로 축의 방정식은 $x=-1$

④ $y=-x^2-2x-1$
$=-(x+1)^2$
이므로 축의 방정식은 $x=-1$
⑤ $y=-2x^2+4x+3$
$=-2(x-1)^2+5$
이므로 축의 방정식은 $x=1$
따라서 축의 방정식이 다른 하나는 ⑤이다.

**15** 그래프의 모양이 아래로 볼록한 것은 ①, ②, ③이고, 이 중 폭이 가장 넓은 것은 $x^2$의 계수의 절댓값이 가장 작은 ③이다.

**16** ① $y=x^2-6x+10$
$=(x-3)^2+1$
꼭짓점이 제1사분면 위에 있고, 아래로 볼록하므로 $x$축과 만나지 않는다.
② $y=-x^2+2x+2$
$=-(x-1)^2+3$
꼭짓점이 제1사분면 위에 있고, 위로 볼록하므로 $x$축과 서로 다른 두 점에서 만난다.
③ $y=2x^2+4x+5$
$=2(x+1)^2+3$
꼭짓점이 제2사분면 위에 있고, 아래로 볼록하므로 $x$축과 만나지 않는다.
④ $y=-2x^2-8x-11$
$=-2(x+2)^2-3$
꼭짓점이 제3사분면 위에 있고, 위로 볼록하므로 $x$축과 만나지 않는다.
⑤ $y=-3x^2+6x-3$
$=-3(x-1)^2$
꼭짓점이 $x$축 위에 있으므로 $x$축과 한 점에서 만난다.
따라서 $x$축과 두 점에서 만나는 것은 ②이다.

**17** 꼭짓점의 좌표가 $(2, -2)$이므로
$y=a(x-2)^2-2$
이 그래프가 점 $(0, 2)$를 지나므로
$2=a(0-2)^2-2$ $\therefore a=1$
$\therefore y=(x-2)^2-2=x^2-4x+2$

**18** $y$축과 만나는 점의 좌표가 $(0, 2)$이므로 $b=2$
$y=x^2+ax+2$의 그래프가 점 $(1, 2)$를 지나므로 $2=1^2+a\times1+2$
$2=a+3$ $\therefore a=-1$
$\therefore a-b=-1-2=-3$

**19** $x=4\pm\sqrt{3}$에서 $x-4=\pm\sqrt{3}$
이 식의 양변을 제곱하면
$(x-4)^2=3$, $x^2-8x+13=0$
따라서 $-3k+1=13$이므로 $k=-4$

**20** $x^2-5x-24=0$에서
$(x+3)(x-8)=0$
$\therefore x=-3$ 또는 $x=8$
따라서 $ax^2-x-b=0$의 두 근은
$-3-2=-5$, $8-2=6$이다.
$x^2$의 계수가 $a$이고 두 근이 $-5$, $6$인 이차방정식은
$a(x+5)(x-6)=0$
$ax^2-ax-30a=0$
따라서 $-a=-1$, $-30a=-b$이므로 $a=1$, $b=30$
$\therefore a+b=1+30=31$

**21** 그래프가 위로 볼록하므로 $a<0$
축이 $y$축의 오른쪽에 있으므로
$ab<0$이고 $a<0$이므로 $b>0$
$y$축과 만나는 점이 $x$축보다 아래쪽에 있으므로 $c<0$

**22** $x-y=A$로 놓으면 $\cdots$(i)
$A(A-6)+9=0$ $\cdots$(ii)
$A^2-6A+9=0$
$(A-3)^2=0$
$\therefore A=3$
따라서 $x-y$의 값은 3이다. $\cdots$(iii)

| 채점 기준 | 배점 |
|---|---|
| (i) $x-y=A$로 놓기 | 2점 |
| (ii) 이차방정식 풀기 | 2점 |
| (iii) $x-y$의 값 구하기 | 2점 |

**23** $y=2x^2-12x$
$=2(x^2-6x+9-9)$
$=2(x-3)^2-18$
이므로 꼭짓점의 좌표는
B$(3, -18)$ $\cdots$(i)
$y=2x^2-12x$에 $y=0$을 대입하면
$0=2x^2-12x$, $x^2-6x=0$
$x(x-6)=0$
$\therefore x=0$ 또는 $x=6$
따라서 A$(6, 0)$이므로 $\cdots$(ii)
$\triangle OBA=\frac{1}{2}\times6\times18=54$ $\cdots$(iii)

| 채점 기준 | 배점 |
|---|---|
| (i) 점 B의 좌표 구하기 | 2점 |
| (ii) 점 A의 좌표 구하기 | 2점 |
| (iii) △OBA의 넓이 구하기 | 3점 |